Herbert M. Rubin

Vom Doppelspalt zum Quantencomputer

Die Grundkonzepte der Quantentheorie und ihre technische Nutzung verstehen

Herbert M. Rubin
GESS
ETH-Zürich
Zürich, Schweiz

ISBN 978-3-662-71206-1 ISBN 978-3-662-71207-8 (eBook)
https://doi.org/10.1007/978-3-662-71207-8

Die Deutsche Nationalbibliothek verzeichnet diese Publikation in der Deutschen Nationalbibliografie; detaillierte bibliografische Daten sind im Internet über https://portal.dnb.de abrufbar.

Springer Spektrum ist ein Imprint der eingetragenen Gesellschaft Springer-Verlag GmbH, DE und ist ein Teil von Springer Nature.
Die Anschrift der Gesellschaft ist: Heidelberger Platz 3, 14197 Berlin, Germany

Vom Doppelspalt zum Quantencomputer

Vorwort

Die Idee zu diesem Buch entstand während meiner Arbeit an einem Lehrmittel für den gymnasialen Unterricht zum Thema Quantentheorie und Quantencomputer (Titel: „„Vom Doppelspalt zum Quantencomputer““), welches ich am MINT-Lernzentrum der ETH Zürich – in Zusammenarbeit mit Lernpsychologen und dem nationalen Kompetenzzentrum für Quantenphysik *QSIT* der ETH Zürich[1] – entwickelt habe.

Darin sollten die wichtigsten Konzepte der Quantenphysik sowie deren Anwendungen in der Quanteninformatik auf möglichst verständliche Weise vermittelt werden. Für einen erleichterten Zugang zur Quantenphysik wurden neue Betrachtungsweisen entwickelt, die es den Lernenden ermöglichen, sich die grundlegenden Konzepte der Quantentheorie, wie z. B. die Unbestimmtheit, die Wellennatur der Materie, die Wahrscheinlichkeitsinterpretation der Wellenfunktion usw., durch eigene Überlegungen zu erschließen.

Entstanden ist so ein Zugang zur Quantenphysik, der einerseits weitgehend ohne höhere Mathematik auskommt und andererseits die kontroversen Fragen klar von den daraus ableitbaren Aspekten trennt. Durch neue Betrachtungsweisen werden einige der bisher noch mysteriös erscheinenden Sachverhalte besser verständlich und es wird deutlicher erkennbar, welche Fragen tatsächlich noch unbeantwortet bleiben.

Das Lehrmittel wurde bereits vielen Lehrpersonen an Weiterbildungen vorgestellt und an mehreren Oberstufenklassen und an Kursen der *Youth Academy* der ETH Zürich erprobt. Dabei wurde auch vor allem von Lehrpersonen, das Bedürfnis geäußert, dass diese neuen Betrachtungsweisen zur Quantentheorie und Quanteninformatik auch in Buchform zugänglich sein sollten.

Die Quantentheorie hat nicht nur vielversprechende Anwendungen in der Quanteninformatik zu bieten, sie wirft auch ein neues Licht auf alte philosophische Fragen, wie z. B. die Frage nach der Beschaffenheit unserer Realität, die Frage

[1] Website: https://nccr-qsit.ethz.ch.

nach dem Verhältnis des menschlichen Geistes zu seiner physischen Konstitution und seiner materiellen Umgebung sowie die Frage nach dem Wesen der Wirklichkeit an sich.

Neben neuen Betrachtungsweisen kommen in diesem Buch auch neue lernpsychologische Aspekte zum Einsatz, welche die Lehr- und Lernforschung erst in den letzten Jahren entwickelt hat. Schließlich runden wissenschaftshistorische, kognitionswissenschaftliche und erkenntnistheoretische Aspekte das Thema ab.

Dieses Buch richtet sich in erster Linie an interessierte Laien. Die für das Verständnis unerlässlichen physikalische Konzepte werden ausführlich und anschaulich erklärt. Die mathematischen Ausführungen und Ergänzungen sind deshalb für das Verständnis der grundlegenden Konzepte nicht zwingend erforderlich.

Für an den mathematischen Aspekten interessierten Leserinnen und Leser wird abschließend auch die mathematische Struktur der Theorie dargelegt und mit den im Buch vorgestellten Betrachtungsweisen kontrastiert. Dadurch wird dieses Buch auch für Fachleute und in der Lehre tätige Personen von Interesse sein.

Regensburg
April 2026

Herbert M. Rubin

Danksagung

Ausgangspunkt zu diesem Buch, war eine Lerneinheit zur Quantentheorie namens „Vom Doppelspalt zum Quantencomputer"', die ich am MINT-Lernzentrum der ETH Zürich – mit Unterstützung von Lernpsychologen und dem Nationalen Kompetenzzentrum für Quantenforschung *QSIT* der ETH Zürich – für den gymnasialen Unterricht entwickelt habe. Dafür möchte ich mich bei allen Beteiligten ganz herzlich bedanken.

Weiterer Dank gebührt auch meiner Kollegin Frau Dr. Anna Prieur und meinem Kollegen Herrn Dr. Pál Molnár für das sorgfältige Durchlesen des Manuskripts, für die aufschlussreichen Gespräche und für ihre wertvollen fachlichen Hinweise.

Ganz besonderer Dank geht an meine Frau Gerlinde, die mit grosser Ausdauer und Gründlichkeit das Manuskript akribisch nach sprachlichen Fehlern durchsucht hat.

Inhaltsverzeichnis

Abbildungsverzeichnis

1 Einführung

Die Quantentheorie hat den Blick auf die Welt radikal verändert und gleichzeitig den rasanten technischen Fortschritt, den wir heute erleben, erst ermöglicht. Sie hat uns darüber hinaus gelehrt, dass die Welt im Kleinen anders beschaffen ist als die Welt, die wir mit unseren Sinnen erfassen können.

Die physikalischen Konzepte, die wir zur Beschreibung der klassischen Welt entwickelt haben und die sich dort bestens bewähren, scheinen für die Quantenwelt nur von beschränktem Nutzen zu sein. So führt der Versuch, die Mikrowelt mit diesen Konzepten zu beschreiben oder zu erklären, zu paradoxen Aussagen und Widersprüchen. Das Verhalten der Quantenobjekte erscheint skurril und irrational.

Dies wiederum könnte aber auch den Reiz an dieser Theorie ausmachen. Wer wird nicht neugierig, wenn er hört, dass ein Teilchen gleichzeitig an zwei verschiedenen Orten sein kann oder eine Katze gleichzeitig tot und lebendig sein soll? Teilchen können auf mysteriöse Weise über beliebige Distanzen miteinander verbunden bleiben. Zudem scheint alles unbestimmt und vom Zufall regiert zu sein.

Die Quantentheorie ist daher nicht leicht zu verstehen und demzufolge auch schwer zu vermitteln. Richard Feynman meinte dazu, dass niemand die Quantentheorie verstehe. Auch Niels Bohr kam zum Schluss, dass die Aufgabe der Physik nicht darin bestehe, die Natur zu erklären, sondern nur darin, herauszufinden, was wir über die Natur aussagen können.

Aus dieser Schwierigkeit heraus wird verständlich, weshalb man sich oft auf die Aussagen von Autoritäten auf diesem Gebiet (wie z. B. Heisenberg, Pauli, Bohr, Einstein, Schrödinger, de Broglie, Born) beruft. Leider führt dies eher zu der Vorstellung, dass nur sehr begabte Menschen in der Lage seien, die Quantenmechanik zu verstehen, und befähigt sind, auch einen Beitrag an ihr leisten zu können. Deshalb werden in diesem Buch Verweise dieser Art weitgehend vermieden, ohne aber dabei auf Angaben zur Originalliteratur zu verzichten.

H. M. Rubin, *Vom Doppelspalt zum Quantencomputer*,
https://doi.org/10.1007/978-3-662-71207-8_1

Die Physik gilt grundsätzlich als eher schwer zu vermitteln. Dies liegt aber meist an den Vorkonzepten der Lernenden, die eine unvoreingenommene Begegnung mit der Thematik erschweren. In der klassischen Mechanik z. B. stammen diese Vorkonzepte aus der Alltagserfahrung. Hier ist die Logik der Physik oft schwer zu akzeptieren, wenn man zu sehr an der Alltagserfahrung hängen bleibt.

Ähnlich schwer sind die oft skurril erscheinenden Aussagen der Quantenphysik zu verstehen. Hier liegt es oft an den Konzepten, die die Physiker selbst verwenden. Weil diese sich häufig zu sehr mit dem mathematischen Formalismus beschäftigen, vernachlässigen sie zuweilen die Möglichkeiten, die Sache auch anschaulich und schlüssig darzulegen. Viele Fachleute glauben, dass mit der Vorstellung nicht weiterzukommen ist. Dabei ist es oft nur eine Frage der Betrachtungsweise, wie merkwürdig oder wie einleuchtend ein Sachverhalt erscheint.

Die klassische Physik geht von der Annahme aus, dass es eine objektive Wirklichkeit gibt, und sie sieht den Menschen als Betrachter dieser Wirklichkeit. Demnach existieren alle Dinge unabhängig vom Menschen und gehorchen den physikalischen Gesetzen, welche der Mensch durch Naturbeobachtung und Schlussfolgern entdeckt hat. Demnach wäre die Welt so, wie wir sie sehen.

Infolge dieser Betrachtungsweise hat jeder Körper zu jeder Zeit einen bestimmten Ort und eine bestimmte Geschwindigkeit. Und aus der Kenntnis dieser beiden Größen sowie den wirkenden Kräften lassen sich auch die zukünftigen Orte und Geschwindigkeiten berechnen. Ausgehend von einem bestimmten Anfangszustand müssten sich also alle zukünftigen Zustände berechnen lassen. Der französische Physiker Henri Poincaré konnte sogar zeigen, dass sich ein Ensemble von Teilchen unter o. g. Voraussetzung nach sehr langer Zeit wieder seinem Ausgangszustand annähern sollte. Somit müsste sich jedes Ereignis im Universum irgendwann wiederholen.

Mit der Entwicklung der Naturwissenschaften setzte sich die Vorstellung durch, dass Erkenntnisse nur durch Naturbeobachtung zu erzielen sind und das Buch der Natur in der Sprache der Mathematik verfasst ist, wie Galilei meinte. In der Folge zeigte sich die mathematische Herangehensweise als sehr gewinnbringend. Demnach sollte die Natur mathematischen Gesetzen folgen, die unabhängig vom Menschen ablaufen. Das schien die Vorstellung einer objektiven Wirklichkeit zu rechtfertigen.

Aber bereits in der Antike gab es Vorstellungen, die dieser objektivistischen Sichtweise entgegenstanden. ImHöhlengleichnis von Platon, das er am Anfang des siebten Buches seines Dialogs *Politeía* von seinem Lehrer Sokrates erzählen lässt, werden zentrale Aussagen von Platons Ontologie und Erkenntnistheorie veranschaulicht. Demnach bestünde unsere erfassbare Wirklichkeit nur aus Schatten, welche durch ein Licht aus einer uns nichtzugänglichen Welt auf unsere Sinne geworfen werden.

Die Fragen nach der Wirklichkeit der Dinge und dem Wesen des Menschen durchziehen die ganze Philosophiegeschichte, und sie erreichen ihren Höhepunkt in Kants *Kritik der reinen Vernunft*. Eine seiner zentralen Aussagen ist die, dass wir das Ding an sich nicht erkennen können. Schopenhauer stimmt dem in seiner Kritik an der kantschen Philosophie[1] grundsätzlich zu, ergänzt aber, dass das nicht bedeute, dass wir über das Ding an sich nichts erfahren könnten.

Tatsächlich ist es auch in der klassischen Physik so, dass wir nicht sagen können, was die Dinge an sich sind. Wir können nicht sagen, was Raum und Zeit eigentlich sind und ebenso wenig, was Energie oder Materie eigentlich ist. Die Aufzählung ließe sich fortsetzen, und in keinem Fall könnten wir erklären, was die verwendeten Konzepte an sich sind. Woran liegt das?

Diese Frage lässt sich nicht leicht beantworten, und sie ist auch nicht ein zentrales Thema dieses Buches. Sie zeigt uns aber auf, dass wir auch in der klassischen Physik vieles noch nicht wirklich verstehen. Wir haben uns nur schon zu sehr an deren anschauliche Konzepte gewöhnt und glauben, diese nicht weiter hinterfragen zu müssen.

Mit der Quantenmechanik eröffnet sich eine neue Welt, jenseits unserer gewohnten Erfahrung. Es ist deshalb gar nicht verwunderlich, dass uns diese Welt skurril und mysteriös erscheint, wenn wir versuchen, sie mit unserer gewohnten Begrifflichkeit zu erklären.

Da gibt es z. B. die Orts-Impuls-Unschärferelation, gemäß der ein Teilchen in der Regel weder einen genau definierten Ort noch eine genau bestimmte Geschwindigkeit hat. Diese Ungenauigkeiten sind sogar miteinander verknüpft. Je genauer der Ort eines Teilchens bestimmt ist, desto unschärfer ist seine Geschwindigkeit und umgekehrt. Wie kann das sein? Diese Frage muss man sich stellen, wenn man sich ein Teilchen wie ein kleines Kügelchen vorstellt. Und ein solches Kügelchen muss doch zu jedem Zeitpunkt an einem bestimmten Ort sein und eine bestimmte Geschwindigkeit haben. Oder etwa nicht?

Betrachten wir weiter das sogenannte Doppelspaltexperiment: Durchdringt ein Laserstrahl ein feines optisches Gitter (z. B. einen sehr feinmaschigen Vorhang) oder einen feinen Doppelspalt, dann entsteht ein Interferenzmuster. Das deutet auf den Wellencharakter des Lichts hin. Reduziert man nun die Lichtintensität stark, dann kann man beobachten, wie sich das Interferenzmuster langsam aus einzelnen Lichtpünktchen aufbaut. Das deutet eher auf teilchenartiges Licht hin. Besteht das Licht nun aus Wellen oder aus Teilchen?

Dasselbe Experiment mit demselben Ergebnis kann man auch mit Elektronen oder mit größeren Molekülen durchführen. Objekte, die wir uns eher als Teilchen vorstellen, verhalten sich wie Wellen. Wie kann das sein? Zur Erklärung dieses merkwürdigen Verhaltens wurde auch der Materie ein Wellencharakter zugewiesen und dazu mussten neue Konzepte wie Materiewellen und der Welle-Teilchen-Dualismus eingeführt werden.

Die Unschärferelationen und der Welle-Teilchen-Dualismus werden häufig als zentrale Elemente der Quantentheorie hervorgehoben. Um die Schwierigkeiten, die dabei entstehen, zu umgehen, spricht man besser von Quantenobjekten statt von Wellen oder Teilchen. Was diese Konzepte zu erklären vermögen und ob sie wirklich

[1] Arthur Schopenhauer: Die Welt als Wille und Vorstellung: vier Bücher, nebst einem Anhang, der die Kritik der Kantischen Philosophie enthält. Leipzig 1819.

hilfreich sind, um die Quantenmechanik besser zu verstehen, gilt es in diesem Buch zu hinterfragen.

Wird also an einem solchen Quantenobjekt der Ort, die Geschwindigkeit oder eine andere Eigenschaft gemessen, erzeugt dies im Messgerät in der Regel einen exakt definierten Messwert. Aufgrund der Unbestimmtheit der zu messenden Eigenschaft vor der Messung ist das Messresultat jedoch nicht vorhersagbar, das Messergebnis ist rein zufällig. Mithilfe der Quantentheorie kann man deshalb nur Messwahrscheinlichkeiten berechnen. Die Unbestimmtheit in Bezug auf die Messergebnisse von Quantenobjekten ist eine grundlegende Eigenschaften der Quantentheorie, und sie ist bis heute nicht wirklich erklärbar.

Das vielleicht mysteriöseste Phänomen aber ist die Verschränkung. Zwei Quantenobjekte können über große Distanzen miteinander in Verbindung bleiben. Ein Atom kann z. B. in einem zweistufigen Prozess zwei Photonen unmittelbar nacheinander in entgegengesetzte Richtungen ausstrahlen, wobei die Polarisationsrichtungen der beiden Photonen senkrecht aufeinander stehen. Ohne äußere Einwirkung bleiben die Polarisationsrichtungen der beiden Photonen relativ zueinander bestehen. Werden nun die Polarisationen der beiden Photonen gemessen, ergeben sich stets senkrecht zueinander stehende Polarisationsrichtungen. Dies ist deshalb so erstaunlich, weil bei der Messung der Polarisation das Messergebnis für beide Photonen zufällig ist.

Sind die beiden Detektoren im Raum senkrecht zueinander ausgerichtet, definieren sie eine Basis mit den Richtungen h (horizontal) und v (vertikal). Nun kann man die beiden Detektoren gemeinsam um einen beliebigen Winkel senkrecht zur Ausbreitungsrichtung der Photonen drehen (Drehung der Messbasis). Immer wird es so sein, dass in dem einen Detektor das Photon in den v-Kanal läuft und im anderen Detektor in den h-Kanal. Die Messwerte sind deshalb korreliert.

Bis heute wissen wir nicht, wie diese Korrelation zustande kommt. Experimentell lässt sich aber zeigen, dass diese Korrelationen nicht durch bislang unbekannte, verborgen gebliebene Parameter zustande kommen können. Hier zeigt uns die Natur ihren nichtlokalen Charakter. Für ihre bahnbrechenden Experimente zu diesem Phänomen erhielten Alain Aspect (F), John F. Clauser (US) und Anton Zeilinger (A) im Jahr 2022 den Nobelpreis für Physik.

Auf unsere Erfahrungswelt übertragen wäre das etwa so, wie wenn man z. B. mit zwei Würfeln immer die gleiche Augenzahl erhielte, unabhängig davon, wie weit die beiden Würfel voneinander entfernt sind. Auf beiden Seiten wäre das Ergebnis zwar zufällig, aber in der Summe müssten die Augenzahlen immer dieselbe Summe ergeben.

Die Zustände von Quantenobjekten sind zudem äußerst fragil. Der geringste Einfluss von außen kann ihren Zustand verändern. Auch Quantenbits – kurz Qubits – sind solche empfindlichen Quantenobjekte. Durch das Auslesen bzw. Messen eines Qubits wird i. Allg. sein Zustand zerstört. Wir können also in der Regel die Zustände der Quantenobjekte nicht direkt beobachten. Unsere erfassbare Realität entsteht erst aus den Messwerten, die wir an Quantenobjekten ermitteln. Demnach könnte es eine Ebene der Realität geben, die hinter der uns erfassbaren Welt liegt und diese auch generiert. Ähnlich, wie es bereits in Platons Ontologie mit dem Höhlengleichnis beschrieben ist oder in der Aussage von Kant und Schopenhauer über das Ding an sich.

Die Quantentheorie hält also eine ganze Palette von äußerst merkwürdigen Phänomenen parat und berührt dabei auch alte philosophische Fragen. Auch das soll in diesem Buch an den entsprechenden Stellen nicht unerwähnt bleiben.

Im Fokus bleibt dabei jeweils die Frage, durch welche Betrachtungsweise bzw. durch welche Modellvorstellungen (im Sinne von Ockhams Rasiermesser) die Aussagen der Quantentheorie am meisten Sinn ergeben, bzw. ein Minimum an nichterklärbaren Elementen zurücklassen.

Die Nichtbeobachtbarkeit und die Verschränkung von Qubits sind zentrale Eigenheiten von Quantencomputern. An einigen ausgewählten Problemstellungen konnten die heute zur Verfügung stehenden Quantencomputer ihre Möglichkeiten bereits unter Beweis stellen. Ihr Potenzial werden sie, so hofft man, in Bereichen wie der Berechnung von Klimamodellen, in der Pandemiebekämpfung, in der Verkehrsplanung, bei logistischen Problemen, in der Pharmazie bei der Synthese von Wirkstoffen und vielem mehr entfalten können.

Die Erwartungen jedenfalls sind sehr hoch und die Anstrengungen weltweit enorm. Im Jahr 2018 hat die Europäische Union die Flagship Initiative gestartet. Innerhalb von 10 Jahren soll 1 Mrd. EUR in verschiedene Projekte der Quantenforschung fließen. Große Firmen wie IBM, Google, D-Wave und Honeywell entwickeln und verkaufen bereits Quantencomputer. IBM macht mit seiner interaktiven Plattform *Qiskit* und dem *Quantum Composer* die Quantentechnologie für alle online zugänglich. Jeder kann von zu Hause aus Quantenschaltkreise erstellen und zur Berechnung an einen Quantencomputer schicken. Im nachfolgenden Teil VI werden wir dieses Instrument kennenlernen.

Worin aber unterscheiden sich Quantencomputer von herkömmlichen Computern? Grundsätzlich kann man sagen, dass Quantencomputer auf einer ganz anderen Technologie beruhen als herkömmliche Computer und dass deshalb mit Quantencomputern auch ganz andere Probleme angegangen werden können als mit den bestehenden Computern. Man kann es bildhaft mit einer Kerze und einer Glühbirne vergleichen. Beide erzeugen Licht. Während eine Kerze einfach langsam herunterbrennt, lässt sich die Lichtabstrahlung von Glühbirnen bzw. LEDs auf mannigfaltige Weise steuern, um z. B. spezielle Lichteffekte zu erzeugen oder Information zu übertragen. Die Möglichkeiten von Glühbirnen oder LEDs werden durch Kerzen niemals erreicht, auch dann nicht, wenn man immer bessere Kerzen entwickelt.

Während man sich ein Bit eines herkömmlichen Computers noch als Stellung eines Schalters vorstellen kann, der die Werte 0 oder 1 annimmt, kann ein Qubit grundsätzlich unendlich viele Zustände einnehmen. Zudem lassen sich Qubits miteinander verschränken. Diese vielen Zustände und die merkwürdige Verbundenheit der Qubits ermöglichen neue Algorithmen und eine damit verbundene Parallelisierung der Rechenleistung, die mit einem herkömmlichen Computer nur mit großem Rechenaufwand zu bewältigen wäre.

Beispiele dafür sind:

- Primfaktorzerlegung von großen Zahlen. Dies wird zur Entschlüsselung von codierten Daten benötigt. Stichwort: Shor-Algorithmus.
- Die sichere Übermittlung von verschlüsselten Daten in der Quantenkryptografie. Diese wird bereits kommerziell genutzt.
- Die Erzeugung von echten Zufallszahlen basierend auf dem quantenmechanischen bzw. objektiven Zufall. Wohingegen die von herkömmlichen Computern erzeugten Zufälle nur scheinbar zufällig sind. Man spricht deshalb auch von subjektivem Zufall.
- Inverse Datenbankabfragen: Gesucht ist z. B. der Teilnehmer einer Telefonnummer im Telefonbuch. Man bezeichnet das auch als unstrukturierte Datenbanksuche, vergleichbar mit der Suche nach einer Nadel im Heuhaufen. Stichwort: Grover-Algorithmus.
- Simulation von quantenphysikalischen bzw. quantenchemischen Prozessen (Computational Chemistry). Weil diese Prozesse schließlich auch den quantenmechanischen Gesetzen unterworfen sind.

Für heute übliche Anwendungen reichen herkömmliche Computer noch lange aus und müssen in absehbarer Zeit kaum durch Quantencomputer ersetzt werden. Mit diesen lassen sich die dazu benötigten Operationen (im Wesentlichen Addition und Multiplikation) auch ausführen, bieten dabei aber keine Vorteile gegenüber herkömmlichen Computern.

Die Eigenschaften von Quantencomputern lassen sich zwar mit herkömmlichen Computern simulieren, aber die dazu erforderliche Rechenleistung steigt exponentiell mit der Anzahl der zu simulierenden Qubits. So wären für die Simulation von z. B. 100 Qubits bereits 2^{100} bzw. ca. 10^{30} klassische Bits erforderlich.

Zum Verständnis dieser neuen Technologie, insbesondere der Eigenschaften und Möglichkeiten von Qubits, sind elementare Kenntnisse der Quantentheorie unerlässlich. Diese elementaren Kenntnisse sowie deren Verwendung in der Quanteninformatik will dieses Buch vermitteln und verständlich machen.

Abschließend noch einige Bemerkungen zur Themenauswahl und deren Reihenfolge in diesem Buch:

Die Quantentheorie ergibt sich aus den Beobachtungen der Eigenschaften von Licht und Materie. Deshalb beginnen wir mit den Fragen nach dem Wesen des Lichts und der Materie. Dabei zeigt sich, dass die beiden Phänomene nicht befriedigend mit den klassischen Begriffen von Wellen und Teilchen erklärbar sind. Licht kann nicht durch kontinuierliche Wellen – einem Konzept aus unserer Erfahrungswelt – vollständig beschrieben werden. Ebenso kann auch die Materie nicht vollständig mit der Teilchenvorstellung – ebenfalls ein Konzept aus unserer Erfahrungswelt – beschrieben werden.

Licht und Materie – die Grundbausteine unserer Erfahrungswelt – weisen verblüffend ähnliche Eigenschaften auf. Um diese deutlich herauszuarbeiten, sind die ersten beiden Teile diese Buches ausführlich diesem Aspekt gewidmet. So könnte jedoch der Eindruck entstehen, dass diese ersten beiden Teile gar nicht viel mit der Quantenmechanik zu tun hätten.

Die im ersten Teil *(Was ist Licht?)* erklärten Grundlagen der Wellenausbreitung sind aber für das Verständnis der Quantentheorie von zentraler Bedeutung. Im zweiten Teil *(Was ist Materie?)* wird dargelegt, dass auch die Materie als Wellenerscheinung aufzufassen ist. Diese *Materiewellen* sind jedoch keine Wellen im klassischen Sinn.

Erst im dritten Teil *(Quantenobjekte)* geht es dann mit der Quantenmechanik richtig los. Hier wird gezeigt, wie sich aus den Welleneigenschaften von Licht und Materie die elementaren Konzepte der Quantenobjekte – die Unbestimmtheit und die Superposition – erklären lassen.

Nur die Verschränkung – das für die Quanteninformatik zentrale Phänomen – bleibt bis heute rätselhaft. Viel Vergnügen bei der Erkundung dieser seltsam anmutenden *Unterwelt* und deren vielversprechenden Anwendungen.

Alle in diesem Buch beschriebenen Notebooks stehen auf GitHub unter dem Link: https://github.com/sn-code-inside/vom-doppelspalt-zum-quantencomputer/tree/main zum Download bereit. Dort finden sich auch detaillierte und aktualisierte Anleitungen zur Installation und Verwendung der Softwareumgebungen für das Quantum Computing, welche in Kapitel 19 im Buch nur kurz beschrieben werden.

Teil I
Was ist Licht?

Das Bild, das wir von der Welt, unseren Mitmenschen und von uns selbst haben, ist am stärksten durch unseren visuellen Eindruck geprägt. Wir glauben, die Welt sei so, wie wir sie sehen. Wie würden wir die Welt erleben, wenn wir nicht sehen könnten oder es gar kein Licht gäbe? Das Licht, das unsere Welt erhellt, kommt von der Sonne. Sie spendet das Licht und die Wärme, die wir zum Leben brauchen. Die zentrale Bedeutung der Sonne war bereits den Menschen im Altertum bewusst. Im alten Ägypten wurde in ihr die Gottheit Ra gesehen. Später unter Echnaton entwickelte sich die Gottheit zu Aton. Viele Reliefs aus dieser Zeit zeigen eine Sonnenscheibe, von der Strahlen ausgehen. Am Ende dieser Strahlen sieht man Hände, die die Wirkung des Sonnenlichts übertragen.

Die Vorstellung von Lichtstrahlen ist also schon sehr alt. Auch wenn die Sonnenstrahlen auf den ägyptischen Reliefs vielleicht eher als Arme aufzufassen sind, konnte man sicher auch damals schon beobachten, wie das Sonnenlicht durch eine Öffnung in einen dunklen Raum eindringt, an Staub- oder Dunstpartikeln gestreut wird und anscheinend in Form von geraden Strahlen einfällt. Licht breitet sich demnach geradlinig aus.

Auch heute können wir uns leicht, z. B. mit einem Laserpointer, von der geradlinigen, strahlenförmigen Ausbreitung des Lichts überzeugen. Allerdings sehen wir den Laserstrahl von der Seite nur dann, wenn wir z. B. Rauch, Staub oder feine Wassertröpfchen in den Strahl bringen. Dieses Experiment offenbart eine erste überraschende Eigenschaft des Lichtes: Wir können das Licht eigentlich gar nicht sehen.

Nur wenn Licht direkt in unser Auge fällt, erzeugt es in den Sehzellen der Netzhaut einen Lichtreiz, den wir wahrnehmen. Wir können ein Objekt nur dann sehen, wenn es entweder selbst leuchtet oder das Licht von seiner Oberfläche reflektiert wird und danach direkt in unsere Augen fällt.

Mit einem Glasprisma kann das Sonnenlicht in Spektralfarben zerlegt werden, weil die Farbanteile des Lichtes beim Übergang von Luft in Glas unterschiedlich stark gebrochen werden. Anschließend können die farbigen Lichtanteile mit einer Sammellinse wieder zu weißem Licht zusammengeführt werden. Das uns bekannte Spiegelbild entsteht, weil das Licht an einer glatten Metalloberfläche im selben Winkel reflektiert wird, wie es eingefallen ist.

All das sind elementare Eigenschaften des Lichts, die sich durch Beobachtung und einfache Experimente direkt nachweisen lassen. Die zentrale Frage, die sich dabei stellt, ist die nach der *Natur des Lichtes*. Wie muss das Licht beschaffen sein, damit es die oben besprochenen Eigenschaften hervorbringen kann? Oder anders gefragt: Durch welches Modell lässt sich das Verhalten von Licht am treffendsten erklären?

Dieser Frage gehen wir im ersten Teil dieses Buches nach. Wir beschäftigen uns ausführlich mit der Wellentheorie, weil das Verhalten von Wellen in der Quantentheorie von zentraler Bedeutung ist. Leserinnen und Leser, die sich in diesen grundlegenden Dingen bereits gut auskennen, können die ersten beiden Kapitel darin überspringen.

Das dritte Kapitel hingegen beschreibt den fotoelektrischen Effekt, der für die Quantenmechanik zentral ist, da dieser erste Hinweise auf die Quantennatur des Lichtes lieferte. Eine tiefere Begründung dafür kam von Max Planck und Albert Einstein. Diese ist Thema des vierten Kapitels. Es ist mathematisch etwas anspruchsvoll, aber keine Sorge, die mathematischen Ausführungen sollen nur einen Einblick in die Vorgehensweise der Physiker geben und sind für das weitere Verständnis nicht erforderlich.

Kap. 6, das Fazit dieses I. Teils, geht der Frage nach der Natur des Lichts nach. Dort sind die Ergebnisse und Schlussfolgerungen zusammengefasst. Diese sind für den weiteren Verlauf von zentraler Bedeutung.

2 Das Teilchenmodell des Lichts

Zusammenfassung

Die geradlinige Ausbreitung des Lichts ähnelt der geradlinigen Bewegung eines Körpers, der sich einmal angestoßen ohne Einwirkung von außen auf einer geradlinigen Bahn mit konstanter Geschwindigkeit bewegt. Daher ist die Vorstellung naheliegend, dass auch das Licht aus kleinen Teilchen bestehen könnte.

2.1 Newtons Mechanik

Einer der ersten, der die Eigenschaften des Lichts systematisch untersuchte, war Isaac Newton. In seinem Werk *Opticks: or a Treatise of the Reflections, Refractions, Inflections and Colours of Light* aus dem Jahr 1704 beschreibt er ausführlich die Ergebnisse seiner umfangreichen Untersuchungen, die bis heute an den Schulen und Universitäten als geometrische Optik gelehrt werden. Neben seinen beschreibenden Aussagen stellt er auch Überlegungen über die Natur des Lichts an, die er nicht direkt aus seinen Experimenten ableiten kann, die ihm aber aufgrund seines mechanistischen Verständnisses plausibel erscheinen. Zuvor hatte Newton 1686 in seinem Werk *Philosophiae Naturalis Principia Mathematica* (Mathematische Prinzipien der Naturphilosophie) die Grundgesetze der klassischen Mechanik herausgearbeitet. Grundlage dieses Werkes bilden drei Axiome und einige Zusätze, die weiter unten näher erläutert werden, sowie das Gravitationsgesetz, welches die Anziehung zwischen materiellen Körpern beschreibt. Vielen bekannt ist die Anekdote von Newton unter dem Apfelbaum in seinem Garten. Ein fallender Apfel soll ihm den Anstoß gegeben haben, tiefer über die Schwerkraft nachzudenken.

Die grundlegendste Eigenschaft der Materie ist die Trägheit. Schon Galileo Galilei erkannte, dass sich ein Körper auf einer geraden Bahn mit konstanter Geschwindigkeit bewegt, sofern dieser keine resultierenden Einwirkungen (Kräfte) von außen erfährt. Newton erkannte die Bedeutung dieser Aussage (auch als Trägheitssatz bekannt) und setzte sie als erstes seiner drei Axiome fest.

H. M. Rubin, *Vom Doppelspalt zum Quantencomputer*, https://doi.org/10.1007/978-3-662-71207-8_2

Das zweite Axiom stellt eine Beziehung zwischen Kraft, Masse und Beschleunigung her. Masse ist dabei als eine Mengenangabe zu verstehen, die angibt, wie viel Materie in einem Körper enthalten ist. Je größer die Masse eines Körpers ist, desto stärker muss auf ihn eingewirkt werden, um seinen Bewegungszustand (Geschwindigkeit, Richtung) zu verändern. Die uns heute bekannte Formel $\vec{F} = m\vec{a}$ (Kraft gleich Masse mal Beschleunigung) wurde erst nach Newtons Tod von dem Schweizer Mathematiker Leonhard Euler um 1750 eingeführt.

Das dritte Axiom erklärt, wie Kräfte zustande kommen. Demnach entstehen Kräfte zwischen zwei Körpern durch eine Wechselwirkung (z. B. Stöße). Dabei üben die beiden Körper unabhängig von ihren Massen immer gleich große und entgegengesetzte Kräfte aufeinander aus. Ein Ball, der senkrecht auf den Boden fällt, drückt beim Aufprall auf den Boden. Der Boden reagiert mit einer gleich großen Kraft auf den Ball in entgegengesetzter Richtung. Dadurch wird der Ball wieder vertikal nach oben zurückgeworfen.

Das Gravitationsgesetz schließlich besagt, dass sich alle materiellen Körper gegenseitig anziehen (auch über sehr große Distanzen). Dabei ist die Anziehungskraft umso größer, je größer die Massen der beiden Körper sind und umso kleiner, je größer der gegenseitige Abstand der Körper wird.

Diese Gesetze bilden die Grundlage der klassischen Mechanik, so wie wir sie heute noch nutzen, und die genügen, um z. B. von der Erde zum Mond und wieder zurück zu fliegen [1]. Seinerzeit bildeten sie aber die Basis des damaligen Weltbilds sowie auch die Grundlage für Newtons Erklärungen bzw. Vorstellungen der optischen Phänomene.

2.2 Reflexion und Brechung

Licht wird an den Oberflächen der Körper reflektiert. Ist die Oberfläche rau, ist die Reflexion diffus und wir erkennen Textur und Farbe der Körperflächen. Ist die Oberfläche hingegen glatt, wie z. B. bei einer polierten Metalloberfläche oder einer Glasfläche, geschieht die Reflexion nach einem einfachen Gesetz. Einfallswinkel und Reflexionswinkel sind immer gleich groß. Bei einer Glasfläche geht aber der größte Teil des Lichts in das Glas hinein und ändert dabei seine Richtung.

Die Abb. 2.1 zeigt diesen Sachverhalt an einem Demonstrationsexperiment. Auf einer kreisrunden Scheibe mit einer Gradeinteilung ist eine halbkreisförmige Glasscheibe befestigt. Von links kommend ist das Streiflicht eines Laserstrahls erkennbar, der auf die Mitte der Scheibe gerichtet ist. Ein Teil des Laserstrahls wird an der Glasfläche reflektiert. Dabei gilt nach dem Reflexionsgesetz $\alpha = \alpha'$ (Einfallswinkel = Reflexionswinkel).

Der größere Teil des Lichts geht in das Glas hinein und läuft unter dem Winkel β zum Lot im Glas weiter. Dabei gilt $\beta < \alpha$. Der Brechungswinkel im Glas ist kleiner als der Einfallswinkel in der Luft.

Durch Drehen der Scheibe lassen sich für α beliebige Winkel zwischen 0° und 90° einstellen. Dabei stellt sich heraus, dass die $\sin\alpha$-Werte in einem konstanten

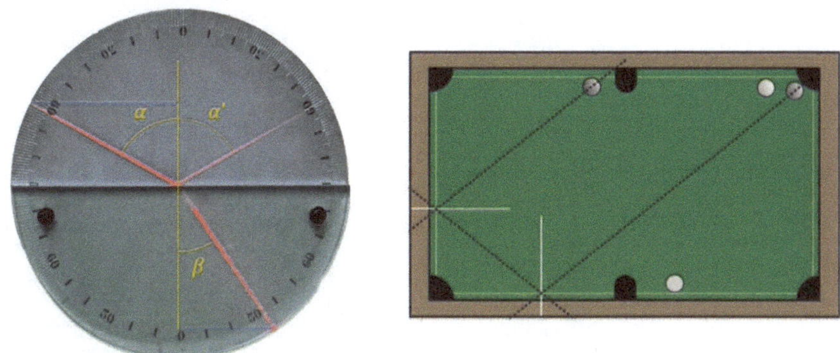

Abb. 2.1 Ähnliches Verhalten von Licht und Materie

Verhältnis n zu den $\sin\beta$-Werten stehen. Anschaulich entspricht das dem Verhältnis der beiden horizontalen Sehnenabschnitte. Als Formel geschrieben:

$$\frac{\sin\alpha}{\sin\beta} = n \tag{2.1}$$

Dies ist das *snelliussche Brechungsgesetz*, das Sie vielleicht noch aus der Schule kennen. Es wurde 1621 von Willebrord van Roijen Snell wiederentdeckt und um 1632 veröffentlicht. Korrekt angegeben wurde dieses Gesetz zum ersten Mal bereits im 10. Jahrhundert von dem persischen Mathematiker und Physiker Ibn Sahl.

Wie lässt sich dieses Verhalten des Lichts erklären?

Newton erkennt in der geradlinigen Ausbreitung des Lichts Ähnlichkeiten mit der kräftefreien Bewegung von Körpern. Einmal angestoßen bewegen sich auch diese auf einer geraden Bahn mit konstanter Geschwindigkeit.

Trifft z. B. eine Billardkugel schräg auf die Bande, wird sie unter demselben Winkel reflektiert, wie sie aufgetroffen ist. Sie verhält sich somit exakt gleich wie ein Lichtstrahl, der an einer glatten Fläche reflektiert wird. Die Abb. 2.1 oben rechts zeigt diesen Sachverhalt.

Daher scheint die Annahme, dass das Licht aus kleinen Partikeln bestehen könnte, die sich gemäß den mechanischen Gesetzen bewegen, recht naheliegend.

Geschwindigkeiten und Kräfte sind gerichtete Größen, die in der Physik durch Pfeile (Vektoren) dargestellt werden. Das Symbol für den Betrag einer Geschwindigkeit ist v (von engl. *velocity*). Das Symbol für den Betrag einer Kraft ist F (von engl. *force*). Spricht man hingegen über die Pfeile (Vektoren), so schreibt man $\vec{v}$ für den Geschwindigkeitspfeil und $\vec{F}$ für den Kraftpfeil.

Legt man ein Koordinatensystem fest (z. B. x und y), kann man für jeden Pfeil Anteile (Komponenten) in diesen Richtungen angeben. Für einen Geschwindigkeitspfeil $\vec{v}$ z. B. die Anteile $\vec{v}_x$ und $\vec{v}_y$. In der folgenden Abb. 2.2 wird diese Schreibweise verwendet, um die Reflexion und die Brechung eines Partikels zu beschreiben.

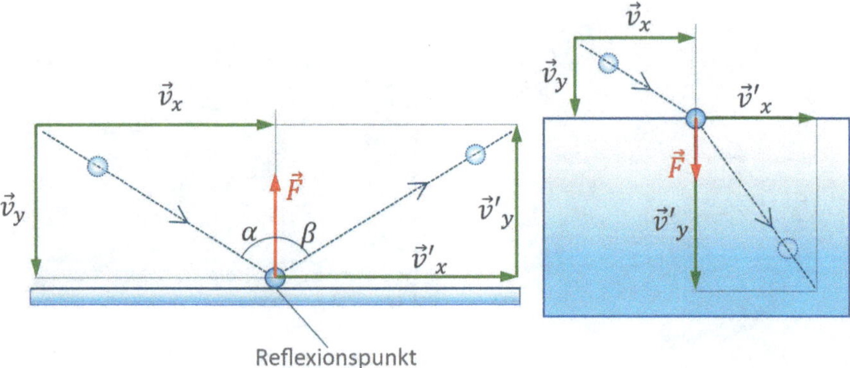

Abb. 2.2 Links: Elastische Reflexion eines Teilchens an einer starren Wand. Rechts: Richtungsänderung von Lichtteilchen, die z. B. von Luft in Glas übergehen

Im linken Bild von Abb. 2.2 wird die Geschwindigkeit eines von links oben kommenden Teilchens durch den Geschwindigkeitspfeil $\vec{v}$ dargestellt. Dieser hat einen horizontalen Anteil $\vec{v}_x$ und einen vertikalen Anteil $\vec{v}_y$. Trifft das Teilchen auf die Oberfläche, erfährt es die Reaktionskraft der Oberfläche, welche durch den senkrecht zur Oberfläche stehenden Kraftpfeil $\vec{F}$ dargestellt ist. Auf ein vollständig elastisches Teilchen wirkt diese Kraft zunächst abbremsend und anschließend wieder beschleunigend. Dadurch wird die Kugel mit derselben Geschwindigkeit $\vec{v}\prime_y = -\vec{v}_y$ zurückgeworfen. In horizontaler Richtung hingegen wirkt keine Kraft. Deshalb bleibt diese Komponente der Geschwindigkeit unverändert $\vec{v}\prime_x = \vec{v}_x$. Die gestrichenen Symbole stehen für die Größen nach dem Stoß. Die Pfeile $\vec{v}$, $\vec{v}_x$ und $\vec{v}_y$ sowie $\vec{v}'$, $\vec{v}\prime_x$ und $\vec{v}\prime_y$ spannen die beiden spiegelgleichen, grau unterlegten Dreiecke auf. Daraus folgt, dass die Winkel α und β gleich groß sind.

Das rechte Bild zeigt die Verhältnisse für Lichtteilchen, die in das Glas eintreten. Newton erklärt sich diese Richtungsänderung unter der Annahme, dass der Glaskörper eine zusätzliche, ins Innere gerichtete Schwerkraft auf die Teilchen ausübt.

Weil ein Glasprisma das Sonnenlicht in Spektralfarben zerlegt, muss Newton zur Erklärung dieses Phänomens annehmen, dass die Farben durch unterschiedlich schwere oder große Lichtteilchen zustande kommen. Weil das violette Licht stärker abgelenkt wird und zusätzlich auch als weniger leuchtend empfunden wird im Vergleich zu den helleren Farben, vermutet er, dass die violetten Lichtteilchen eine geringere Masse haben sollten als die grünen, gelben oder roten Teilchen. Umgekehrt hätten dann die roten Teilchen die größte Masse.

Schließlich müssten sich die Teilchen im Glas auch schneller ausbreiten als in der Luft, weil die zusätzliche Kraft des Glases gemäß dem zweiten Axiom die vertikale Komponente $\vec{v}\prime_y$ vergrößert. Aber lassen wir Newton am besten selbst erklären, wie er sich das genau vorstellt. Newton schreibt [2]:

1. Definition. *Unter Lichtstrahlen verstehe ich die kleinsten Teilchen des Lichts, und zwar sowohl nacheinander in denselben Linien, als gleichzeitig in verschiedenen.*

Denn, es ist klar, dass das Licht sowohl aus successiven, wie aus gleichzeitigen Teilchen besteht, da man an der nämlichen Stelle das in einem bestimmten Augenblick ankommende Licht auffangen und gleichzeitig das nachkommende vorbeilassen kann, und ebenso kann man im nämlichen Augenblick das Licht an einer Stelle auffangen und an einer andern vorbeilassen. Denn das aufgefangene Licht kann nicht dasselbe sein, wie das vorbeigelassene. Das kleinste Licht oder Lichtteilchen, welches getrennt von dem übrigen Licht für sich allein aufgefangen oder ausgesandt werden kann, oder allein etwas tut oder erleidet, was das übrige Licht nicht tut, noch erleidet, – dies nenne ich einen Lichtstrahl.

Frage 29. *Bestehen nicht die Lichtstrahlen aus sehr kleinen Körpern, die von den leuchtenden Substanzen ausgesandt werden? Denn solche Körper werden sich durch ein gleichförmiges Medium in geraden Linien fortbewegen, ohne in den Schatten auszubiegen, wie es eben die Natur der Lichtstrahlen ist: Sie werden auch verschiedener Eigentümlichkeiten fähig und im Stande sein, dieselben unverändert beim Durchgang durch mehrere Media beizubehalten, was ebenfalls bei Lichtstrahlen der Fall ist.*
Durchsichtige Substanzen wirken aus der Entfernung auf die Lichtstrahlen, indem sie dieselben brechen, zurückwerfen und beugen, und die Strahlen wirken umgekehrt auf die Teilchen dieser Substanzen aus einiger Entfernung, indem sie sie erwärmen. Diese Wirkung und Gegenwirkung aus der Entfernung gleichen doch außerordentlich einer zwischen den Körpern wirkenden anziehenden Kraft.
Wenn die Brechung durch eine Anziehung der Strahlen zustande kommt, so muss der Sinus des Einfalls in einem gegebenen Verhältnisse zum Sinus der Brechung stehen....
Lichtstrahlen, die aus Glas in den leeren Raum gehen, werden nach dem Glas hin gebogen, und wenn sie zu schief auf das Vakuum fallen, rückwärts in das Glas umgelenkt und total reflektiert. Diese Reflexion kann nicht dem Widerstand des absolut leeren Raumes zugeschrieben werden, sondern muss die Folge einer anziehenden Kraft des Glases sein, welche die Strahlen bei ihrem Austritt in das Vakuum nach dem Glas zurückzieht.
Um alle Verschiedenheiten in den Farben und den Graden der Brechbarkeit hervorzubringen, ist nichts weiter erforderlich, als, dass die Lichtstrahlen aus Körperchen von verschiedener Größe bestehen, von denen die kleinsten das Violett erzeugen, die schwächste und dunkelste der Farben, welche auch am leichtesten durch brechende Flächen vom geradlinigen Wege abgelenkt wird, und von denen die übrigen in dem Maße, wie sie größer und größer werden, die stärkeren und leuchtenderen Farben, Blau, Grün, Gelb und Roth bilden und immer schwerer abgelenkt werden.

Soweit Newtons Vorstellungen. Neben den unbestreitbaren Fakten enthält die Theorie einige Annahmen, die zu der damaligen Zeit nicht experimentell überprüft werden konnten. So gab es noch keine Möglichkeit, die Lichtgeschwindigkeit im Glas zu messen. Erst viel später, um 1850, gelang es Léon Foucault, die Lichtgeschwindigkeit in durchsichtigen Medien zu messen.

Auch die Aufteilung in einen reflektierten und einen gebrochenen Strahl ist nicht unproblematisch. Durch welchen Mechanismus wäre bestimmt, welche Lichtteilchen an der Glasfläche reflektiert werden und welche in das Glas eindringen?

Beugungserscheinungen waren damals schon bekannt, aber mit diesem Modell nicht zu erklären. Deshalb ist es nicht erstaunlich, dass es auch andere, konkurrierende Modelle gab.

Die Wellentheorie des Lichts 3

Zusammenfassung

Wellen breiten sich auf ähnliche Weise aus wie Teilchen. Sie werden auf dieselbe Weise reflektiert und beim Übergang in ein anderes Medium gebrochen. Mit der Wellentheorie lässt sich sogar das Brechungsgesetz mathematisch korrekt herleiten. Deshalb ist die Vorstellung von Licht als Wellenerscheinung ebenfalls naheliegend.

3.1 Das Prinzip von Huygens

Christiaan Huygens, ein niederländischer Astronom, Mathematiker und Physiker und ein Zeitgenosse Newtons, entwickelte eine andere Vorstellung von der Natur des Lichts. Er fasste das Licht als Wellenerscheinung auf und konnte mit dieser Vorstellung die Reflexion und die Brechung des Lichts richtig beschreiben. Aus seiner Theorie geht auch das Brechungsgesetz mathematisch korrekt hervor (s. Abschn. 3.2).

Ausgangspunkt dieser Vorstellung ist ein Naturphänomen, das zunächst nichts mit der Ausbreitung des Lichts zu tun zu haben scheint. Wirft man einen Stein ins Wasser, bildet sich um die Eintauchstelle eine kreisförmige Welle aus, wie in Abb. 3.1 dargestellt.

An der Eintauchstelle des Steins beginnt das Wasser auf- und ab- zu schwingen. Diese Bewegung überträgt sich in alle Richtungen gleichmäßig auf die benachbarten

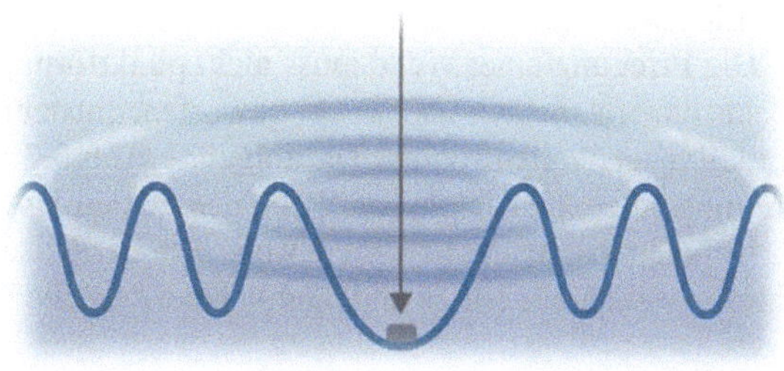

Abb. 3.1 Wirft man einen Stein ins Wasser, so breiten sich kreisförmige Wellen von der Einschlagstelle gleichmäßig in alle Richtungen aus

H. M. Rubin, *Vom Doppelspalt zum Quantencomputer*, https://doi.org/10.1007/978-3-662-71207-8_3

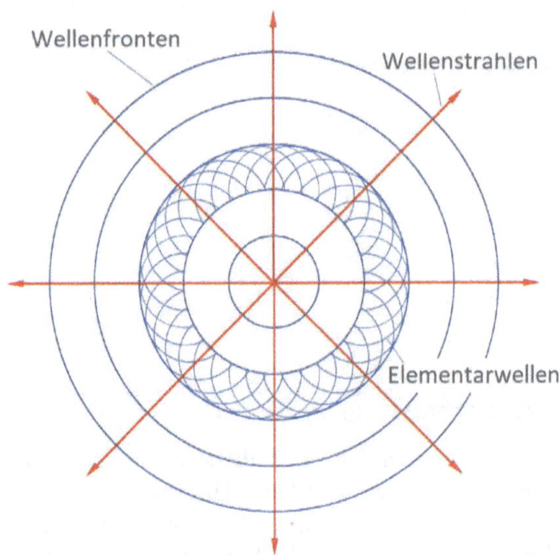

Abb. 3.2 Veranschaulichung der von einer kreisförmigen Wellenfront ausgehenden Elementarwellen

Wasserteilchen. So entsteht eine Kreiswelle. Die Erhebungen der Wasseroberfläche nennt man Wellenberge und die Vertiefungen Wellentäler. Diese sind an den Hoch- und Tiefpunkten der in Abb. 3.1 eingezeichneten Querschnittlinie erkennbar.

Gemäß Huygens unterscheidet sich ein beliebiger Punkt einer Kreiswelle grundsätzlich nicht vom Zentrum der Wellenausbreitung. An jeder Stelle schwappt das Wasser auf und ab, wie wenn dort ein Stein hineingefallen wäre. Daraus schließt Huygens, dass von jeder Stelle einer Welle Kreiswellen (er spricht von Elementarwellen) in alle Richtungen ausgehen. In und entgegen der Ausbreitungsrichtung der ursprünglichen Welle entstehen kontinuierlich Elementarwellen, die sich zu neuen Wellenfronten formieren. Die Abb. 3.2 unten zeigt die Formierung einer neuen Wellenfront, ausgehend von der vorherigen Front.

Die Wellenfronten sind die sichtbaren Erhebungen und Vertiefungen der Wasseroberfläche, die sich vom Wellenzentrum wegbewegen.

Die Wellenstrahlen sind nur gedachte Linien, welche die Ausbreitungsrichtung der Wellenfronten angeben.

Das hier am Beispiel für Wasserwellen veranschaulichte Prinzip gilt für alle Arten der Wellenausbreitung. In der Strahlenoptik benutzt man nur die Wellenstrahlen, um die Lichtwege zu zeichnen.

Die Erregung einer Welle muss nicht punktförmig sein. Wird z. B. anstelle eines Steins ein Holzbalken ins Wasser geworfen, entsteht ein anderes Wellenmuster mit geradlinigen Wellenfronten. Die folgende Abb. 3.3 zeigt die Entstehung und Ausbreitung einer solchen ebenen Welle gemäß dem *huygensschen Prinzip.*

Nehmen wir an, der Erreger bewege sich periodisch und harmonisch[1] auf und ab, dann entsteht eine zeitlich und räumlich periodische Welle. Machen wir in Gedanken

[1] Eine Schwingung ist harmonisch, wenn die Auslenkung zeitlich sinusförmig verläuft.

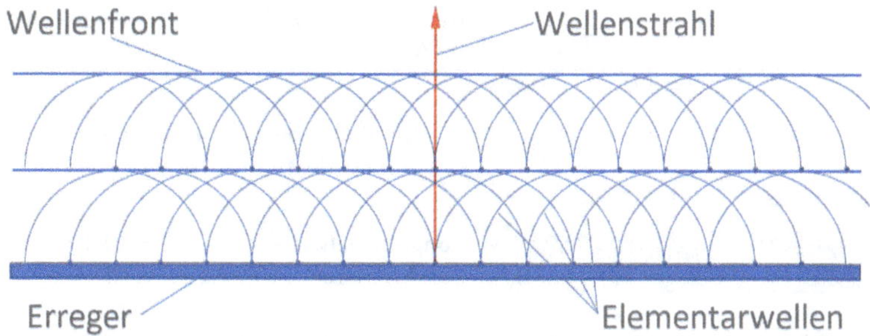

Abb. 3.3 Veranschaulichung der von einer ebenen Wellenfront ausgehenden Elementarwellen

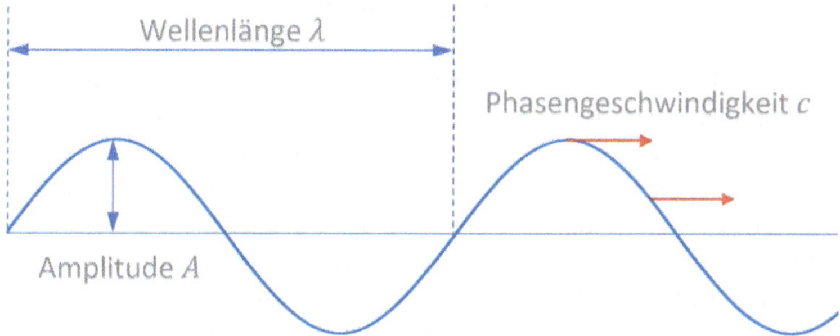

Abb. 3.4 Allgemeine Kenngrößen einer fortlaufenden Welle

eine Momentaufnahme eines Schnittes entlang eines Wellenstrahls dieser Welle, zeigt sich das folgende Bild (Abb. 3.4):

Das Bild stellt die momentanen Auslenkungen der Wasseroberfläche für einen bestimmten Zeitpunkt dar. Die maximale Auslenkung aus der Gleichgewichtslage (Niveau der ungestörten Wasseroberfläche) nennt man Amplitude A. Der Abstand zwischen zwei Wellenbergen, zwei Wellentälern oder zwei Punkten gleicher Phase heißt Wellenlänge λ.

Mit fortlaufender Zeit bewegt sich dieses Bild mit der Wellengeschwindigkeit c z. B. von links nach rechts. Mit dieser Geschwindigkeit bewegt sich auch ein Wellenberg bzw. ein Wellental oder ein beliebiger Punkt mit konstanter Phase. Sie wird deshalb auch Phasengeschwindigkeit genannt. Nachdem ein Teilchen an einer Stelle während der Periode T eine vollständige Schwingung ausgeführt hat (z. B. vom höchsten Punkt zum tiefsten Punkt und wieder zurück), ist ein Wellenberg bzw. ein Wellental um die Strecke einer Wellenlänge λ weitergelaufen.

Falls sich die Welle in einem homogenen Medium mit konstanter Geschwindigkeit ausbreitet, gilt für die Wellen- bzw. Phasengeschwindigkeit

$$c = \frac{\lambda}{T} = \lambda f \tag{3.1}$$

Dabei ist f die Frequenz. Sie ist reziprok zur Periode T: $f = \frac{1}{T}$.

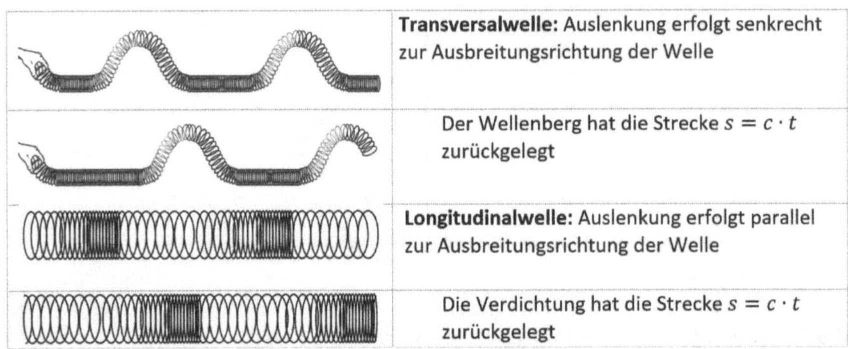

Abb. 3.5 Vergleich von Transversal- und Longitudinalwellen

Was hier an Wasserwellen veranschaulicht wurde, lässt sich auf alle Arten von Wellen übertragen, wie z. B. Seilwellen, Federwellen, Schallwellen, elektromagnetische Wellen etc. Dabei muss man zwei grundsätzlich unterschiedliche Arten der Wellenausbreitung unterscheiden: *Längswellen* (Longitudinalwellen) und *Querwellen* (Transversalwellen) (Abb. 3.5):

Schallwellen in Fluiden sind Longitudinalwellen, da sie die Ausbreitung von Druckschwankungen darstellen. Elektromagnetische Wellen sind reine Transversalwellen. Die Änderung der elektrischen und magnetischen Felder erfolgt senkrecht zur Ausbreitungsrichtung der Wellen. Wasserwellen bestehen aus einer Mischung der beiden Wellenarten.

Bei einem Erdbeben entstehen sowohl longitudinal- (Primär- oder P-Wellen) als auch Transversalwellen (Sekundär- oder S-Wellen). Die Ausbreitungsgeschwindigkeit der P-Wellen ist größer als jene der S-Wellen. Das ermöglicht es, aus der Zeitdifferenz des Eintreffens der beiden Wellen an einer Messstation die Entfernung des Epizentrums zu berechnen.

3.2 Herleitung des Reflexions- und Brechungsgesetzes

Das Brechungsgesetz ergibt sich aus dem Prinzip von Huygens auf einfache Weise. Betrachten wir dazu eine ebene Welle, die im Medium 1 mit der Geschwindigkeit c_1 auf eine ebene Grenzfläche zum Medium 2 trifft. Ein Teil der Welle wird an der Grenzfläche reflektiert und der andere Teil dringt in das Medium 2 ein und breitet sich dort mit der Geschwindigkeit c_2 fort. Dabei soll $c_2 < c_1$ sein. Das könnte z. B. ein Lichtstrahl sein, der von Luft in Glas übergeht. In der Luft beträgt die Lichtgeschwindigkeit etwa $c_1 \approx 300.000\ km/s$. Im Glas hingegen ist sie deutlich kleiner und beträgt dort nur noch ca. $c_2 \approx 200.000\ km/s$.

Das Verhältnis der beiden Geschwindigkeiten nennt man den Brechungsindex n zwischen Luft und Glas. Für dieses Beispiel gilt demnach:

$$\frac{c_1}{c_2} = n = 1{,}5 \tag{3.2}$$

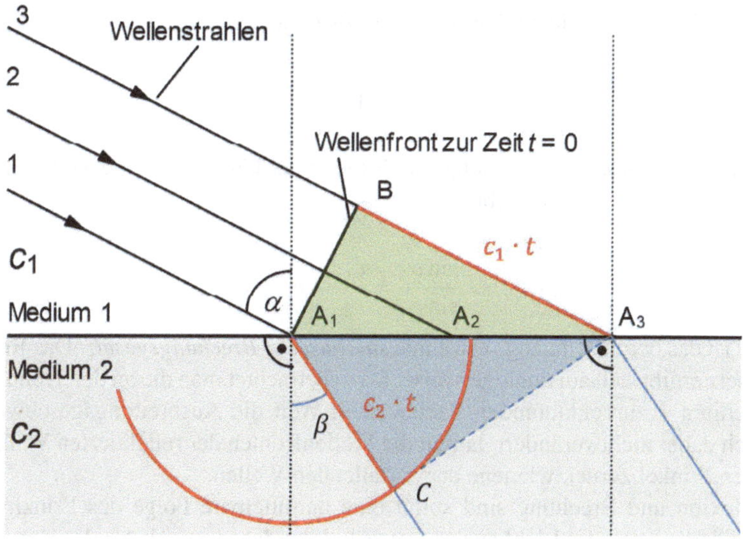

Abb. 3.6 Wellenstrahlen und Fronten an der Grenzfläche zweier Medien

In der folgenden Abb. 3.6 betrachten wir vereinfachend nur drei Wellenstrahlen sowie eine Wellenfront des einfallenden Strahles. Gezeichnet ist die Wellenfront eines von links oben einfallenden Strahles in dem Moment, in dem Teilstrahl 1 im Punkt A_1 auf die Grenzfläche trifft:

Von diesem Punkt aus geht nun einerseits gemäß Huygens eine halbkreisförmige Welle zurück ins Medium 1 (Luft) und andererseits eine weitere halbkreisförmige Welle ins Medium 2. Etwas später trifft der Teilstrahl 2 im Punkt A_2 auf die Grenzfläche und löst dort ebenfalls eine Halbkreiswelle im Medium 1 und eine im Medium 2 aus. Noch etwas später trifft schließlich auch der Teilstrahl 3 im Punkt A_3 auf die Grenzfläche. Jetzt müssen wir uns nur noch überlegen, wie weit die Halbkreiswellen von A_1 und A_2 bis zu diesem Zeitpunkt im Medium 2 gekommen sind.

Während der Strahl 3 für die Strecke $\overline{BA_3} = c_1 t$ die Zeit t benötigt, hat sich die Halbkreiswelle im Medium 2 in derselben Zeit von Punkt A_1 ausgehend nur um die Strecke $c_2 t$ ausgebreitet. Zeichnen Sie zur Verdeutlichung die vom Punkt A_2 ausgehende Kreiswelle im Medium 2 selbst ein. Sie erreicht gleichzeitig mit der ersten Welle von Punkt A_1 die Verbindungslinie $\overline{CA_3}$. Alle von den Punkten zwischen A_1 und A_3 ausgehenden Kreiswellen erreichen gleichzeitig diese Verbindungslinie zwischen C und A_3. Deshalb bilden alle von der Trennfläche nacheinander ausgehenden Kreiswellen die Wellenfront der im Glas weiterlaufenden, gebrochenen Welle.

Vergleichen wir nun die beiden grau unterlegten, rechtwinkligen Dreiecke, erkennen wir zunächst, dass sie eine gemeinsame Hypotenuse $\overline{A_1 A_3}$ haben. Der Winkel α im oberen Dreieck entspricht dem Winkel im Punkt A_1. Der Winkel β im unteren Dreieck entspricht dem Winkel im Punkt A_3.

Daraus lassen sich die beiden folgenden Beziehungen ablesen:

$$\frac{c_1 t}{\overline{A_1 A_3}} = \sin\alpha \quad \text{und} \quad \frac{c_2 t}{\overline{A_1 A_3}} = \sin\beta \tag{3.3}$$

Teilt man die zweite Gleichung durch die erste, kürzen sich die Zeit t und die Strecke $\overline{A_1 A_3}$ weg und es bleibt:

$$\frac{\sin\alpha}{\sin\beta} = \frac{c_1}{c_2} = n \tag{3.4}$$

Das ist das bereits eingangs erwähnte *snelliussche Brechungsgesetz*. Das Reflexionsgesetz ergibt sich auf analoge Weise. Dazu betrachtet man die an der Trennfläche ins Medium 1 zurücklaufenden Kreiswellen. Weil die Ausbreitungsgeschwindigkeit sich dabei nicht verändert, laufen die Wellenfronten der reflektierten Wellen im gleichen Winkel zurück wie jene der einfallenden Wellen.

Reflexion und Brechung sind somit eine unmittelbare Folge des Prinzips von Huygens. Weil sich das Licht auch so verhält, liegt daher umgekehrt die Vermutung nahe, dass es sich bei Licht um eine Wellenerscheinung handeln könnte. Schauen wir, was Huygens in seinem Werk *Traité de la Lumière* von 1690 [3] dazu schreibt:

Es ist aber nötig, den Ursprung dieser Wellen und die Art ihrer Fortpflanzung noch eingehender zu betrachten. Zunächst folgt nämlich aus den obigen Bemerkungen über die Erzeugung des Lichtes, dass jede kleine Stelle eines leuchtenden Körpers, wie der Sonne, einer Kerze oder einer glühenden Kohle, ihre Wellen erzeugt, deren Mittelpunkt diese Stelle ist.

Hinsichtlich der Fortpflanzung dieser Wellen ist ferner noch zu bedenken, dass jedes Teilchen des Stoffes, in welchem eine Welle sich ausbreitet, nicht nur dem nächsten Teilchen, welches in der von dem leuchtenden Punkt aus gezogenen, geraden Linie liegt, seine Bewegung mitteilen muss, sondern notwendig allen übrigen davon abgibt, welche es berühren und sich seiner Bewegung widersetzen. Daher muss sich um jedes Teilchen eine Welle bilden, deren Mittelpunkt dieses Teilchen ist.

Die folgende Abb. 3.7 aus Huygens' Werk zeigt, wie er sich die Ausbreitung von Lichtwellen vorstellt. Demnach entsteht eine neue Wellenfront aus der Überlagerung aller Kreiswellen, die in der vorangegangenen Wellenfront entstanden sind.

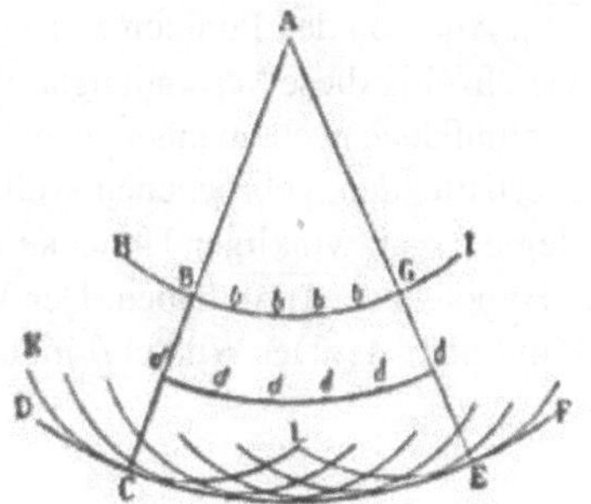

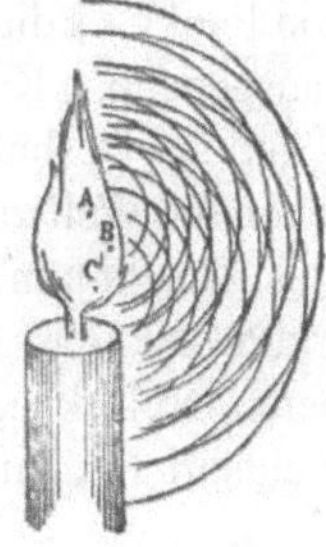

Abb. 3.7 Veranschaulichung des huygensschen Prinzips: Links allgemein und rechts bei Licht

Insbesondere glaubt er, dass sich auch das Licht wellenartig ausbreitet und die Ausbreitung durch sein einfaches Prinzip beschrieben werden kann. Im Gegensatz zu Newton Auffassung müsste sich das Licht gemäß Huygens in Glas oder Wasser langsamer ausbreiten als in Luft. Wie gesagt, konnte diese Frage erst um 1850 von Léon Foucault experimentell zugunsten von Huygens geklärt werden[2].

Licht zeigt aber noch weitere Erscheinungen, die für seine wellenartige Ausbreitung sprechen. Dazu gehören Beugungs- und Interferenzphänomene, die wir im Folgenden besprechen werden.

3.3 Beugungserscheinungen

Auch dieses Phänomen lässt sich mit Wasserwellen sehr gut veranschaulichen. Betrachten Sie dazu die folgende Abb. 3.8. Ebene Wasserwellen laufen von links unten auf eine Hafenmole zu. Hinter der Aufschüttung laufen die Wellen nach links in den Schattenraum hinein. Die Wellenfronten werden dabei abgebogen bzw. gebeugt. Daher stammt auch der Name des Phänomens. Wie kommt es dazu?

Erinnern wir uns an die huygensschen Elementarwellen und zeichnen die Situation schematisch auf, wird die Antwort sofort ersichtlich (s. Abb. 3.9):

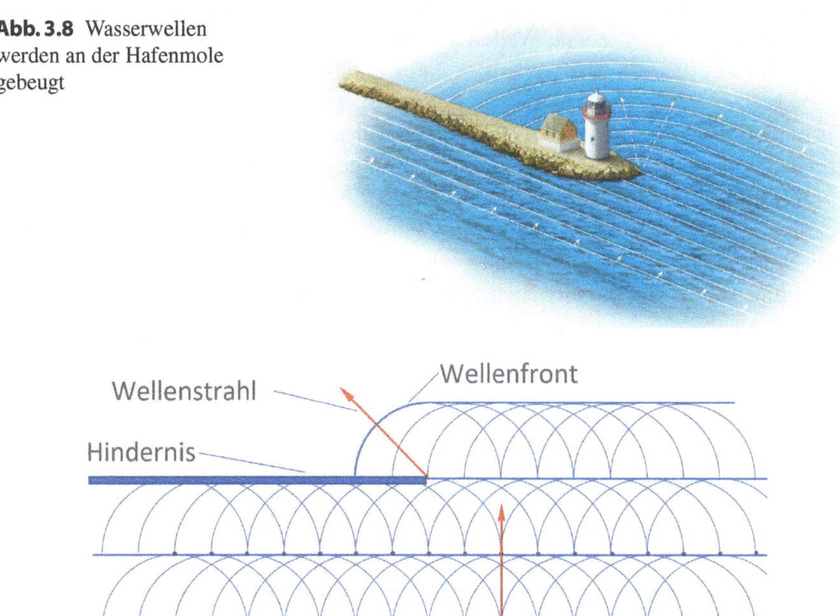

Abb. 3.8 Wasserwellen werden an der Hafenmole gebeugt

Abb. 3.9 Elementarwellen an der Hafenmole schematisch gezeichnet

---

[2] Bis dahin war nur der Wert der Lichtgeschwindigkeit im leeren Raum bekannt, wie sie von Ole Römer mithilfe der Verfinsterungszeitpunkte des Jupitermonds Io 1676 gemessen wurde [4].

Abb. 3.10 Ebene Wellen treffen auf ein Hindernis mit einem Spalt

Durch eine Hafenmole oder ein ähnlich geformtes Hindernis wird die Ausbreitung der Wellen einseitig behindert. Hinter dem Hindernis können sich deshalb keine linearen Wellenfronten mehr bilden. Die an der Kante des Hindernisses entstehenden Elementarwellen können nun frei in den Schattenraum hineinlaufen.

Denkbar wäre auch ein Hafendamm, der den Hafen von zwei Seiten einschließt und nur eine kleine Öffnung für die Schiffe lässt. Was wird dann geschehen, wenn wie zuvor beschrieben, ebene Wellen auf diese Öffnung zulaufen? Diese Situation lässt sich mit einem Wasserwellensimulator untersuchen. Die Abb. 3.10 zeigt das Ergebnis:

Mit dem Prinzip von Huygens vor Augen sollte uns dieses Bild nicht mehr überraschen. Sicher fällt es Ihnen nicht mehr schwer zu erklären, weshalb sich hinter der Öffnung eine halbkreisförmige Welle bildet.

Zeichnen wir auch hier die Situation schematisch nach. Lief die Welle im vorherigen Beispiel nur auf der linken Seite in den Schattenraum, läuft sie jetzt auf beiden Seiten hinter dem Spalt in alle Richtungen weiter (Abb. 3.11).

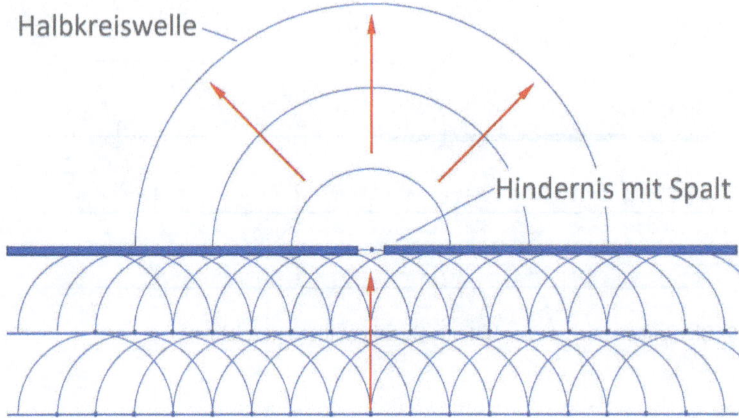

Abb. 3.11 Elementarwellen an einem Hindernis mit Spalt

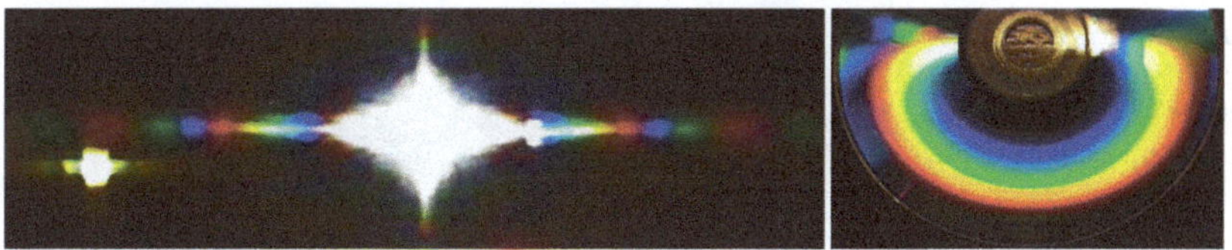

Abb. 3.12 Farbenspiel hinter einem feinmaschigen Vorhang und an einer CD

Dies können wir auf zwei Arten erklären:

- Die einlaufende ebene Welle führt im Spalt zu einer Auf-und-ab-Bewegung der Wasserteilchen. Gemäß dem Prinzip von Huygens muss von diesem Spalt aus eine Elementarwelle kreisförmig in alle Richtungen ausgehen.
- Wir können den Spalt auch als Filter auffassen, der aus der einfallenden, linearen Wellenfront eine Elementarwelle herausfiltert, und auf diese Weise das huygenssche Prinzip direkt sichtbar macht.

Wie man es auch betrachten will, das Beispiel zeigt, wie Wellen Hindernisse umgehen bzw. durchdringen können. Aus Ihrer Alltagserfahrung sollte Ihnen dieses Phänomen vertraut sein, auch wenn Sie es vielleicht noch nie bewusst wahrgenommen haben. Schließlich finden wir es nicht erstaunlich, wenn eine Person aus dem Nebenzimmer ruft und wir die Stimme gut hören können, obwohl wir die Person nicht direkt sehen.

Aus Ihrer Alltagserfahrung kennen Sie sicher auch die beiden folgenden Phänomene. Sie blicken im Dunkeln durch einen feinmaschigen Vorhang und sehen das Licht einer Straßenlaterne merkwürdig verschmiert und teilweise in Spektralfarben zerlegt. Oder sie betrachten die Oberfläche einer Musik-CD oder einer Film-DVD und wundern sich über das lebendige Farbenspiel. Die folgende Abbildung zeigt, was gemeint ist:

Das Bild links zeigt den Blick durch einen feinmaschigen Vorhang auf eine Straßenlaterne. Das Licht der ursprünglich annähernd kreisförmigen Lichtquelle wird in horizontaler und in vertikaler Richtung verschmiert, zusätzlich treten Farberscheinungen auf. Ähnlich die Farberscheinungen auf einer CD oder einer DVD im rechten Bild. Wie kommen diese Farben zustande? Verantwortlich dafür ist die Interferenz bzw. die Überlagerung von Wellen, in diesem Fall von Lichtwellen. Wie das zustande kommt, besprechen wir im nächsten Abschnitt.

3.4 Interferenzerscheinungen

Schauen Sie sich die nachstehende Abb. 3.13 an. Wir benutzen wieder Wasserwellen, um das Phänomen zu veranschaulichen. Der Junge und das Mädchen werfen gleichzeitig jeweils einen Stein ins Wasser. Von beiden Einschlagstellen gehen kreisförmige Wellen aus. Diese Wellen treffen und überlagern sich. Wie sieht das Wellenbild in dem Zwischenbereich, zwischen den beiden Einschlagstellen, aus?

Abb. 3.13 Zwei Steine werden gleichzeitig ins Wasser geworfen, danach überlagern sich die beiden Kreiswellen

Zeichnen wir die Situation wieder schematisch nach und bedenken, dass das Wellenbild grundsätzlich für alle Arten von Wellen zutrifft.

Erkennbar ist ein klares Muster. Es gibt Punkte, bei denen jeweils ein Wellenberg bzw. ein Wellental der einen Welle auf einen Wellenberg bzw. ein Wellental der anderen Welle trifft. Diese Punkte sind durch rot und grün gefüllte Kreise markiert. Hier addieren sich die Amplituden der beiden Wellen und wir sprechen deshalb von konstruktiver Überlagerung bzw. Interferenz.

Es gibt aber auch Punkte, bei denen jeweils ein Wellenberg der einen Welle auf ein Wellental der anderen Welle trifft. Diese Punkte sind durch weiß gefüllte Kreise markiert. An diesen Punkten addieren sich die Amplituden der beiden Wellen zu null und wir sprechen deshalb von destruktiver Überlagerung bzw. Interferenz.

Punkte die auf derselben Linie liegen, zeichnen sich dadurch aus, dass die Wellen, die dort zusammentreffen, jeweils denselben Wegunterschied Δs zu ihren jeweiligen Wellenzentren aufweisen. Also im obigen Beispiel $\Delta s = 0$, $\Delta s = \lambda$ und $\Delta s = 2\lambda$ für die Interferenzmaxima und $\Delta s = \lambda/2$ und $\Delta s = 3\lambda/2$ für die dazwischen liegenden Interferenzminima. Mathematisch gesehen liegen Punkte, die zu zwei vorgegebenen Punkten eine konstante Abstandsdifferenz haben, auf einer Hyperbel. Wir sprechen deshalb auch von Interferenzhyperbeln. Diese Interferenzhyperbeln zeichnen ein typisches Interferenzmuster. Beobachtet man umgekehrt solche Interferenzerscheinungen, kann man auf den Wellencharakter eines Phänomens schließen. Analoge Interferenzeffekte entstehen, wenn Licht- oder andere Wellen durch einen Doppelspalt – mit entsprechend gewählter Dimension – laufen.

3.5 Das Doppelspaltexperiment

Stellt man zwei Lichtquellen nahe beieinander auf, wird man keine Interferenzeffekte sehen. Die Wellenlänge des Lichts ist viel zu klein im Verhältnis zur Größe der uns zur Verfügung stehenden Lichtquellen. Außerdem müssten die beiden Lichtquellen kohärent schwingen, was kaum zu realisieren ist. Will man Interferenzerscheinungen bei Licht beobachten, muss man ein anderes Vorgehen wählen.

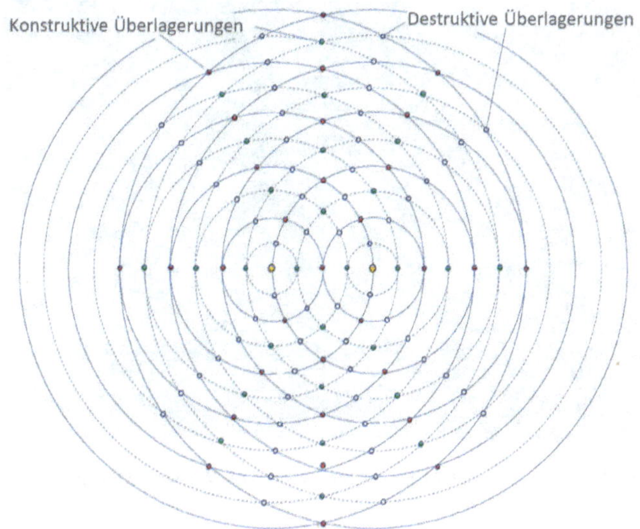

Abb. 3.14 Schematische Darstellung der Überlagerung zweier Kreiswellen

Erinnern wir uns an die Hafenmauer mit einer Eingangsöffnung. Was geschieht, wenn man einen zweiten Zugang öffnet? Gemäß dem Prinzip von Huygens werden sich hinter jeder der beiden Öffnungen Kreiswellen bilden, wenn von außen ebene Wellen einlaufen. Die folgende Abb. 3.15 zeigt die Situation zunächst wieder schematisch gezeichnet.

Die beiden Spalte wirken wie zwei kohärent schwingende Wellenzentren, die halbkreisförmige Wellen erzeugen und die sich hinter den Öffnungen überlagern. Das Bild gleicht exakt jenem von vorhin (Abb. 3.14), bei dem sich die Kreiswellen von zwei kohärent schwingenden Wellenzentren überlagert haben. Auch das lässt sich wieder mit dem Wasserwellensimulator überprüfen (Abb. 3.16):

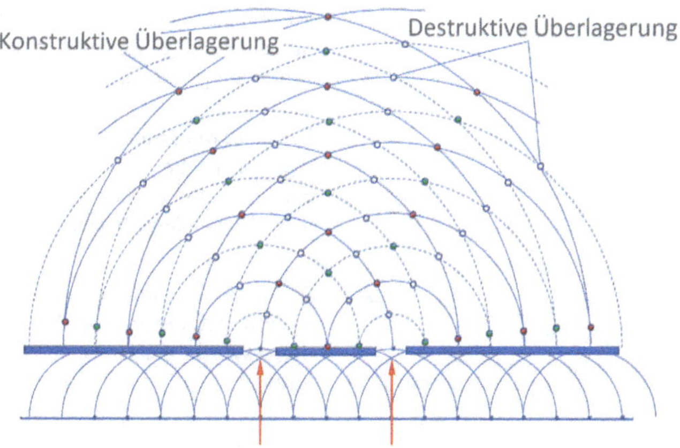

Abb. 3.15 Überlagerung der Halbkreiswellen hinter einem Doppelspalt

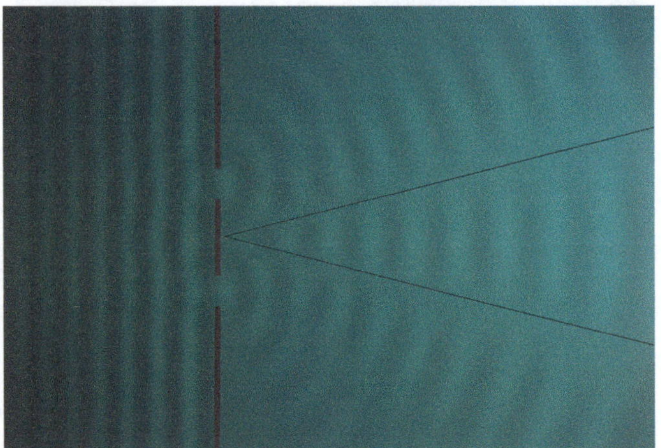

Abb. 3.16 Simulation des Doppelspaltexperiments mit dem Wasserwellensimulator

Wie bei den kohärent schwingenden Wellenzentren sind auch hier die Wegunterschiede der beiden Wellen dafür verantwortlich, dass die Wellen konstruktiv oder destruktiv interferieren.

Die folgende Abb. 3.17 soll das etwas verdeutlichen.

Wenn die Spalten weiter auseinander liegen oder wenn die Wellenlänge kleiner wird, sind weitere Nebenminima und Nebenmaxima möglich. Die allgemeinen Bedingungen lauten:

- Nebenmaximum n-ter Ordnung: $\Delta s = n\lambda \quad \text{mit} \quad n = 1, 2, 3, \ldots$
- Nebenminimum n-ter Ordnung: $\Delta s = \frac{\lambda}{2}(2n - 1)$

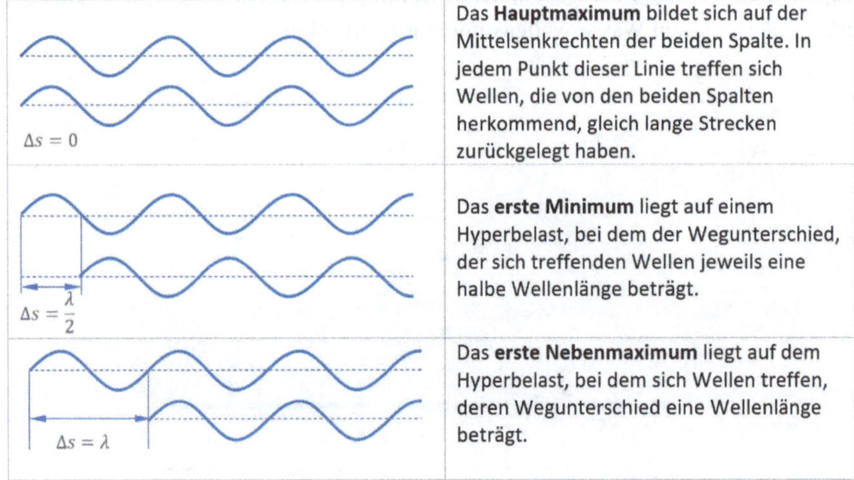

Abb. 3.17 Konstruktive und destruktive Interferenz von Wellen

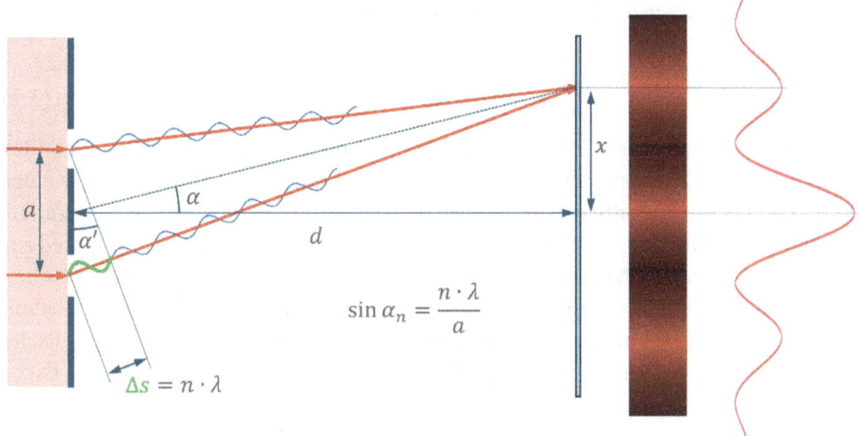

Abb. 3.18 Strahlengang zum ersten Nebenmaximum beim Doppelspaltexperiment

In welcher Größenordnung müssten nun der Abstand und die Breite der beiden Spalte liegen, damit Interferenzerscheinungen mit Licht beobachtet werden können, und wie hängt dieser Abstand mit der Wellenlänge des Lichts zusammen? Hier hilft uns die Abb. 3.18 weiter:

Wir betrachten den Strahlengang eines Laserstrahls, der von links nach rechts durch einen Doppelspalt läuft. Auf einem Schirm hinter dem Doppelspalt sieht man das Interferenzmuster.

Ganz rechts ist der Intensitätsverlauf des Interferenzmusters gezeichnet. Die beiden Lichtstrahlen rechts vom Doppelspalt laufen auf das erste Nebenmaximum oben zu. Deshalb muss der Wegunterschied der beiden Strahlen bis dorthin $\Delta s = 1\lambda$ betragen.

Näherungsweise können wir $\alpha' = \alpha$ setzen, da der Abstand $d = 2\,m$ zwischen Doppelspalt und Schirm sehr viel größer ist als der Spaltabstand $a = 63\mu m$. ($1\ \mu m = 10^{-6} m = 0{,}000001\ m$). Auch $x = 2\,cm$ ist viel kleiner als der Abstand d.

Wir können deshalb mit folgenden Näherungen rechnen

$$\frac{x}{d} = \tan \alpha \approx \sin \alpha' = \frac{\Delta s}{a} = \frac{\lambda}{a} \tag{3.5}$$

Daraus erhalten wir die Wellenlänge des Lichts näherungsweise zu

$$\lambda \approx \frac{a}{d} x = \frac{63 \times 10^{-6}\,m}{2\,m} \times 0{,}02\,m = 6{,}3 \times 10^{-7}\,m = 630 \times 10^{-9}\,m = 630\,nm \tag{3.6}$$

Das rote Licht des He-Ne-Lasers hat somit eine Wellenlänge von etwa 630 Nanometern. Das sind $6{,}3 \times 10^{-4}\,mm = 0{,}00063\,mm$, also etwas weniger als ein *tausendstel Millimeter*. Vergleichen wir das mit der durchschnittlichen Dicke eines menschlichen Haares von ca. $0{,}06\ mm$, sehen wir, dass die Wellenlänge des roten Laserlichts etwa hundertmal kleiner ist als der Durchmesser eines Haares.

Aus der Interferenzbedingung für das erste Nebenmaximum

$$x \approx \frac{d}{a}\lambda \tag{3.7}$$

sehen wir weiter, dass die Position x dieses Maximums von der Wellenlänge λ des Lichts abhängt. Nehmen wir also statt des monochromatischen Laserlichts weißes Licht, können wir mithilfe dieses Doppelspalts das weiße Licht in seine Spektralfarben zerlegen, ähnlich wie dies mit einem Glasprisma möglich ist. Im Unterschied zur Aufspaltung in einem Prisma, wo die blauen und violetten Anteile stärker gebrochen werden als die roten, werden diese hier stärker gebeugt als die blauen und violetten.

Der Erste, der solche Versuche praktisch durchführen konnte, war der englische Augenarzt, Physiker und Ägyptologe **Thomas Young**. Damit konnte er den experimentellen Nachweis erbringen, dass es sich bei Licht um eine Wellenerscheinung handeln muss. Young präsentierte seine Arbeit über das Doppelspaltexperiment und die Wellennatur des Lichts im Rahmen der Bakerian Lectures (organisiert von der Royal Society in London) am 12. November 1801. Der Titel seines Vortrags lautete *On the Theory of Light and Colours*.

In dieser Arbeit beschreibt Young seine Experimente und die daraus resultierenden Schlussfolgerungen, welche die Theorie der Interferenz und somit die Wellennatur des Lichts unterstützten. Sehr präzise gibt er bereits die Wellenlängen und die Frequenzen der einzelnen Farbbereiche des Lichts an. Nachzulesen sind seine Ergebnisse in dem Buch *A Course of Lectures on Natural Philosophy and the Mechanical Arts* von 1807 auf S. 627 [5]. Das Buch wurde von Google digitalisiert und ist im Internet frei zugänglich.

Als Beispiele seien hier folgende Werte für die Wellenlängen genannt[3]:

- Red: $0{,}0000256\,Inch = 650\,nm$
- Violet: $0{,}0000174\,Inch = 442\,nm$

Als Mittelwert aller Bereiche gibt Young $0{,}0000225\,Inch = 576\,nm$ und als Frequenz *fünfhundert Millionen Millionen cycles per second* an. Das sind $547 \times 10^6 \times 10^6\,s^{-1} = 5{,}47 \times 10^{14}\,Hz$.

Als Wert für die Lichtgeschwindigkeit nennt er $8\frac{1}{8}$ min für $500.000.000.000\,feet$, das entspricht $312.600.000\,m/s$[4]. Rechnen wir damit nach:

$$f = \frac{c}{\lambda} = \frac{312.600.000\,m/s}{576 \times 10^{-9}\,m} \approx 5{,}43 \times 10^{14}\,Hz$$

Das sind bereits erstaunlich genaue Werte und Berechnungen. Als Fazit dieser Berechnungen halten wir fest, dass es sich bei Licht um ein *periodisches Phänomen* handeln muss, das mit einer unvorstellbar hohen Frequenz schwingt.

[3] $1\,Inch = 2{,}54\,cm$.

[4] $1\,foot = 0{,}3048\,m$.

Die Einsichten von Thomas Young sind für seine Zeit sehr erstaunlich. In *The Bakerian Lecture. On the Theory of Light and Colours* von 1802 [6] veröffentlicht er einen Vortrag vor der Royal Society, in dem er die newtonschen Ringe als Interferenzerscheinung erklärt und seine Erklärungen jenen von Newton gegenüberstellt. Darin stellt er Hypothesen über die Ausbreitung und Auswirkungen des Lichts auf, die unseren heutigen Ansichten, basierend auf der Quantenfeldtheorie, sehr nahe kommen. Ein äußerst lesenswerter Artikel.

Ebenfalls lesenswert ist sein Vortrag *Experiments and Calculations Relative to Physical Optics*, veröffentlicht 1804 in *The Bakerian Lecture: Experiments and Calculations Relative to Physical Optics*, Philosophical Transactions of the Royal Society of London [7].

Optische Gitter

Zur Untersuchung von optischen Spektren verwendet man heute meist optische Gitter. Sie basieren auf demselben Prinzip wie ein Doppelspalt. Statt nur zwei feine Spalte zu nutzen, bedient man sich eines sehr feines Gitters, das aus vielen Spalten (mehrere Tausend pro Zentimeter) besteht. Anstelle des Spaltabstands a spricht man dann von der Gitterkonstante g. Sie gibt den Abstand zwischen zwei benachbarten Spalten an. In der Abb. 3.19 sind die Strahlen in Richtung Hauptmaximum (0. Ordnung) und in Richtung zum ersten Nebenmaximum (1. Ordnung) gezeichnet.

Konstruktive Interferenz entsteht hier wie beim Doppelspalt, wenn der Wegunterschied zwischen zwei benachbarten Spalten ein ganzzahliges Vielfaches der Wellenlänge beträgt. In der Abb. 3.19 sind die Strahlen zum ersten Nebenmaximum gezeichnet. Deshalb beträgt der Wegunterschied zwischen zwei benachbarten Strahlen jeweils eine Wellenlänge. Da bei dem Gitter viel mehr Strahlen zu den Nebenmaxima laufen als bei einem Doppelspalt, erscheinen diese hier deutlich heller. Zusätzlich interferiert ein Strahl aber auch mit den Strahlen der übernächsten und überübernächsten Spalte etc. links und rechts. Diese Interferenzen mitteln sich aber

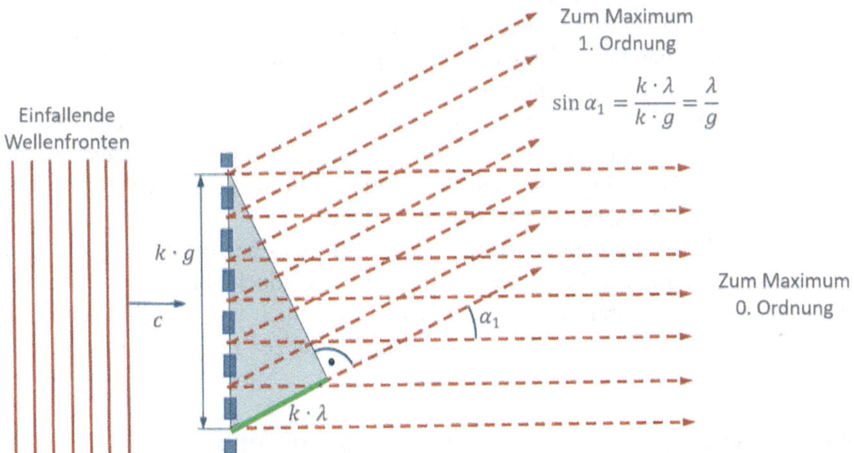

Abb. 3.19 Interferenzbedingung für das erste Nebenmaximum an einem optischen Gitter

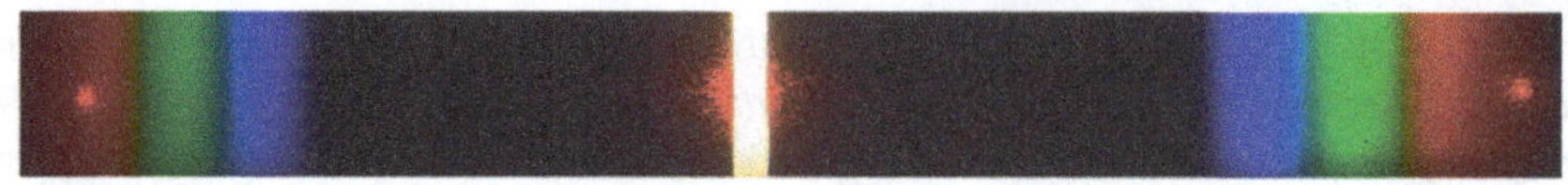

Abb. 3.20 Interferenzmuster von weißem Licht und von einem Laserstrahl an einem optischen Gitter

zu null, sodass die Zwischenräume zwischen den Maxima dunkel bleiben. Das führt zu scharf begrenzten Nebenmaxima mit absolut dunklen Zwischenbereichen.

Die folgende Abb. 3.20 zeigt das Interferenzmuster des Lichts einer Halogenlampe überlagert mit dem Interferenzmuster des Lichts eines He-Ne-Lasers, aufgenommen mit einem optischen Gitter mit 5000 Linien pro cm.

Das Hauptmaximum in der Mitte ist weiß, da alle Strahlen, die sich dort treffen, unabhängig von ihrer Wellenlänge dieselbe Wegstrecke zurückgelegt haben. Links und rechts davon erscheint jeweils das erste Nebenmaximum. Das Laserlicht ist durch zwei scharfe Punkte erkennbar. Das weiße Licht der Halogenlampe ist in Spektralfarben zerlegt.

Damit verstehen wir auch die Farbmuster, die an einem feinmaschigen Vorhang oder an der Oberfläche einer CD entstehen (vgl. Abb. 3.12). Beide, der Vorhang und die CD, wirken wie das oben beschriebene Beugungsgitter. Bei einer CD beträgt der Rillenabstand etwa $1{,}6\ \mu m$. Das entspricht 6250 Rillen pro cm und liegt damit in derselben Größenordnung wie das für die obige Abbildung verwendete Beugungsgitter mit 5000 Linien pro cm. Wie wir später sehen werden, lassen sich mit einer CD und ganz einfachen Hilfsmitteln schöne Sonnenspektren von bloßem Auge beobachten.

Den letzten noch ausstehenden Beweis, dass sich das Licht wellenartig ausbreitet, erbrachte der französische Physiker Léon Foucault. Um 1850 entwickelte er die Drehspiegelmethode zur Messung der Lichtgeschwindigkeit. Er konnte damit die Lichtgeschwindigkeit in der Luft zu $298.000\ km/s$ bestimmen. Mit seiner Methode wurde es möglich, die Lichtgeschwindigkeit in verschiedenen Medien zu messen. Die zuvor von Olaf Römer entwickelte Methode, die auf den Verfinsterungszeiten der Jupitermonde beruhte, ließ nur die Messung der Lichtgeschwindigkeit durch den leeren Raum und in die Erdatmosphäre zu.

Im Jahr 1853 konnte Foucault zum ersten Mal die Lichtgeschwindigkeit in Wasser messen. Dabei stellte sich heraus, dass der Wert in Wasser deutlich geringer war als der Wert in Luft. Dieses Ergebnis sprach eindeutig für die huygenssche Wellentheorie und gegen die Newtonsche Korpuskularvorstellung.

Aufgrund dieser Ergebnisse war es damals sehr plausibel, das Licht als Wellenerscheinung aufzufassen. Im Gegensatz dazu war es jedoch völlig unklar, welcher Natur diese Wellen waren. Breitet sich das Licht ähnlich wie Schallwellen in der Luft in einem noch dünneren Medium aus, das den ganzen Kosmos durchdringt?

3.6 Licht als elektromagnetische Erscheinung

Die ersten Hinweise, dass Licht magnetische Eigenschaften besitzt, stammen von dem englischen Experimentalphysiker Michael Faraday. Er war der Sohn eines einfachen Schmiedes in England. Dank seiner Mutter konnte er die Schule besuchen und in London eine Buchbinderlehre absolvieren. Beim Binden von naturwissenschaftlichen Büchern entstand sein Interesse an naturwissenschaftlichen Fragestellungen. Später fand er eine Anstellung bei Humphry Davy an der Royal Institution. Dort wurde ihm erlaubt, ein Labor für physikalische und chemische Experimente einzurichten. Ohne naturwissenschaftliches Studium gelangen ihm bahnbrechende Entdeckungen, vor allem auf dem Gebiet des Elektromagnetismus. So gilt er heute als einer der bedeutendsten Experimentalphysiker. Seine Entdeckung der elektromagnetischen Induktion bildet die Grundlage der heutigen Elektrotechnik und kann als eine der bedeutendsten Entdeckungen eingestuft werden[5].

Faraday war der Überzeugung, dass Licht magnetische Eigenschaften haben müsse. Im Jahr 1845 entdeckte er, dass polarisiertes Licht in Gläsern seine Polarisationsrichtung dreht, wenn das Licht entlang magnetischer Feldlinien läuft. Seine Untersuchungen sind veröffentlicht in einem Artikel über die *Magnetisierung des Lichtes und die Belichtung der Magnetkraftlinien*[6]. Dieser magnetooptische Effekt wird heute *Faraday-Effekt* genannt.

Damit hatte Faraday den Nachweis erbracht, dass Licht und Magnetismus zwei physikalisch miteinander verbundene Phänomene sind. Die Ausbreitung des Lichts dachte er sich als transversale Schwingungen der magnetischen Kraftlinien.

Durch die Untersuchungen Faradays wurde der schottische Physiker James Clerk Maxwell zu seiner Theorie des Elektromagnetismus angeregt. Sein bedeutendster Beitrag zur Physik ist die mathematische Formulierung der elektromagnetischen Erscheinungen. Es gelang ihm nämlich, sämtliche bisher beobachteten Phänomene mithilfe von vier Differenzialgleichungen zu beschreiben, den sogenannten *Maxwell-Gleichungen*. Darüber hinaus konnte er aus seinen Gleichungen auch die Existenz von elektromagnetischen Wellen vorhersagen und deren Ausbreitungsgeschwindigkeit berechnen. Dabei stellte er fest, dass seine theoretisch berechnete Ausbreitungsgeschwindigkeit sehr nahe am Wert des damals bekannten Wertes der Lichtgeschwindigkeit lag. Dazu schreibt er:

This velocity is so nearly that of light, that it seems we have strong reason to conclude that light itself (including radiant heat, and other radiations if any) is an electromagnetic disturbance in the form of waves propagated through the electromagnetic field according to electromagnetic laws.

Zusammen mit den Entdeckungen von Faraday lag nun der Schluss sehr nahe, dass es sich bei Licht um eine elektromagnetische Erscheinung handelt. Der experimentelle Nachweis dafür fehlte allerdings noch. Dieser gelang dem deutschen Physiker Heinrich Hertz im Jahr 1886. Dabei konnte dieser nachweisen, dass sich diese Wellen auf die gleiche Art und mit derselben Geschwindigkeit wie das Licht ausbreiten.

---

[5] Zur Biografie von Faraday s. auch: Ralf Bönt, Die Entdeckung des Lichts, [8].

[6] Philosophical Transactions of the Royal Society of London, Vol 136, Issue 136, Dec 1846 [9].

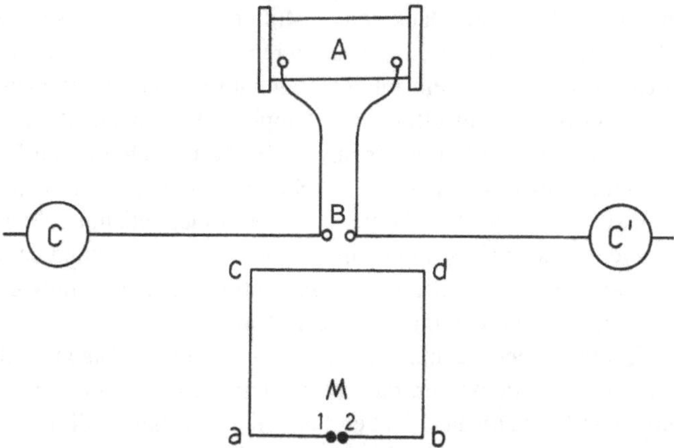

Abb. 3.21 Die hertzsche Versuchsanordnung zum Nachweis von elektromagnetischen Wellen

Seine Versuchsanordnung ist unten in Abb. 3.21 dargestellt[7].

Ein Funkeninduktor A (Inductorium) erzeugt Funken an den Entladungskugeln B (Entlader). Diese beiden Kugeln sind leitend mit zwei Induktorkugeln C und C' verbunden. Bilden sich Funken zwischen den Kugeln B, werden die beiden Konduktorkugeln leitend miteinander verbunden und zwischen den beiden Seiten fließt Strom über den Funken. Weil diese Anordnung während der Lebensdauer eines Funkens einem Schwingkreis entspricht, entsteht darin eine hochfrequente, elektrische Schwingung, welche zur Abstrahlung von elektromagnetischen Wellen führt. Die abgestrahlten Wellen induzieren im zweiten, etwa $2\,m$ entfernten Kreis eine Spannung, welche zu einem feinen Funkenschlag zwischen den beiden Kugeln M (Mikrometer) führt.

Ein Metallstab, in dem elektrische Schwingungen angeregt werden können, nennt man einen hertzschen Dipol. Die Leitungselektronen schwingen dabei entlang des Stabes hin und her. Periodisch wird dadurch das eine Ende des Dipols positiv und das andere negativ geladen und umgekehrt. Zwischen den beiden Enden entsteht ein elektrisches Wechselfeld, das sich auch im Raum ausbreitet. Fließen die Elektronen durch den Leiter, entsteht auch ein magnetisches Feld, das sich ebenfalls im Raum ausbreitet. Da bei diesem Vorgang sowohl elektrische als auch magnetische Felder entstehen, spricht man von elektromagnetischen Wellen.

Das mechanische Analogon zu einem hertzschen Dipol ist eine schwingende Saite. Wird die Saite mit einer ihrer Resonanz- bzw. Eigenfrequenzen angeregt, beginnt sie heftig mitzuschwingen. Die Schwingung mit der tiefst möglichen Frequenz ist die Grundschwingung. Dabei schwingt die Saite, wie in der folgenden Abb. 3.22 angedeutet, auf und ab, mit einem Schwingungsbauch in der Mitte:

[7] Heinrich Hertz; Untersuchungen über die Ausbreitung der elektrischen Kraft; p.43; 1892 [10] und [11].

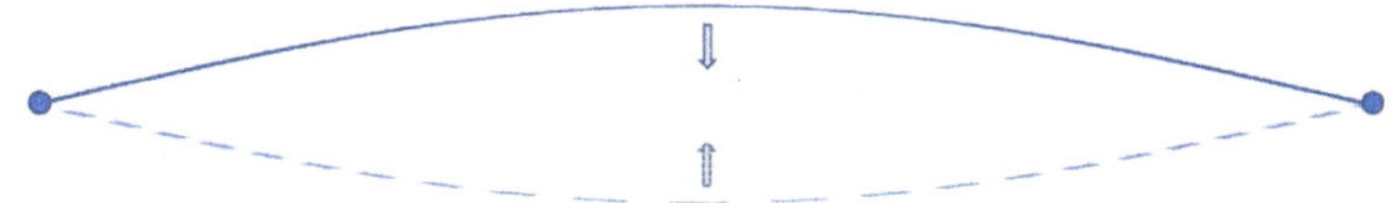

Abb. 3.22 Die stehende Welle in einer schwingenden Saite entspricht der Schwingung eines hertzschen Dipols

Diese Schwingung kann man als Welle auffassen, die zwischen den Fixpunkten hin und her läuft. Weil die Wellenbäuche und Wellenknoten feste Positionen haben und die Welle scheinbar an Ort und Stelle stehen bleibt, spricht man von einer **stehenden Welle**[8]. Bei der Grundschwingung passt genau eine halbe Wellenlänge zwischen die beiden Fixpunkte. Wenn wir mit L die Länge der Saite bezeichnen, ist die Wellenlänge λ_0 der Grundschwingung

$$\lambda_0 = 2L \tag{3.8}$$

Bei der ersten Oberschwingung bildet sich in der Mitte der Saite ein Knoten und links und rechts davon je ein Schwingungsbauch. Die Wellenlänge λ_1 der ersten Oberschwingung beträgt dann $\lambda_1 = L$.

Die Frequenz hängt von der Signalgeschwindigkeit des Stroms c_L im Leiter ab. Sie beträgt etwa 200.000 km/s, was 2/3 des Wertes der Lichtgeschwindigkeit c_0 im Vakuum entspricht. Damit können wir die Frequenz berechnen, mit der ein hertzscher Dipol schwingt.

Während der Dauer T einer ganzen Schwingung läuft die Welle in der Saite bzw. im Dipol einmal hin und wieder zurück und legt dabei die Strecke $2L$ zurück. Die dafür benötigte Zeit beträgt

$$T = \frac{2\,L}{c_L} = \frac{1}{f} \tag{3.9}$$

Für einen hertzschen Dipol mit der Länge von z. B. $L = 1\,m$ ergibt das eine Frequenz f von

$$f = \frac{c_L}{2L} = \frac{2 \times 10^8\,m/s}{2\,m} = 10^8\,s^{-1} = 100\,MHz$$

Das entspricht der Größenordnung der Wellenlänge beim UKW-Rundfunk. Im Mobilfunk (Handy) verwendet man Frequenzen im Bereich GHz. Das erfordert Antennen in der Größe von ca. $L = 10\ cm$.

Ein Dipol, der sichtbares Licht aussendet, müsste demnach eine Länge von

$$L = \frac{c_L}{2f} = \frac{2 \times 10^8\ m/s}{2 \times 6 \times 10^{14}\ Hz} = 1{,}7 \times 10^{-7}\ m = 170\ nm$$

haben.

[8] Siehe dazu auch die Abschn. 9.1 und 10.1.

Ein kontinuierlich schwingender Dipol müsste demnach kontinuierlich elektromagnetische Wellen abstrahlen, und falls das Licht auf diese Weise entstehen sollte, wäre es als kontinuierliche elektromagnetische Wellenerscheinung aufzufassen.

Allerdings konnte man in der Natur keine solchen Dipole finden, die Licht im sichtbaren Bereich abstrahlen. Ein Wasserstoffatom, das ebenfalls Licht aussenden kann, hat einen Durchmesser von $0,1\, nm$ und ist somit mehr als $1000\, Mal$ kleiner als ein für die Erzeugung von Licht erforderlicher Dipol.

Licht kann deshalb nicht von einem kontinuierlich strahlenden Dipol ausgehen, und das Wissen über das Wesen des Lichts konnte demnach noch nicht vollständig sein, und die Frage nach der Entstehung des Lichts blieb ebenfalls noch ungeklärt.

Der fotoelektrische Effekt

4

Zusammenfassung

Gegen Ende des 19. Jahrhunderts wurde beobachtet, dass Licht elektrisch negativ geladene Metallkörper entladen kann. Trägt Licht elektrische Ladung?

Nein, die Experimente deuteten vielmehr darauf hin, dass sich das Licht nicht in Form von kontinuierlichen Wellen ausbreitet, sondern darauf, dass die Ergebnisse dieser Beobachtungen besser durch eine diskontinuierliche Ausbreitung erklärt werden können. Gibt es also doch Lichtteilchen?

4.1 Das Hallwachs-Experiment

Kehren wir dazu noch einmal zu Heinrich Hertz und seinen Experimenten zum Nachweis von elektromagnetischen Wellen zurück. Mithilfe einer Funkenstrecke konnte er nachweisen, dass von seiner Sendeantenne Energie auf einen räumlich entfernten Empfangskreis übertragen wurde.

Beim Experimentieren mit elektrischen Entladungsfunken stellte Hertz 1886 fest, dass sich diese gegenseitig beeinflussen können. Konkret beobachtete er, wie das Licht, welches von einem ersten Funken ausging, die Länge eines zweiten Funkens beeinflussen konnte.

Wilhelm Hallwachs, damals Assistent von Heinrich Hertz, erhielt daraufhin 1887 den Auftrag, diesen Effekt durch systematische Versuche weiter zu erforschen. Daher wird dieser oft auch als Hallwachs-Effekt bezeichnet[1]. Sein Experiment wird heute noch in fast unveränderter Form an Schulen und Universitäten vorgeführt (Abb. 4.1).

Eine isoliert aufgestellte Zinkplatte wird mit einem Elektroskop leitend verbunden und anschließend elektrisch negativ aufgeladen, was durch den Ausschlag des Elektroskops sichtbar wird. Ist die Anordnung gut isoliert, bleibt der Ausschlag während längerer Zeit unverändert.

[1] Über den Einfluss des Lichtes auf electrostatisch geladene Körper; Wilhelm Hallwachs; 1887 [12].

H. M. Rubin, *Vom Doppelspalt zum Quantencomputer*,
https://doi.org/10.1007/978-3-662-71207-8_4

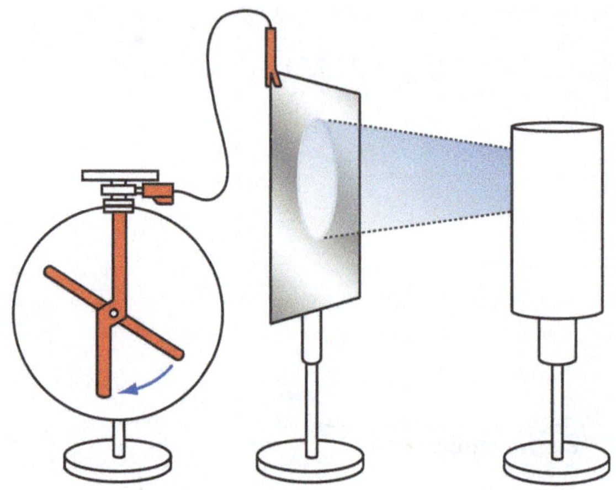

Abb. 4.1 Das Hallwachs-Experiment: Das Licht einer Quecksilberdampflampe entlädt eine elektrisch negativ aufgeladene Zinkplatte

Wird die Zinkplatte anschließend mit dem Licht einer Quecksilberdampflampe bestrahlt, beginnt sich die Platte sofort zu entladen, was an dem unverzüglichen Rückgang des Zeigerausschlags bemerkt wird.

Der Effekt tritt aber nur bei negativ geladener Zinkplatte auf. Wird die Platte positiv aufgeladen, tritt durch Bestrahlung mit demselben Licht keine Entladung ein. Ist die Platte anfänglich elektrisch neutral, wird die Zinkplatte durch die Bestrahlung mit Licht nicht aufgeladen. Dadurch ist erwiesen, dass nicht etwa das Licht elektrische Ladung auf die Zinkplatte bringt. Licht ist elektrisch neutral. Hält man eine Glasplatte zwischen Zinkplatte und Lampe oder versucht das Licht mithilfe einer Linse stärker zu fokussieren, tritt der Entladungseffekt nicht mehr ein. Daher vermutete Heinrich Hertz, dass der Effekt durch den ultravioletten Anteil des Lichts entsteht. Normales Silikatglas absorbiert die UV-Strahlung. Glasplatten und Linsen bestehen üblicherweise aus solchem Glas. In beiden Fällen muss deshalb die für den Effekt verantwortliche UV-Strahlung durch das Glas absorbiert worden sein. Genauso wenig nützt es, sich hinter Fensterglas zu sonnen. Man wird dadurch nicht braun. Sicher wissen Sie auch, dass UV-Licht energiereicher sein muss als sichtbares Licht, denn von gewöhnlichem Licht bekommt man keinen Sonnenbrand.

Mithilfe der damals bekannten physikalischen Gesetze konnte der Effekt allerdings nicht schlüssig erklärt werden. Deshalb führte der österreichisch-ungarische Physiker **Philipp Lenard** die Untersuchungen von Heinrich Hertz und Wilhelm Hallwachs weiter. Im Jahr 1899 konnte Lenard dann solche Versuche auch im Hochvakuum durchführen und die entweichenden Ladungsträger durch magnetische Ablenkung als Elektronen identifizieren. Damit wurde erklärbar, weshalb der Effekt nur bei negativ geladenen Metallplatten auftrat.

Bei einer positiv geladenen Platte müssten zwar auch Elektronen herausgeschlagen werden, jedoch fallen diese aufgrund der elektrischen Anziehung sofort wieder in die Metallplatte zurück. Aus demselben Grund lässt sich bei diesem Experiment auch kein neutraler Körper elektrisch aufladen.

Fassen wir die experimentellen Befunde von Philipp Lenard zusammen, ohne auf die Details einzugehen[2]:

- Die Zahl der herausgelösten Elektronen nimmt mit der Intensität des Lichts zu.
- Die Intensität des Lichts hat keinen Einfluss auf die Energie der Fotoelektronen.
- Liegt die Frequenz des Lichts unterhalb einer bestimmten Grenzfrequenz, werden keine Fotoelektronen beobachtet.
- Liegt die Frequenz des Lichts über dieser Grenzfrequenz, werden unverzüglich Fotoelektronen freigesetzt.
- Die Energie der Fotoelektronen nimmt dann mit zunehmender Frequenz des eingestrahlten Lichts linear zu.
- Der Effekt tritt immer unmittelbar bei Einsetzen der Strahlung ein.

Aufgrund der klassischen Vorstellung, gemäß der das Licht als kontinuierliche elektromagnetische Welle aufgefasst wurde, müsste sich nach entsprechend langer Zeit bei jeder Frequenz genügend viel Energie angesammelt haben, um Elektronen aus dem Metall herauslösen zu können. Dies geschieht aber nicht. Außerdem tritt der Effekt, wenn er eintritt, immer ohne jegliche zeitliche Verzögerung ein.

Deshalb lassen sich diese Befunde am besten verstehen, wenn man davon ausgeht, dass sich das Licht nicht in Form von kontinuierlichen Wellen, sondern in Form von kleinen Energiepaketen ausbreitet. Diese Energiepakete nennen wir heute Lichtquanten oder Photonen.

Beispiele, die das belegen, sind das Verhalten von Fotozellen und die Sichtbarkeit der Sterne. Mithilfe einer einfachen Rechnung auf der nächsten Seite können wir uns leicht davon überzeugen, dass der Effekt nicht durch eine kontinuierliche Energieausbreitung erklärt werden kann (Abb. 4.2).

Beispiel: Fotozelle mit Cs-Elektrode Die Annahme, Licht breite sich als kontinuierliche Welle aus, führt u. a. auch zu nichtbeobachteten Ergebnissen, wie das folgende Beispiel zeigt:

Um die Lichtquantenhypothese zu erhärten und um zu zeigen, dass mithilfe der Vorstellung von Licht als einer kontinuierlichen Welle der lichtelektrische Effekt nicht erklärbar ist, rechnen wir folgendes Beispiel durch.

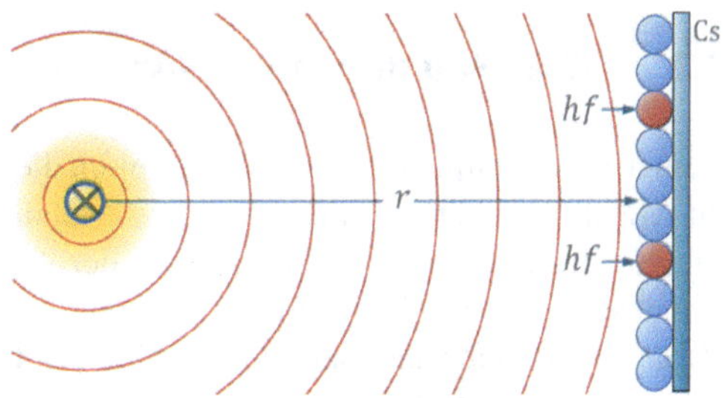

Abb. 4.2 Die Cäsiumschicht einer Fotozelle wird mit sichtbarem Licht bestrahlt

[2] P. Lenard, Ann. d. Phys. 8. p. 169 u. 170. 1902. Annalen der Physik. IV. Folge. 17 [13].

Bei Cäsium kann man den fotoelektrischen Effekt bereits bei sichtbarem Licht beobachten. Bestrahlt man eine negativ geladene Cäsiumplatte z. B. mit dem weißen Licht einer Halogenlampe, tritt der Entladungseffekt sofort ein.

Nun berechnen wir, wie lange es bei kontinuierlicher Einstrahlung von Licht dauern müsste, bis sich an einem Cäsiumatom die Auslöseenergie für ein Elektron angesammelt hätte.

Von einer 20-W-Halogenlampe werden nur etwa 5 % als Licht abgestrahlt, der Rest wird als Wärme abgegeben. Von dem verbleibenden *einen Watt* Leistung Licht im sichtbaren Bereich trifft nur ein ganz kleiner Bruchteil auf ein Cäsiumatom. Dieser Bruchteil hängt vom Abstand und der Größe eines Cäsiumatoms ab.

a) Welche Energie fällt pro Sekunde auf ein Cäsiumatom der Querschnittsfläche $A = 10^{-21}\ m^2$, das sich im Abstand von $r = 1\,m$ zur Halogenlampe befindet?
b) Wie lange müsste es demnach dauern, bis sich an einem Cäsiumatom die Ablöseenergie von $E_A \approx 2\,eV \approx 3{,}2 \cdot 10^{-19}\ J$ angesammelt hätte und somit das erste Fotoelektron herausgelöst werden könnte?

Lösung Um zu berechnen, welche Lichtleistung auf ein Cs-Atom trifft, müssen wir lediglich das Verhältnis der Stirnfläche eines Cs-Atoms ($A_{Cs} = 10^{-21}\ m^2$) zur Oberfläche der Kugel mit Radius $r = 1\,m$, welche sich zu $A_0 = 4\pi r^2 = 4\pi\ m^2$ ergibt, berechnen. Dieses beträgt $A_{Cs}/A_0 = 8 \cdot 10^{-23}$. Multipliziert mit der Lichtleistung der Lampe von $P_0 = 1\ W$, ergibt dies die an einem Cs-Atom auftreffende Lichtleistung $P_{Cs} = 8 \cdot 10^{-23}\ J/s$.

Die Austrittsarbeit eines Elektrons ist nun durch diese Lichtleistung zu teilen, das gibt uns die gesuchte Zeit:

$$t = \frac{E_A}{P_{Cs}} = \frac{3{,}2 \cdot 10^{-19}\ J}{8 \cdot 10^{23}\ J/s} \approx 4000\ s$$

Das ist mehr als eine Stunde! Der Effekt tritt aber sofort ein. Der fotoelektrische Effekt kann also nicht mit kontinuierlicher Lichtausbreitung erklärt werden.

4.2 Die „Hau den Lukas"-Analogie

Gemäß der Lichtquantenvorstellung treffen die Lichtquanten auf Leitungselektronen im Metall und können diese aus dem Metallverband herausschlagen, sofern ihre Energie dazu ausreicht. Die linke Seite der Abb. 4.3 verdeutlicht diesen Prozess.

Diesen *lichtelektrischen Effekt* kann man sich mithilfe eines mechanisch analogen Vorgangs, der Jahrmarktsattraktion „Hau den Lukas“, veranschaulichen, wie sie die Abb. 4.3 rechts zeigt. Die Gegenüberstellung der beiden Situationen erleichtert das Verständnis dieses Vorgangs.

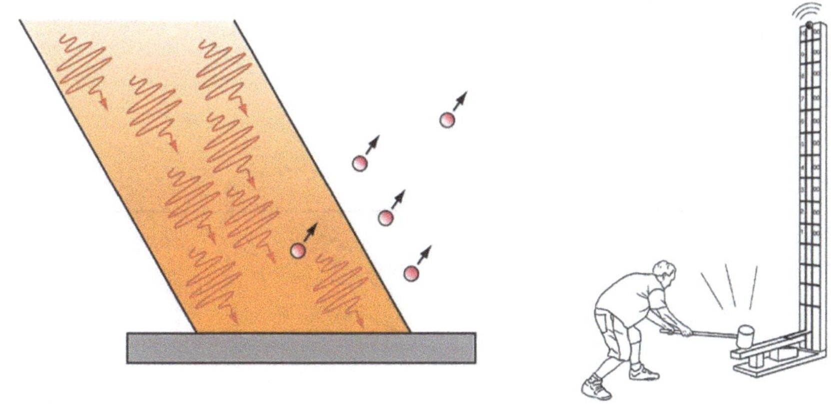

Abb. 4.3 Der Vorgang beim fotoelektrischen Effekt kann mit der „Hau den Lukas“-Analogie veranschaulicht werden

Das Beispiel ist so gewählt, dass die Metallkugel im obersten Punkt das Steigrohr verlassen kann, sofern die durch den Hammerschlag erteilte Energie dazu ausreicht. Dies entspricht dem Austreten der Fotoelektronen aus dem Metall.

Die folgende Tabelle (Abb. 4.4) zeigt, welche Größen beim Fotoeffekt zu welchen Größen der „Hau den Lukas“-Situation gehören:

Ist die Energie des Hammerschlags kleiner als die maximale potenzielle Energie im Steigrohr, kann die Kugel das Rohr nicht verlassen und fällt wieder zurück. Es ist kein Austrittseffekt beobachtbar. Analog verhält es sich mit der Energie der Lichtquanten. Ist deren Energie kleiner als die Austrittsarbeit, die benötigt wird, um die Elektronen aus dem Metallgitter herauszulösen, treten keine Elektronen aus. Das

Fotoelektrischer Effekt	**„Hau den Lukas“**
Energie eines Lichtquants E_{LQ}	Energie des Hammerschlags E_H
Benötigte Energie, um ein Elektron aus dem Metall herauszulösen E_A.	Energie, die benötigt wird, damit die Kugel das offene Ende des Steigrohrs erreicht E_{pot}.
Kinetische Energie der herausgeschlagenen Elektronen E_{El}	Kinetische Energie der herausgeschleuderten Kugel E_{kin}
Energieerhaltung: $E_{LQ} = E_A + E_{El}$	Energieerhaltung: $E_H = E_{pot} + E_{kin}$
Energie der Photoelektronen: $E_{El} = E_{LQ} - E_A$	Energie der herausgeschleuderten Kugel: $E_{kin} = E_H - E_{pot}$

Abb. 4.4 Energiebilanz beim fotoelektrischen Effekt im Vergleich zur „Hau den Lukas“-Analogie

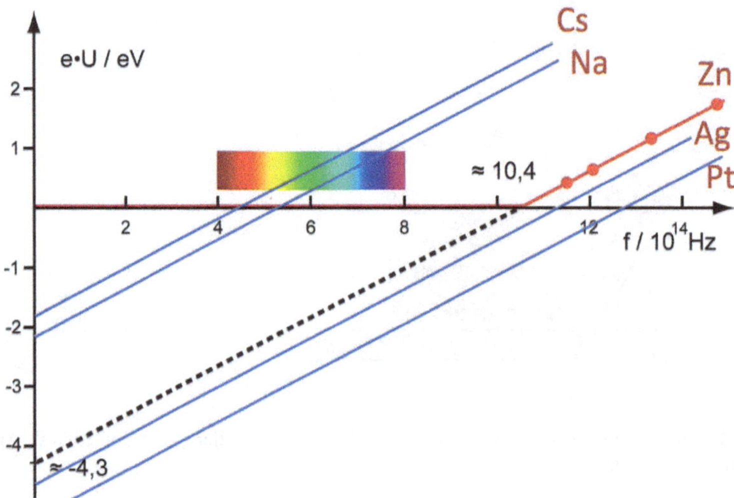

Abb. 4.5 Die Energie der herausgeschlagenen Fotoelektronen in Abhängigkeit der Frequenz des eingestrahlten Lichts bei verschiedenen Metallsorten

erklärt, weshalb es eine Grenzfrequenz gibt, unter der kein fotoelektrischer Effekt eintritt.

Mit zunehmender Energie des Hammerschlags nimmt auch die Energie der herausgeschleuderten Kugeln zu. Analog steigt die Energie der herausgeschlagenen Elektronen mit zunehmender Energie der Lichtquanten. Trägt man die Energie der Fotoelektronen (der herausgeschlagenen Elektronen) als Funktion der Frequenz des Lichts auf, ergibt sich für Zink und andere Metalle folgendes Bild (s. Abb. 4.5):

Wie aus Abb. 4.5 ersichtlich, zeigt sich auch für andere Metallsorten wie Cäsium (Cs), Natrium (Na), Zink (Zn), Silber (Ag) und Platin (Pt) dasselbe Bild. Immer nimmt die Energie der Fotoelektronen E_{El} linear mit der Frequenz f zu. Der y-Achsenabschnitt entspricht jeweils der Bindungsenergie der Elektronen im Metallgitter. Damit Elektronen aus dem Metallgitter herausgeschlagen werden können, müssen die Photonen mindestens diese Energie aufbringen. Bei Zink beträgt dieser y-Achsenabschnitt $-4{,}3\,eV$. Deshalb interpretieren wir den Betrag dieses Wertes jeweils als Austrittsarbeit E_A für die Elektronen für das entsprechende Metall. Mathematisch lässt sich das durch die folgende Formel beschreiben:

$$E_{El} = hf - E_A \tag{4.1}$$

Der Steigungsfaktor h muss die Einheit Js haben, weil der Term hf gemäß der Tabelle von Abb. 4.4 der Energie E_{LQ} eines Lichtquants entspricht, falls E_A der Austrittsarbeit für ein Elektron und E_{El} der Energie eines herausgeschlagenen Elektrons (Fotoelektron) entsprechen. Demnach tritt der Effekt bei Cs und Na bereits im sichtbaren Bereich auf. Bei Zn, Ag und Pt erst im UV-Bereich.

Weil bei allen Materialien die Steigung der Geraden gleich ist, kann man davon ausgehen, dass der Steigungsfaktor h unabhängig vom verwendeten Material ist und damit den universellen Zusammenhang zwischen der Energie eines Lichtquants und seiner Frequenz beschreibt. In der Physik beschreibt die Einheit Js eine Wirkung. Deshalb nennt man diesen Faktor **Wirkungsquantum**, genauer plancksches Wirkungsquantum, weil es von Max Planck um 1900 eingeführt wurde, um die Spektralverteilung der Wärmestrahlung zu erklären (s. Abschn. 5.2).

Der Wert dieses planckschen Wirkungsquantums lässt sich aus dem obigen Diagramm als Steigung der Geraden direkt ablesen. Für Zink z. B. ergibt das den Wert

$$\frac{E_A}{f_{grenz}} = \frac{4{,}3\,eV}{10{,}4 \times 10^{14}\,Hz} = 6{,}62 \times 10^{-34}\,Js = h$$

Um das Ergebnis in Joulesekunden zu erhalten, muss für die Elementarladung e der Wert $e = 1{,}602 \times 10^{-19}\,C$ eingesetzt werden.

Die Energie eines Lichtquants hängt somit offenbar nur von der Frequenz f ab und berechnet sich zu

$$E_{LQ} = hf \tag{4.2}$$

Diese hier dargelegte Deutung des fotoelektrischen Effekts legte Albert Einstein im Jahre 1905 mit seiner berühmt gewordenen Lichtquantenhypothese[3] vor. Für diese Arbeit erhielt er 1922 den Nobelpreis für Physik. Im gleichen Jahr wurde übrigens auch der Compton-Effekt entdeckt, der als experimentelle Bestätigung der Lichtquantenhypothese gesehen werden kann (s. auch Kap. 6, Fazit Lichtquanten)[4]. In dieser Arbeit schreibt Einstein einleitend:

Zwischen den theoretischen Vorstellungen, welche sich die Physiker über die Gase und andere ponderable Körper gebildet haben, und der Maxwellschen Theorie der elektromagnetischen Prozesse im sogenannten leeren Raume besteht ein tiefgreifender formaler Unterschied. Während wir uns nämlich den Zustand eines Körpers durch die Lagen und Geschwindigkeiten einer zwar sehr grossen, jedoch endlichen Anzahl von Atomen und Elektronen für vollkommen bestimmt ansehen, bedienen wir uns zur Bestimmung des elektromagnetischen Zustandes eines Raumes kontinuierlicher räumlicher Funktionen, so dass also eine endliche Anzahl von Grössen nicht als genügend anzusehen ist zur vollständigen Festlegung des elektromagnetischen Zustandes eines Raumes. Nach der Maxwellschen Theorie ist bei allen rein elektromagnetischen Erscheinungen, also auch beim Licht, die Energie als kontinuierliche Raumfunktion aufzufassen, während die Energie eines ponderabeln Körpers nach der gegenwärtigen Auffassung der Physiker als eine über die Atome und Elektronen erstreckte Summe darzustellen ist. Die Energie eines ponderabeln Körpers kann nicht in beliebig viele, beliebig kleine Teile zerfallen, während sich die Energie eines von einer punktförmigen Lichtquelle ausgesandten Lichtstrahles nach der Maxwellschen

[3] Über einen die Erzeugung und Verwandlung des Lichts betreffenden heuristischen Gesichtspunkt; Annalen der Physik, Volume 322, Issue 6, S. 132–148, 1905 [14] und [15].

[4] Arthur H. Compton: A Quantum Theory of the Scattering of X-rays by Light Elements; Physical Review. Bd. 21, Nr. 5, 1923, S. 483–502 [16].

Theorie (oder allgemeiner nach jeder Undulationstheorie) des Lichtes auf ein stets wachsendes Volumen sich kontinuierlich verteilt.
Die mit kontinuierlichen Raumfunktionen operierende Undulationstheorie des Lichtes hat sich zur Darstellung der rein optischen Phänomene vortrefflich bewährt und wird wohl nie durch eine andere Theorie ersetzt werden. Es ist jedoch im Auge zu behalten, dass sich die optischen Beobachtungen auf zeitliche Mittelwerte, nicht aber auf Momentanwerte beziehen, und es ist trotz der vollständigen Bestätigung der Theorie der Beugung, Reflexion, Brechung, Dispersion etc. durch das Experiment wohl denkbar, dass die mit kontinuierlichen Raumfunktionen operierende Theorie des Lichtes zu Widersprüchen mit der Erfahrung führt, wenn man sie auf die Erscheinungen der Lichterzeugung und Lichtverwandlung anwendet.
Es scheint mir nun in der Tat, dass die Beobachtungen über die „schwarze Strahlung“, Fotolumineszenz, die Erzeugung von Kathodenstrahlen durch ultraviolettes Licht und andere die Erzeugung bez. Verwandlung des Lichtes betreffende Erscheinungsgruppen besser verständlich erscheinen unter der Annahme, dass die Energie des Lichtes diskontinuierlich im Raume verteilt sei. Nach der hier ins Auge zu fassenden Annahme ist bei Ausbreitung eines von einem Punkte aus gehenden Lichtstrahles die Energie nicht kontinuierlich auf grösser und grösser werdende Räume verteilt, sondern es besteht dieselbe aus einer endlichen Zahl von in Raumpunkten lokalisierten Energiequanten, welche sich bewegen, ohne sich zu teilen, und nur als Ganze absorbiert und erzeugt werden können.

In Paragraph 8 *Über die Erzeugung von Kathodenstrahlen durch Belichtung fester Körper*, S. 10 und 11 schreibt er weiter:

Die übliche Auffassung, dass die Energie des Lichtes kontinuierlich über den durchstrahlten Raum verteilt sei, findet bei dem Versuch, die lichtelektrischen Erscheinungen zu erklären, besonders grosse Schwierigkeiten, welche in einer bahnbrechenden Arbeit von Hrn. Lenard dargelegt sind[5].
Nach der Auffassung, dass das erregende Licht aus Energiequanten von der Energie $(R/N)\,\beta\nu$ *bestehe, lässt sich die Erzeugung von Kathodenstrahlen durch Licht folgendermassen auffassen. In die oberflächliche Schicht des Körpers dringen Energiequanten ein, und deren Energie verwandelt sich wenigstens zum Teil in kinetische Energie von Elektronen. Die einfachste Vorstellung ist die, dass ein Lichtquant seine ganze Energie an ein einziges Elektron abgibt; wir wollen annehmen, dass dies vorkomme. Es soll jedoch nicht ausgeschlossen sein, dass Elektronen die Energie von Lichtquanten nur teilweise aufnehmen.*
Ein im Innern des Körpers mit kinetischer Energie versehenes Elektron wird, wenn es die Oberfläche erreicht hat, einen Teil seiner kinetischen Energie eingebüsst haben. Ausserdem wird anzunehmen sein, dass jedes Elektron beim Verlassen des Körpers eine (für den Körper charakteristische) Arbeit P *zu leisten hat, wenn es den Körper verlässt. Mit der grössten Normalgeschwindigkeit werden die unmittelbar an*

[5] P. Lenard, in [13].

der Oberfläche normal, zu dieser erregten Elektronen, den Körper verlassen. Die kinetische Energie solcher Elektronen ist

$$\frac{R}{N}\beta\nu - P \tag{4.3}$$

In dieser Schreibweise entspricht der Faktor $(R/N)\,\beta$ der planckschen Konstante h und P der Austrittsarbeit E_A, die für das Herauslösen der Elektronen erforderlich ist. Der griechische Buchstabe ν wird in der Literatur häufig als Symbol für die Frequenz f benutzt.

Das plancksche Wirkungsquantum wurde bereits im Jahr 1900 von Max Planck eingeführt. Wie er darauf kam, wird im nächsten Kapitel besprochen.

5 Von der Glühlampe zur Quantenmechanik

Zusammenfassung

Eine der wichtigsten, künstlichen Lichtquellen war bis vor kurzem die Glühbirne. Heute wird sie zunehmend durch LEDs ersetzt. Grund dafür ist der Umstand, dass sie neben der Emission von Licht sehr heiß wird und deshalb sehr viel Energie in Form von Wärmestrahlung abgibt, die in der Regel nicht genutzt wird. Erfunden wurde das Prinzip der Glühbirne im 19. Jahrhundert. Mehrere Personen waren (z. T. unabhängig voneinander) an der Entwicklung des Konzepts beteiligt.

Weil diese Glühlampen neben Licht auch viel Wärme abstrahlten, waren die Forscher an der Frage interessiert, bei welcher Temperatur der Anteil an dem sichtbaren und nutzbaren Licht am größten war. Sie untersuchten deshalb die Strahlungsspektren dieser Lampen sehr genau.

5.1 Die ersten Strahlungsgesetze

Aufgrund experimenteller Daten veröffentlichte Wilhelm Wien 1896 ein Strahlungsgesetz[1], welches recht gut mit den experimentellen Ergebnissen übereinstimmte.

In heutiger Schreibweise mit der spektralen Strahlungsdichte $\rho\,(\nu, T) = \frac{du}{d\nu}$ lautet es:

$$\rho\,(\nu, T) = \frac{8\pi h\nu^3}{c^3} \exp\left\{-\frac{h\nu}{kT}\right\} \tag{5.1}$$

Dieses *wiensche Gesetz* stimmte für hohe Frequenzen ν gut mit den experimentellen Daten überein, nicht aber für tiefe Frequenzen. Deshalb versuchte man das Strahlungsspektrum auch aus theoretischen Überlegungen heraus, basierend auf dem damaligen Kenntnisstand der Thermodynamik, Elektrodynamik und Mechanik, abzuleiten. Um 1900 veröffentlichte der englische Physiker, John William Strutt (Baron Rayleigh) erstmals ein theoretisch begründetes Gesetz, welches dann später

[1] Willy Wien; Ueber die Energievertheilung im Emissionsspectrum eines schwarzen Körpers; Annalen der Physik. Nr. 294, 1896. S. 662–669 [17].

H. M. Rubin, *Vom Doppelspalt zum Quantencomputer*,
https://doi.org/10.1007/978-3-662-71207-8_5

vom Mathematiker und Astronom Sir James Jeans noch durch einen Vorfaktor korrigiert wurde. Deshalb ist dieses Gesetz heute unter dem Namen von *Rayleigh und Jeans* bekannt. Demnach ist die spektrale Energiedichte folgendermaßen zu berechnen:

$$\rho(\nu, T) = \frac{8\pi\nu^2}{c^3}kT \tag{5.2}$$

Obwohl aus damals korrekten physikalischen Überlegungen hergeleitet, stimmt dieses Gesetz leider nur für kleine Frequenzen mit den experimentellen Beobachtungen überein. Für größere Frequenzen divergiert der Ausdruck nach unendlich. Wären alle Schwingungsmoden gleichermaßen beteiligt bzw. angeregt, hätte die Strahlung in einem Hohlraum eine unendlich hohe Energie. Diese Konsequenz ging als *Ultraviolettkatastrophe* in die Geschichte der Physik ein.

Somit kann auch das Rayleigh-Jeans-Gesetz nur als Grenzfall eines allgemeineren Gesetzes aufgefasst werden. In diesem allgemeineren Gesetz muss ein theoretisch begründbarer, limitierender Term auftreten, der die Anzahl der höherfrequenten Moden unterdrückt.

5.2 Das plancksche Strahlungsgesetz

Mit den Vorschlägen von Wien und Rayleigh-Jeans lagen somit zwei Gesetze vor, die auf den ersten Blick nichts miteinander zu tun hatten. Das wiensche Gesetz stimmte gut für hohe Energien bzw. Frequenzen und das Gesetz von Rayleigh und Jeans beschrieb die spektrale Energiedichte der Wärmestrahlung gut für tiefe Frequenzen bzw. kleine Energien. Nur in dem interessierenden Zwischenbereich stimmten beide nicht ganz (s. Abb. 5.1). Gesucht war also eine Funktion $f(\nu, T)$ mit den Eigenschaften:

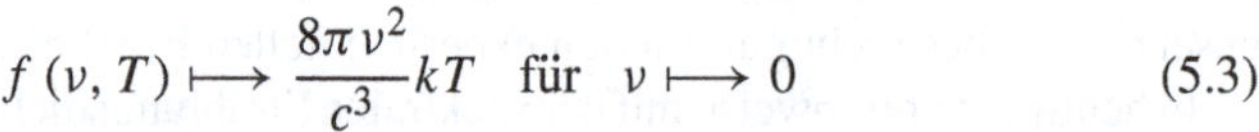

$$f(\nu, T) \longmapsto \frac{8\pi\nu^2}{c^3}kT \quad \text{für} \quad \nu \longmapsto 0 \tag{5.3}$$

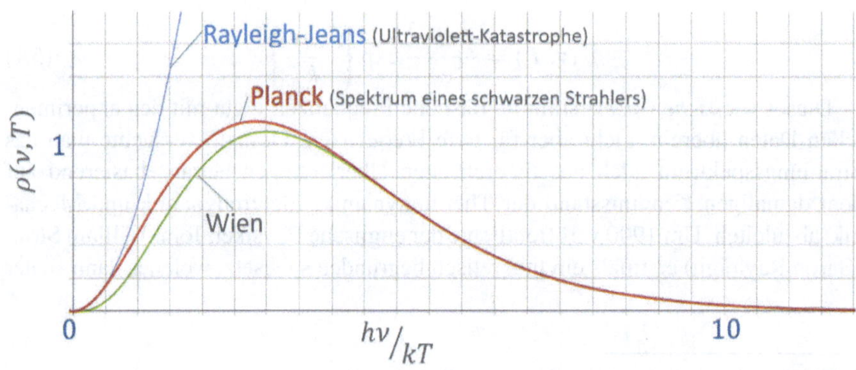

Abb. 5.1 Die Diagramme der Strahlungsgesetze im Vergleich

und

$$f(\nu, T) \longmapsto \frac{8\pi h\nu^3}{c^3} \exp\left\{-\frac{h\nu}{kT}\right\} \quad \text{für} \quad \nu \longmapsto \infty \tag{5.4}$$

Zunächst fällt auf, dass die wiensche Formel eine Exponentialfunktion enthält und die Rayleigh-Jeans-Formel nicht. Für kleine Exponenten lässt sich die e-Funktion linearisieren ($e^x \approx 1 + x$ für kleine x). Etwas vereinfacht dargestellt, kam Planck auf die Idee[2], im Nenner des wienschen Gesetzes eine 1 zu subtrahieren. Weil dieses Gesetz für große Frequenzen gilt, ist der Nenner für diese sehr groß und die Subtraktion einer 1 vernachlässigbar.

Damit erhält man zunächst:

$$\frac{8\pi h\nu^3}{c^3} \exp\left\{\frac{h\nu}{kT}\right\}^{-1} \approx \frac{8\pi h\nu^3}{c^3} \left\{\exp\left(\frac{h\nu}{kT}\right) - 1\right\}^{-1} \tag{5.5}$$

Betrachtet man diese Formel nun wiederum für kleine Frequenzen $\nu \longmapsto 0$, lässt sich die oben erwähnte Linearisierung der e-Funktion benutzen:

$$\frac{8\pi h\nu^3}{c^3} \left\{\exp\left(\frac{h\nu}{kT}\right) - 1\right\}^{-1} \approx \frac{8\pi h\nu^3}{c^3} \left\{\frac{h\nu}{kT} + 1 - 1\right\}^{-1} = \frac{8\pi h\nu^3}{c^3} \frac{kT}{h\nu} = \frac{8\pi \nu^2}{c^3} kT \tag{5.6}$$

Das ist exakt die Formel von Rayleigh und Jeans.

Die von Max Planck gefundene Strahlungsformel stimmt somit sehr genau in allen Bereichen des Strahlungsspektrums mit den Messdaten überein:

$$\rho(\nu, T) = \frac{8\pi h\nu^3}{c^3} \left\{\exp\left(\frac{h\nu}{kT}\right) - 1\right\}^{-1} \tag{5.7}$$

Bis hierhin war diese plancksche Strahlungsformel lediglich eine geschickte Interpolationsformel. Die Tatsache, dass sie so gut mit den experimentellen Daten übereinstimmt, musste jedoch einen physikalisch erklärbaren Grund haben. Was war an der Herleitung der Formel von Rayleigh und Jeans falsch?

Planck begann darauf, eine solche Begründung zu suchen, und zwar, wie er sagte, *um jeden Preis*. Seine Bemühungen wurden belohnt. Unter den folgenden Annahmen ist ihm eine Begründung gelungen, die wir hier kurz nachzeichnen wollen. Die mathematischen Überlegungen sind dabei für das weitere Verständnis nicht von Bedeutung, nur das Resultat am Ende dieses Abschnitts ist wichtig.

Den Betrachtungen von Rayleigh und Jeans lag das Konzept des schwarzen Strahlers bzw. des schwarzen Körpers zugrunde. Ein solcher schwarzer Körper sollte kein

[2] Eine detaillierte Darstellung findet sich in dem Buch von H.-G. Schöpf *Von Kirchhoff bis Planck, Theorie der Wärmestrahlung* [18] oder auch in R. P. Huebener, N. Schopol, *Die Geburt der Quantenphysik* [19].

Licht reflektieren, sondern nur von sich aus strahlen. Viele Körper verhalten sich annähernd so, auch unsere Sonne.

Realisieren lässt sich ein schwarzer Körper z. B. durch eine Blechdose, in die ein kleines Loch gebohrt wird. Licht kann von außen durch dieses Loch in das Innere der Dose gelangen. Im Innern wird es dann an den Wänden hin und her reflektiert, findet dabei aber kaum wieder durch das Loch heraus. Das Loch in der Dose verhält sich somit von außen gesehen wie ein idealer, schwarzer Körper. Mit zunehmender Temperatur beginnen die Innenwände des Hohlraums immer mehr Wärmestrahlung auszusenden, die ab einer bestimmten Temperatur in den sichtbaren Bereich gelangt. Wie ein Stück Eisen, das bei genügend hoher Temperatur zu glühen beginnt.

Entstehen sollte diese Strahlung gemäß den Gesetzen der Elektrodynamik durch schwingende elektrische Ladungen, wie in einem hertzschen Dipol. Deshalb dachte man sich die Wände des Hohlraums aus hertzschen Dipolen bzw. hertzschen Oszillatoren aufgebaut. Die Strahlung, die sie erzeugen sollten, wurde deshalb auch Hohlraumstrahlung genannt.

Im Hohlraum selbst müssten diese abgestrahlten Wellen – wie bei der Schwingung einer Saite – stehende Wellen bilden. Der Hohlraum wäre demnach aufgefüllt mit Schwingungen aller möglichen Frequenzen. Wie in einer schwingenden Saite wären jedoch nur bestimmte Frequenzen zugelassen: Die Grundschwingung und eine im Prinzip unendliche Anzahl von Oberschwingungen.

Aus der Thermodynamik kannte man zudem das Äquipartitionstheorem, welches besagt, dass sich die Energie in einem thermodynamischen System gleichmäßig über alle zur Verfügung stehenden Freiheitsgrade verteilt. Der Energiegehalt eines Freiheitsgrads ist demnach

$$E = \frac{1}{2}kT \tag{5.8}$$

Von diesen Annahmen gingen Rayleigh und Jeans aus. Nun mussten sie nur noch abzählen, wie viele Schwingungsmoden in einem Hohlraum möglich waren. Das Resultat ist die bereits genannte Formel 4.2 für die spektrale Energiedichte. Der Vorfaktor

$$\frac{8\pi\nu^2}{c^3}$$

konnte demnach gemäß dem Äquipartitionstheorem als die Zahl der Freiheitsgrade pro m^3 und Hz interpretiert werden.
Stellt man die plancksche Strahlungsformel wie folgt um,

$$\rho\,(\nu, T) = \frac{8\pi\nu^2}{c^3} h\nu \left\{\exp\left(\frac{h\nu}{kT}\right) - 1\right\}^{-1} \tag{5.9}$$

erhält man einen Ausdruck, bei dem anstelle von kT ein frequenzabhängiger Term steht. Daher müsste der Term

$$u\,(\nu, T) = h\nu \left\{exp\left(\frac{h\nu}{kT}\right) - 1\right\}^{-1} \tag{5.10}$$

der Energie einer Schwingungsmode eines Freiheitsgrads entsprechen. Daraus konnte Planck mithilfe der Definition

$$dS = \frac{1}{T} \cdot dU \tag{5.11}$$

die mittlere Entropie S eines Oszillators berechnen und erhielt dafür den folgenden Ausdruck:

$$S = k\left[\left(1 + \frac{U}{h\nu}\right)\ln\left(1 + \frac{U}{h\nu}\right) - \frac{U}{h\nu}\ln\frac{U}{h\nu}\right] \tag{5.12}$$

Zur physikalischen Begründung seines Strahlungsgesetzes ging Planck davon aus, dass sich die Entropie eines Oszillators auch aus der statistischen Physik herleiten lassen sollte, denn statistisch gesehen ist die Entropie ein Maß für die Anzahl der Mikrozustände, die ein System bestehend aus N Teilchen einnehmen kann, bzw. für die Wahrscheinlichkeit W dafür, dass ein Mikrozustand eingenommen wird[3].

$$S_N = k \ln W + C \tag{5.13}$$

Planck stellt sich nun vor, ein schwarzer Körper bestehe aus einer endlichen Zahl N von hertzschen Oszillatoren. Dabei soll es N_1 Oszillatoren geben, die mit der Frequenz ν_1 schwingen, N_2 Oszillatoren, die mit der Frequenz ν_2 schwingen, etc.

Vereinfachend kann man sagen, zu jeder möglichen Frequenz ν soll es N Oszillatoren geben, jeweils mit der mittleren Energie $\overline{U}$. Damit ist die Energie dieser N Oszillatoren bei der Frequenz ν durch $U = N\overline{U}$ gegeben.

Damit Planck aber auf dieselbe Entropieformel kommt, wie sie aus obiger, thermodynamischer Überlegung hervorgeht, muss er, wie er sagt, in einem *Akt der Verzweiflung* annehmen, dass die Energie U nicht als eine stetige, unbeschränkt teilbare, sondern als eine diskrete, aus einer ganzen Anzahl P von endlichen Teilen ε zusammengesetzte Größe aufzufassen ist und damit $U = P\varepsilon$ gilt.

In der Formel (5.13) oben bezeichnet Planck W als die Wahrscheinlichkeit, dass bei einer bestimmten Frequenz ν die N Resonatoren die Energie U_N besitzen.

Diese Wahrscheinlichkeit W ist proportional zur Anzahl Z aller möglichen Kombinationen, mit denen P vorgegebene Energieelemente (jeweils mit Energie ε) auf die N Oszillatoren verteilt werden können.

Kombinatorisch entspricht dies dem Problem, P nichtunterscheidbare Energieelemente ε auf N zur Verfügung stehende Oszillatoren zu verteilen. Oder etwas anschaulicher, P nichtunterscheidbare Kugeln auf N Becher zu verteilen. Für die Anzahl der Möglichkeiten dazu folgt aus der Kombinatorik die Formel:

$$W \sim Z = \frac{(N - 1 + P)!}{(N - 1)!P!} \tag{5.14}$$

[3] Auch hierzu sind zur Vertiefung die beiden Bücher von H.-G. Schöpf [18] sowie von Huebener und Schopol [19] empfohlen.

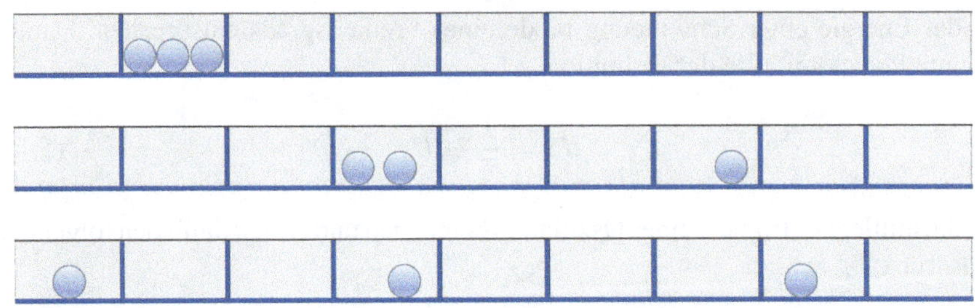

Abb. 5.2 Wie viele Möglichkeiten gibt es, drei Kugeln auf neun Becher zu verteilen?

Wir veranschaulichen und überprüfen diese Formel am Beispiel von $P = 3$ nicht-unterscheidbaren Kugeln, die auf $N = 9$ Becher verteilt werden sollen. Das Problem entspricht der Bestimmung der Anzahl Permutationen von $N - 1 = 8$ identischen Trennstrichen und $P = 3$ identischen Kugeln (s. Abb. 5.2). Genau diese Situation bringt die Formel (5.14) zum Ausdruck. Die Abb. 5.2 zeigt die drei Aufteilungsmöglichkeiten der drei Kugeln. Alle drei Kugeln im selben Becher, zwei Kugeln in einem Becher und jeweils nur eine Kugel in einem Becher.

Für jede Zeile lässt sich die Anzahl Möglichkeiten leicht berechnen:

- Erste Zeile: Dafür gibt es offenbar 9 Möglichkeiten.
- Zweite Zeile: Für die zwei Kugeln in einem Becher gibt es 8 Möglichkeiten für jede Position der Einzelkugel. Deshalb gibt es hier $9 \times 8 = 72$ Möglichkeiten.
- Dritte Zeile: Dies entspricht dem Problem, die drei Kugeln auf die neun Becher zu verteilen. Das ist gleichbedeutend mit dem Vorgang, aus einer Menge von 9 Elementen drei auszuwählen. Dafür nennt uns die Kombinatorik $\left(\frac{9!}{3! \times 6!}\right) = 84$ Möglichkeiten.

Zählen wir alles zusammen, kommen wir auf 165 Möglichkeiten. Überprüfen wir das mit der Formel (4.15), erhalten wir ebenfalls $\frac{11!}{8! \times 3!} = 165$ Möglichkeiten.

Da es nun für jede Frequenz ν_i eine definierte Anzahl N_i von Oszillatoren mit einer bestimmten Anzahl P_i Energiepakete der Größe ε_i geben soll, ist das ganze für alle diese Möglichkeiten durchzuspielen. Gesucht ist nun diejenige Konstellation bzw. Energieverteilung, die am wahrscheinlichsten ist.

Ein scheinbar kaum zu lösendes Problem. Hier kommt uns aber die große Zahl an Atomen und Molekülen zu Hilfe. Mit der stirlingschen Formel $n! \approx n^n$, die für $n \gg 1$ eine gute Näherung darstellt, können wir die Gleichung (5.14) schreiben als

$$W \sim Z = \frac{(N-1+P)!}{(N-1)!P!} \cong \frac{(N+P)^{N+P}}{N^N P^P} \tag{5.15}$$

Damit lässt sich die Entropie des Systems berechnen:

$$S_N = k \ln Z = k \{(N+P) \ln (N+P) - N \ln (N) - P \ln (P)\} \tag{5.16}$$

Unter Verwendung von der Annahme $U = P\varepsilon$ bzw. $P = \frac{U}{\varepsilon}$ folgt: $P = N\frac{\overline{U}}{\varepsilon}$.

Nach Vereinfachung der Terme schreibt sich schließlich die Entropie eines Oszillators:

$$\frac{S_N}{N} = k\left[\left(1+\frac{\overline{U}}{\varepsilon}\right)\ln\left(1+\frac{\overline{U}}{\varepsilon}\right)-\frac{\overline{U}}{\varepsilon}\ln\left(\frac{\overline{U}}{\varepsilon}\right)\right] \tag{5.17}$$

Vergleichen wir dieses Resultat mit jenem aus der thermodynamischen Analyse, sehen wir, dass die Terme nur unter der von Planck als *Akt der Verzweiflung* eingeführten Annahme

$$\varepsilon = h\nu \tag{5.18}$$

übereinstimmen. Damit war gezeigt, dass sich aus der hier vorgestellten Quantisierung des Strahlungsfelds das empirisch hervorragend bestätigte Strahlungsgesetz ableiten lässt[4].

Weitere Literatur zu diesem Thema:

- Dieter Hoffmann (Hrsg.): *Max Planck und die moderne Physik* [22]
- Armin Hermann: *Frühgeschichte der Quantentheorie (1899–1913)* [23]
- Armin Hermann: *Von Planck bis Bohr. Die ersten fünfzehn Jahre in der Entwicklung der Quantentheorie* [24]

---

[4] S. auch: Max Planck und Fritz Reiche; *Die Ableitung des Strahlungsgesetzes*, 1923 [20] sowie Max Planck; *Zur Theorie des Gesetzes der Energieverteilung im Normalspektrum*, 1900 [21].

6 Fazit Lichtquanten

Als schwarzen Körper bezeichnen wir einen Körper, der jegliche Strahlung, die von außen auf ihn trifft, absorbiert und der nur die selbst in seinem Inneren erzeugte Strahlung aussenden kann. Als Modell eines solchen Körpers dient ein Hohlraum, dessen Innenwände aus schwingenden hertzschen Dipolen aufgebaut sind. Diese Dipole sollten nach den Gesetzen der Elektrodynamik elektromagnetische Strahlung aussenden. Ihr Strahlungsspektrum ist von der Temperatur abhängig und kann bei höheren Temperaturen in den sichtbaren Bereich gelangen, wie man es z. B. bei glühendem Metall beobachtet.

Zur Begründung der Strahlungsformel musste Max Planck von der Annahme ausgehen, dass die Strahlungsenergie nicht kontinuierlich auf die hertzschen Dipole verteilt ist, sondern in Form von kleinen, diskreten Energieelementen $\varepsilon = h\nu$. Weil Max Planck diese Erkenntnis zum ersten mal am 14. Dezember 1900 in einer öffentlichen Sitzung der physikalischen Gesellschaft in Berlin mitteilte, gilt dieser Tag als Geburtsstunde der Quantenphysik.

Das ist etwas seltsam, denn die Physiker von damals konnten noch nichts über die Bedeutung dieser Energieelemente aussagen. Selbst Planck hielt sich diesbezüglich sehr bedeckt. Es ist nicht davon auszugehen, dass er bereits an ein quantisiertes Strahlungsfeld dachte. Diese Idee wurde erst 1905 von Albert Einstein (in der in Abschn. 4.2 auszugsweise zitierten Arbeit) vorgeschlagen.

Der einsteinschen Lichtquantenhypothese stand die Physikergemeinde von damals jedoch jahrelang sehr skeptisch gegenüber, so auch Planck. Sogar Niels Bohr, der Begründer des gleichnamigen Atommodells von 1913 (das wir im nächsten Teil besprechen), hat die Lichtquanten über lange Jahre hinweg abgelehnt. Denn der Teilchencharakter des Lichts stand seiner Meinung nach im Widerspruch zu den Interferenzerscheinungen, die man beim Licht beobachtet (und die wir ausführlich im Abschn. 3.4 besprochen hatten). Noch im Jahr 1924 hat er – zusammen mit Hendrik Kramers und John C. Slater – eine Theorie aufgestellt, die das atomare Verhalten

H. M. Rubin, *Vom Doppelspalt zum Quantencomputer*,
https://doi.org/10.1007/978-3-662-71207-8_6

unter einfallender elektromagnetischer Strahlung ohne Lichtquanten zu erklären versuchte, um damit letztlich die einsteinsche Lichtquantenhypothese zu entkräften. Die entsprechende Veröffentlichung ist als *BKS-Paper*[1] bekannt.

Erst mit der Entdeckung des *Compton-Effekts* durch Arthur Compton 1922 konnten sich die Lichtquanten in der Physikergemeinde etablieren. Als Compton die Streuung von Röntgenstrahlen an Graphit untersuchte, stellte er fest, dass die Winkelverteilung der gestreuten Strahlung nach vorne und nach hinten nicht gleich war und dass die Wellenlänge der gestreuten Strahlung größer war als die der einfallenden Strahlung. Beides hätte man von elektromagnetischen Wellen, die an Elektronen gestreut werden, nicht erwartet. Der beobachtete Prozess ähnelte vielmehr einem elastischen Stoß zwischen zwei Körpern, wie z. B. zwischen zwei Billardkugeln, bei dem die stoßende Kugel Impuls und Energie auf die gestoßene Kugel überträgt. Dies war ein starkes Indiz für den Teilchencharakter des Lichts und natürlich auch für die Lichtquantenhypothese.

Diese merkwürdige Doppelnatur des Lichts (Welle-Teilchen-Dualismus) lässt sich kaum mehr in Abrede stellen und darf als gesichert gelten. Die Frage ist nur, wie man sich das vorstellen soll. Was können wir uns für ein Bild von einem Lichtquant bzw. von einem Photon machen? Hier können wir nur mit Vermutungen und Modellen arbeiten und nach einem Konzept suchen, das die wichtigsten Eigenschaften eines Photons widerspiegelt.

Ein Konzept, welches sowohl den Wellencharakter als auch den Teilchencharakter enthält, ist ein *Wellenpaket* bzw. ein Wellenimpuls, wie in Abb. 6.1 dargestellt. Dieses Bild vereinigt den Wellencharakter mit einer räumlichen bzw. zeitlichen Begrenzung, wie dies für Teilchen typisch ist. Solche Wellenimpulse oder Wellenpakete kennt man auch aus dem Alltag. Dazu muss man nur in die Hände klatschen. Das dabei entstehende, knallartige Geräusch zeichnet sich dadurch aus, dass es zeitlich nur sehr kurze Zeit dauert und dass auch die Schalldruckwelle räumlich eng begrenzt ist. Allerdings wird man auch mit dem besten Musikgehör nicht sagen können, welche Frequenz dieses Geräusch hat. Stößt man hingegen eine Stimmgabel an, kann man sehr wohl die Tonhöhe erkennen. Woran liegt das?

Dieser Sachverhalt lässt sich auch gut mithilfe eines Tongenerators demonstrieren. Dazu stellt man z. B. einen Ton von ca. 440 Hz ein und leitet das Signal über einen Tastschalter zum Lautsprecher. Drückt man den Taster nur sehr kurz, kann man die Tonhöhe nicht mehr richtig abschätzen. Der kurze Impuls scheint in der

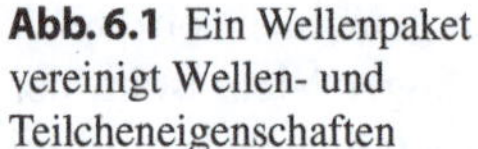

Abb. 6.1 Ein Wellenpaket vereinigt Wellen- und Teilcheneigenschaften

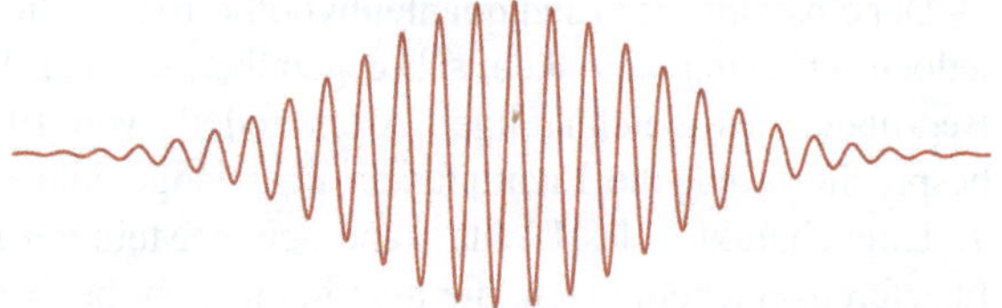

[1] Bohr, N.; Kramers, H. A.; Slater, J. C. (1924). *über die Quantentheorie der Strahlung*. Zeitschrift für Physik. Springer Science and Business Media LLC. **24** (1): 69–87. [25].

Frequenz höher als bei 440 Hz zu liegen. Anstelle eines Tongenerators kann auch eine Handyapp benutzt werden. Vergleichen Sie dazu auch Abschn. 12.3.

Das klingt soweit plausibel, aber wie groß ist der empirische Gehalt dieser Vorstellung? Einstein war nicht nur der Begründer der Lichtquantenhypothese, sondern auch der Entdecker der Relativitätstheorie. Die spezielle Relativitätstheorie basiert auf einer nur experimentell begründeten Annahme. Alle bisher durchgeführten Experimente zeigen, dass die Lichtgeschwindigkeit c im Vakuum nicht vom Bewegungszustand eines Beobachters bzw. eines Messgeräts abhängt. Die Lichtgeschwindigkeit ist in jedem Bezugssystem (Labor, Eisenbahn, Flugzeug etc.) gleich groß. Immer misst man denselben Wert von $c_0 = 299.793.546\, m/s$.

Das hat zur Folge, dass die Zeit in einem bewegten System bezüglich eines außenstehenden, ruhenden Beobachters langsamer läuft und für diesen das bewegte Objekt verkürzt und verdreht erscheint. Als weitere Konsequenz der speziellen Relativitätstheorie zeigt sich, dass kein materieller Körper (d. h. für den $m_0 > 0$ gilt) die Lichtgeschwindigkeit jemals erreichen kann. Umgekehrt kann ein Objekt, welches sich mit Lichtgeschwindigkeit bewegt, keine Ruhemasse haben[2].

Weil sich Lichtquanten mit Lichtgeschwindigkeit bewegen, können sie demzufolge keine Masse und auch keine Ausdehnung in Bewegungsrichtung haben. Dadurch wird die Vorstellung des Photons als Wellenpaket etwas erschwert. Es scheint also gar nicht so einfach zu sein, sich von den Lichtquanten ein adäquates Bild zu machen. Dennoch wird das Bild des Wellenpakets häufig verwendet, z. B. auch in Abschn. 4.2, Abb. 4.3, zur Veranschaulichung des fotoelektrischen Effekts.

Unterbrechen wir hier unsere Bemühungen, um zu einem anschaulichen Bild der Lichtquanten zu kommen, und schauen, was uns die Relativitätstheorie weiter zu den Photonen sagen kann.

Ein zentrales Ergebnis der speziellen Relativitätstheorie ist die relativistische Energie-Impuls-Beziehung:

$$E^2 = (pc)^2 + \left(m_0 c^2\right)^2 \tag{6.1}$$

Weil Photonen keine Ruhemasse haben, vereinfacht sich das zu

$$E^2 = (pc)^2 \quad \text{und somit gilt für den Impuls} \quad p = \frac{E}{c} = \frac{hf}{c}. \tag{6.2}$$

Photonen haben somit auch ohne Ruhemasse einen Impuls.

Dieser Impuls ist für das Herausschlagen der Elektronen beim fotoelektrischen Effekt verantwortlich, und beim Compton-Effekt überträgt ein Photon einen Teil seines Impulses auf die streuenden Elektronen, was zu der beobachteten Verringerung der Frequenz der gestreuten Photonen führt. Das alles ist durch Experimente gut belegt und jederzeit nachprüfbar.

[2] Der Begriff Ruhemasse wird heute weitgehend vermieden. An seiner Stelle wird die Masse als eine vom Bezugssystem unabhängige Eigenschaft gesehen. Siehe dazu auch Abschn. 10.2 [26].

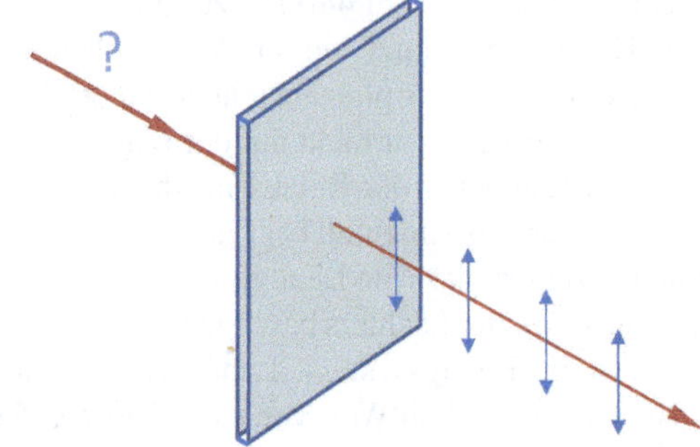

Abb. 6.2 Ein Lichtstrahl durchdringt ein Polarisationsfilter. Die durchgekommenen Photonen haben danach alle dieselbe Schwingungsrichtung

Wir dürfen aber auch die elektromagnetischen Eigenschaften der Photonen nicht außer Acht lassen. Sie sind die Quanten des elektromagnetischen Feldes, in denen die elektrischen und magnetischen Felder mit extrem hoher Frequenz schwingen. Elektrische und magnetische Felder haben eine Richtung. Deshalb muss auch in jedem Photon das elektrische Feld in einer bestimmten Richtung schwingen. Strahlt man Licht durch ein Polarisationsfilter, wie man es von den Polaroid-Sonnenbrillen her kennt, wird etwa die Hälfte der Photonen im Filter absorbiert, und von der anderen Hälfte der Photonen, die durch das Polarisationsfilter hindurchkommt, zeigen alle dieselbe Schwingungsrichtung. Die Abb. 6.2 verdeutlicht diesen Vorgang.

Gehen wir davon aus, dass vor dem Passieren des Filters, also vor der Messung, die Polarisationsrichtungen gleichmäßig in alle Richtungen verteilt waren, müssen wir diesen Messvorgang folgendermaßen interpretieren: Die Messung beeinflusst die Schwingungsrichtungen der Photonen. Die Wahrscheinlichkeit, im Filter absorbiert zu werden, beträgt 50 % und die Wahrscheinlichkeit durchzukommen ebenfalls 50 %. Bei den Photonen die durchgekommen sind, muss die Schwingungsrichtung also gedreht worden sein. Das Polfilter hat den Zustand des Photons beeinflusst.

Man könnte allerdings auch der Auffassung sein, dass die Photonen vor der Messung noch gar keine Schwingungsrichtung besitzen und dass diese – bei etwa der Hälfte von ihnen – erst durch die Messung verliehen wird. Wir werden später sehen, dass dieses Problem an vielen Stellen in der Quantenmechanik auftritt. Dabei stellt sich immer wieder dieselbe Frage: In welchem Zusammenhang steht das Ergebnis einer Messung mit den tatsächlichen Eigenschaften des gemessenen Objekts?

Ein Beispiel dafür wäre auch die Frage, ob Photonen eine Farbe haben. Gibt es rote, grüne oder blaue Photonen? So sagen wir z. B. der Einfachheit halber, ein grünes Photon habe eine Wellenlänge von $550\,nm$ und gemäß $E = h\nu$ eine Energie von $2{,}3\,eV$. Auch hier ist *grün* ein Messergebnis, das entweder in einem Fotosensor einer Kamera oder in den Sehzellen unserer Netzhaut entsteht. In dem Sensor oder in der Netzhaut befinden sich unterschiedliche Zellen, die auf unterschiedliche Frequenzen abgestimmt sind. Je nach Frequenz der einfallenden Photonen werden die einen oder anderen Zellen zu Schwingungen angeregt. Diese Schwingungen werden anschließend in elektrische Signale oder Nervenimpulse umgewandelt und weitergeleitet. So entsteht entweder ein grüner Farbpunkt auf einem Bild oder der Sinneseindruck von *grün* in unserem Bewusstsein.

Die Eigenschaft *grün* kann somit nicht als Eigenschaft eines Photons angesehen werden. Die von uns wahrgenommene Farbe ist nur in der Frequenz des Photons kodiert. Vergleichbar ist das etwa mit den Formaten von digitalen Bildern. In einem Speichermedium sind nur digitale Werte gespeichert. Nur wenn man diese Werte mit dem richtigen Codec ausliest, entsteht ein sinnvolles Bild, andernfalls nur Rauschen. Genauso kann man Photonen und alle anderen Quantenobjekte als Informationsträger sehen. Einen brauchbaren Umgang mit diesen Informationsträgern zu finden, ist letztlich die Aufgabe der Quanteninformatik und zentrales Thema dieses Buches.

Es sieht so aus, als könnten wir uns tatsächlich kein anschauliches Bild eines Lichtquants machen, und wir fühlen uns vielleicht an die Aussage von Immanuel Kant erinnert, nämlich dass wir die *Dinge an sich* nicht erkennen können. Aber auch die Ergänzung Arthur Schopenhauers, nämlich, dass das nicht bedeute, dass wir nichts über die Dinge erfahren könnten, scheint sich hier zu bestätigen. Wir können schließlich die Frequenz von Photonen bestimmen.

Im nächsten Teil werden wir uns mit handfester Materie beschäftigen. Wahrscheinlich erwarten Sie hier nicht dieselben Schwierigkeiten wie mit den schwer fassbaren Lichtquanten. So wissen Sie vermutlich bereits, dass die Materie aus Atomen besteht. Diese wiederum sind aus kleineren Bausteinen zusammengesetzt, den Protonen und Neutronen im Atomkern sowie den Elektronen in der Atomhülle. Im Gegensatz zu den Photonen kann man sich hier offenbar leicht ein Bild über die Struktur der atomaren Bausteine machen. Also sind wohl keine großen Unwägbarkeiten zu erwarten?

Bleiben Sie dran, lesen Sie weiter und lassen Sie sich überraschen!

Teil II
Was ist Materie?

Worin liegt der zentrale Unterschied zwischen Licht und Materie? Gemäß den Aussagen der speziellen Relativitätstheorie kann ein materielles Objekt die Lichtgeschwindigkeit nicht erreichen, weil dafür unendlich viel Energie erforderlich wäre. Lichtquanten hingegen können sich im leeren Raum nur mit Lichtgeschwindigkeit bewegen, nicht langsamer und nicht schneller. Licht hat demnach keine (Ruhe-)Masse, Materie schon.

Während wir uns unter den Lichtquanten etwas Flüchtiges, Wellenartiges vorstellen, denken wir bei Materie aufgrund ihrer Masse und ihrer Trägheit an etwas Festes, Körperhaftes. Demzufolge müssten die kleinsten Bausteine der Materie, die kleinstmöglichen Körper sein, weshalb man sie auch als Elementarteilchen bezeichnet. Zu diesen zählen wir heute die Elektronen und die Quarks. Protonen und Neutronen hingegen gehören nicht dazu, denn sie sind aus jeweils drei Quarks zusammengesetzt. Das Proton aus zwei Up- und einem Downquark (uud) und das Neutron aus einem Up- und zwei Downquarks (udd).

Die Idee von kleinsten Teilchen ist schon sehr alt. Bereits der griechische Philosoph Demokrit von Abdera (ca. 460–370 v. Chr.) äußerte die Vermutung, dass man einen Körper nicht unendlich oft teilen könne, und dass es deshalb eine Grenze der Teilbarkeit geben müsse. Diese unteilbaren Elemente nannte man Atome (von griech. atomos, das Unteilbare). Die Frage könnte vielleicht bereits beim Mahlen von Getreidekörnern zu Mehl zum ersten Mal aufgekommen sein.

Da es verschiedene Stoffe gibt, war auch die Vermutung naheliegend, dass es verschiedene Sorten von Atomen geben müsse. Auch dachte man sich die Atome in ständiger Bewegung und miteinander verbunden, und diese Verbindungen sollten die Vielfalt der Stoffe erst ermöglichen. Schon damals vermutete man, dass die Atome so klein sein könnten, dass sie mit bloßem Auge nicht wahrzunehmen sind. Optische Geräte gab es noch nicht, deshalb basierten die damaligen Vorstellung über die Atome auf Vermutungen, und die Bilder, die man sich von den Atomen machte, waren von der sinnlich erfassbaren Erfahrungswelt abgeleitet. Eine ausführliche Übersicht über den antiken Atomismus gibt der römische Dichter und Philosoph Lukrez (Titus Lucretius Carus, ca. 99–53 v. Chr.) in seinem Werk *De rerum natura* (Über die Natur der Dinge).[1]

[1] LUKREZ *ÜBER DIE NATUR DER DINGE,* neu übersetzt und kommentiert von Klaus Binder, Galiani Berlin, 2014 [28].

Aber auch das Konzept der Elementarteilchen stellt uns vor erhebliche gedankliche Schwierigkeiten. Wie sollten diese Teilchen beschaffen sein, und weshalb sollte man sie nicht mehr weiter teilen können? In diesem Teil werden wir die Meilensteine in der Entwicklung zu unserem heutigen Bild der Materie nachzeichnen. Dabei werden wir allerdings am Ende einsehen müssen, dass die Materie genauso rätselhaft bleibt wie das Wesen der Lichtquanten.

Die Entwicklung der Atommodelle 7

Zusammenfassung

Atome sind tatsächlich so klein, dass wir sie auch mit den besten Mikroskopen nicht direkt sehen können. Woher wissen wir trotzdem so gut über den Aufbau der Materie Bescheid?

7.1 Was können wir sehen?

Unser Blick auf Atome und Moleküle endet bereits an deren Oberfläche. Ein Wasserstoffatom z. B. hat eine räumliche Ausdehnung von ca. $0{,}1\,nm = 10^{-10}\,m$. Das ist etwa 5000 Mal kleiner als die Wellenlänge des sichtbaren Lichts oder 600.000 Mal kleiner als der Durchmesser eines menschlichen Haares. Das können wir auch mit den besten Mikroskopen nicht direkt sehen. Nur von größeren Molekülen können wir mithilfe von Rasterverfahren grobe Konturen erkennen. Die Abb. 7.1 zeigt links die Aufnahme eines Moleküls, dessen Oberfläche mit einem Rasterkraftmikroskop abgetastet wurde[1].

Aufgrund dieser Darstellung können wir uns aber kaum eine Vorstellung über die innere Struktur dieses Moleküls machen. Man könnte z. B. an eine Kohlenwasserstoffkette oder an eine Aneinanderreihung von ringförmigen Strukturen denken.

Abb. 7.1 Aufnahme eines Pentacenmoleküls mit einem Rasterkraftmikroskop

[1] Den Artikel zu diesem Bild finden sie unter [28].

H. M. Rubin, *Vom Doppelspalt zum Quantencomputer*,
https://doi.org/10.1007/978-3-662-71207-8_7

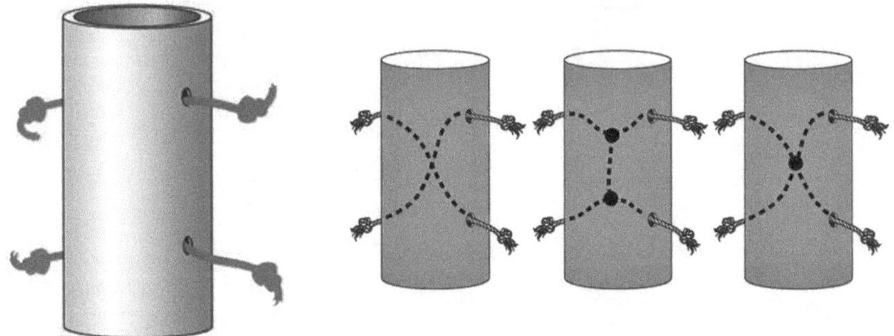

Abb. 7.2 Was können wir über die innere Verknüpfung der Schnüre erfahren, wenn wir nur von außen an den Schnüren ziehen können?

Erst wenn wir dieses Bild mit unserem bestehenden Wissen abgleichen, finden wir Möglichkeiten, die im Einklang mit dem visuellen Eindruck stehen. In diesem Fall handelt es sich vermutlich um ein Pentacenmolekül, wie der Vergleich mit der Strukturformel (Abb. 7.1 rechts) nahelegt.

Letztlich ist unser ganzes Wissen über den Aufbau der Materie auf ähnliche Weise entstanden. Diese Situation kann mit dem folgenden Modell veranschaulicht werden. Die Abb. 7.2 links zeigt ein Rohr, das völlig abgeschlossen und undurchsichtig ist. Nur vier Schnüre ragen aus diesem Rohr heraus.

Nun kann man an einer Schnur ziehen und beobachten, wie sich die anderen Schnüre dabei verhalten. Zieht man z. B. eine Schnur vollständig heraus, werden die anderen drei vollständig hineingezogen. Zieht man jetzt eine der hineingezogenen Schnüre wieder vollständig heraus, wird die zuvor herausragende Schnur wieder vollständig hineingezogen.

Die Aufgabe besteht nun darin, herauszufinden, wie die Schnüre im Inneren des Rohrs verknüpft sein müssen, damit das beobachtete Verhalten erklärt werden kann. Können die drei in Abb. 7.2 rechts dargestellten Vorschläge das Verhalten der Schnüre befriedigend erklären? Vielleicht kommen Sie auf eine bessere Lösung. Unter dem Suchwort *Mystery Tube* findet man im Internet Videos und Lösungsvorschläge.

Was uns nun als Nächstes beschäftigen wird, ist die Frage, welches die *Schnüre* waren, die uns Aufschluss über die innere Struktur der Atome gegeben haben. Dies wollen wir im nächsten Kapitel anhand von drei Meilensteinen in der Entwicklung unserer Atomvorstellungen betrachten.

7.2 Die frühen Atommodelle

Die folgende Abbildung zeigt drei der wichtigsten Atommodelle, die gegen Ende des 19. und Anfang des 20. Jahrhunderts aufgestellt wurden. Sie alle sind aus den zu jener Zeit bekannten Beobachtungen abgeleitet worden (Abb. 7.3).

Wir wollen im Folgenden die Phänomene besprechen, die diesen Modellen zugrunde liegen. Diese Phänomene entsprechen den Schnüren unserer *Mystery Tube*

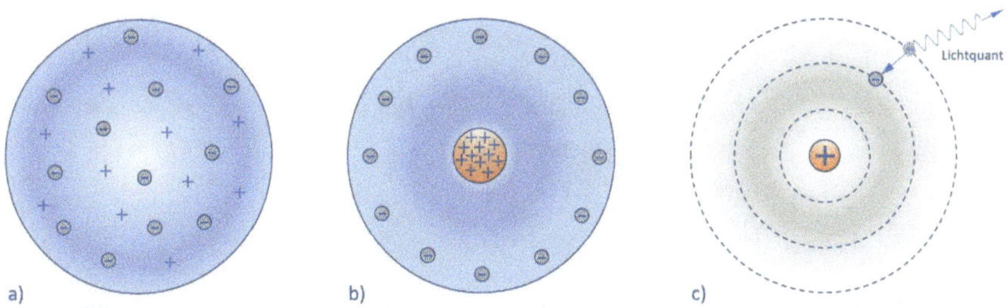

Abb. 7.3 Drei Meilensteine in der Entwicklung unserer Atomvorstellungen

aus dem letzten Abschnitt, aus deren Verhalten wir auf die innere Verknüpfung der Schnüre schließen sollten.

Informationen über den Aufbau der Atome lieferten uns vor allem die folgenden drei Entdeckungen aus dem 19. Jahrhundert:

- Die **Kathodenstrahlen** und damit die Entdeckung des Elektrons
- Die **Radioaktivität** und damit die Entdeckung eines elektrisch positiv geladenen Atomkerns
- **Linienspektren:** Zum Leuchten angeregt, senden Gase nur Licht mit ganz bestimmten, für jede Atomsorte charakteristischen Wellenlängen aus

Weil diese Phänomene aus dem Aufbau der Atome erklärbar sein mussten, suchte man nach Strukturen, welche diese Phänomene hervorbringen konnten. Das Resultat davon waren Atommodelle, die jeweils dem damaligen Kenntnisstand entsprachen. Die zentralen Elemente dabei waren die Beobachtung von Spektrallinien sowie die Entdeckung der Kathodenstrahlen und der Radioaktivität.

Die *Kathodenstrahlen* wurden 1858 von Julius Plücker entdeckt. Auf der Suche nach den kleinsten Teilchen der Elektrizität, wie sie die faradayschen Gesetze der Elektrochemie nahelegten, versuchte Plücker den elektrischen Strom durch ein Vakuum zu leiten. Dazu benutzte er evakuierte Glasröhren, in die Elektroden eingelassen waren. Tatsächlich konnte Strom durch diese Röhren fließen, sofern die dazu angelegte Spannung genügend groß war. In der Allgemeinheit bekannt wurde die crookesche Schattenkreuzröhre (James Crooke 1879), mit der diese Strahlen zu Demonstrationszwecken, und zum Erstaunen der Zuschauer, sichtbar gemacht werden konnten. Schon um ca. 1869 entdeckte dann Johann Wilhelm Hittorf die magnetische Ablenkung der Kathodenstrahlen.

Im Jahr 1897 untersuchte der englische Physiker Joseph John Thomson die Kathodenstrahlen mit einer eigens dazu gebauten Röhre genauer. Im Aufbau ähnelt diese Röhre der braunschen Röhre, die im selben Jahr von Karl Ferdinand Braun entwickelt wurde (vgl. Abb. 7.4):

Da mithilfe dieser und ähnlicher Röhren gezeigt werden konnte, dass sich die Kathodenstrahlen durch magnetische und elektrische Felder ablenken ließen, lag die Vermutung nahe, dass es sich bei diesen Kathodenstrahlen um elektrisch negativ geladene Partikel handelt. Daraufhin experimentierte Thomson mit unterschied-

Abb. 7.4 Thomsonsche Kathodenstrahlröhre, mit der J. J. Thomson die Kathodenstrahlen untersuchte

lichen Kathodenmaterialien und stellte dabei fest, dass die Eigenschaften dieser Strahlen durch das Kathodenmaterial nicht verändert wurden. Diese negativ geladenen Partikel mussten demnach in allen Stoffen enthalten sein, vermutlich sogar als Bestandteile ihrer Atome.

Weil die Materie in normalem Zustand elektrisch neutral ist, musste es demnach in den Atomen auch ein elektrisch positives Gegenstück geben, das die negativen Ladungen kompensieren konnte. Da man zudem keine positiven Anodenstrahlen erzeugen konnte, kam Thomson auf die Idee, dass die negativen Teilchen in einer zusammenhängenden positiv geladenen Masse eingebettet sein müssten, ähnlich wie Rosinen in einem Kuchen. Daher auch der Name *Rosinenkuchenmodell* oder Pancakemodell, wie es in Abb. 7.3 im linken Bild zu sehen ist.

Die negativ geladenen Partikel der Kathodenstrahlen wurden mit den vermuteten kleinsten Teilchen der Elektrizität gleichgesetzt und als Elektronen bezeichnet. Elektron ist das griechische Wort für Bernstein, von dem der Name Elektrizität abgeleitet ist, und J. J. Thomson gilt seither als Entdecker des Elektrons[2].

Etwa zur selben Zeit, um 1896, bemerkte der französische Physiker Henri **Becquerel** bei der Untersuchung der kurz zuvor entdeckten Röntgenstrahlung, dass Uransalze fotografische Platten schwärzen konnten. Die von diesen Salzen ausgehende Strahlung konnte lichtundurchlässige Substanzen durchdringen und Luft ionisieren ([30] und [31]). Zwei Jahre später fanden Marie und Pierre Curie zwei weitere Substanzen, die noch stärker strahlten und die sie Radium und Polonium nannten [32]. Im selben Jahr (1898) gelang es dem neuseeländischen Physiker Ernest Rutherford, positive und negative Komponenten dieser radioaktiven Strahlen zu identifizieren, die er als α- und β-Strahlung bezeichnete. Es stellte sich später heraus, dass die α-Strahlung aus Heliumkernen und die β-Strahlung aus Elektronen besteht.

Wenn die Atome auch positiv geladene Teilchen aussenden, wovon man damals ausging, konnte das Atommodell von Thomson nicht richtig sein. Um die innere Struktur der Atome genauer zu untersuchen, führte Rutherford deshalb zwischen 1909 und 1913 in Manchester seine berühmt gewordenen Streuversuche durch. Dabei richtete er einen Strahl aus α-Teilchen auf eine dünne Goldfolie, die nur ca. 1000 Atomlagen dick war. Das Resultat zeigt die folgende Abb. 7.5:

[2] S. dazu z. B.: Gordon Squires, JJ Thomson and the discovery of the electron, Physics World, 1997 [29].

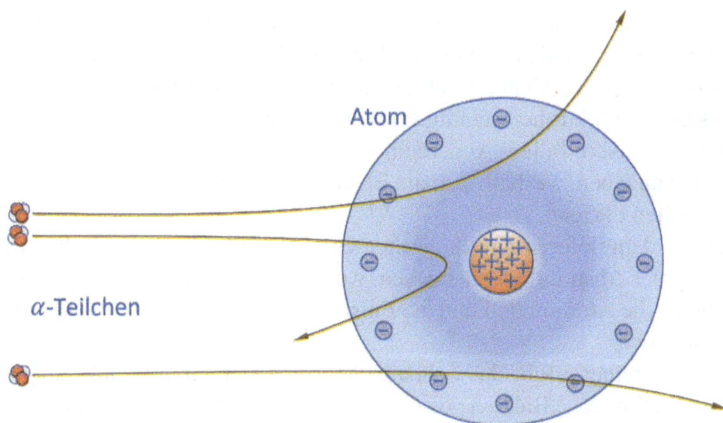

Abb. 7.5 Rutherfordsches Goldfolienexperiment: Das Streuverhalten von α-Teilchen an Goldatomen gab Aufschluss über die Ladungs- und Massenverteilung in den Atomen

Die meisten α-Teilchen durchdrangen die Goldfolie und wurden dabei durch die Goldatome in verschiedene Richtungen gestreut. Einige α-Teilchen wurden jedoch auch zurückgeworfen. Aufgrund des thomsonschen Atommodells hätte man gar keine oder nur geringe Streuung erwartet, da die Atome in diesem Modell eine gleichmäßige Ladungsverteilung hatten und auch elektrisch neutral waren.

Aufgrund dieses Streuverhaltens folgerte Rutherford, dass sowohl die positiv geladenen Anteile der Atome als auch der größte Anteil ihrer Masse in einem sehr kleinen Bereich in der Mitte der Atome konzentriert sein mussten. Das Ergebnis dieser Versuche war somit nichts Geringeres als die Entdeckung des *Atomkerns* [33].

Ein schwerwiegendes Problem aber konnte bis zu diesem Zeitpunkt noch nicht erklärt werden: Beobachtet man das Spektrum von leuchtendem Wasserstoff, sieht man nur fünf scharfe Spektrallinien, aber kein kontinuierliches Spektrum wie bei thermischen Lichtquellen. Wasserstoffatome senden also im sichtbaren Bereich nur Licht mit fünf genau definierten Frequenzen aus (s. Abb. 8.1 in Abschn. 8.1). Auch andere Gase zeigten solche Linienspektren. Diese waren für jedes Gas anders. Deshalb konnten diese Spektren in der optischen Spektroskopie zur Stoffanalyse genutzt werden. Diese Spektren mussten etwas mit der atomaren Struktur der Gase zu tun haben, aber aus den bisherigen Atommodellen ließ sich dieses Verhalten nicht befriedigend ableiten. Deshalb konnte auch das rutherfordsche Atommodell noch nicht vollständig sein.

Im Jahr 1913 präsentierte der dänische Physiker Niels Bohr eine Ergänzung zum Rutherford-Modell. Demnach durften sich die Elektronen nur auf ganz bestimmten Bahnen bewegen. Gemäß Bohrs Vorstellung können die Elektronen durch Absorption von Licht von einer energetisch tiefer gelegenen Bahn auf eine energetisch höher gelegene Bahn *springen*, um kurze Zeit danach beim Rücksprung auf ihre anfängliche Bahn wieder Licht auszusenden. Das bohrsche Atommodell (Abb. 7.3 rechts) zeichnet sich gegenüber den vorangehenden Modellen dadurch aus, dass es unbestreitbare experimentelle Befunde wie die quantenhafte Aufnahme und Abgabe von Licht sowie das Zustandekommen der Linienspektren erklären konnte. Allerdings war auch dieses Modell nicht unproblematisch. Gemäß der klassischen Elektrodynamik müssten die Elektronen ständig Energie abstrahlen und schließlich nach kurzer Zeit in den Atomkern fallen. Außerdem konnte man damals auch keinen physikalischen Grund angeben, weshalb sich die Elektronen nur auf ganz bestimmten Bahnen hätten aufhalten dürfen[3].

Bevor wir dem tieferen physikalischen Grund dieser bohrschen Bahnen und der Vermeidung der Abstrahlung nachgehen, wollen wir in den beiden folgenden Kapiteln das bohrsche Atommodell und die Entstehung der Linienspektren genauer unter die Lupe nehmen.

Eine Erweiterung erfuhr das bohrsche Modell 1916 durch Arnold Sommerfeld, indem dieser elliptische Bahnen postulierte. Damit konnte die sogenannte Feinstruktur in den Spektrallinien erklärt werden[4].

7.3 Spektrallinien

Im Jahr 1859 stellten der deutsche Physiker **Gustav Kirchhoff** und der deutsche Chemiker **Robert Bunsen** in einer gemeinsamen Arbeit fest[5], dass Atome nur Licht mit ganz bestimmten Wellenlängen absorbieren oder emittieren können.

Mithilfe der Spektralanalyse wurde es danach möglich, auch geringste Mengen eines Stoffes nachzuweisen und auch die schon früher beobachteten Fraunhofer-Linien zu erklären.

Spektrallinien lassen sich mit einfachen Mitteln selbst beobachten. Dazu braucht man nur das Licht einer Quecksilberdampflampe durch ein optisches Beugungsgitter zu beobachten. In solchen Lampen werden Quecksilberatome in gasförmigem Zustand durch elektrischen Strom zum Leuchten angeregt (Abb. 7.6).

Obwohl das Licht der Lampe weiß erscheint, sieht man kein kontinuierliches Spektrum, sondern ein **Linienspektrum**:

In den heutigen Leuchtstoffröhren wird ebenfalls Quecksilberdampf zum Leuchten angeregt und wir können uns mit einem optischen Beugungsgitter selbst vom diskreten Spektrum dieses Lichts überzeugen, wie die folgende Abb. 7.7 zeigt:

Abb. 7.6 Das Spektrum einer Quecksilberdampflampe zeigt die für das Element Quecksilber typischen Spektrallinien

[3] Bohr veröffentlichte sein Atommodell in zwei Arbeiten im Jahr 1913: On the constitution of atoms and molecules Part I und Part II [34] und [35].

[4] Arnold Sommerfeld, Die Bohr-Sommerfeldsche Atomtheorie: Sommerfelds Erweiterung des Bohrschen Atommodells 1915/16, 2013, Springer Spektrum [36] und [37].

[5] *Kirchhoff und Bunsen; Chemische Analyse durch Spectralbeobachtungen* [38] und [39].

Abb. 7.7 Spektrum des Lichts einer Leuchtstoffröhre

Die rote Linie stammt nicht von Quecksilber, sondern von Argon, welches man diesen Röhren zusätzlich beigibt, um ein etwas wärmeres Licht zu bekommen. Die oft benutzte Bezeichnung Neonröhre ist irreführend. In diesen Röhren gibt es in der Regel kein Neon. Neon leuchtet orange, und Neonröhren wurden früher für orange leuchtende Reklameschriften benutzt. Gibt man z. B. den Suchbegriff Spektrallinien oder Linienspektren im Internet ein, findet man viele Beispiele von Spektren verschiedenster Stoffe.

Bereits im Jahr 1814 entdeckte der deutsche Optiker und Physiker Joseph Fraunhofer (1787–1826) schwarze Linien im Spektrum des Sonnenlichts, die fraunhoferschen Linien (s. Abb. 7.8).

Von thermischen Lichtquellen erwarten wir ein kontinuierliches Spektrum, wie wir es z. B. von einer Glühbirne oder einer Kerzenflamme kennen. Das Sonnenspektrum scheint aber nicht ganz kontinuierlich zu sein. Einige Wellenlängen kommen offenbar gar nicht vor bzw. fehlen im ansonsten kontinuierlichen Spektrum.

Zur Erklärung dieses Phänomens muss man wissen, dass die Sonne und auch andere Sterne von Gasen verschiedenster Art umgeben sind. Sterne wie unsere Sonne sind also von einer Art Atmosphäre (Korona) umgeben. Der unterste Teil dieser Atmosphäre heißt Fotosphäre. Aus ihr kommt das für uns sichtbare Licht.

Die schwarzen Linien in Abb. 7.8 entstehen hauptsächlich durch Absorption des Sonnenlichts durch die Gase in und über der Fotosphäre der Sonne. Einige Linien stammen aber auch aus den Gasen höherer Schichten oder sogar aus Gasen in der Erdatmosphäre.

Damit ein Atom Licht aussenden kann, muss es zuvor angeregt werden. Dies kann u. a. durch Lichtabsorption geschehen. Dabei werden gemäß dem bohrschen Atommodell Elektronen auf eine höhere, energiereichere Bahn angehoben. Beim Zurückfallen in den Grundzustand wird von diesen Atomen wieder Licht in eine zufällige Richtung ausgesendet. Dieses fehlt deshalb in der Beobachtungsrichtung im Spektrum des Sonnenlichts.

Abb. 7.8 Fraunhofer-Linien im kontinuierlichen Sonnenspektrum

Eine sehr schöne Darstellung der Entdeckungsgeschichte der optischen Spektroskopie und ihrer Anwendungen, vor allem in der Astronomie, findet man in dem Buch *Der Geheimcode der Sterne*[6] von Jürgen Teichmann.

Mit einem polierten Metallstab wie z. B. einer Häkelnadel und einer Musik-CD lässt sich ein einfaches Gitterspektrometer realisieren. Die Reflexion von Licht an der Stricknadel dient als schmale, streifenförmige Lichtquelle. Den Reflex kann man auf der CD-Oberfläche direkt oder als Beugungsmuster erster Ordnung beobachten. Damit lässt sich z. B. auch das Spektrum einer Leuchtstofflampe untersuchen.

Noch interessanter ist die Beobachtung des Sonnenspektrums. Dazu richtet man sich mit horizontalem Blick gegen die Sonne, hält sich die Stricknadel auf die Stirn und die CD wie ein Buch vor das Gesicht. Dann sucht man den Reflex der Stricknadel in der oberen Hälfte der CD und dreht diese langsam so weit, bis das Sonnenspektrum im unteren Teil der CD sichtbar wird. Die Anordnung der Elemente geht aus Abb. 7.9 hervor.

Bei richtiger Fokussierung der Augen kann man in diesem Spektrum feine schwarze Linien erkennen (Abb. 7.9 rechts): die fraunhoferschen Linien.

Vergrößert und um 90° im Uhrzeigersinn gedreht, ergibt sich folgendes Bild (Abb. 7.10):

Anhand von Vergleichsspektren können die Linien eindeutig identifiziert werden.

Die Lichtabsorption von Gasen kann mit einem weiteren, einfachen Versuch demonstriert werden: Dazu bestrahlt man eine Bunsenbrennerflamme mit dem gelben Licht einer Natriumdampflampe. Das Licht durchdringt die Flamme, ohne dabei einen merklichen Schatten an die Wand zu werfen. Sprüht man nun mit einem Zer-

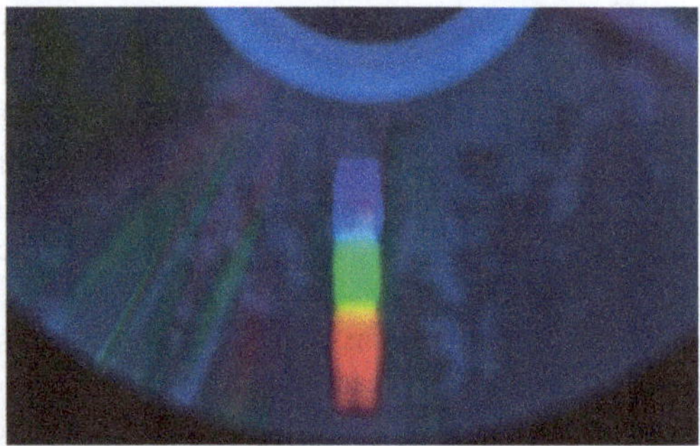

Abb. 7.9 Anordnung von Metallstab und CD zur Beobachtung eines Sonnenspektrums

Abb. 7.10 Sonnenspektrum in voller Auflösung

[6] Jürgen Teichmann, *Der Geheimcode der Sterne,* Verlag Deutsches Museum, 2017 [40].

stäuber etwas Salzwasser (NaCl) in die Flamme, bildet sich sofort ein Schatten an der Wand. Die Natriumatome absorbieren das Licht der Natriumdampflampe.

Weil die Fraunhofer-Linien den absorbierenden Elementen leicht zugeordnet werden können, erlauben sie Rückschlüsse auf die chemische Zusammensetzung der Gasatmosphäre der Sonne und von anderen Sternen. Durch die Bewegung eines Sterns verschieben sich die Linien im Spektrum. Mithilfe dieser Doppler-Verschiebung lässt sich die Geschwindigkeit, mit der sich ein Stern von uns weg oder auf uns zu bewegt, bestimmen. Die Frequenzverschiebung kann durch den Doppler-Effekt oder durch die Expansion des Raumes verursacht sein.

Das bohrsche Atommodell

8

Zusammenfassung

Im bohrschen Atommodell bestehen die Atome (wie im vorangehenden Modell von Rutherford) aus einem positiv geladenen Kern und einer Elektronenhülle, in der sich die Elektronen, festgehalten durch die elektrische Anziehung des Kerns, um diesen herum bewegen. Zur Erklärung der Spektrallinien musste Bohr aber zusätzliche Postulate einführen, für die es damals noch keine physikalische Begründung gab. Mit diesem Modell konnte das Wasserstoffspektrum aber – bis auf die Feinstrukturaufspaltung – korrekt berechnet werden.

8.1 Das Wasserstoffspektrum

Im Wasserstoffspektrum wurden schon früh Regelmäßigkeiten entdeckt. Die folgende Abbildung zeigt die Spektrallinien von atomarem Wasserstoff im sichtbaren Bereich (Abb. 8.1):

Bereits 1885 entdeckte der Schweizer Mathematiker und Physiker **Johann Jakob Balmer** eine Systematik in diesem Wasserstoffspektrum [41]. Er konnte die Wellenlängen der im Spektrum auftretenden Linien durch folgende, erratene Formel beschreiben:

$$\lambda = B\left(\frac{m^2}{m^2-4}\right) \tag{8.1}$$

mit $m = 3,\ 4,\ 5,\ 6,\ \ldots$ und $B = 364{,}6\,nm$.

Abb. 8.1 Die Balmer-Serie von atomarem Wasserstoff: 389 *nm* (kaum zu sehen), 397 *nm* (schwach zu sehen), 410 *nm*, 434 *nm* (violett), 486 *nm* (türkis) und 656 *nm* (rötlich)

H. M. Rubin, *Vom Doppelspalt zum Quantencomputer*,
https://doi.org/10.1007/978-3-662-71207-8_8

Eine Erklärung für diesen Sachverhalt konnten er und seine Zeitgenossen allerdings nicht geben. Im Jahr 1888 konnte der schwedische Physiker **Johannes Rydberg** die Formel von Balmer für die Frequenzen f des Lichts verallgemeinern [42]:

$$f = R\left(\frac{1}{n^2} - \frac{1}{m^2}\right) \tag{8.2}$$

mit der Rydberg-Konstanten $R = 3{,}29 \times 10^{15}\,s^{-1}$ und $n = 1, 2, 3, \ldots$ bzw. $m = 2, 3, 4, \ldots$ und $m > n$.

Die beiden Formeln lassen sich durch folgende Beziehung miteinander verbinden:

$$B = \frac{4c}{R} \tag{8.3}$$

Wobei c die Lichtgeschwindigkeit bedeutet. Aber auch für diese Formel konnte damals noch keine Erklärung gefunden werden.

Erst mit dem bohrschen Atommodell wurde eine Erklärung möglich. Die Rydberg-Konstante lässt sich aus der Formel von Bohr (s. Gl. 8.14) berechnen.

$$hf = E_n - E_m = \frac{m_e e^4}{8\epsilon_0{}^2\,h^2}\left(\frac{1}{n^2} - \frac{1}{m^2}\right) \tag{8.4}$$

Mit $n = 1,\ 2,\ 3,\ \ldots$ bzw. $m = 2,\ 3,\ 4,\ \ldots$ und $m > n$.

Damit lässt sich der Wert des Vorfaktors berechnen:

$$\frac{m_e e^4}{8\epsilon_0{}^2\,h^2} = \frac{9{,}109 \times 10^{-31}\,kg\,\left(1{,}602 \times 10^{-19} C\right)^4}{8\left(8{,}854 \times 10^{-12}\,\frac{As}{Vm}\right)^2\left(6{,}626 \times 10^{-34}\,Js\right)^2} = 2{,}179 \times 10^{-18}\,J$$

Rechnen wir das mithilfe $E = hf$ in Frequenzen um, erhalten wir $3{,}28810^{15}\,s^{-1}$. Dies entspricht exakt der oben beschriebenen und experimentell bestimmten Rydberg-Konstanten R:

$$R = 3{,}29 \times 10^{15}\,s^{-1} \tag{8.5}$$

Dies zeigt uns, dass das bohrsche Atommodell das Wasserstoffspektrum sehr gut zu beschreiben vermag und die Rydberg-Konstante auf elementare Konstanten zurückgeführt werden kann.

Im nächsten Kapitel besprechen wir die Annahmen, die Bohr zur Herleitung der Formel 8.4 treffen musste.

8.2 Die bohrschen Postulate

Einerseits war das bohrsche Atommodell sehr erfolgreich, weil mit ihm damals drängende Fragen der Physik beantwortet wurden. Man konnte mit diesem Modell das Spektrum des Wasserstoffs – bis auf die Feinstruktur – korrekt berechnen.

Andererseits konnte man keinen tieferen Grund nennen, weshalb sich die Elektronen nur auf ganz bestimmten Bahnen bewegen sollten und weshalb sie auf ihren Bahnen nicht ständig Energie abstrahlten, wie man das aufgrund der Elektrodynamik erwartet hätte. Aufgrund der damals gültigen Physik hätten Atome in dieser Form gar nicht existieren dürfen. Sie hätten unter Abstrahlung von Energie, wie in Abb. 8.2 dargestellt, sofort in sich zusammenfallen müssen.

Um dieses Problem zu umgehen, musste Bohr ohne weitere physikalische Erklärung die folgenden Annahmen treffen:

- So sollte der Drehimpuls der Elektronen, d. h. das Produkt aus ihrer Masse m_e, der Bahngeschwindigkeit v und ihrem Bahnradius r, nur ganzzahlige Vielfache der planckschen Konstante h geteilt durch 2π annehmen können:

$$m_e v r = n \frac{h}{2\pi} \tag{8.6}$$

- Auf diesen Bahnen dürften die Elektronen aus noch unbekannten Gründen keine Energie abstrahlen (Abstrahlungsproblem).

Die zweite bohrsche Bedingung verlangt, dass die Elektronen im Atom keine Energie durch Strahlung verlieren. Verhielte sich ein Elektron in gebundenem Zustand wie ein elektrisch geladenes Teilchen, müsste es gemäß der Elektrodynamik ständig

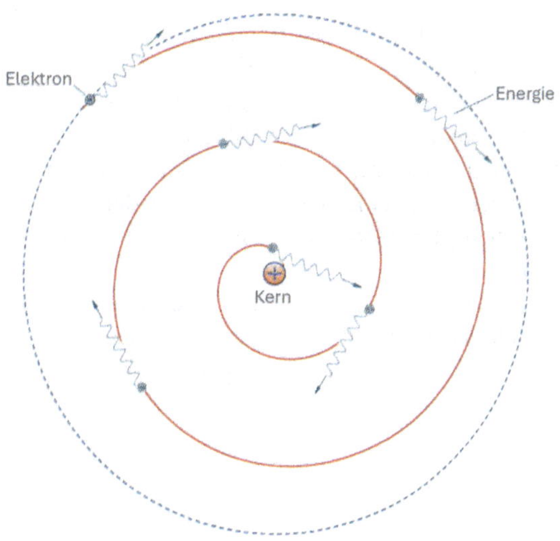

Abb. 8.2 Ein Elektron auf einer Kreisbahn müsste ständig Energie in Form von elektromagnetischen Wellen abstrahlen

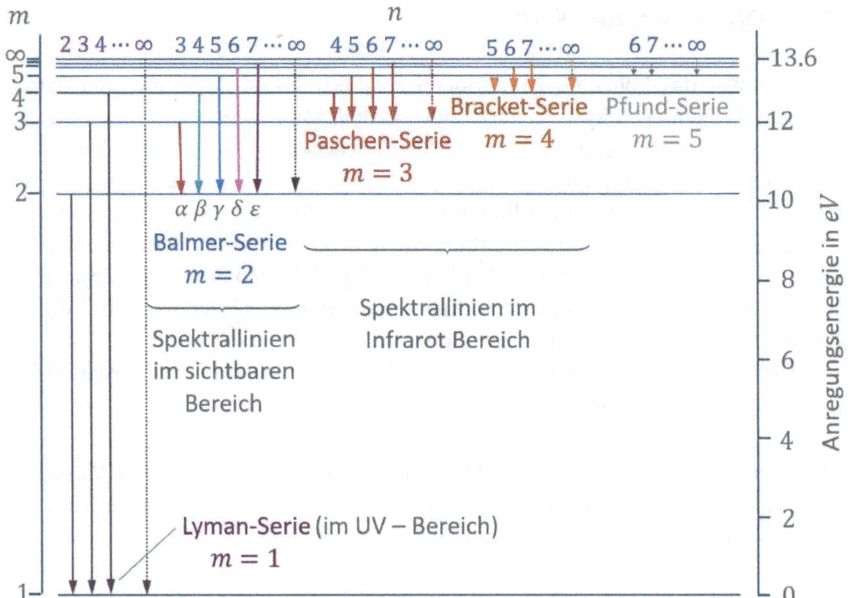

Abb. 8.3 Termschema des Wasserstoffatoms

Energie in Form von elektromagnetischen Wellen abstrahlen, wie in Abb. 8.2 illustriert. Demnach müssten die Elektronen sehr schnell in den Atomkern stürzen, und stabile Atome könnte es demnach nicht geben.

Nun sind die Atome offenbar stabil, sonst würde es uns und die uns umgebende Materie nicht geben. Dennoch lassen sich mit Bohrs Annahmen und mithilfe der klassischen Mechanik und Elektrodynamik die diskreten Energiewerte der Elektronen auf den erlaubten Bahnen im H-Atom genau berechnen.[1]

Das Ergebnis dieser Berechnungen kann in einem *Termschema* anschaulich gemacht werden. Darin sind die Energiewerte der möglichen Elektronenzustände durch horizontale Striche markiert (vgl. Abb. 8.3).

Die Frequenzen der Spektrallinien können aus den Energieunterschieden der Elektronenzustände abgelesen werden. Im sichtbaren Bereich liegen nur die zuvor besprochenen Linien der Balmer-Serie. Die anderen Linien (Serien) sind im Infrarotbereich (Paschen-, Bracket- und Pfund-Serie) oder im UV-Bereich (Lyman-Serie) angesiedelt.

Im nächsten Kapitel wird das Verfahren zur Berechnung der Spektrallinien vorgestellt. Diese Rechnung ist jedoch für das weitere Verständnis nicht von Belang und kann ohne Weiteres übersprungen werden.

[1] *On the Constitution of Atoms and Molecules;* N. Bohr, Phil. Magazine, 1913 [34].

8.3 Berechnung des Wasserstoffatoms

Bei dieser Rechnung wird das Elektron als Teilchen mit der Masse m_e und der Ladung e (Elementarladung) betrachtet, das sich im Coulomb-Feld des Atomkerns auf einer Kreisbahn um diesen herum bewegt. Die Kreisbahnbedingung aus der klassischen Mechanik dazu lautet: $F_{Zentripetal} = F_{Coulomb}$:

$$m_e \frac{v^2}{r} = \frac{1}{4\pi \varepsilon_0} \frac{e^2}{r^2} \tag{8.7}$$

Ersetzt man in dieser Gleichung die Geschwindigkeit v des Elektrons mithilfe der bohrschen Quantenbedingung,

$$v = n \frac{h}{2\pi m_e r} \tag{8.8}$$

erhält man:

$$m_e \frac{\left(n \frac{h}{2\pi m_e r}\right)^2}{r} = \frac{1}{4\pi \varepsilon_0} \frac{e^2}{r^2} \tag{8.9}$$

Gemäß dieser Gleichung können die Elektronen den Kern nur auf Kreisbahnen mit ganz bestimmten Radien r_n umlaufen:

$$r_n = \frac{n^2 h^2 \varepsilon_0}{\pi e^2 m_e} \tag{8.10}$$

Die Energie eines Elektrons im Coulomb-Potenzial setzt sich zusammen aus einem Anteil kinetischer und einem Anteil potenzieller Energie[2].

$$E_{ges} = \frac{1}{2} m_e v^2 - \frac{1}{4\pi \varepsilon_0} \frac{e^2}{r} \tag{8.11}$$

Mithilfe der Kreisbahnbedingung folgt nun:

$$E_{ges} = \frac{1}{8\pi \varepsilon_0} \frac{e^2}{r} - \frac{1}{4\pi \varepsilon_0} \frac{e^2}{r} = -\frac{1}{8\pi \varepsilon_0} \frac{e^2}{r} \tag{8.12}$$

Setzt man nun in dieser Gleichung die aus den bohrschen Quantenbedingungen abgeleiteten möglichen Bahnradien r_n ein, folgt schließlich:

$$E_n = -\frac{m_e e^4}{8 {\varepsilon_0}^2 h^2} \frac{1}{n^2} \tag{8.13}$$

Ein Elektron kann demzufolge nur ganz bestimmte Energiewerte E_n annehmen. Jedem dieser diskreten Energiewerte ist gemäß diesem Modell ein bestimmter Bahnradius r_n zugeordnet. Die Abb. 8.4 verdeutlicht diese Situation.

---

[2] Die potenzielle Energie ist negativ zu setzen, da sie im Coulomb-Feld des Atomkerns mit zunehmendem Radius zunehmen muss.

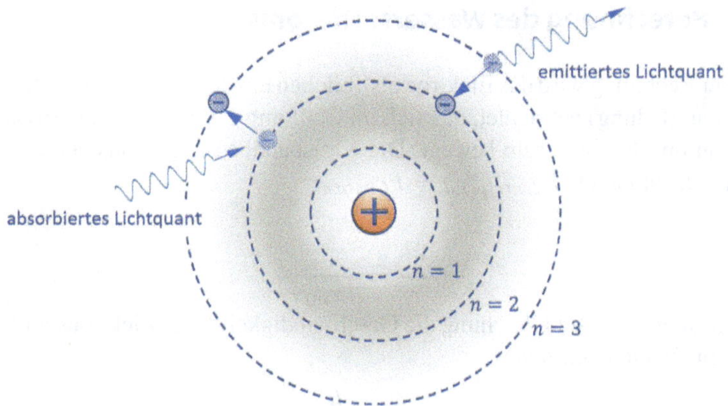

Abb. 8.4 Schematische Darstellung von einigen bohrschen Bahnen

Solange keine Interaktion mit der Umwelt erfolgt, bleiben die Elektronen auf ihren stationären Bahnen, ohne dabei Licht oder elektromagnetische Strahlung in anderen Frequenzbereichen auszustrahlen.

Durch Einwirkung von außen (durch Energiezufuhr), kann ein Elektron auf eine Bahn höherer Energie angehoben werden. Dieser Vorgang entspricht anschaulich dem Anheben eines Körpers im Schwerefeld der Erde. Analog zu einem angehobenen Körper, der im Schwerefeld wieder herunterfallen kann, muss ein Elektron auch wieder in seinen ursprünglichen, energetisch tiefer gelegenen Zustand zurückfallen. Dabei wird die zuvor zugeführte Energie wieder in Form eines Energiequants hf elektromagnetischer Strahlung abgegeben[3]:

$$hf = E_n - E_m = \frac{m_e e^4}{8\varepsilon_0{}^2 h^2}\left(\frac{1}{n^2} - \frac{1}{m^2}\right) \tag{8.14}$$

Mit $n = 1,\ 2,\ 3,\ \ldots$ bzw. $m = 2,\ 3,\ 4,\ \ldots$ und $m > n$.

Leider versagt das bohrsche Atommodell bereits beim Heliumatom und demzufolge auch bei höheren Atomen. Aber die quantenhafte Aufnahme und Abgabe von Energie in Atomen ist hingegen eine unbestrittene Tatsache, erkennbar an den Linienspektren der Elemente in gasförmigem Zustand und an den fraunhoferschen Linien.

Wie bereits in Abschn. 7.2 erwähnt, erfuhr dieses Modell 1915/16 eine Erweiterung auf elliptische Bahnen[4]. Siehe dazu auch Abschn. 13.2.

[3] N. Bohr, On the Costitution of Atoms and Molecules, Part I and Part II [34] und [35].

[4] A. Sommerfeld, Zur Quantentheorie der Spektrallinien, Annalen der Physik, 1916. S. dazu auch [36] und [37].

Die Wellennatur der Materie

9

Zusammenfassung

Hier geht es um die zentrale Frage, wie die quantenhafte Absorption und Emission von Licht in den Atomen erklärt und die bohrschen Quantenbedingungen physikalisch begründet werden können. Deshalb stellt sich die Frage, welcher Mechanismus sich hinter diesen Quantensprüngen verbirgt oder durch welche Betrachtungsweise die bohrschen Postulate verständlich werden.
Gibt es vielleicht sogar in unserer makroskopischen Welt Beobachtungen, die Ähnlichkeiten mit den atomaren Vorgängen aufweisen?

9.1 Stehende Wellen

Akustische Quantensprünge
Betrachten wir dazu das folgende Experiment: Schwingt man einen *Klangschlauch,* wie in Abb. 9.1 abgebildet, im Kreis herum, ist ab einer Mindestdrehzahl ein Ton bestimmter Frequenz zu hören. Erhöht man die Drehfrequenz, springt die Tonhöhe plötzlich um eine Oktave höher. Verlangsamt man wieder, wechselt die Frequenz auch wieder sprunghaft zur ursprünglichen Frequenz zurück. Weitere Erhöhung der Drehzahl führt zu weiteren Frequenzsprüngen. Versuchen Sie selbst!

Wie entstehen diese sprunghaften Frequenzänderungen? Nur bei ganz bestimmten Geschwindigkeiten kommt es durch die Luftströmung zu Resonanzeffekten der Luftsäule im Schlauch. Bei Musikinstrumenten wird ein ähnliches Verhalten beobachtet. Eine Flöte oder eine Orgelpfeife wird normalerweise so angeblasen, dass sie

Abb. 9.1 Klangschläuche zeigen Frequenzsprünge, wenn die Drehzahl kontinuierlich erhöht wird

H. M. Rubin, *Vom Doppelspalt zum Quantencomputer*, https://doi.org/10.1007/978-3-662-71207-8_9

mit der Grundschwingung schwingt. Bläst man hingegen fester hinein, wird sprunghaft die erste Oberschwingung angeregt, welche bei beidseitig offenem Rohr eine Oktave höher liegt.

In einer Flöte und in einem Klangschlauch geschieht grundsätzlich dasselbe. In der Luftsäule bilden sich stehende Wellen aus, die nur bei ganz bestimmten Frequenzen auftreten. Besser kann man das an einer Saite oder an einem gespannten Gummiseil beobachten, weshalb wir im Folgenden deren Schwingungsverhalten näher betrachten wollen.

Auch eine Saite schwingt nur mit ganz bestimmten Frequenzen, wie das folgende Experiment zeigt: In einem gespannten Gummiseil werden mithilfe eines Frequenzgenerators stehende Wellen erzeugt. Zuerst die Grundschwingung, dann die erste, die zweite und die dritte Oberschwingung. Nur wenn die Anregungsfrequenz genau passt, entsteht jeweils die nächsthöhere Oberschwingung.

Sowohl beim Klangschlauch als auch bei einer eingespannten Saite beobachten wir das Phänomen der **stehenden Wellen.** Stehende Wellen treten in begrenzten Medien auf. In solchen Medien werden die Wellen an den Endpunkten hin und zurück reflektiert. Dabei überlagern sich die hin- und zurücklaufenden Wellen gegenläufig. Wird eine Saite mit der richtigen Frequenz angeregt, kann sie in heftige Schwingungen geraten. Wir sprechen dabei auch von **Resonanz.**

In Abb. 9.2 sind solche Eigenschwingungen eines beidseitig eingespannten Gummiseils zu sehen. Immer dann, wenn ein ganzzahliges Vielfaches einer halben Wellenlänge zwischen die beiden Endpunkte hineinpasst, schwingt das Seil heftig mit. Dabei bedeutet n die Anzahl Halbwellen im Seil.

Bezeichnen wir die Länge der Saite mit L, sehen wir, bei welchen Wellenlängen Resonanz auftritt, nämlich bei

$$\lambda_1 = 2L,\ \lambda_2 = L,\ \lambda_3 = 2L/3,\ \dots\ \lambda_n = 2L/n$$

Mithilfe der Formel $c = \lambda f$ können wir diese Bedingung auch durch die möglichen Frequenzen ausdrücken, mit denen das Seil bzw. die Saite schwingen kann:

$$f_n = \frac{c}{2L} n \tag{9.1}$$

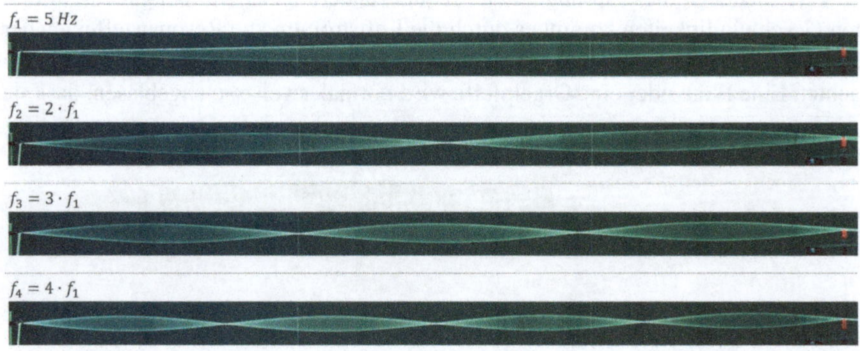

Abb. 9.2 Stehende Wellen in einem gespannten Gummiseil

Abb. 9.3 Der Rand eines Weinglases zeigt dasselbe Schwingungsverhalten wie ein elastischer Ring

Die Frequenz der Grundschwingung ($n = 1$) beträgt $f_1 = \frac{c}{2L}$. Die Frequenzen der Oberschwingungen ($n = 2, 3, 4, \ldots$) sind demnach ganzzahlige Vielfache davon.

Auch in ringförmigen Objekten können sich stehende Wellen bilden. Allerdings gibt es bei diesen keine fixen Endpunkte und deshalb unterscheidet sich das Schwingungsverhalten geringfügig von jenem in Saiten und Stäben. Eine Störung breitet sich immer in beide Richtungen aus. Deshalb kommt es auch hier zu einer Überlagerung von gegenläufigen Wellen.

Ein Ring kann zwischen zwei elliptischen, senkrecht aufeinander stehenden Grundformen hin und her schwingen, wie in Abb. 9.3 links dargestellt. Weil hier zwei ganze Wellen im Umfang vorliegen, setzen wir jetzt zur Kennzeichnung dieses Schwingungszustands $n = 2$[1].

Bei der ersten Oberschwingung finden drei ganze Wellen im Umfang des Kreises Platz. Deshalb bezeichnen wir diesen Zustand mit $n = 3$. Diese Situation ist in Abb. 9.3 rechts dargestellt. Wie bei einer schwingenden Saite lässt sich die Reihe beliebig weiter fortsetzen. Für den n-ten Zustand gilt gemäß dieser Zählweise die folgende allgemeine Bedingung:

$$n\lambda = 2\pi r \tag{9.2}$$

mit $n \geq 2$. Weshalb ist das von Interesse, und was hat das mit den Bohrschen Quantenbedingungen für die Elektronen in einem Atom zu tun?

9.2 Elektronenwellen

Vergleichen wir dazu den Ausdruck (9.2) mit der bohrschen Quantenbedingung für den Drehimpuls der Elektronen auf den bohrschen Bahnen:

$$m_e v r = p_e r = n\frac{h}{2\pi} \tag{9.3}$$

[1] Bei $n = 1$ entsteht eine Kippschwingung, bei der die Auslenkung senkrecht zur Ringebene erfolgt.

Stellen wir das nach $2\pi r$ um,

$$n\frac{h}{p} = 2\pi r \tag{9.4}$$

erkennen wir einen überraschenden Zusammenhang. Die beiden Ausdrücke stimmen überein, falls folgende Beziehung gilt:

$$\lambda = \frac{h}{p} \quad \text{bzw.} \quad p = \frac{h}{\lambda} \tag{9.5}$$

Demnach wäre mit dem Impuls p der Elektronen eine Wellenlänge λ verknüpft, und den Elektronen müssten wellenartige Eigenschaften zukommen.

Tatsächlich ließen sich damit die diskreten Energiezustände der Elektronen im Atom erklären, und auch das Abstrahlungsproblem wäre aus dem Weg geräumt. Sogar ein Quantensprung ließe sich als Übergang zwischen zwei stationären Schwingungszuständen der Elektronen interpretieren, wie die Abb. 9.4 zeigt.

In der Sprache des Orbitalmodells könnte man die Abbildung links als Übergang zwischen einem s- und einem p-Orbital auffassen. Die Ähnlichkeit zum Übergang zwischen Grund- und erster Oberschwingung einer Saite ist augenfällig.

Die Vorstellung von Elektronen als Wellen scheint also deutlich vorteilhafter zu sein als jene des Elektrons als Teilchen.

Die Idee von *Materiewellen* stammt ursprünglich von dem französischen Physiker Louis de Broglie. Aus der einsteinschen Formel $E = mc^2$ und der planckschen Formel für die Energie der Lichtquanten $E = hf$ lässt sich schließen, dass Photonen einen Impuls besitzen. Aus der Beziehung

$$hf = h\frac{c}{\lambda} = mc^2 \tag{9.6}$$

folgt nämlich für den Impuls von Photonen

$$p = mc = \frac{h}{\lambda} \tag{9.7}$$

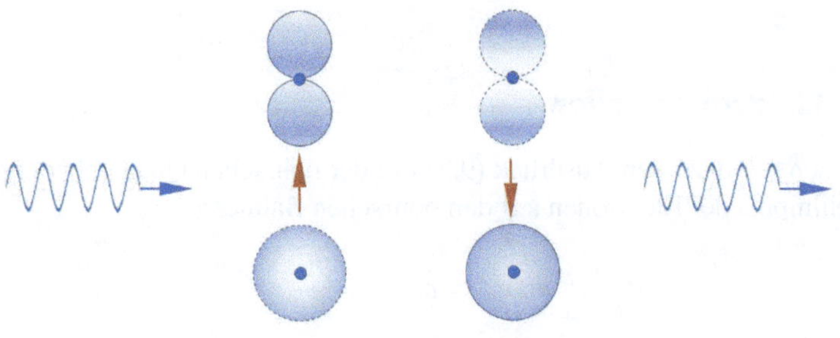

Abb. 9.4 Der Quantensprung vom Grundzustand in den ersten angeregten Zustand und wieder zurück ähnelt dem Übergang zwischen der Grundschwingung und der ersten Oberschwingung einer gespannten Saite

De Broglie geht in seiner Doktorarbeit im Jahr 1924 von der Hypothese aus, dass mit der Energie eines Objekts ein periodisches Phänomen gemäß $E = hf$ verknüpft ist. Daraus kann er ableiten, dass die Beziehung 9.7 nicht nur für Photonen, sondern auch für Elektronen und andere materielle Teilchen gelten müsste. Demnach ist die Wellenlänge eines materiellen Objekts tatsächlich durch die Beziehung (9.5) gegeben, die wir weiter oben gefunden hatten.

$$\lambda = \frac{h}{mv} \tag{9.8}$$

Im Abschn. 10.2 werden wir die Überlegungen, die de Broglie zu dieser Idee geführt haben, ausführlich besprechen und dabei auch eine konkretere Vorstellung von der Natur dieser Materiewellen bekommen.

Der österreichische Physiker Erwin Schrödinger nahm die Ideen von de Broglie auf und konnte kurze Zeit später auch eine Wellengleichung angeben, welche die Materiewellen korrekt beschreibt. Über diese Schrödinger-Gleichung sprechen wir in Abschn. 10.3 ausführlicher.

Zum Quantensprung schreibt Schrödinger weiter, dass beim Übergang zwischen zwei Frequenzen eine Schwebung mit der Differenzfrequenz der Elektronenzustände auftritt und dies zur Abstrahlung von Lichtquanten führe[2]. Tatsächlich können wir mithilfe des bohrschen Atommodells die Umlauffrequenzen der Elektronen berechnen und finden dabei Schrödingers Aussage bestätigt.

Wir wollen das hier nicht weiter ausführen, sondern uns der Frage zuwenden, ob man den Wellencharakter von Elektronen und anderen Teilchen auch wirklich experimentell nachweisen kann. Solche Experimente werden im nächsten Kapitel vorgestellt.

9.3 Die experimentellen Nachweise

Falls Elektronen tatsächlich Wellencharakter haben, müsste sich dies durch Interferenzerscheinungen bemerkbar machen. Tatsächlich gelang bereits drei Jahre nach Veröffentlichung von de Broglies Hypothese den beiden amerikanischen Physikern Clinton **Davisson** und Lester **Germer** im Jahr 1927 der erste Nachweis[3]. Dabei richteten sie einen Elektronenstrahl auf einen Nickelkristall und beobachteten den Richtungsverlauf der gestreuten Elektronen. Die Abb. 9.5 zeigt die beiden Forscher und ihre Versuchsanordnung.

Bei der Analyse der Winkelabhängigkeit der am Kristall gestreuten Elektronen zeigte sich ein Interferenzmuster mit deutlichen Maxima und Minima bei bestimmten Winkeln, wie man es auch bei der Streuung von Röntgenstrahlen an Kristallgittern

[2] An Undulatory Theory of the Mechanics of Atoms and Molecules, E. Schrödinger, Physical Review, 1926 [43].

[3] *The Diffraction of Electrons by a Crystal of Nickel;* C. Davisson and L. H. Germer, 1927 [44] und [45].

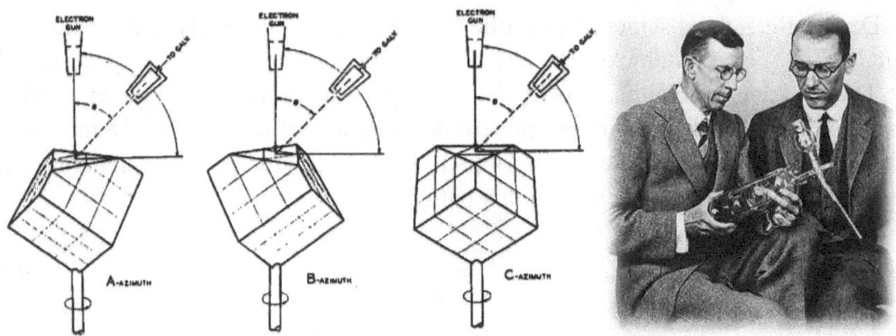

Abb. 9.5 Versuchsaufbau von Davisson und Germer mit ihrer Elektronenröhre

beobachten kann. Die dafür erforderlichen Wellenlängen stimmten gut mit denen der von de Broglie vorgeschlagenen Materiewellen (Gl. 9.8) überein. Die Wellenlängen von Elektronen sind aber so klein, dass die Objekte, an denen Beugungseffekte beobachtet werden können, auch sehr klein sein müssen. Wir wollen hier nicht näher auf diese Arbeit eingehen. Im Internet findet man unter dem Suchbegriff *Davisson-Germer-Experiment* detaillierte Informationen zu diesem Experiment und dessen Ergebnissen.

Etwa 40 Jahre später gelang es dem deutschen Physiker Claus Jönsson 1959 in Tübingen, erstmals die *Interferenz von Elektronen an einem Einzelspalt und an einem Doppelspalt* direkt nachzuweisen[4]. Das Experiment stellte hohe Anforderungen an die Feinheit und Präzision der verwendeten Feinspalte sowie auch an das Auflösungsvermögen der Apparatur.

In einer Umfrage der Fachzeitschrift „Physics World„ nach dem schönsten Experiment aller Zeiten, kam der Versuch von Jönsson auf den ersten Platz. Die folgende Abb. 9.6 zeigt in der Mitte ein Portrait von Claus Jönsson. Links davon das Interferenzmuster von Elektronen an einem Einzelspalt und rechts an einem Doppelspalt.

Dabei wurden 50-keV-Elektronen verwendet, die feinen Spalte hatten eine Breite von $0,3\ \mu m$, und der Abstand der beiden Spalte beim Doppelspalt betrug ca. $1{,}05\ \mu m$. Die Energie von $50\,keV$ entspricht gemäß (9.8) einer Wellenlänge von:

Abb. 9.6 Interferenzmuster von Elektronen am Einzelspalt (links) und am Doppelspalt (rechts) sowie Claus Jönsson (mitte)

[4] *Elektroneninterferenzen an künstlich hergestellten Feinspalten;* Claus Jönsson, 1961 [46].

$$\lambda = \frac{h}{\sqrt{2eU_0m_e}} \approx 5{,}5\,pm \tag{9.9}$$

Aus den angegebenen Dimensionen des Einzel- bzw. Doppelspalts und den gemessenen Winkeln von $\theta_1 = 0{,}001°$ für das erste Nebenminimum beim Einzelspalt und $\theta_2 = 0{,}0003°$ für das erste Nebenmaximum beim Doppelspalt, berechnet man mit der Interferenzbedingung

$$\sin(\theta_n) = \frac{n\lambda}{d} \tag{9.10}$$

eine Wellenlänge von ebenfalls

$$\lambda = \frac{d}{n}\sin(\theta_n) \approx 5{,}5\,pm \tag{9.11}$$

Das steht in sehr guter Übereinstimmung mit (Gl. 9.9) und somit auch mit der Vorhersage von de Broglie (Gl. 9.8).

Grundsätzlich könnte jedem Objekt mit einem Impuls p eine Wellenlänge gemäß Gl. 9.8 zugeordnet werden. Bei makroskopischen Körpern kommen die Wellenlängen aufgrund der hohen Massen in Bereiche, die keine experimentelle Prüfung mehr zulassen. So hätte z. B. ein Tennisball mit der Masse von $m \approx 50\,g$ und der Geschwindigkeit $v \approx 50\,m/s$ eine Wellenlänge von $\lambda \approx 2{,}7 \times 10^{-34}\,m$. Zum Nachweis solcher Wellenlängen wären optische Strukturen erforderlich, die um viele Größenordnungen kleiner als das Objekt selbst sind. Deshalb tritt die Wellennatur der Materie im Alltag nicht in Erscheinung.

Materiewellen 10

Zusammenfassung

Neben dem bohrschen Atommodell erklärt die Welleneigenschaft von Elektronen weitere alltägliche Phänomene, wie z. B. die Wirkung von organischen Farbstoffen und von Farbzentren in Kristallen sowie auch das Vergilben von Kunststoffen. All das lässt sich mit dem einfachen Modell des *Potenzialtopfs* ohne aufwendige Berechnungen erklären.

Zudem untersuchen wir in diesem Kapitel die Natur der Materiewellen genauer, liefern eine theoretische Begründung für sie und leiten eine Wellengleichung ab, welche diese Art von Wellen korrekt beschreibt.

10.1 Elektronen im Potenzialtopf

Wenn sich Elektronen im Coulomb-Potenzial eines Atomkerns wie stehende Wellen verhalten, müssten sie dies auch bei einem einfacheren Potenzialverlauf tun. Die einfachste Möglichkeit stellt ein konstanter Potenzialverlauf dar, der durch das einfache Modell des Potenzialtopfs beschrieben werden kann. Dabei wird ein Elektron in Gedanken in einen „Potenzialtopf" mit unendlich hohen Potenzialwänden eingesperrt. Das Elektron kann diesen Potenzialtopf nicht verlassen, aber es kann in diesem „Kasten" unterschiedliche Energiewerte annehmen.

Die Elektronenwellen bilden in diesem begrenzten Potenzial, analog zu einer gespannten Saite, stehende Wellen mit Knoten an den Potenzialwänden. Die nächste Abb. 10.1 zeigt die möglichen Schwingungszustände (Grundschwingung und Oberschwingungen wie bei einer Saite). Der Potenzialkasten soll dabei die Länge L haben. Wie bei einer stehenden Seilwelle sind demnach folgende Wellenlängen möglich:

$$\lambda_n = \frac{2L}{n} \tag{10.1}$$

H. M. Rubin, *Vom Doppelspalt zum Quantencomputer*, https://doi.org/10.1007/978-3-662-71207-8_10

Die kinetische Energie der Elektronen können wir mithilfe der De-Broglie-Beziehung $p = h/\lambda$ berechnen.

$$E_{kin} = \frac{p^2}{2m_e} = \frac{h^2}{2m_e\lambda^2} \tag{10.2}$$

Unter Berücksichtigung von (10.1) erhalten wir nach Einsetzen der Wellenlänge für die ganzen Zahlen $n = 1, 2, 3, \ldots$ die möglichen Energiewerte.

$$E_n = \frac{n^2\,h^2}{8m_eL^2} \tag{10.3}$$

Die Abb. 10.1 zeigt die Grundschwingung sowie die ersten beiden Oberschwingungen der Elektronen in einem solchen Potenzialkasten.

Die Quantisierung der Energiewerte kommt auch hier dadurch zustande, dass sich stehende Wellen nur bei ganz bestimmten, passenden Frequenzen bilden können. Jede dieser Schwingungen hat eine bestimmte Energie, welche jeweils durch die plancksche Beziehung $E = hf$ gegeben ist.

Mit diesem einfachen Modell lassen sich reale Situationen annähernd korrekt berechnen. In organischen Farbstoffmolekülen wie z. B. den Cyaninen sind Elektronen entlang der C-Ketten wie in einem Potenzialtopf eingesperrt. Cyanine gehören zu den Polymethinfarbstoffen. Die folgende Abb. 10.2 zeigt ein Beispiel eines solchen Moleküls.

Die Kohlenstoffatome zwischen den beiden Stickstoffatomen (N) bilden eine sogenannte Polyenbrücke, in der sich durch sp^2-Hybridisierung ein π-Elektronen system bildet, in dem sich die Elektronen zwischen den beiden Stickstoffatomen frei bewegen können, genauso wie in dem oben beschriebenen Potenzialkasten. Die beiden randständigen Methylgruppen wirken auf die π-Elektronen abstoßend und bilden dadurch die Potenzialbarriere.

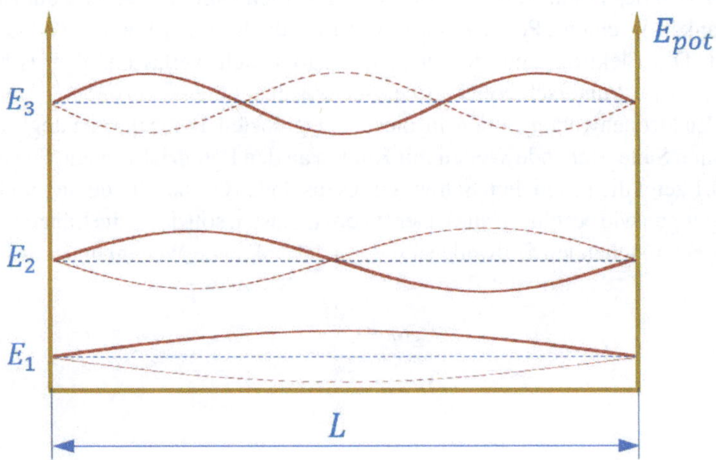

Abb. 10.1 Stehende Elektronenwellen in einem Potenzialtopf für $n = 1$, $n = 2$ und $n = 3$

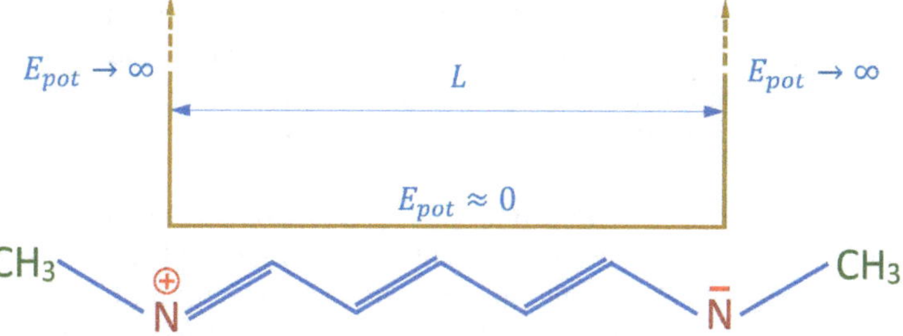

Abb. 10.2 Cyaninmolekül: Die Kohlenstoffkette bildet für die Elektronen einen Potenzialtopf der Länge L

In diesem *Kasten* befinden sich sechs Elektronen. Jedes der fünf C-Atome und ein N-Atom geben ein Elektron an das π-System ab. Damit befinden sich sechs Elektronen in dem Potenzialtopf, welche die untersten drei Energieniveaus besetzen. Gemäß dem Ausschlussprinzip von Pauli kann jedes Energieniveau nur zwei Elektronen (mit entgegengesetztem Spin) aufnehmen.

Durch Einstrahlung von Licht können nun Elektronen auf ein höheres Energieniveau angehoben werden. In diesem Fall z. B. von $n = 3$ auf $n = 4$. Danach kann das Elektron entweder direkt unter Emission eines Photons (Lumineszenz) oder durch einen der zahllosen strahlungsfreien Übergänge wieder in den Grundzustand zurückfallen. Wird ein solcher Farbstoff mit weißem Licht bestrahlt, absorbiert er die für die Anregung benötigten Frequenzanteile. Diese fehlen dann im reflektierten Licht und der Stoff erscheint nicht mehr weiß.

Wir wollen nachrechnen, welche Frequenzen im sichtbaren Bereich unser Cyaninmolekül in Abb. 10.2 absorbiert und welche Farbe ein Stoff aus diesen Molekülen hat. Die Länge der Polyenbrücke und somit die Breite des Potenzialtopfs beträgt ca. $L = 1{,}2\,nm$. Mithilfe von (10.3) berechnen wir zuerst die möglichen Energien E_n:

$$E_n = n^2 \frac{h^2}{8m_e L^2} = n^2 \frac{6{,}626 \times 10^{-34}\,Js}{8 \times 9{,}109 \times 10^{-31}\,kg \times (1{,}2 \times 10^{-9}\,m)^2} = n^2 \times 4{,}2 \times 10^{-20}\,J$$

Mit $\Delta E = E_4 - E_3 = hf$ können wir die absorbierte Frequenz berechnen:

$$f = \frac{\Delta E}{h} = \frac{(16 - 9) \times 4{,}2 \times 10^{-20}\,J}{6{,}626 \times 10^{-34}\,Js} = 4{,}42 \times 10^{14}\,Hz$$

Das entspricht der Wellenlänge

$$\lambda = \frac{c}{f} = \frac{3 \times 10^8\,m/s}{4{,}42 \times 10^{14}\,s^{-1}} = 688\,nm$$

Der Stoff absorbiert somit im roten Bereich und seine sichtbare Farbe ist die Komplementärfarbe davon, also im Bereich zwischen grün und blau.

Auf ähnliche Weise lassen sich die Farbzentren in Kristallen erklären. Weshalb ist ein Smaragd grün, ein Rubin rot und ein Diamant farblos? Die Farben entstehen durch Fehlstellen im Kristallgitter. Diese Fehlstellen bilden für die Elektronen dreidimensionale Potenzialtöpfe, in denen die Elektronenwellen ebenfalls stehende Wellen bilden.

Sicher kennen Sie auch das Phänomen, dass sich weiße oder durchsichtige Kunststoffe durch den UV-Anteil des Sonnenlichts mit der Zeit gelblich verfärben. Auch das lässt sich mit dem Potenzialtopfmodell erklären. Durch die UV-Einstrahlung verlängern sich die Polymerketten in diesen Kunststoffen. Dies führt gemäß (10.3) zu einer Absenkung der Energieniveaus. Dies hat zur Folge, dass diese Moleküle im Blaubereich beginnen, Licht zu absorbieren. Diese Komponenten fehlen dann im reflektierten Licht und die Körper erscheinen mit der Komplementärfarbe, also gelblich.

Obwohl das einfache Modell des Potenzialtopfs erstaunlich leistungsfähig ist und die ganze Theorie recht überzeugend wirkt, sollten einige Schwachpunkte an dieser Stelle nicht unerwähnt bleiben. Die Energien der stationären Zustände der Elektronen sind sowohl im bohrschen Atommodell als auch im Potenzialtopfmodell scharf definiert. Stellen wir uns aber vor, ein Farbstoffmolekül, wie vorhin besprochen, würde nur Licht mit einer scharf definierten Frequenz absorbieren und im Spektrum des reflektierten Lichts fehlte nur diese scharf definierte Frequenz. Hätte das eine spürbare Auswirkung auf die Farberscheinung dieses Stoffes?

Betrachten wir das (Abb. 7.8) genau, stellen wir fest, dass die fraunhoferschen Linien unterschiedliche Breite haben. Es gibt breite, deutlich erkennbare Linien, aber auch ganz dünne, die kaum zu erkennen sind. Auch beim Wasserstoffspektrum (Abb. 8.1) und beim Quecksilberspektrum (Abb. 7.6) fallen unterschiedlich breite Spektrallinien auf. Woher kommt das?

Eine breite Linie deutet auf eine Mischung mehrerer, nahe beieinander liegender Frequenzen hin. Ursache dafür ist die Lebensdauer der angeregten Zustände. Ist die Lebensdauer nur kurz, kann die Energie eines Zustands nicht genau bestimmt werden bzw. bestimmt sein. Dieser Umstand wird durch die Energie-Zeit-Unbestimmtheit erklärt. Zusammen mit der Impuls-Orts-Unschärfe bringen diese beiden Phänomene eine der zentralsten Eigenheiten der Quantenmechanik zum Ausdruck: Die quantenmechanische Unbestimmtheit, die im III. Teil in Kap. 12 begründet wird.

ähnlich wie für klassische Wellen gibt es auch für Materiewellen eine Bedingungsgleichung. Diese wurde von Erwin Schrödinger 1926 vorgestellt und nach ihm benannt. Mit dieser Gleichung, die in Abschn. 10.3 vorgestellt wird, lässt sich das Problem des Elektrons im Potenzialtopf auch für endlich hohe Potenzialwände berechnen. Dabei stellt sich heraus, dass die Materiewellen diese Potenzialbarriere, bis zu einem gewissen Grad, durchdringen können. Dieses Phänomen ist als Tunneleffekt bekannt. In Kap. 29 erfahren Sie Näheres zu den Eigenschaften der Schrödinger-Gleichung und wie man mit ihr den Tunneleffekt berechnen kann.

Bevor wir aber die Schrödinger-Gleichung in Abschn. 10.3 einführen und eine einfache Anwendung von ihr betrachten, wollen wir die Überlegungen de Broglies, die ihn auf die Idee der Materiewellen brachte, im nächsten Abschnitt noch etwas vertiefen.

10.2 De Broglies Hypothese

Aus der speziellen Relativitätstheorie folgt die Äquivalenz zwischen Masse und Energie, ausgedrückt durch die Formel $E = mc^2$. Gemäß der Quantentheorie zeigen Lichtquanten neben dem Wellencharakter auch ein teilchenhaftes Verhalten, und die Energie eines Lichtquants hängt nur von seiner Frequenz f gemäß $E = hf$ ab. Zunächst ist nicht zu erkennen, was diese beiden Formeln miteinander zu tun haben. Darüber hinaus ist es auch sehr schwer zu verstehen, was sie eigentlich bedeuten.

Dass diese beiden Ausdrücke gleichgesetzt werden dürfen, ist eine kühne Hypothese des französischen Physikers Louis-Victor Pierre Raymond de Broglie aus dem Jahr 1924 und sie wurde anfänglich mit großer Skepsis aufgenommen und zuweilen auch als *comédie francaise* verspottet. Erst nachdem Einstein Interesse an dieser zeigte[1], konnte sich dieser Gedanke etablieren und schließlich 1929 auch zum Nobelpreis führen.

De Broglie beschäftigte sich mit dieser Thematik im Rahmen seiner Dissertation *Recherches sur la théorie des quanta* (Untersuchungen zur Quantentheorie)[2]. Wir wollen hier die Grundzüge seiner Überlegungen nachzeichnen.

Zuvor aber noch einige Anmerkungen. Die Formel $E = mc^2$ beschreibt die Ruheenergie eines materiellen Objekts. Früher war es üblich, bei einem bewegten Objekt zwischen seiner Ruhemasse m_0 und seiner dynamischen Masse $m = \gamma m_0$ zu unterscheiden. Dabei ist

$$\gamma = \frac{1}{\sqrt{1 - \frac{v^2}{c^2}}} \tag{10.4}$$

Heute versteht man unter der Masse eines Körpers seine Ruhemasse m als eine vom Bezugssystem unabhängige Eigenschaft und schreibt seine Gesamtenergie als $E = \gamma mc^2$. Die Gleichsetzung der beiden Energieterme ist demnach folgendermaßen zu schreiben:

$$E = \gamma mc^2 = hf \tag{10.5}$$

Diese Gleichung ergibt für Photonen allerdings keinen Sinn, denn diese haben die Ruhemasse $m = 0$ und für sie geht $\gamma \to \infty$. Mathematisch ist das Produkt von 0 und ∞ ein unbestimmter Ausdruck.

Hier hilft die relativistische Energie-Impuls-Beziehung weiter. Gemäß ihr gilt

$$E^2 = p^2c^2 + m^2c^4 \tag{10.6}$$

Für Objekte mit Ruhemasse *null* (wie Photonen) bleibt demnach für die Energie

$$E = pc \tag{10.7}$$

[1] Es gab ein ungelöstes Problem mit den Partialdrücken in Gasen, die mit der Wellennatur von Molekülen erklärt werden konnten (Fritz Kubli, Louis de Broglie und die Entdeckung der Materiewelle, Dissertation ETH Zürich, 1970) [47].

[2] Louis de Broglie, RECHERCHES SUR LA THÉORIE DES QUANTA, RÉEDITION DU TEXTE DE 1924, 1963 [48] und [26].

Somit müssen wir für Photonen die Energiegleichung folgendermaßen schreiben:

$$E = pc = hf \tag{10.8}$$

Demnach haben Photonen zwar keine Masse, aber dennoch einen Impuls p und können somit auch Kräfte übertragen ($\longmapsto$ Fotoeffekt, Compton-Effekt, Teil I).

De Broglie betrachtet nun die einsteinsche und die plancksche Energieformel und hält fest, dass im Ruhesystem eines Objekts der Masse m zu diesem ein periodisches Phänomen mit der Frequenz f_0 gehört, welches der folgenden Gleichung genügt:

$$E_0 = mc^2 = hf_0 \tag{10.9}$$

Dabei stößt er aber auf ein Problem, wenn diese Aussage auch in einem relativ zu dem betrachteten Objekt bewegten Bezugssystem bewertet wird. Einerseits müsste die Energie des Objekts gemäß $E = \gamma mc^2$ mit zunehmender Relativgeschwindigkeit v zunehmen. Andererseits müsste sich die Frequenz des periodischen Phänomens aufgrund der Zeitdilatation gemäß $f = f_0/\gamma$ verkleinern, was eine Erniedrigung der Energie zur Folge hätte.

Genauer: In einem bewegten System, das sich mit der Geschwindigkeit v relativ zum betrachteten Objekt bewegt, gilt einerseits

$$E = \gamma mc^2 = \gamma hf_0 = h\gamma f_0 = hf \tag{10.10}$$

Aus diesem Grund müsste die beobachtete Frequenz

$$f = \gamma f_0 \tag{10.11}$$

größer sein als die Frequenz f_0 im Ruhesystem.

Andererseits sollte aufgrund der Zeitdilatation der speziellen Relativitätstheorie die Frequenz, aus einem bewegten Bezugssystem beobachtet, kleiner erscheinen:

$$f_i = \frac{f_0}{\gamma} \tag{10.12}$$

Dieser Widerspruch lässt sich gemäß de Broglie nur durch die Annahme lösen, dass die beiden Frequenzen f_i und f zu zwei unterschiedlichen Phänomenen gehören. Aus (10.11) und (10.12) ergibt sich zwischen diesen folgender Zusammenhang

$$f_i = \frac{f}{\gamma^2} \tag{10.13}$$

De Broglie nahm an, dass die Frequenz f_i zu einer internen, stehenden Welle gehört und die Frequenz f zu einer externen, fortschreitenden Welle, die sich mit der Geschwindigkeit V ausbreitet.

Die beiden Wellen sollten aber über ihre Phase miteinander verknüpft sein, genauer sollten sie zu jedem Zeitpunkt dieselbe Phase haben.

Konkret müsste demnach gelten: $\omega_i t = \omega t - kx$

De Broglie nannte dies *Le théorème de l'harmonie des phases.* Dabei ist $\omega = 2\pi/T = 2\pi f$ die Winkelgeschwindigkeit bzw. die Kreisfrequenz und $k = 2\pi/\lambda = 2\pi f/V$ die Wellenzahl. Zudem lässt sich der Ort eines Teilchens als $x = vt$ schreiben. Damit folgt für die obige Beziehung

$$2\pi f_i t = 2\pi f t - \frac{2\pi f}{V} vt \tag{10.14}$$

Der Term $2\pi t$ lässt sich aus der Gleichung wegkürzen. Zurück bleibt

$$f_i = f - \frac{f}{V} v \tag{10.15}$$

Umgestellt nach $f_i/f = 1/\gamma^2$, ergibt sich gemäß 10.11 und 10.12 schließlich

$$\frac{1}{\gamma^2} = \left(1 - \frac{v^2}{c^2}\right) = \left(1 - \frac{v}{V}\right) \tag{10.16}$$

Daraus erhalten wir die Geschwindigkeit V, mit der sich die externe Welle gemäß de Broglie ausbreiten müsste, zu:

$$V = \frac{c^2}{v} \tag{10.17}$$

Erstaunlicherweise müssten sich diese Wellen schneller als Licht ausbreiten und die Lichtgeschwindigkeit wäre sogar die kleinstmögliche Geschwindigkeit für diese Wellen. Für ein ruhendes Teilchen mit $v = 0$ wäre die Ausbreitungsgeschwindigkeit gar unendlich groß. Das scheint der speziellen Relativitätstheorie zu widersprechen. Andererseits folgt erst hier aus $V = \lambda f$ für die Wellenlänge dieser Wellen und mit 10.10 und 10.17 die bekannte *De-Broglie-Beziehung* zwischen Wellenlänge und Impuls eines Teilchens:

$$\lambda = \frac{V}{f} = \frac{c^2/v}{\gamma mc^2/h} = \frac{h}{\gamma mv} = \frac{h}{p} \tag{10.18}$$

Das ist auch die tatsächlich beobachtete Wellenlänge bei den Versuchen zur Elektronenbeugung nach Jönsson bzw. Davisson und Germer und vielen anderen in neuerer Zeit. Das Ergebnis stimmt exakt mit den Beobachtungen überein. Aber was sollten das für Wellen sein und wie können sie sich schneller als das Licht ausbreiten?

Um zu verstehen, was hier genau geschieht, analysieren wir die Situation mithilfe der Zeittransformation der speziellen Relativitätstheorie. Diese lautet

$$t' = \gamma \left(t - \frac{\beta}{c} x\right) \tag{10.19}$$

Dabei gelten die gestrichenen Koordinaten x' und t' im bewegten System Σ' des beobachteten Objekts und x und t im Ruhesystem (Laborsystem) des Beobachters.

Wir nehmen weiter an, das periodische Phänomen schwinge harmonisch. Dann lässt es sich mit der Kreisfrequenz $\omega_0 = 2\pi f_0$ und der Zeit t' im bewegten System Σ' mithilfe von 10.19 in beiden Bezugssystemen durch eine Sinusfunktion beschreiben

$$y' = A\sin\left(\omega_0 t'\right) = A\sin\left[\omega_0\gamma\left(t - \frac{\beta}{c}x\right)\right] \tag{10.20}$$

Dabei ist $\gamma\omega_0 = \omega$ die Kreisfrequenz, die der Beobachter im Laborsystem wahrnimmt. Die rechte Seite von 10.20 entspricht formal einer harmonischen Welle, die sich im Laborsystem mit der Geschwindigkeit $V = c/\beta = c^2/v$ nach rechts ausbreitet.

Um zu verstehen, was sich mit dieser Welle ausbreitet, müssen wir uns über die Bedeutung der Transformationsformel 10.19 im Klaren sein. In dieser bedeutet t' die Anzeige von in Σ' synchronisierten Uhren, die entlang der x'-Achse aufgestellt sind und t die Anzeige von in Σ synchronisierten Uhren, die entlang der x-Achse aufgestellt sind. Demnach liest ein Beobachter im System Σ, an der Stelle x zur Zeit t an der an ihm in diesem Moment vorbeifahrenden Uhr im System Σ' die Zeit t' ab. Versuchen wir uns die Situation mithilfe der Abb. 10.3 zu verdeutlichen:

Dargestellt sind das Koordinatensystem Σ für das Laborsystem mit den Koordinaten x und t sowie das sich mit der Relativgeschwindigkeit v nach rechts bewegende System Σ' des beobachteten Objekts mit den Koordinaten x' und t'. Die Uhrenkette besteht aus im System Σ' synchronisierten Uhren. Aus der Sicht eines Beobachters im Laborsystem Σ gehen diese Uhren allerdings nicht synchron. Das erkennt man an der Transformationsformel 10.19.

Gemäß dieser Formel gilt für einen bestimmten Zeitpunkt t:

$$\Delta t' = -\gamma\Delta x\frac{\beta}{c} \tag{10.21}$$

Befindet sich ein Beobachter an der Stelle x_1 und ein zweiter an der Stelle $x_2 > x_1$ und lesen beide gleichzeitig (zur Zeit t) die in diesem Moment vor ihnen vorbeifahrende Uhr in Σ' ab, so wird der linke Beobachter an der Stelle x_1 einen größeren Zeitwert ablesen als der rechte Beobachter an der Stelle x_2.

Auf einen kurzen Nenner gebracht: Die in Σ' synchronisierten Uhren gehen aus der Sicht eines Beobachters im System Σ nicht mehr synchron. Dabei ist für die weiter links liegenden Uhren mehr Zeit vergangen als für die rechts liegenden Uhren. Die

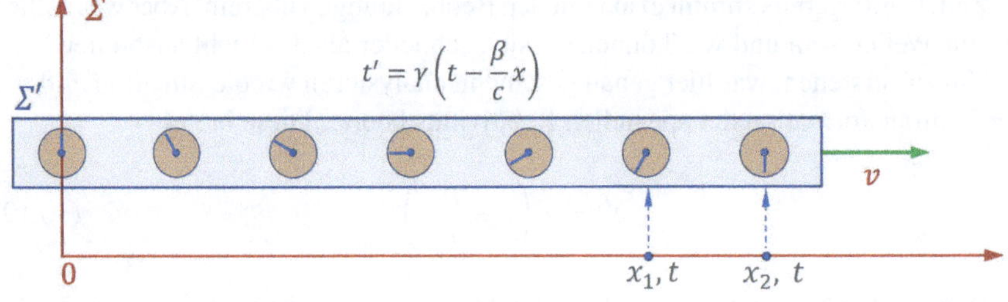

Abb. 10.3 Bedeutung der Transformationsformel

Abb. 10.3 zeigt genau diese Situation. Dieses Phänomen nennt sich in der speziellen Relativitätstheorie *Uhrendesynchronisation.*

Da die Zeigerstellungen die Phasen der einzelnen Schwingungen darstellen, spricht man von einer *Phasenwelle.* In der Abb. 10.3 sind sieben Uhren gezeichnet, die über eine halbe Wellenlänge der Phasenwelle gleichmäßig verteilt sind. Die ganze Wellenlänge erstreckt sich in diesem Beispiel demnach über 12-mal den Abstand zwischen zwei benachbarten Uhren.

Für einen allgemeinen Fall können wir deshalb die Wellenlänge als $\lambda = n\Delta x$ angeben, analog für die zeitliche Periode $T = n\Delta t$. Mit dem Objekt wandert auch die Welle nach rechts, jedoch mit der Geschwindigkeit

$$V = \frac{n\Delta x}{n\Delta t} = \frac{\Delta x'}{\Delta t'} = \frac{\Delta x'}{\beta/c\Delta x'} = \frac{c}{\beta} = \frac{c^2}{v} \tag{10.22}$$

Diese Welle ist aber an die Ausdehnung des Objekts gebunden, sie kann sich nicht von dem Objekt weg bewegen oder gar schneller das Ziel erreichen als das Objekt selbst. Insofern stellt dies keine übliche, fortlaufende Welle dar, bei der die Energie mit der Wellengeschwindigkeit c übertragen wird. Die Energie kann hier nur mit der Geschwindigkeit v des Objekts transportiert werden. Daher ergibt auch die Bezeichnung Phasenwelle einen Sinn, um diese Art von Wellen von herkömmlichen zu unterscheiden.

Anschaulich kann man sich die hohe Ausbreitungsgeschwindigkeit dieser Phasenwellen auch folgendermaßen vorstellen: Je geringer die Geschwindigkeit des Objekts ist, desto geringer wird der Zeitunterschied zweier benachbarter Uhren und umso mehr Uhren müssen aneinandergereiht werden, um eine ganze Wellenlänge zu überspannen. Je geringer also die Geschwindigkeit des Objekts ist, desto größer muss die Wellenlänge sein. Eine größere Wellenlänge bei praktisch gleich bleibender Periode ergibt gemäß $V = \lambda/T$ eine entsprechend größere Wellengeschwindigkeit.

Möglicherweise erscheint es Ihnen sehr erstaunlich, dass diese Wellen einerseits nicht ganz real sind, aber ihre Wellenlänge doch beobachtet werden kann. Die Wellenlängen werden letztlich durch Interferenzversuche bestimmt. Für das Interferenzergebnis ist aber jeweils die im Laborsystem sichtbare relative Phase der Wellen verantwortlich, und diese wird durch die Phase und die Phasengeschwindigkeit der Phasenwellen bestimmt. Das eigentlich Unbekannte bleibt das periodische Phänomen im Inneren eines Objekts, welches seine Energie bestimmt. Eine verrückte Geschichte!

Richard Feynman benutzt als Modell für das periodische Phänomen einen *rotierenden Zeiger,* der bildlich wie der Zeiger einer Uhr aufgefasst werden kann. Treffen zwei Objekte aufeinander, bestimmt die relative Zeigerstellung der beiden *Uhren* das Interferenzergebnis (Pfadintegralmethode)[3].

[3] Richard Feynman; *QED: Die seltsame Theorie des Lichts und der Materie* [49] und [50].

Ein rotierender Zeiger lässt sich mathematisch durch eine komplexe Zahl darstellen, in der Form

$$z = e^{-i\omega t}$$

Der Zeiger z rotiert wegen dem Minuszeichen im Uhrzeigersinn mit der Kreisfrequenz $\omega = \frac{2\pi}{T}$ in der komplexen Zahlenebene. Fügt man diesem Zeiger noch eine Bewegung in x-Richtung hinzu, führt die Zeigerspitze eine Wellenbewegung in positiver x-Richtung aus und das ist exakt diese von de Broglie postulierte Phasenwelle:

$$\psi = e^{-i(\omega t - kx)} = e^{i(kx - \omega t)}$$

Der Drehpunkt dieses Zeigers bewegt sich mit der konstanten Relativgeschwindigkeit v in positiver x-Richtung.

Die Wellenzahl $k = \frac{2\pi}{\lambda}$ der Phasenwelle lässt sich mit der De-Broglie-Beziehung durch den Impuls und die Kreisfrequenz ω mithilfe der Planck-Formel durch die Energie ausdrücken.

Wir erhalten

$$k = \frac{p}{\hbar} \quad \text{und} \quad \omega = \frac{E}{\hbar}$$

Setzen wir das in die Funktion für die ψ-Welle ein, erhalten wir

$$\psi = e^{i\left(\frac{p}{\hbar}x - \frac{E}{\hbar}t\right)} \tag{10.23}$$

Als Ausbreitungsgeschwindigkeit dieser ψ-Wellen ergibt sich damit wieder

$$V = \frac{\omega}{k} = \frac{E}{p} = \frac{\gamma mc^2}{\gamma mv} = \frac{c^2}{v}$$

10.3 Die Schrödinger-Gleichung

Ein ernstzunehmender Einwand gegen die Theorie von de Broglie, bevor sie ihre experimentelle Bestätigung in den Experimenten von Davisson und Germer fand, war der Umstand, dass es für diese Phasenwellen keine Wellengleichung gab, analog der Wellengleichung einer herkömmlichen Welle. Für diese ergibt sich aus dem Ansatz einer harmonischen Welle

$$y(t, x) = A \sin(kx - \omega t) \tag{10.24}$$

durch jeweils zweimaliges Ableiten nach t und nach x und Umstellen der Terme

$$\frac{\partial^2}{\partial t^2} y(t, x) = \frac{\omega^2}{k^2} \frac{\partial^2}{\partial x^2} y(t, x) \tag{10.25}$$

Das ist die partielle Differenzialgleichung für eine harmonische Welle, die sich mit der Geschwindigkeit $c = \frac{\omega}{k}$ in positiver x-Richtung ausbreitet. Das zweimalige Ableiten ist deshalb erforderlich, weil die sin-Funktion erst nach zweimaligem Ableiten wieder eine sin-Funktion ergibt.

Tatsächlich führt ein analoges Vorgehen zu einer Wellengleichung für die Phasenwellen. Da diese durch eine (komplexe) Exponentialfunktion beschrieben werden, entfällt der Zwang des zweimaligen Ableitens. So erhält man bereits nach der ersten Ableitung von ψ (gemäß 10.23) nach der Zeit den folgenden Ausdruck

$$\frac{\partial \psi}{\partial t} = \frac{-iE}{\hbar}\psi \tag{10.26}$$

Dadurch erscheint die Energie E als Vorfaktor. Um eine Gleichung mit einer Ableitung nach x zu bekommen, ist ψ allerdings zweimal nach x abzuleiten.

$$\frac{\partial^2 \psi}{\partial x^2} = \frac{-p^2}{\hbar^2}\psi = -\frac{2m(E-V)}{\hbar^2}\psi = -\frac{2mE}{\hbar^2}\psi + \frac{2mV}{\hbar^2}\psi \tag{10.27}$$

Hier wird die nichtrelativistische Beziehung $E_{kin} = E - V = \frac{p^2}{2m}$ verwendet. Der Vorfaktor entspricht damit auch einer Energie, nämlich der nichtrelativistischen kinetischen Energie des Objekts. Damit lässt sich eine Gleichung aufstellen. Multiplizieren wir diese Gleichung mit $-\frac{\hbar^2}{2m}$, ergibt das:

$$-\frac{\hbar^2}{2m}\frac{\partial^2 \psi}{\partial x^2} + V\psi = E\psi \tag{10.28}$$

mit ψ ausgeklammert:

$$\left(-\frac{\hbar^2}{2m}\frac{\partial^2}{\partial x^2} + V\right)\psi = E\psi \tag{10.29}$$

Dies ist die zeitunabhängige Schrödinger-Gleichung.
Andrerseits ist die Energie durch die partielle Ableitung von ψ nach t gegeben:

$$E\psi = i\hbar\frac{\partial \psi}{\partial t} \tag{10.30}$$

Setzt man diesen Term in die zeitunabhängige Schrödinger-Gleichung ein, erhält man die zeitabhängige Schrödinger-Gleichung:

$$\left(-\frac{\hbar^2}{2m}\frac{\partial^2}{\partial x^2} + V\right)\psi = i\hbar\frac{\partial \psi}{\partial t} \tag{10.31}$$

Die Lösungen der Schrödinger-Gleichung entsprechen den Schwingungszuständen der Phasenwellen eines Quantenobjekts und ermöglichen die Berechnung der

Energiewerte, die das Objekt annehmen kann. Mathematisch gesehen, ist die stationäre Schrödinger-Gleichung eine Eigenwertgleichung. Der Operator

$$\left(-\frac{\hbar^2}{2m}\frac{\partial^2}{\partial x^2}+V\right) \tag{10.32}$$

wird als **Energieoperator** interpretiert und die möglichen Energiewerte sind die **Eigenwerte** dieses Operators.

Im Jahr 1926 fand der österreichische Physiker Erwin Schrödinger diese heute nach ihm benannte Gleichung[4].

Vergleichen wir diesen Energieoperator mit der Hamilton-Funktion aus der klassischen Mechanik, wird eine Ähnlichkeit zwischen den beiden Ausdrücken sichtbar:

$$\left(-\frac{\hbar^2}{2m}\frac{\partial^2}{\partial x^2}+V\right) \Longleftrightarrow H=T+V=\frac{p^2}{2m}+V \tag{10.33}$$

Der Energieoperator heißt deshalb auch **Hamilton-Operator.**

Weiter erkennt man, dass

$$-\hbar^2\frac{\partial^2}{\partial x^2} \longrightarrow p^2 \tag{10.34}$$

sein muss.

Der Impuls müsste sich demnach durch die erste Ableitung nach dem Ort x darstellen lassen:

$$-i\hbar\frac{\partial}{\partial x} \longrightarrow p \tag{10.35}$$

Damit werden physikalische Größen wie Energie und Impuls nicht mehr durch Zahlen, sondern durch Operatoren dargestellt. Die Eigenwerte dieser Operatoren sind die möglichen Messwerte der beobachtbaren Größen. Hier zeigt sich ein fundamentaler Unterschied in der Beschreibung von physikalischen Vorgängen zwischen Quantenmechanik und klassischer Beschreibung. Während man in der klassischen Mechanik von massiven Körpern ausgeht, bei denen jedes Teilchen zu jeder Zeit einen bestimmten Ort sowie einen bestimmten Impuls hat und jedes dieser Teilchen sich auf einer prinzipiell berechenbaren Bahn $y(t, x)$ bewegt, beschreibt man in der Quantenmechanik die Zustände der Materie durch Wellenfunktionen, die physikalischen Größen durch Operatoren und die möglichen Messwerte als Eigenwerte dieser Operatoren. Wir wollen an dieser Stelle die Thematik vorerst nicht weiter vertiefen und abschließend nur eine zentrale Anwendung der stationären Schrödinger-Gleichung vorstellen. Weitere Details dazu erfahren Sie in Teil VII

---

[4] *Quantisierung als Eigenwertproblem,* Erwin Schrödinger, Annalen der Physik, 1926 [51] und [52].

Beispiel harmonischer Oszillator
Ein *harmonischer Oszillator* ist ein System, das sich so verhält, wie ein Körper an einer elastischen Feder, für die das hookesche Federgesetz gilt. Dabei ist die rücktreibende Kraft F proportional zur Verlängerung oder Verkürzung s der Feder. Die Proportionalitätskonstante D ist ein Maß für die Federhärte.

$$F = D \cdot s \tag{10.36}$$

Allgemein schreibt man die Rückstellkraft mit einem Minuszeichen, da die Kraft immer entgegen der Bewegungsrichtung wirkt. Anstelle von s schreibt man die x-Koordinate des schwingenden Körpers und anstelle von D die Rückstellgröße k. Damit schreibt sich das Kraftgesetz für eine harmonische Schwingung:

$$F = -k \cdot x \tag{10.37}$$

Zur klassischen Beschreibung benutzt man das zweite newtonsche Gesetz $F = m \cdot a = m \cdot \ddot{x}$. Damit erhält man die Bewegungsgleichung:

$$-k \cdot x = m \cdot \ddot{x} \tag{10.38}$$

Dies ist eine Differenzialgleichung zweiter Ordnung für die Ortsfunktion $x = x(t)$. Durch Einsetzen erkennt man gleich, dass die Funktion

$$x(t) = A_0 \cdot \sin(\omega t) \tag{10.39}$$

eine Lösung dieser Gleichung ist. Dabei wird auch der Zusammenhang zwischen k, m und ω ersichtlich. Für jede harmonische Schwingung gilt demnach für die Rückstellgröße:

$$k = m \cdot \omega^2 \tag{10.40}$$

Damit lässt sich bei bekannter Konstante k die Kreisfrequenz ω berechnen:

$$\omega = 2\pi f = \sqrt{\frac{k}{m}} \tag{10.41}$$

Zur Quantisierung müssen die Regeln der Quantenmechanik auf den Oszillator angewendet werden. Dazu ist zunächst die Hamilton-Funktion H zu formulieren. Dies ist hier die Summe der kinetischen Energie T und der potenziellen Energie V.

$$H = T + V = \frac{p^2}{2m} + \frac{1}{2} m\omega^2 x^2 \tag{10.42}$$

Daraus leitet sich der Hamilton-Operator $\hat{H}$ ab:

$$\hat{H} = -\frac{\hbar^2}{2m}\Delta + \frac{1}{2} m\omega^2 \hat{x}^2 \tag{10.43}$$

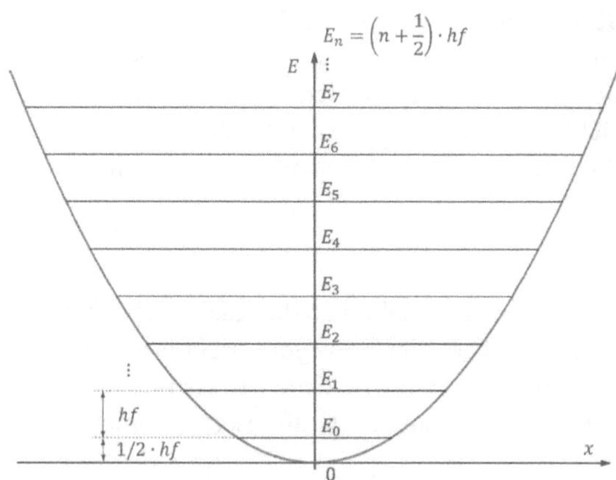

Abb. 10.4 Die Zustände des harmonischen Oszillators mit den dazugehörigen Energieeigenwerten

Damit sucht man die Lösungen der zeitunabhängigen Schrödinger-Gleichung, weil wir nur an den stationären Zuständen interessiert sind.

$$\hat{H}\psi_n(x) = E_n\psi_n(x) \tag{10.44}$$

Die Lösungen sind sogenannte *Hermite-Funktionen.* Wir wollen hier nicht im Detail darauf eingehen, wie diese Funktionen lauten und wie man auf sie kommt, sondern uns nur mit der Abb. 10.4 eine Vorstellung von den energetischen Verhältnissen im harmonischen Potenzial verschaffen. Ein solcher Oszillator kann demnach nur ganz bestimmte, diskrete Schwingungszustände ψ_n mit ganz bestimmten diskreten Energiewerten E_n annehmen, analog zu einer schwingenden Saite. Für diese Energieeigenwerte erhält man aus der Rechnung

$$E_n = \hbar\omega\left(n + \frac{1}{2}\right) \quad \text{mit} \quad n = 0, 1, 2, 3, ... \tag{10.45}$$

Das Bemerkenswerte an dieser Lösung ist der Umstand, dass der Grundzustand (der energetisch tiefste Zustand) nicht die Energie *null* hat. Diesen energetisch tiefstmöglichen Schwingungszustand nennt man *Nullpunktschwingung.* Damit ist der Kreis zu den planckschen Oszillatoren aus dem zweiten Teil geschlossen. Musste Planck die Quantisierung seiner Oszillatoren schweren Herzens postulieren, damit er seine Strahlungsformel physikalisch begründen konnte, folgt diese hier aus der Wellennatur der Materie.

Noch ein weiterer Aspekt ist bemerkenswert. Geht man zu immer höheren Energien E_n bzw. zu immer höheren Quantenzahlen n, zeigt sich für die Zustandsfunktionen das folgende Bild:

Für sehr große Werte von n nähert sich das quantenmechanische Verhalten dem klassischen Verhalten an. Die durchgezogene Linie in Abb. 10.5 zeigt die klassische Aufenthaltsverteilung des schwingenden Objekts an. Für noch größere Quantenzahlen gehen die Zustandsfunktionen fast vollständig in die klassische Verteilung über. Da wir in unseren Energiebereichen kein wellenartiges Verhalten beobachten, deutet das darauf hin, dass wir uns in sehr hoch angeregten Zuständen bewegen.

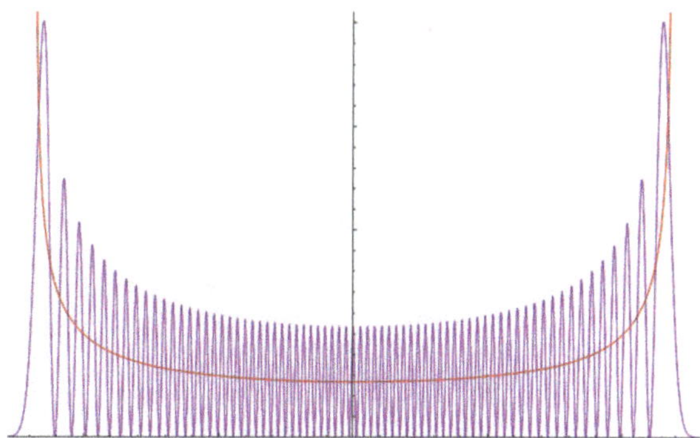

Abb. 10.5 Die Zustandsfunktion eines hoch angeregten harmonischen Oszillators nähert sich der klassischen Aufenthaltsverteilung an

Dieses Verhalten ist typisch für die Quantenmechanik, man nennt es *Korrespondenzprinzip.* Für hohe Anregungsenergien zeigt sich immer klassisches Verhalten. Ein weiteres Beispiel dazu sind hoch angeregte Elektronenzustände in Atomen. Dominiert bei kleinen Energien der Wellencharakter der Elektronen, wird in hoch angeregten, sogenannten Rydberg-Zuständen teilchenartiges Verhalten beobachtet bzw. berechnet.

Unsere erfahrbare Realität kann folglich als Grenzwert quantenmechanischer Zustände für $n \mapsto \infty$ angesehen werden. Deshalb ist es eigentlich auch nicht allzu erstaunlich, dass uns für die mit unseren Sinnen nicht erfassbare Quantenwelt unsere Anschauung und unser gesunder Menschenverstand im Stich lassen.

Die Schrödinger-Gleichung liefert auch Lösungen der Elektronenzustände für das Wasserstoffatom. Das ist die Grundlage der Orbitaltheorie in der Chemie, mit der man das Bindungsverhalten der Atome zu Molekülen sehr gut beschreiben kann. Übersichtlich und gut verständlich dargestellt findet man diese Rechnungen z. B. in dem Buch *The Quantum Cookbook* von Jim Baggott[5].

Mehr zu den mathematischen Grundlagen der Quantenmechanik und zu weiteren Anwendungen der Schrödinger-Gleichung erfahren Sie, wie bereits erwähnt, im Teil VII dieses Buches.

[5] Jim Baggott, *The Quantum Cookbook* Mathematical Recipes for the Foundations of Quantum Mechanics, Oxford, 2020 [53].

11 Fazit Materie

Die Vorstellung von Elektronen als kleine Teilchen, die um den Atomkern kreisen, wie etwa die Planeten um die Sonne, ist naheliegend, wenn man davon ausgeht, dass im Kleinen dieselben Gesetze gelten wie im Großen. Diese Vorstellung offenbarte jedoch Widersprüche zur klassischen Physik, insbesondere der Elektrodynamik.

Die Idee von Elektronen als stehende Wellen in gebundenen Zuständen führte zwar zu einer physikalischen Begründung der bohrschen Quantenbedingungen, stellte aber einen radikalen Bruch zu den damals vorherrschenden Vorstellungen über die Natur der Materie dar. Aus der Sicht der Wissenschaftstheorie war das ein Paradigmenwechsel par excellence.

Die Welleneigenschaften der Materie sind mittlerweile experimentell so gut belegt, dass daran kein Zweifel mehr bestehen kann. Was aber bis heute offen geblieben ist, ist die Frage nach der Bedeutung bzw. nach der Natur dieser Wellen. Aus der scharfsinnigen Analyse von Louis de Broglie geht zumindest hervor, dass es sich bei den Materiewellen nicht um Wellen im herkömmlichen Sinn handeln kann, bei denen Energie und Information mit einer Wellengeschwindigkeit kleiner oder gleich der Lichtgeschwindigkeit übertragen werden.

Die Materiewellen beruhen vielmehr auf dem relativistischen Effekt der *Uhrendesynchronisation,* und ihre Phasengeschwindigkeit ist stets größer als die Lichtgeschwindigkeit. Dies bedeutet aber nicht, dass mit diesen Wellen Energie und Information schneller als mit Lichtgeschwindigkeit übertragen werden, vielmehr enthalten sie Informationen über die Phasen der Quantenobjekte und diese Phaseninformation unterliegt der Lorentz-Transformation vom Ruhesystem des Quantenobjekts ins Laborsystem, in dem Experimente durchgeführt und Beobachtungen festgehalten werden. Und genau in diesen Laborsystemen treten die Interferenzeffekte auf. Konstruktive oder destruktive Interferenz und die Interferenzmuster werden im Labor beobachtet. Das Interferenzergebnis ist von den dort feststellbaren Phasenunterschieden der Quantenobjekte abhängig.

H. M. Rubin, *Vom Doppelspalt zum Quantencomputer*,
https://doi.org/10.1007/978-3-662-71207-8_11

Besser als von Materiewellen spricht man deshalb von Phasenwellen. Ein wesentlicher Unterschied zwischen herkömmlichen Wellen und den Phasenwellen kommt in der mathematischen Beschreibung zum Ausdruck. Genügen zur Beschreibung von herkömmlichen Wellen reelle, periodische Funktionen wie sin oder cos, ist zur Beschreibung der Phasen eine Darstellung durch einen rotierenden Zeiger von Vorteil. Ein rotierender Zeiger lässt sich leicht durch eine komplexe Zahl darstellen. Deshalb werden die Phasenwellen durch komplexwertige Funktionen dargestellt, die auch einer anderen Wellenfunktion genügen als herkömmliche Wellen.

Die Schrödinger-Gleichung hat sich zur Beschreibung der Phasenwellen bestens bewährt. Die ganze Orbitaltheorie der Chemie basiert auf den Lösungen der Schrödinger-Gleichung für Elektronen im Coulomb-Potenzial.

Es bleibt die Frage, was die physikalische Bedeutung des *periodischen Phänomens* und insbesondere der Phasenwellen ist. Erwin Schrödinger schreibt in einem Übersichtsartikel dazu[1]:

Die Wellenfunktion beschreibt physikalisch die kontinuierliche Verteilung von Elektrizität im Raum, deren Fluktuation die Strahlung bestimmt, die durch die Gesetze der klassischen Elektrodynamik beschrieben werden.

Weiter unten schreibt er: *Es scheint, materielle Punkte bestehen aus oder sind nichts anderes als Wellensysteme. Diese Ansicht kann falsch sein, und tatsächlich liefert sie noch nicht die geringste Erklärung dafür, weshalb nur solche Wellensysteme in der Natur realisiert zu sein scheinen und wie sie mit Massenpunkten mit genau definierter Masse und Ladung korrespondieren.*

Schrödinger schreibt diesen Wellen also eine physikalische Bedeutung zu. Diese Ansicht wird bis heute nicht von allen Physikern geteilt. Letztlich bleibt auch die Frage offen, weshalb bei einer Messung immer ein ganzes Elektron mit einer ganzen Elementarladung detektiert wird und nie nur ein Teil davon, obwohl sich die Objekte vor der Messung wellenartig verhalten. Auf diese Fragen gibt es bis heute noch keine allgemein akzeptierte Antwort. Die Interpretation der Quantenmechanik wird bis heute kontrovers diskutiert. Es kursieren die verschiedensten Interpretationen[2].

Konzepte wie z. B. jenes der Quantenfelder können Antworten auf solche und ähnliche Fragen geben, werfen dabei aber auch neue Fragen auf[3].

Ein Konzept allerdings hat sich zur Beschreibung von materiebehafteten Quantenobjekten sehr gut bewährt, nämlich das Konzept des Wellenpakets, wie es in der folgenden Abb. 11.1 dargestellt ist.

Die Abbildung zeigt, wie durch Überlagerung von vielen harmonischen Wellen mit unterschiedlicher Frequenz und mit jeweils sehr großer räumlicher Ausdehnung durch Aufsummieren ein räumlich begrenzter Wellenzug wird, also genau das, was man sich unter einem Teilchen vorstellt. Je nach Zusammensetzung der Amplitu-

[1] E. Schrödinger; *An Undulatory Theory of the Mechanics of Atoms and Molecules*, Physical Review, 1926 [43].

[2] Siehe dazu: Kurt Bauman, Roman U. Sexl, Die Deutungen der Quantentheorie, Springer, 1984 [54].

[3] Wouter Schmitz, *Particles, Fields and Forces* A Conceptual Guide to Quantum Field Theory and the Standard Model, Second Edition, 2022, Springer [55].

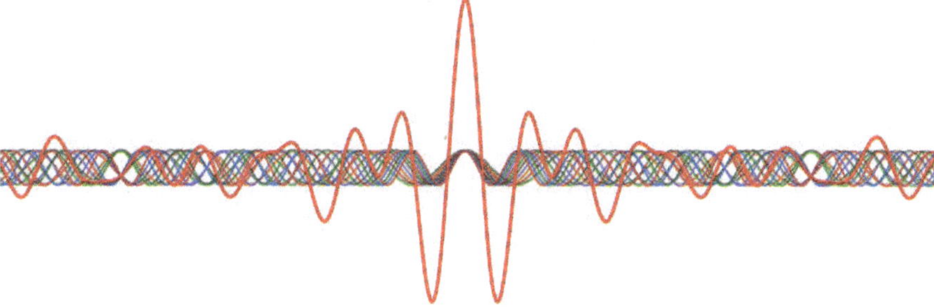

Abb. 11.1 Teilchen als Wellenpaket

den erhält man unterschiedliche Formen des Wellenpakets, wie z. B. ein gaußsches Wellenpaket.

Mit dem Konzept des Wellenpakets lassen sich zwei wichtige Eigenschaften von Quantenobjekten erklären: Die *Unbestimmtheit* und die *Superposition.* Die merkwürdigste Eigenschaft von Quantenobjekten aber ist die *Verschränkung.* Dafür gibt es noch keine allgemein akzeptierte Erklärung. Diesen drei zentralen Eigenschaften ist der nächste Teil des Buches gewidmet.

De Broglie schreibt in seiner Doktorarbeit[4]: *Was soll man sich im Übrigen unter dem Innenleben eines Stücks Energie vorstellen? Dieses Stück isolierter Energie ist für uns das Elektron, von dem wir glauben, dass wir es gut verstanden haben, was aber vielleicht gar nicht zutrifft. Aber aufgrund unserer bisherigen Erkenntnisse müssen wir davon ausgehen, dass die Energie eines Elektrons über den ganzen Raum verteilt ist, mit einer starken Konzentration in einem sehr kleinen Raumbereich, dessen Eigenschaften uns aber noch weitgehend unbekannt sind. Was aber das Elektron als Energieatom charakterisiert, ist nicht das kleine Volumen, welches es im Raum einnimmt, und ich wiederhole, es nimmt den ganzen Raum ein. Sondern es ist die Tatsache, dass es zusammenhängend und unteilbar ist und somit eine Einheit darstellt.*

Vergleichen Sie zum Thema Wellenpakete und Unschärfe auch mit Abschn. 12.3.

[4] Übersetzt aus de Broglies Doktorarbeit. Siehe dazu auch [56] und [57].

Teil III Quantenobjekte

Gemäß der klassischen Physik sind die Abläufe in der Natur streng deterministisch. Als bekannt vorausgesetzte Anfangsbedingungen erlauben es demnach, den Zustand eines Systems (zumindest theoretisch) vorauszuberechnen oder, umgekehrt, aus einem gegenwärtigen Zustand auf einen vergangenen zurückzurechnen. Besonders deutlich wird das in der Astronomie. Sonnen- und Mondfinsternisse sowie Planetenkonstellationen können um Jahrhunderte in die Zukunft oder aber um Jahrhunderte in die Vergangenheit zurückberechnet und mit historischen Quellen verglichen werden. Jeder Körper bewegt sich auf einer bestimmten und berechenbaren Bahn.

Die Physik definiert sich letztlich als diejenige Wissenschaft, die aus Naturbeobachtung und Messwerten Gesetzmäßigkeiten ableitet. Dabei werden die Messwerte wie selbstverständlich mit den Eigenschaften der Objekte gleichgesetzt. Wir können zehnmal die Länge eines Stabes oder die Dauer einer Pendelschwingung messen und werden zehnmal fast dasselbe messen. Geringfügige Abweichungen zwischen den Messwerten schreiben wir Messungenauigkeiten zu. Die Mittelwerte betrachten wir als Annäherung an objektive, reale Werte.

In der Quantenmechanik ändert sich diese Situation. Nicht nur, weil die Quantenobjekte sehr klein und ihre Zustände sehr fragil sind. Somit erschwert sich die Bestimmung ihrer Zustände schon rein messtechnisch. Aber darüber hinaus gibt es fundamentale Limitierungen in der Bestimmung der Eigenschaften quantenmechanischer Objekte. Die Eigenschaften solcher Objekte sind nicht nur begrenzt bestimmbar, sie sind grundsätzlich unbestimmt. Ein freies Elektron hat zu einem bestimmten Zeitpunkt nicht einen genau definierten Impuls (Geschwindigkeit) und gleichzeitig einen genau bestimmten Aufenthaltsort. Ebenso wenig hat es zu einem bestimmten Zeitpunkt eine exakt definierte Energie. Dabei handelt es sich, wie gesagt, nicht um messtechnisch bedingte Unkenntnis dieser Eigenschaften, sondern um eine grundsätzliche Unbestimmtheit.

Ein Messgerät liefert i. d. R. ein klares Messergebnis in Form einer Zahl. Wenn aber die Messgrößen selbst unbestimmt sind, die Messgeräte hingegen definierte Werte liefern, können diese Messergebnisse nur zufällig sein oder der Zufall muss zumindest an der Entstehung des Messwerts beteiligt sein. Konsequenterweise können die Messwerte auch nicht mehr als intrinsische Eigenschaften der Quantenobjekte betrachtet werden. Messwerte können somit nur die Interaktion eines Quantenobjekts mit dem Messgerät wiedergeben. Da unsere Sinne grundsätzlich auch als Messgeräte aufgefasst werden können, müssen wir davon ausgehen, dass die durch unsere Sinne aufgenommenen Reize (und die damit verbundenen Empfindungen) stark durch die Eigenschaften der Sinnesorgane selbst bestimmt werden. Daraus kann man den Schluss ziehen, dass die von uns empfundene Wirklichkeit keine objektive Entsprechung außerhalb von uns selbst haben muss. Dies steht im Widerspruch zur klassischen Physik, die von einer objektiven Wirklichkeit ausgeht, welche durch die Naturgesetze beschrieben wird. Insofern stellt die Quantenmechanik nicht nur einen Bruch mit der klassischen Physik, sondern auch mit philosophisch realistischen Vorstellungen dar. Dies entspricht einem klassischen Paradigmenwechsel.

Das Doppelspaltexperiment bringt eine weitere, sehr merkwürdige Eigenschaft von Quantenobjekten zutage: den *Welle-Teilchen-Dualismus*. Wie wir im ersten Teil gesehen hatten, konnte Thomas Young bereits um 1802 ein Interferenzmuster beobachten, als er Licht durch einen feinen Doppelspalt schickte und damit den Wellencharakter des Lichts belegte. Mitte das letzten Jahrhunderts gelang es dem Tübinger Physiker Claus Jönsson, Interferenzmuster auch bei Elektronen nachzuweisen und damit den Wellencharakter der Elektronen zu bestätigen. Heute kann man Doppelspaltexperimente mit Molekülen durchführen, die aus mehreren Hundert Atomen bestehen. Reduziert man die Intensität des Lichtes bzw. der Elektronen oder der Moleküle, kann man beobachten, wie sich das Interferenzmuster jeweils Punkt für Punkt aufbaut. Ein Interferenzmuster entsteht sogar dann, wenn die Intensität so gering ist, dass jeweils immer nur ein Objekt durch den Doppelspalt läuft. Wie ist das möglich? Womit können einzelne Objekte am Doppelspalt interferieren?

Noch merkwürdiger wird die Sache, wenn das Experiment so gestaltet ist, dass es möglich wird zu bestimmen, durch welchen der beiden Spalte die Objekte gegangen sind. In diesem Fall entsteht kein Interferenzmuster. Wie ist das zu erklären? In jedem Fall aber entsteht das Muster auf dem Schirm punktweise, was doch auf das Eintreffen einzelner Teilchen hindeuten sollte (s. Abschn. 13.1).

Damit ist die Geschichte aber noch nicht zu Ende. Quantenobjekte zeigen ein noch weit mysteriöseres Verhalten. So können zwei oder mehr Quantenobjekte über sehr große Distanzen miteinander in Verbindung bleiben. Eine Messung an einem der beiden Objekte wirkt sich dann instantan auf den Messwert des Partnerobjekts aus. Damit entstehen Korrelationen von Messergebnissen, die an solchen Objekten durchgeführt werden, für die es bis heute keine einleuchtende Erklärung gibt. Diese spukhafte Fernwirkung nennt man Verschränkung. Verschränkte

Qubits werden in Quantencomputern genutzt und verschaffen diesen damit einen entscheidenden Vorteil gegenüber herkömmlichen Computern. Damit werden dereinst Anwendungen ermöglicht, die mit unserer gegenwärtigen Technologie nicht möglich sind.

Unbestimmtheit 12

Zusammenfassung

Die quantenmechanische Unbestimmtheit umfasst im Wesentlichen zwei Kernelemente: Die Unbestimmtheitsrelationen und die Zufälligkeit von Messergebnissen. Die heisenbergschen Unschärferelationen besagen, dass es Paare von Eigenschaften gibt, die bei einem Quantenobjekt nicht gleichzeitig exakt bestimmt sein können. So kann sich z. B. ein freies Elektron nie in einem Zustand befinden, bei dem der Impuls (Geschwindigkeit) und der Ort des Elektrons beide genau definiert sind. Ebenso unmöglich ist es, die Energie eines freien Quantenobjekts zu einem bestimmten Zeitpunkt exakt anzugeben. Das ist die Orts-Impuls-Unschärfe bzw. die Energie-Zeit-Unschärfe.

Der zweite Aspekt der Unbestimmtheit ist die Zufälligkeit der Messergebnisse. Auch wenn der Zustand eines Quantenobjekts exakt bekannt ist, wird es in der Regel nicht möglich sein, das Messergebnis einer Größe genau vorherzusagen. Es lassen sich nur Messwahrscheinlichkeiten (Erwartungswerte) berechnen. Genau hier, bei der Interaktion eines Quantenobjekts mit einem Messapparat kommt der Zufall ins Spiel. Ungemessene Quantenzustände entwickeln sich gemäß der Schrödinger-Gleichung deterministisch und kontinuierlich. Eine Messung stellt dann einen irreversiblen Eingriff in ein Quantensystem dar. Was aber bei einem Messvorgang genau geschieht, ist bis heute Gegenstand kontroverser Diskussionen und wird deshalb als *Messproblem* der Quantenmechanik bezeichnet (s. Abschn. 13.3).

12.1 Orts-Impuls-Unschärfe

Als Entdecker der Unschärferelationen gilt der aus Würzburg stammende Physiker Werner Heisenberg. Heisenberg studierte Physik in München und schloss 1923 sein Studium mit der Promotion bei Arnold Sommerfeld ab. Die Doktorprüfung ging allerdings nicht ganz reibungslos über die Bühne. In der Prüfung wurde er von dem Experimentalphysiker Wilhelm Wien zu experimentellen Aspekten befragt.

H. M. Rubin, *Vom Doppelspalt zum Quantencomputer*,
https://doi.org/10.1007/978-3-662-71207-8_12

Heisenberg konnte aber auf die Frage nach dem Auflösungsvermögen des Fabry-Pérot-Interferometers keine Antwort geben. Auch auf die folgenden Fragen nach dem Auflösungsvermögen eines Mikroskops oder eines Teleskops musste er passen. Wien wollte ihn deshalb schon durchfallen lassen. Erst auf Intervention von Sommerfeld ließ man ihn mit der schlechtestmöglichen Note gewähren[1].

Diese peinliche Situation veranlasste Heisenberg anschließend, alles über das Auflösungsvermögen von optischen Geräten zu studieren. Dabei kam bei ihm die Frage auf, ob es überhaupt eine fundamentale Grenze des Auflösungsvermögens gäbe und ob man z. B. mit einem Mikroskop ein Elektron beobachten könne. Betrachtet man einen Gegenstand mit einem Mikroskop, geht von einem Punkt des Objekts ein Lichtkegel mit Öffnungswinkel ε zum Objektiv aus. Zusammen mit der Wellenlänge λ ergibt sich das Auflösungsvermögen Δx zu

$$\Delta x \approx \frac{\lambda}{\sin \varepsilon} \tag{12.1}$$

Andererseits würden die Photonen bei der Beobachtung eines Elektrons gemäß dem Compton-Effekt einen Impuls auf das Elektron übertragen und damit die Geschwindigkeit des Elektrons verändern. Diese Impulsänderung ergibt sich zu

$$\Delta p \approx h \frac{\sin \varepsilon}{\lambda} \tag{12.2}$$

Multipliziert man die beiden Ausdrücke miteinander, ergibt sich eine Untergrenze der Bestimmbarkeit der beiden Größen Δx und Δp

$$\Delta x \Delta p \approx h \tag{12.3}$$

Dieses Gedankenexperiment beschreibt Heisenberg 1927 in einer Arbeit[2], es ist bekannt als **Heisenberg-Mikroskop.**

Die Formel besagt Folgendes: Möchte man den Ort des Elektrons möglichst genau bestimmen, sollte die Wellenlänge des verwendeten Lichts möglichst klein sein. Photonen mit kleiner Wellenlänge hätten aber eine höhere Energie bzw. einen größeren Impuls. Damit verbunden wäre ein größerer Impulsübertrag auf das Elektron und damit eine Veränderung seiner Geschwindigkeit. Möchte man anschließend auch den Impuls des Elektrons möglichst genau bestimmen, dürfte man zuvor für die Ortsbestimmung nur langwellige Strahlung benutzen, was wiederum die Genauigkeit der Ortsmessung vermindert.

Man kann deshalb den Ort und den Impuls eines Teilchens nicht gleichzeitig scharf bestimmen. Eine Erhöhung der Genauigkeit des einen Messwerts zieht eine Verminderung der Genauigkeit der anderen Größe nach sich. Es gibt somit eine fundamentale Grenze bei der Bestimmbarkeit von Impuls und Ort eines Quantenobjekts. Diese Situation wird in der folgenden Abb. 12.1 veranschaulicht.

---

[1] Jagdish Mehra, Helmut Rechenberg, The Historical Development of Quantum Theory [58].

[2] W. Heisenberg, Über den anschaulichen Inhalt der quantentheoretischen Kinematik und Mechanik, Zeitschrift für Physik 1927 [59].

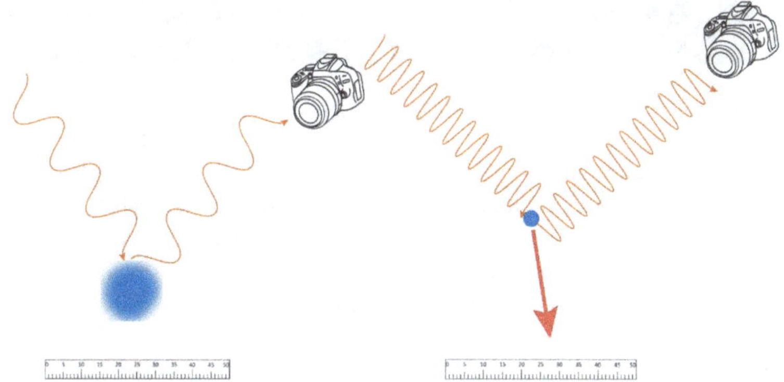

Abb. 12.1 Einfluss der Wellenlänge des Lichts auf das Messergebnis

Links wird ein Objekt (Elektron) mit Photonen großer Wellenlänge bestrahlt. Dies erlaubt nur eine ungenaue Ortsbestimmung aufgrund der geringen Ortsauflösung. Hingegen wird durch diese Photonen nur wenig Impuls auf das Objekt übertragen, was nur eine geringe Störung der Bewegung verursacht. Rechts wird das Objekt mit Photonen kurzer Wellenlänge bestrahlt. Dies ermöglicht eine genauere Ortsbestimmung als zuvor. Dabei wird aber mehr Impuls auf das Objekt übertragen als vorher, was eine größere Störung der Bewegung des Objekts zur Folge hat.

Damit ein Objekt überhaupt gesehen werden kann, muss die Wellenlänge in der Größenordnung des Objekts liegen. Fledermäuse benutzen zur Orientierung und Ortung Ultraschallfrequenzen bis $120\,kHz$. Dies entspricht bei einer Schallgeschwindigkeit von $340\,m/s$ einer Wellenlänge von $\lambda = 2{,}8\,mm$. Damit können sie Fluginsekten in derselben Größenordnung im Flug orten und einfangen. Die Abb. 12.2 veranschaulicht diesen Sachverhalt anhand von Wasserwellen.

Der große Felsbrocken im Bild links ist deutlich größer als die Wellenlänge der Wasserwellen. Er erzeugt eine deutlich sichtbare Störung im Wellenbild in Form einer Gischt. Der dünne Holzstab im Bild rechts hingegen stört das Wellenbild gar nicht. Sein Durchmesser ist deutlich kleiner als die Wellenlänge der Wasserwellen.

Die Orts-Impuls-Unschärfe lässt sich auch aus Interferenzeffekten ableiten. In Abschn. 9.3 wurde das Experiment von Claus Jönsson zur Elektroneninterferenz

Abb. 12.2 Hindernisse in Wasserwellen können unterschiedliche Wirkungen haben

Abb. 12.3 Interferenzmuster eines Laserstrahls an einem dünnen Einzelspalt

an einem Einzel- und an einem Doppelspalt beschrieben. Sowohl Elektronen als auch Laserlicht erzeugen an einem Einzelspalt ein Interferenzmuster. Die folgende Abbildung zeigt das Interferenzmuster, das beim Durchgang eines Laserstrahls durch einen dünnen Einzelspalt entsteht (Abb. 12.3):

Anders als beim Doppelspalt gibt es hier ein breites, intensives Hauptmaximum und mehrere, deutlich schwächere und schmalere Nebenmaxima. Die Entstehung dieses Interferenzmusters kann man durch folgende Grafik veranschaulichen:

Der mittlere Strahl im Bild links von Abb. 12.4 ist gegenüber dem Randstrahl um eine halbe Wellenlänge versetzt. Das führt zu destruktiver Interferenz der beiden Strahlen. Da jeder Wellenzug im ersten Teilstrahl einen Partner im zweiten Teilstrahl hat, der ebenfalls um eine halbe Wellenlänge versetzt ist, löschen sich die beiden Teilstrahlen in dieser Richtung vollständig aus. Die Bedingung für das erste Nebenminimum (Begrenzung des Hauptmaximums) ist deshalb:

$$\sin(\alpha) = \frac{\lambda}{d} \tag{12.4}$$

Wird der Winkel vergrößert, wie im Bild rechts, entsteht eine ähnliche Situation, bei der sich die Teilstrahlen 1 und 2 wie im ersten Fall auslöschen, aber der dritte Teilstrahl übrig bleibt. In dieser Richtung liegt das erste Nebenmaximum.

Führt man das Experiment mit einem Laserstrahl und einem in der Breite veränderbaren Spalt durch und macht den Spalt dabei kleiner, wird das Interferenzmuster breiter bzw. das Maximum unschärfer. Macht man, umgekehrt, den Spalt breiter, wird das Interferenzmuster enger und das Maximum schärfer.

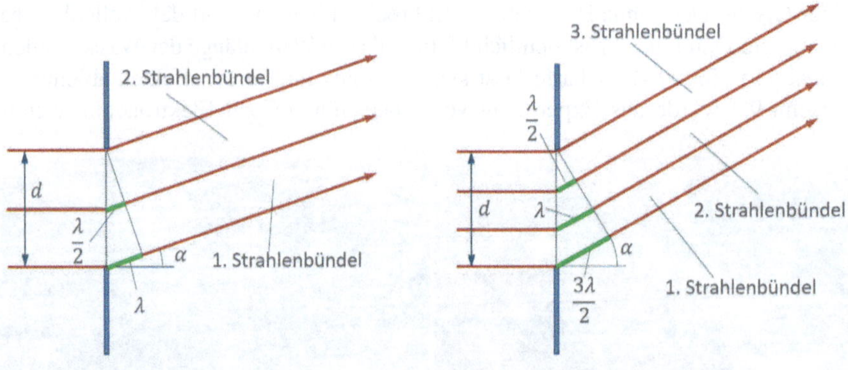

Abb. 12.4 Von jedem Punkt des Spaltes gehen Elementarwellen aus, die sich hinter dem Spalt überlagern. Links ist die Bedingung für das erste Nebenminimum dargestellt und rechts jene für das erste Nebenmaximum

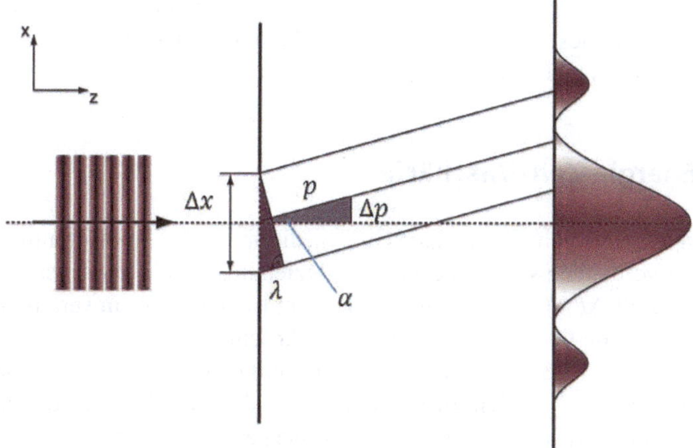

Abb. 12.5 Orts-Impuls-Unschärfe am Einzelspalt

Dieses Verhalten lässt sich mithilfe der oben angegebenen Interferenzbedingung verstehen. Betrachten wir die Elektronen bzw. Photonen aber als Quantenobjekte, entsteht das Interferenzmuster als Summe einer großen Zahl von Messpunkten. Beim Passieren des Doppelspalts erhalten die Quantenobjekte offenbar einen Querimpuls Δp in x-Richtung, z. B. durch Stöße an den Spaltwänden. Dies ist in der Abb. 12.5 dargestellt:

Macht man den Spalt Δx enger, wird das Interferenzmaximum breiter und Δp größer. Wird hingegen der Spalt verbreitert, Δx also vergrößert, wird das Interferenzmaximum schärfer bzw. enger und Δp dadurch kleiner.

Fassen wir die Spaltbreite Δx als Ortsmessung auf, erkennen wir: Je genauer wir den Ort des Quantenobjekts bestimmen, desto ungenauer bzw. unschärfer wird der Querimpuls Δp. Aus der Geometrie der Anordnung (schattierte Dreiecke) lässt sich eine Beziehung zwischen den Größen ablesen:

$$\frac{\lambda}{\Delta x} = \frac{\Delta p}{p} \tag{12.5}$$

Setzen wir hier für p die De-Broglie-Beziehung $p = h/\lambda$ ein, erhalten wir eine direkte Beziehung zwischen den Größen Δp und Δx.

$$h \approx \Delta x \cdot \Delta p \tag{12.6}$$

Das ist exakt dieselbe Beziehung, wie sie sich aus der Betrachtung der Auflösung am Heisenberg-Mikroskop ergibt.

Die Orts-Impuls-Unschärfe ist nicht auf mangelhafte Genauigkeit der Messmethoden zurückzuführen. Es ist prinzipiell unmöglich, den Ort und den Impuls eines Objekts gleichzeitig genauer als durch obige Relation (12.6) vorgegeben bestimmen zu können, denn Ort und Impuls sind grundsätzlich nicht genauerbestimmt. Der

Grund liegt in der Wellennatur der Materie. Betrachtet man die Quantenobjekte als Wellenpakete, ist diese prinzipielle Einschränkung bzw. Unbestimmtheit besser zu verstehen (s. Abschn. 12.3).

12.2 Energie-Zeit-Unschärfe

Ort und Impuls sind nicht die einzigen Größen, die über eine Unbestimmtheitsrelation miteinander verbunden sind. Eine analoge Beziehung besteht zwischen der Energie ΔE und der Zeit Δt. Das lässt sich gut an einem Linienspektrum veranschaulichen, wie z. B. jenem von Quecksilber (s. Abb. 7.6, Abschn. 7.3).

Betrachtet man die Spektrallinien genauer, stellt man fest, dass die Spektrallinien unterschiedlich breit sind. Die Breite rührt daher, dass die Energien der angeregten Zustände, nicht so wie jene der stationären, keine genau definierten Werte haben. Ein Elektron bleibt nur kurze Zeit in einem angeregten Zustand. Danach fällt es wieder zurück in einen energetisch tiefer gelegenen Zustand. Die Lebensdauer Δt eines angeregten Zustands hängt mit der Energie-Unschärfe ΔE des angeregten Zustands zusammen. Da die Energie gemäß $E = hf$ mit einer Frequenz verknüpft ist, entspricht eine Energiebestimmung der Messung einer Frequenz. Eine Frequenz kann umso genauer bestimmt werden, je länger man misst. Will man z. B. die Frequenz eines Pendels bestimmen, misst man besser zehn oder hundert Schwingungen statt nur eine. Je höher die Anzahl der gemessenen Schwingungen, desto genauer wird das Ergebnis sein.

Die Energie-Zeit-Unschärfebeziehung lässt sich aus der Orts-Impuls-Unschär febeziehung ableiten. Dazu drückt man die Orts-Unschärfe Δx mithilfe von $\Delta x = c\Delta t$ durch die Zeit-Unschärfe Δt aus. Andererseits gilt für Photonen gemäß der einsteinschen Masse-Energie-Äquivalenz $E = mc^2 = pc$. Daraus ergibt sich die Energie-Unschärfe $\Delta E = \Delta pc$.

Daraus folgt:

$$\Delta p \Delta x = \frac{\Delta E}{c} c \Delta t = \Delta E \Delta t \approx h \tag{12.7}$$

Je kürzer die Lebensdauer eines angeregten Zustands, desto unbestimmter ist seine Energie. Bei einem Ensemble von angeregten Atomen bzw. Molekülen werden diese Licht im Energiebereich ΔE aussenden, d. h., die Energie bzw. die Frequenz der abgestrahlten Photonen streut in diesem Bereich. Genau das führt zu der beobachteten Verbreiterung der Spektrallinien.

Die Energie-Zeit-Unschärfe bietet auch eine Erklärung für die sogenannte Vakuumpolarisation. Sozusagen aus dem Nichts können im leeren Raum für kurze Zeit Paare von Teilchen und Antiteilchen entstehen, z. B. ein Elektron und ein Positron, und während sehr kurzer Zeiten sogar noch massereichere Teilchen. Weil solche Teilchen nur eine sehr kurze Lebensdauer haben, spricht man von virtuellen Teilchen. Genauso können auch Photonen während kurzer Zeit entstehen und sogleich wieder verschwinden.

Heute erklärt man die elektromagnetische sowie die schwache und die starke Wechselwirkung durch den Austausch von virtuellen Teilchen. Die Träger der elektromagnetischen Wechselwirkung sind virtuelle Photonen. Mithilfe dieser Photonen und der Energie-Zeit-Unschärfe lässt sich sogar das Coulomb-Gesetz begründen, welches die elektrischen Kräfte zwischen elektrisch geladenen Teilchen beschreibt. Es lautet:

$$F = \frac{1}{4\pi\varepsilon_0}\frac{Q_1 Q_2}{r^2} \tag{12.8}$$

Der Faktor $4\pi r^2$ bringt zum Ausdruck, dass sich die elektrische Kraft mit zunehmendem (Mittelpunkts-)Abstand r auf die Kugeloberfläche $A = 4\pi r^2$ verteilt. Q_1 und Q_2 sind die elektrischen Ladungen der beiden Körper, und ε_0 ist die elektrische Feldkonstante, welche die elektrische Flächenladungsdichte eines geladenen Körpers mit der elektrischen Feldstärke an seiner Oberfläche verknüpft.

Das Gesetz beschreibt nur, wie stark die Kraft zwischen zwei elektrisch geladenen Körpern ist, aber nicht, wie diese Kraft übertragen wird. Hier bietet sich nun mit dem Konzept der virtuellen Photonen und unter Beachtung der Energie-Zeit-Unbestimmtheit eine Erklärung an. Je weiter zwei elektrisch geladene Körper voneinander entfernt sind, desto kleiner ist die zwischen ihnen wirkende elektrische Kraft. Bei gegebenem Abstand r können nur solche virtuellen Photonen Energie bzw. Impuls auf ein anderes Teilchen übertragen, die lange genug *leben,* um die Distanz $r = c\Delta t$ zu überwinden. Nimmt der Abstand r zu, muss aufgrund der Unschärfebeziehungen die Energie bzw. der Impuls der übertragenden Photonen abnehmen. Dies bietet eine einleuchtende Erklärung dafür, weshalb die Kraft mit zunehmendem Abstand kleiner wird.

Mithilfe der Energie-Zeit-Unschärfe in der Form $\Delta E \Delta t = \hbar$ und der mechanischen Grundformel (2. newtonsches Gesetz) $F\Delta t = \Delta p$ erhalten wir

$$\Delta E \Delta t = \Delta p c \Delta t = F c \Delta t^2 = \hbar \tag{12.9}$$

Mit $\Delta t = r/c$ folgt daraus:

$$F = \alpha \frac{\hbar c}{r^2} \tag{12.10}$$

Damit haben wir bereits die $1/r^2$-Abhängigkeit der Coulomb-Kraft. Der Faktor α wurde gesetzt, weil die Photonen nicht zwingend ihren ganzen Impuls übertragen, sondern eventuell nur einen Bruchteil. Deshalb muss $\alpha < 1$ sein. Der Faktor α ist somit ein Maß dafür, wie stark die Photonen an die Ladung der Elektronen koppeln. Er ist aus der Feinstrukturaufspaltung der Spektrallinien bekannt[3] und beträgt

$$\alpha = \frac{1}{4\pi\epsilon_0}\frac{e^2}{\hbar c} \approx \frac{1}{137} \tag{12.11}$$

---

[3] Sommerfeldsche Feinstrukturkonstante: Arnold Sommerfeld, Zur Quantentheorie der Spektrallinien. In: Annalen der Physik, 1916 [37] und [60].

Setzen wir diesen Faktor in die Gleichung für die Kraft ein, erhalten wir

$$F = \frac{1}{4\pi\epsilon_0}\frac{e^2}{\hbar c}\frac{\hbar c}{r^2} = \frac{1}{4\pi\epsilon_0}\frac{e^2}{r^2} \tag{12.12}$$

Das ist exakt das coulombsche Gesetz für zwei Elementarladungen e, also z. B. zwischen zwei Elektronen im Abstand r. Das ist doch recht erstaunlich. Die Idee zu dieser Betrachtung geht auf eine Arbeit des italienischen Physikers Gian Carlo Wick aus dem Jahr 1938 zurück[4].

Allerdings erklärt uns diese Betrachtung nicht, was eine elektrische Ladung ist und was den Unterschied zwischen elektrisch positiv und elektrisch negativ ausmacht. Sie erklärt uns auch nicht, wie die elektrische Anziehung zwischen einem positiv geladenen und einem negativ geladenen Teilchen zustande kommt. Die Abstoßung lässt sich hingegen leicht veranschaulichen, wenn man sich z. B. zwei Kinder vorstellt, die je auf einem Skateboard stehen und sich gegenseitig einen Medizinball (mit einer Masse von ca. $5\,kg$) zuwerfen.

Die Anziehung könnte man sich bildhaft vorstellen, indem sich die beiden Kinder mit gegenseitig zugewandtem Rücken einen Bumerang zuwerfen. Dazu ist aber die Anwesenheit eines zusätzlichen Mediums – wie der Luft – notwendig, denn ohne diese könnte der Bumerang keine Kurve fliegen. Tatsächlich kann uns weder die Quantenmechanik noch die klassische Physik erklären, was die Ladung und was die Masse der Körper sind. Erst die Erweiterung des Konzeptrahmens auf die Quantenfelder liefert Erklärungen zu solchen Fragen. Allerdings ist die Quantenfeldtheorie mathematisch sehr abstrakt und deshalb schwer zu vermitteln. Eine anschauliche Einführung in die Konzepte der Quantenfeldtheorie findet man in dem ansprechenden Buch von Wouter Schmitz[5].

12.3 Wellenpakete und Unschärfe

Die Unschärferelation ist ein allgemeines Wellenphänomen. So ist z. B. aus der Signaltheorie die **küpfmüllersche Unbestimmtheitsrelation** bekannt, die besagt, dass

$$\Delta f \Delta t = k \tag{12.13}$$

gilt. Dabei liegt der Wert k zwischen 0,5 und 1, je nach Definition der Bandbreite bzw. der Signaldauer.

Diese Relation bringt zum Ausdruck, dass zur genauen Bestimmung einer Frequenz f eine gewisse Messzeit erforderlich ist. Um z. B. die Frequenz eines Tones von $1\,Hz$ zu messen, muss mindestens eine Sekunde lang gemessen werden können. Dieser Sachverhalt lässt sich auch gut mithilfe eines Tongenerators demonstrieren.

---

[4] G. C. Wick, Range of Nuclear Forces in Yukawa's Theory, Nature 1938 [61].

[5] Wouter Schmitz, PARTICLES, FIELDS AND FORCES, A conceptual Guide to Quantum Field Theory and the Standard Model, Springer 2022 [55].

Dazu stellt man z. B. einen Ton von ca. 100 Hz ein und leitet das Signal über einen Tastschalter zum Lautsprecher. Drückt man den Taster nur sehr kurz, kann man die Tonhöhe nicht mehr richtig abschätzen. Der kurze Impuls scheint in der Frequenz höher als bei 100 Hz zu liegen.

Setzt man in der küpfmüllerschen Unbestimmtheitsrelation die plancksche Beziehung zwischen Frequenz f und Energie E eines Photons ein, erhält man die Energie-Zeit-Unbestimmtheit aus der Quantenmechanik

$$\Delta f \Delta t = \frac{\Delta E}{h} \Delta t \approx 1 \tag{12.14}$$

Und daraus

$$\Delta E \Delta t \approx h \tag{12.15}$$

Beachtet man weiter die Masse-Energie-Äquivalenz $E = mc^2$ und damit für ein Photon $E = pc$, folgt

$$\Delta pc \Delta t \approx h \tag{12.16}$$

Mit $c\Delta t = \Delta x$ ergibt sich schließlich wieder die Impuls-Orts-Unschärfe

$$\Delta p \Delta x \approx h \tag{12.17}$$

Daher scheint es naheliegend, ein Quantenobjekt, wie z. B. ein Elektron, als Wellenpaket aufzufassen:

Man sieht bereits an der Abb. 12.6, dass ein Wellenpaket durch seine räumliche Ausdehnung nicht exakt lokalisierbar ist. Ein Wellenpaket entsteht durch die Überlagerung vieler Wellen mit unterschiedlichen Wellenlängen und somit unterschiedlichen Impulsen. Je weniger Wellen zusammenkommen, desto ausgedehnter ist das Wellenpaket. Je mehr Wellen mit unterschiedlicher Frequenz das Wellenpaket formieren, desto schmaler und damit lokalisierter wird es. Setzt sich ein Wellenpaket aus vielen Wellen unterschiedlicher Wellenlängen zusammen, bedeutet das gleichzeitig, dass der Impuls des Wellenpakets nicht bestimmt sein kann. Genau das ist

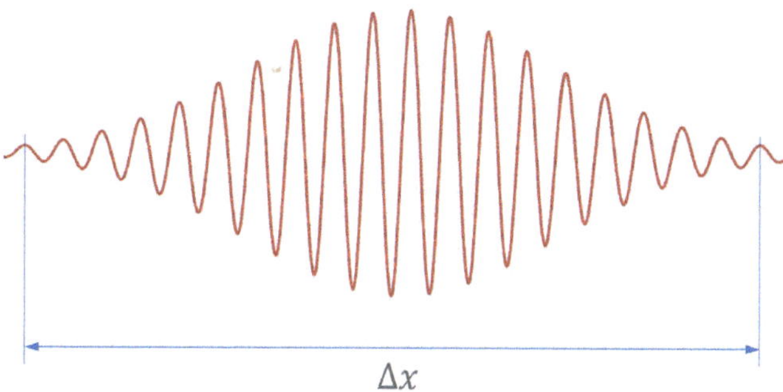

Abb. 12.6 Wellenpaket der Länge Δx

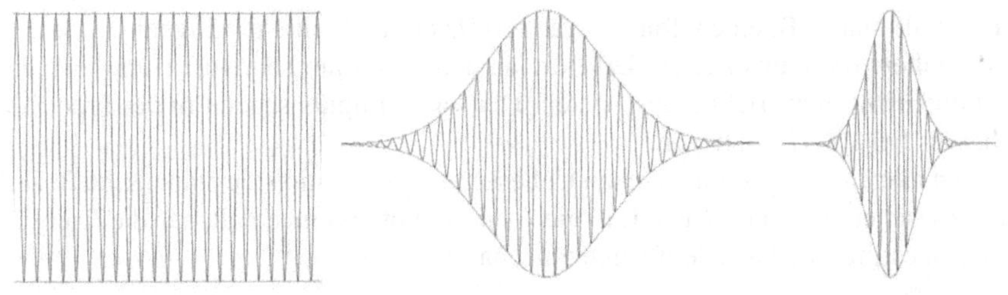

Abb. 12.7 Wellenpakete unterschiedlicher Zusammensetzung

die Aussage der Orts-Impuls-Unbestimmtheitsrelation. Die folgende Abbildung soll das verdeutlichen:

Gemäß der Abb. 12.7 hätte eine monochromatische Welle einen scharf definierten Impuls, aber eine unendlich große Ausdehnung. Ein scharfer Impuls ist somit nur bei absoluter räumlicher Nichtlokalisierbarkeit möglich. Umgekehrt ist ein räumlich scharf begrenztes und somit lokalisierbares Objekt aus sehr vielen Impulsanteilen zusammengesetzt, sodass der Impuls völlig unbestimmt ist.

Die beiden Grenzfälle zeigen deutlich, dass sowohl der Ort als auch der Impuls eines Quantenobjekts grundsätzlich völlig unbestimmt sein können. Vergleichen Sie dazu auch mit Abb. 11.1 in Kap. 11 zum Fazit Materie.

Die Unbestimmtheitsrelationen deuten somit auf ein reines Wellenphänomen hin und der Zustand eines Quantenobjekts kann als Überlagerung bzw. als Superposition von reinen, harmonischen Basisschwingungen aufgefasst werden. Die Superposition von quantenmechanischen Zuständen ist eine weitere elementare Eigenschaft von Quantenobjekten. Das ist Thema des nächsten Kapitels.

Superposition 13

Zusammenfassung

Was ist der Unterschied zwischen einem Ton und einem Klang? Schlagen wir mit einer Stimmgabel den Kammerton a' an, so hören wir einen Ton mit der Frequenz von 440 Hz. Zupfen wir hingegen eine Saite an, hören wir einen Klang. Dieser Klang besteht aus der Grundschwingung und einer Zusammensetzung von Obertönen. Auf der Saite überlagern sich demnach Schwingungen unterschiedlicher Frequenzen zu einem Klangbild bzw. zu einer Klangfarbe. Anstelle von Überlagerung sprechen wir auch von Superposition. Grundsätzlich können wir jede Schwingung als eine Überlagerung von harmonischen Schwingungen zusammengesetzt denken. Superposition ist daher eine typische Wellenerscheinung. Weil sich Quantenzustände ebenfalls durch Wellenfunktionen darstellen lassen, können sie sich in ähnlicher Weise überlagern. Auch die Formierung von harmonischen Wellen zu einem Wellenpaket stellt eine solche Superposition dar. Ebenso entsteht das Interferenzmuster am Doppelspalt – gemäß dem huygensschen Prinzip – durch die Überlagerung von Kreiswellen, die von den beiden Spalten ausgehen.

13.1 Das quantenmechanische Doppelspaltexperiment

Stellen wir uns vor, wir reduzierten die Lichtintensität sukzessive, bis nur noch einzelne Photonen oder Elektronen durch den Doppelspalt treten. Damit befände sich jeweils immer nur ein Quantenobjekt im Doppelspalt. Was geschieht dann mit dem Interferenzmuster? Verschwindet die Interferenz und entsteht dabei eher ein Schattenbild, wie wenn man mit einer Ballwurfmaschine Tennisbälle durch einen Doppelspalt schießt, so wie in Abb. 13.1 dargestellt?

Tatsächlich lässt sich die Lichtintensität so weit reduzieren, dass man die Entstehung des Interferenzmusters auf dem Sensor einer Digitalkamera Punkt für Punkt beobachten kann, so wie es die Abb. 13.2 zeigt.

H. M. Rubin, *Vom Doppelspalt zum Quantencomputer*, https://doi.org/10.1007/978-3-662-71207-8_13

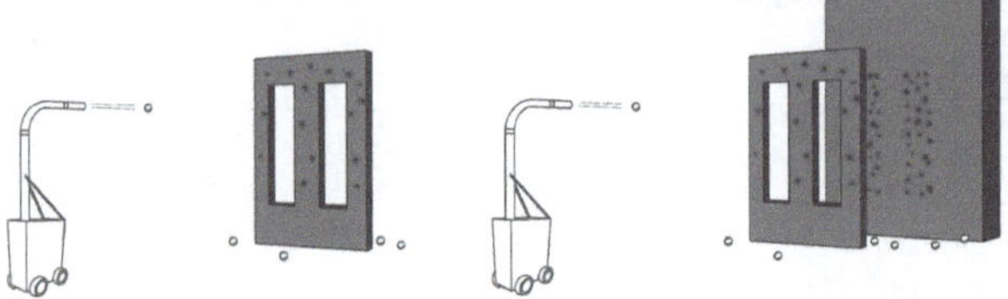

Abb. 13.1 Eine Tennisballwurfmaschine schleudert Tennisbälle auf eine Wand mit zwei rechteckigen Öffnungen. Überlegen Sie sich, wo die Tennisbälle auf der hinteren Wand nach dem Durchgang durch die Öffnungen auftreffen werden

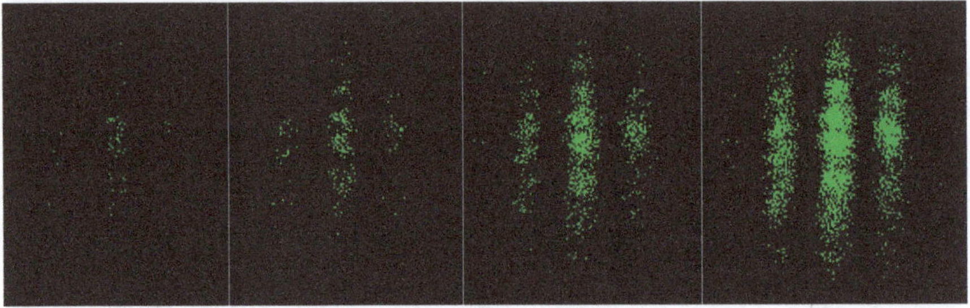

Abb. 13.2 Die Lichtintensität ist so weit reduziert, dass einzelne Photonen auf den Sensor einer CCD-Kamera treffen

Sicher würde man erwarten, dass in diesem Fall das Experiment ähnlich ausgeht wie bei der Tennisballmaschine: Zwei Streifen in Form eines Schattenbilds hinter den beiden Spalten. Lässt man die Kamera weiterlaufen, sieht man jedoch, wie sich (entgegen der Erwartung) das Interferenzmuster Punkt für Punkt aufbaut, bis es sich nach genügend langer Zeit nicht mehr von einem herkömmlichen Interferenzmuster unterscheidet, das mit einer intensiven Lichtquelle erzeugt wurde.

Analoge Experimente mit Elektronen, Atomen oder mit größeren Molekülen[1] zeigen das gleiche Ergebnis. Auch hier können die Experimente so durchgeführt werden, dass sich jeweils immer nur ein Teilchen in der Apparatur befindet[2]. Wie kann es aber zu einem Interferenzmuster kommen, wenn jeweils nur ein einzelnes Quantenobjekt durch den Doppelspalt läuft[3]?

Insbesondere bei Atomen und Molekülen gehen wir davon aus, dass es sich bei diesen um Teilchen handelt, die entweder durch den linken oder den rechten Spalt laufen. Wird die Apparatur so gestaltet, dass es möglich wird zu bestimmen, durch welchen Spalt das Objekt jeweils geht, geschieht etwas sehr Merkwürdiges: Das Interferenzmuster scheint zu verschwinden! Bei einem Experiment mit Photonen kann die Wegmarkierung z. B. mit Polarisationsfiltern erfolgen, sodass die durch den

[1] Juffmann, Milic, Müllmeritsch, Real-time single-molecule imaging of quantum Interference, Nature Nanotechnology, 2012 [62].

[2] The wave-particle duality of light: A demonstration experiment, American Journal of Physics, 2008 [63].

[3] Ein neueres Paper dazu: *Young's double-slit interference demonstration with single photons* [64].

linken Spalt laufenden Photonen senkrecht zu den durch den rechten Spalt gegangenen Photonen polarisiert sind.

Dass senkrecht zueinander polarisierte Photonen kein Interferenzmuster mehr erzeugen, überrascht nicht allzu sehr. Wenn man das Experiment aber mit Elektronen, Neutronen, Atomen oder Molekülen durchführt, kann zur Detektion der Teilchen z. B. eine Lichtquelle zwischen die beiden Spalte gesetzt werden, die ein- und ausgeschaltet werden kann. Die folgende Abbildung zeigt diese Anordnung[4].

Photonen, die an einem Elektron gestreut werden, ändern ihre Richtung und ihre Frequenz (Compton-Effekt), und das kann detektiert werden. Dadurch wird es möglich zu bestimmen, durch welchen Spalt ein Objekt gelaufen ist. Die beiden Kurven $N(x)$ in Abb. 13.3 zeigen den Intensitätsverlauf bzw. die Zählrate von auftreffenden Elektronen. Das Muster N_{12} zeigt sich, wenn das Licht aus ist und somit keine Wegbestimmung erfolgt. Ist das Licht hingegen eingeschaltet, ist eine Wegbestimmung im Prinzip möglich. Dann wird ein Intensitätsverlauf gemäß Kurve N'_{12} gemessen, der aus der Summe der beiden Einzelspaltergebnisse entstanden ist.

Bei genauem Hinsehen ist das Doppelspaltinterferenzmuster N_{12} meist noch schwach erkennbar. Dies deshalb, weil nicht alle Elektronen ein Photon streuen, bzw. nicht alle Elektronen *gesehen* werden. Die nichtdetektierten Elektronen erzeugen dann das noch schwach sichtbare Doppelspaltinterferenzmuster.

Eine etwas kuriose Variante des Doppelspaltexperiments stellt das von Elitzur und Vaidman 1993 formulierte Bombentestproblem (Knallertest) dar[5]:

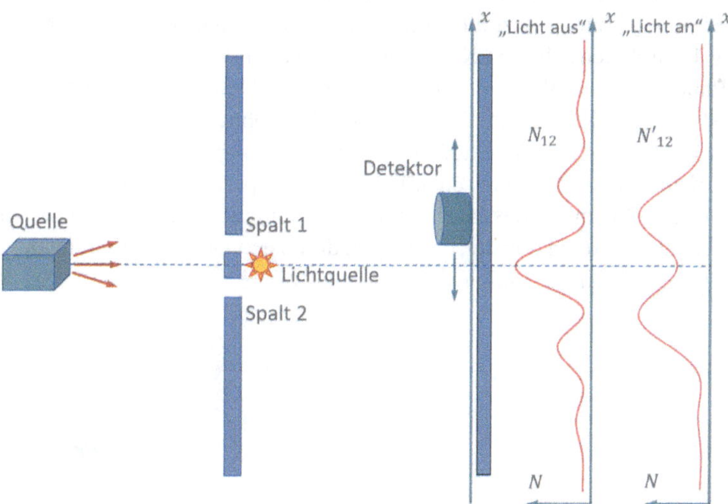

Abb. 13.3 Doppelspaltexperiment für Elektronen mit Wegmarkierung durch eine Lichtquelle

[4] Siehe Richard Feynman, Vorlesungen über Physik, Band III: Quantenmechanik, 1. Kapitel [65].
[5] Elitzur, Vaidman. Quantum mechanical interaction free measurement, Foundations of Physics, Bd. 23, 1993 [66].

Ein Hersteller für Scherzartikel füllte Glaskugeln mit einem explosiven Gas, das schon von einem einzigen Photon zur Explosion gebracht wird. Nun vermischte er leider diese sensiblen Knaller mit leeren Kugeln. Kann er wenigstens einen Teil der Knaller erkennen und retten, und zwar ohne dass sie ein Photon trifft und auslöst, also zerstört?

Gemäß unserer Alltagslogik scheint dies unmöglich zu sein. Dennoch helfen uns die Quantengesetze (Komplementarität zwischen Interferenzmuster und *Welcher-Weg-Information*) das Problem zu lösen. Die folgende Abbildung zeigt den Versuchsaufbau:

Ein Mach-Zehnder-Interferometer besteht aus einer Lichtquelle, die nur einzelne Photonen aussendet, zwei halbdurchlässigen Spiegeln, die jeweils 50 % der Photonen hindurchlassen und 50 % reflektieren, sowie zwei parallel dazu angeordneten Vollspiegeln und zwei Detektoren D_1 und D_2.

Ein Photon kann mit einer Wahrscheinlichkeit von 50 % den Weg 1 einschlagen oder mit derselben Wahrscheinlichkeit den Weg 2. Der Detektor D_2 ist dabei so eingestellt, dass der optische Wegunterschied der beiden Zweige genau $\lambda/2$ beträgt. Die beiden Möglichkeiten interferieren dann immer destruktiv, falls die beiden Wege absolut gleichberechtigt sind, d. h. wenn keine Möglichkeit besteht, herauszufinden, welchen Weg ein Photon genommen hat. Am Detektor D_2 wird deshalb nie ein Photon registriert. (Abb. 13.4 links).

Ein Knaller in Weg 1 verändert die Interferenzbedingung. Die beiden Wege sind nun nicht mehr gleichwertig. Die destruktive Interferenz verschwindet, und im Detektor D_2 können jetzt auch einzelne Photonen registriert werden, die nicht den Weg 1 durch den scharfen Knaller gegangen sind.

Ein Photon, das den Weg 2 nimmt, kann somit im Detektor D_2 registriert werden. Damit ist aber der Knaller im Weg 1 identifiziert, ohne dass er von einem Photon berührt worden wäre *(berührungsfreie Quantenmessung)*!

Auch beim quantenmechanischen Doppelspaltexperiment gibt es zwei komplementäre Größen, nämlich das Interferenzmuster und die Weginformation. Dort verschwindet das Interferenzmuster, sobald den durch den Doppelspalt tretenden Quantenobjekten die Weginformation aufgeprägt wird.

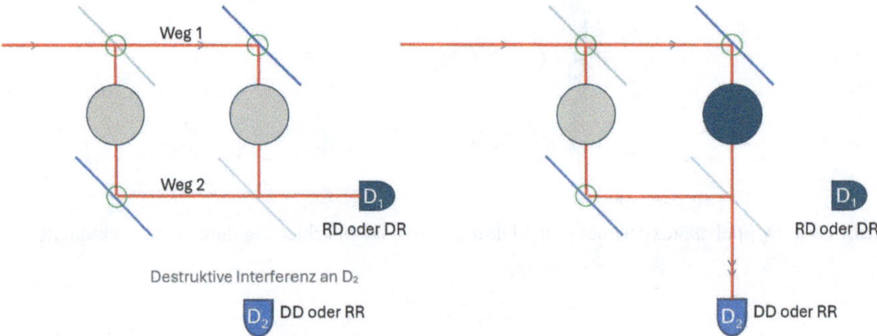

Abb. 13.4 Mach-Zehnder-Interferometer mit gleichberechtigten Wegen (links) und ungleichen Laufwegen (rechts)

Seit Ende der 80er-Jahre des letzten Jahrhunderts forscht man an diesem Problem. Alle diese Untersuchungen bestätigen, dass die Weginformation und das Interferenzmuster sich tatsächlich gegenseitig ausschließen, und man folgert daraus, dass diese Größen komplementär zueinander sind. Dabei konnte man aber auch zeigen, dass sich das Interferenzmuster wieder einstellt, sobald es gelingt, die Weginformation wieder zu löschen. Daraus hat sich eine neue Klasse von Experimenten entwickelt, die man als **Quantenradierer** bezeichnet. Mit solchen Experimenten kann man die Weginformation beliebig prägen und wieder löschen[6, 7].

Die Autoren sehen in diesen Experimenten eine Bestätigung des Komplementaritätsprinzips der Kopenhagener Deutung sowie eine Bestätigung des Welle-Teilchen-Dualismus, denn auch dieser lässt sich mit der Komplementarität begründen. Demnach hat die Materie sowohl Wellen- als auch Teilchencharakter, und, je nach Art und Weise des Experiments, tritt der eine oder der andere Aspekt zutage. Mit Weginformation verhalten sich die Quantenobjekte wie Teilchen und ohne Weginformation wie Wellen. So lautet zumindest die gängige Erklärung.

Das Komplementaritätsprinzip scheint somit einige der paradox erscheinenden Phänomene der Quantentheorie zu erklären. Wahrscheinlich nicht zuletzt deshalb wurde es von Niels Bohr Ende der 1920er Jahre eingeführt. Bis heute scheinen viele Physiker damit zufrieden zu sein. Aber ein Prinzip ist letztlich keine Erklärung bzw. keine Begründung, und es stellt sich die Frage, ob es nicht eine überzeugendere Betrachtungsweise gibt.

Um dieser Frage nachzugehen, untersuchen wir das Interferenzmuster beim Doppelspaltexperiment etwas genauer (s. Abb. 13.5):

Man erkennt einerseits die feinen Streifen, die von der Interferenz am Doppelspalt herrühren. Diesem Bild ist aber ein gröberes Muster überlagert. Die Hüllkurve wird durch die Interferenz an den beiden Einzelspalten hervorgerufen. Wir erinnern uns, auch am Einfachspalt gibt es Interferenz (s. Abb. 12.3). Damit lässt sich die Aussage, dass das Interferenzmuster verschwinde, sobald den Teilchen die Weginformation aufgeprägt wird, auch anders interpretieren: Das Interferenzmuster verschwindet gar nicht, es verändert sich nur von einem Doppelspaltmuster zu einem Einspaltmuster!

Was aber bringt diese Betrachtungsweise Neues? Dazu müssen wir uns vor Augen führen, dass das Aufprägen einer Weginformation (oder sollte man besser von Spaltinformation sprechen?) einer Messung gleichkommt. Die Objekte, die in einem Spalt detektiert (gemessen) werden, können, ausgehend von diesen, doch nur noch zu einem Einspaltmuster beitragen. Genauso die Objekte, die im anderen Spalt detektiert wurden. Deshalb wandelt sich das Doppelspaltinterferenzmuster in eine Überlagerung von zwei Einzelspaltmustern um. Weshalb man hier von der Detektion eines Teilchens spricht, ist nicht wirklich einsichtig, denn wir sehen ja nach wie vor ein Wellenbild (s. auch Abschn. 13.3).

---

[6] Stephen P. Walborn, Marcelo O Terra Cunha, Sebastião Pádua und Carlos H. Monken, Quantenradierer, Spektrum der Wissenschaft, Februar 2004 [67].

[7] Stephen P. Walborn, Marcelo O Terra Cunha, Sebastião Pádua und Carlos H. Monken, Double-slit quantum eraser, Physical Review 2002 [68].

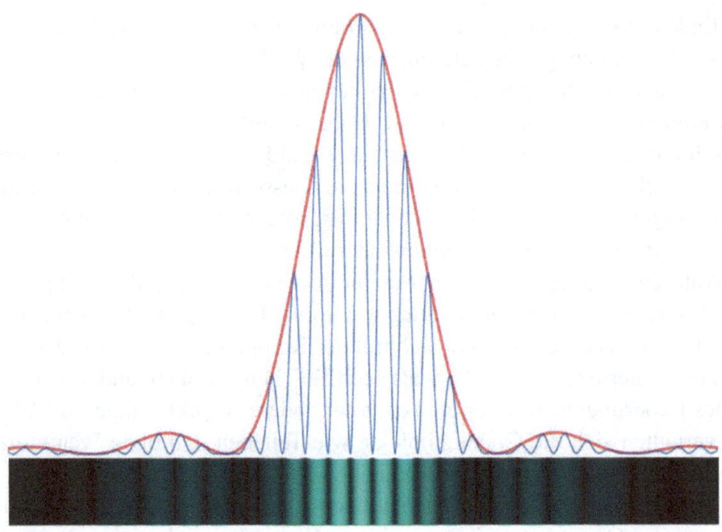

Abb. 13.5 Einzelspalt- und Doppelspaltmuster überlagern sich

Darauf könnte man einwenden, dass bei geringer Intensität (von Photonen, Elektronen oder Molekülen) doch tatsächlich die Auftreffpunkte der Objekte zu sehen seien. Die Frage ist nur, ob diese Punkte auch wirklich genau das bedeuten. Jeder Messpunkt steht dann offenbar für ein Ereignis und das Interferenzmuster lässt sich so durch die Summe von vielen diskreten Ereignissen zusammensetzen.

Was wir beim Interferenzmuster (Doppelspalt oder Einzelspalt) beobachten, kann auch als Häufigkeitsverteilung bzw. **Wahrscheinlichkeitsverteilung** aufgefasst werden. Naheliegend ist dies so zu interpretieren, dass wir hier direkt das Betragsquadrat $|\psi|^2$ der Wellenfunktion sehen.

Wenn man den Spaltabstand verändert, verändert sich das Muster und damit auch die Wellenfunktion ψ. Dasselbe, wenn man die Spaltbreite variiert oder einen Spalt abdeckt. Schließen eines Spaltes verwandelt zweifellos das Doppelspaltmuster in ein Einspaltmuster. Genau dasselbe geschieht, wenn man eine Messanordnung hinter die Spalte setzt.

Daraus wird einerseits ersichtlich, dass die Wellenfunktion etwas mit der Messwahrscheinlichkeit zu tun haben muss, und andererseits, dass sie nicht nur eine Beschreibung der Quantenobjekte alleine darstellen kann, sondern einer Beschreibung der Wechselwirkung von Quantenobjekten und Messapparaten entsprechen muss[8].

Das lässt sich auch formal begründen: Bezeichnen wir mit $|L\rangle$ die Welle, die vom linken Spalt ausgeht, und mit $|R\rangle$ diejenige, die von rechten Spalt kommt. Hinter

[8] Dies hat auch Niels Bohr vermerkt: N. Bohr, Das Quantenpostulat und die neuere Entwicklung der Atomistik, Naturwissenschaften 1928 [69].

dem Doppelspalt überlagern sich die beiden Wellen gemäß

$$|\psi\rangle = |L\rangle + |R\rangle \tag{13.1}$$

Am Schirm bzw. Sensor beschreibt dann

$$|\psi|^2 = ||L\rangle + |R\rangle|^2 = ||L\rangle|^2 + ||R\rangle|^2 + 2\,|L\rangle\,|R\rangle \tag{13.2}$$

die Messwahrscheinlichkeiten der Ereignisse auf dem Sensor[9].

Verändert man nun die Messapparatur durch Hinzufügen einer Ortsmessung, verschwindet der Interferenzterm $|L\rangle\,|R\rangle$, weil sich dann die beiden Möglichkeiten $|L\rangle$ und $|R\rangle$ gegenseitig ausschließen. Damit verschwindet auch das Zweispaltinterferenzmuster.

Mit dieser Betrachtungsweise bleiben wir stets im Wellenbild und müssen nicht von Teilchencharakter oder Welle-Teilchen-Dualismus sprechen. Damit vereinfacht sich die Interpretation des Doppelspaltexperiments. Unerklärt bleibt dabei nur die Bildung der Messpunkte, denn diese können nicht mehr als Auftreffpunkte von Teilchen aufgefasst werden.

Offen bleibt die Frage, wie diese Messpunkte letztlich zustande kommen und weshalb sich die Energie eines Photons oder eines Elektrons nicht auf mehrere Zellen des Sensors aufteilen kann und diese dann einfach nur schwächer leuchten (s. dazu auch die Zitate von Schrödinger und de Broglie in Kap. 11 sowie in Abschn. 13.3).

13.2 Elektronenspin und Polarisation

Im Jahr 1896 entdeckte der niederländische Physiker Pieter Zeeman, dass sich Spektrallinien aufspalten können, wenn sich die leuchtenden Atome in einem Magnetfeld befinden. Aufgrund des bohrschen Atommodells ging man nach 1913 davon aus, dass sich die Elektronen in einem Atom nur auf ganz bestimmten Bahnen aufhalten können. Dazu musste Bohr die Quantisierung des Bahndrehimpulses der Elektronen postulieren[10]. Stellt man sich das Elektron als elektrisch geladenes Teilchen vor, das sich auf einer Kreisbahn oder einer Ellipse um den Atomkern bewegt, ist aufgrund der elektrischen Ladung des Elektrons mit seinem Drehimpuls ein magnetisches Moment verbunden. Ein magnetisches Moment verhält sich ähnlich wie eine kleine Kompassnadel, es richtet sich in einem Magnetfeld aus. Peter Debye und Arnold Sommerfeld kamen bei der theoretischen Untersuchung des Zeeman-Effekts 1916 zum Schluss, dass die Richtung dieser magnetischen Bahnmomente ebenfalls gequantelt sein müsse[11].

[9] Die hier verwendete Klammerschreibweise für quantenmechanische Zustandsfunktionen bzw. -vektoren geht auf den britischen Physiker Paul Adrien Maurice **Dirac** zurück. Dabei wird zwischen Bra-Vektoren $\langle|$ und Ket-Vektoren $|\rangle$ unterschieden. Die Bedeutung wird in Abschn. 21.4 erklärt.

[10] N. Bohr, On the Costitution of Atoms and Molecules, Part I and Part II, 1913 [34] und [35].

[11] A. Sommerfeld, Zur Quantentheorie der Spektrallinien, Annalen der Physik 1916, [60].

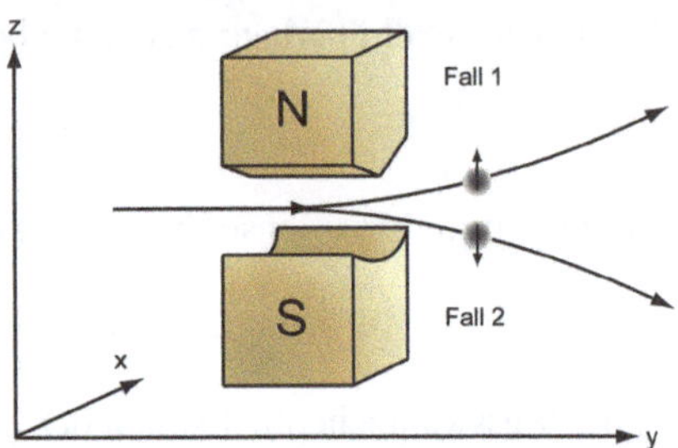

Abb. 13.6 Aufbau des Stern-Gerlach-Versuchs: Die Ablenkung der Silberatome in einem inhomogenen Magnetfeld ist auf den Eigendrehimpuls (Spin) des Valenzelektrons des Silberatoms zurückzuführen

Der deutsche Physiker Otto Stern stand dieser Idee zunächst skeptisch gegenüber, glaubte aber, damit das bohrsche Atommodell überprüfen zu können. Im Jahr 1920 begann Stern mit Walther Gerlach in Frankfurt mit Atomstrahlversuchen. Sie experimentierten mit Silberatomen, die sie in einem Ofen auf 1000°C erhitzten. Durch ein kleines Loch im Ofen konnte ein feiner Strahl elektrisch neutraler Silberatome entweichen. Diese ließen sie im Vakuum durch ein inhomogenes Magnetfeld fliegen. Danach schlugen sich die Silberatome auf einer gekühlten Glasplatte nieder.

Die Idee der Richtungsquantelung war damals umstritten. Ohne diesen Effekt hätte man auf der Glasplatte einen kontinuierlichen Streifen erwartet, der durch die zufällige Ausrichtung der magnetischen Momente der Silberatome hätte entstehen müssen. Falls der Effekt tatsächlich existieren sollte, ging man von einer Aufspaltung des Atomstrahls in drei Teilstrahlen aus, nämlich $2l + 1$, bei einem Bahndrehimpuls von $l = 1$.

Das Ergebnis war überraschend. Man beobachtete eine klare Aufspaltung in zwei Teilstrahlen. Erwartet hätte man eine kontinuierliche Verteilung entsprechend der zufälligen Ausrichtung der magnetischen Momente der Silberatome.

Die Abb. 13.6 zeigt den Aufbau des Stern-Gerlach-Versuchs, sowie das Ergebnis[12]:

Im Jahr 1925 wurde dieser Effekt durch G. E. Uhlenbeck und S. Goudsmit auf den Eigendrehimpuls (Spin $1/2\hbar$) des Elektrons zurückgeführt[13], und 1927 konnten Philipps und Taylor die Ergebnisse von Stern und Gerlach an Wasserstoffatomen bestätigen[14].

Das bekannteste Beispiel eines Spin-$\frac{1}{2}$-Systems ist das Elektron (oder Atome mit einem Valenzelektron, bei denen ebenfalls ein Spin von $\frac{1}{2}\hbar$ resultiert). Damit lässt sich die Aufteilung in zwei Teilstrahlen erklären. Die magnetischen Momente der Elektronen haben zwei Möglichkeiten: Sie können sich entweder parallel oder antiparallel zur Magnetfeldrichtung ausrichten. Dementsprechend erfahren die Atome,

[12] Walther Gerlach und Otto Stern: Der experimentelle Nachweis der Richtungsquantelung im Magnetfeld, Zeitschrift für Physik 1922, [70] und [71].

[13] G. E. Uhlenbeck & S. Goudsmit, Ersetzung der Hypothese vom unmechanischen Zwang durch eine Forderung bezüglich des inneren Verhaltens jedes einzelnen Elektrons, Die Naturwissenschaften, 1925 [72].

[14] T. E. Philipps and J. B. Taylor, The Magnetic Moment of the Hydrogen Atom, Phys. Rev. 1927 [73].

je nach Ausrichtung ihrer Elektronenspins, eine Kraft nach *oben* oder nach *unten*, bezüglich der N-S-Ausrichtung des äußeren Magnetfelds. Dreht man die Magnete um einen bestimmten Winkel α um die Strahlachse, so dreht sich auch die Richtung der Aufspaltung um diesen Winkel.

Wir haben hier ein typisches **Zweizustandssystem** vor uns. Das Durchlaufen der Atome durch das Magnetfeld entspricht einer Messung des Elektronenspins. Dieser kann bezüglich der Magnetfeldrichtung nur zwei Werte annehmen, nämlich $\uparrow$ (up) oder $\downarrow$ (down). Das sind die Messergebnisse. Entsprechend diesen lassen sich die Atome nach der Messung in zwei Zustände aufteilen, solche im Zustand $|\uparrow\rangle$ und solche im Zustand $|\downarrow\rangle$.

Die NS-Richtung der SG-Magnete legt dabei eine Messbasis fest, bezüglich der die Messwerte interpretiert werden. Es ist deshalb üblich und sinnvoll, das Koordinatensystem so zu legen, dass z. B. die z-Richtung in Richtung des Magnetfelds (von N nach S) zeigt. Dabei sagt man üblicherweise, der Spin befinde sich vor der Messung i. Allg. in einem Überlagerungszustand von $|\uparrow\rangle$ und $|\downarrow\rangle$. Nach der Messung sind die Atome entweder im Spinzustand $|\uparrow\rangle$ oder im Spinzustand $|\downarrow\rangle$ bezüglich der Magnetfeldrichtung bzw. der Messbasis. Damit entspräche eine Messung einer Ausrichtung der Spins und nicht der Feststellung einer objektiven Eigenschaft der Atome. Näheres dazu in Abschn. 13.3 (Messprozess).

Während man in der klassischen Physik davon ausgeht, dass die Objekte bzw. die Gegenstände feste, objektive Eigenschaften haben und eine Messung der Feststellung dieser Eigenschaften entspricht, zeichnet sich auf der mikroskopischen Ebene ein anderes Verhalten ab. Eine Messung gibt hier nur Auskunft über das Verhalten eines Quantenobjekts gegenüber einem Messapparat. Dabei beeinflussen bzw. verändern die Messgeräte während des Messprozesses die fragilen Quantenzustände.

Um dieses Verhalten zu überprüfen, betrachten wir eine Sequenz von nacheinander angeordneten Stern-Gerlach-Apparaten[15]. Setzt man hinter den ersten SG-Magneten einen zweiten mit gleicher Ausrichtung so, dass nur der obere Teilstrahl durch den zweiten Magneten läuft (z-z-Messung, s. Abb. 13.7), wird dies zu keiner weiteren Aufspaltung führen.

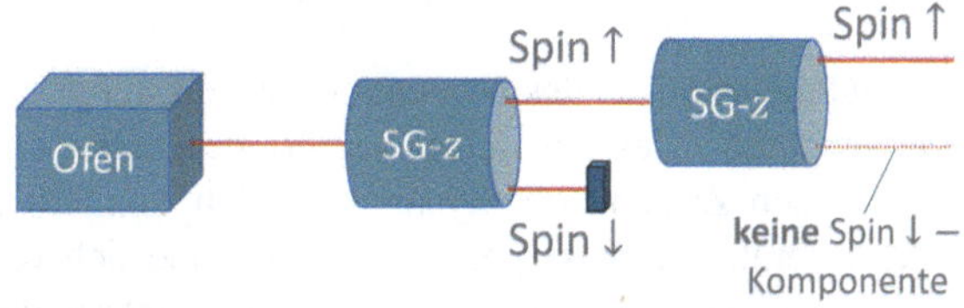

Abb. 13.7 z-z-Messung: Führen wir eine der beiden z-Spinkomponenten (Spin $\uparrow$) nach dem ersten Apparat direkt einer zweiten z-Messung zu, so tritt diese auch nach der erneuten Messung wieder unverändert aus

[15] Jun John Sakurai, Modern Quantum Mechanics 2020 [74].

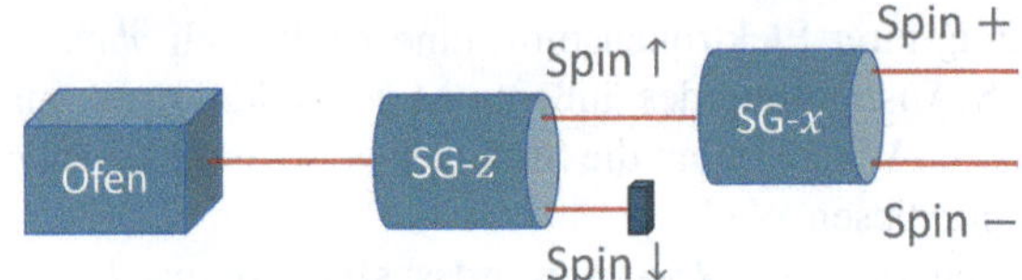

Abb. 13.8 z-x-Messung: Leitet man eine der beiden Spin-z-Komponenten (z. B. den Spin ↑) vom ersten Apparat zu einer zweiten, um 90° gedrehten SG-Apparatur, teilt sich der Strahl nun in x-Richtung auf

Dreht man den zweiten SG-Magneten hingegen um 90° (in x-Richtung), führt das Durchlaufen durch diesen wieder zu einer 50:50-Aufspaltung in N-S-Richtung des zweiten Magneten (z-x-Messung, s. Abb. 13.8).

Man erhält dann eine 50:50-Verteilung der Spinkomponenten in x-Richtung, die man „Spin +" und „Spin -" nennt. Diese Sequenzen kann man beliebig weiterführen: Immer scheint es so, als ob die magnetischen Momente durch den SG-Magneten ausgerichtet werden. Das Ergebnis hängt allerdings von der Anfangsorientierung des magnetischen Moments (vor der Messung) ab. Ist das magnetische Moment des Atoms vor der jeweiligen Messung bereits parallel oder antiparallel zu z ausgerichtet (Zustand $|\uparrow\rangle$ oder $|\downarrow\rangle$), verändert die Messung diesen Anfangszustand nicht.

Sind die magnetischen Momente vor der Messung hingegen senkrecht zur N-S-Richtung des Magneten gerichtet ($|\leftarrow\rangle$ oder $|\rightarrow\rangle$ bzw. $|+\rangle$ oder $|-\rangle$), werden sie mit einer Verteilungswahrscheinlichkeit von 50 zu 50 in die Zustände $|\uparrow\rangle$ bzw. $|\downarrow\rangle$ übergehen. Befindet sich das Atom vor der Messung aber in einem Zwischenzustand wie z. B. $|\nearrow\rangle$, dann ist die Wahrscheinlichkeit, nach dem Passieren des Magneten im Zustand $|\uparrow\rangle$ zu landen, größer, als in den Zustand $|\downarrow\rangle$ überzugehen.

Die Wahrscheinlichkeit, durch die Messung in einen bestimmten Endzustand zu gelangen, hängt offenbar von dem Anfangszustand ab. Deshalb ist es sinnvoll, den Zustand des Atoms vor der Messung durch die möglichen Messergebnisse und deren Gewichtung, mit der sie zum Ergebnis beitragen, auszudrücken. Dies legt folgende Schreibweise nahe:

$$|\psi\rangle = \alpha_1 \, |\uparrow\rangle + \alpha_2 \, |\downarrow\rangle \tag{13.3}$$

Dadurch wird der Quantenzustand des Systems durch die möglichen Messwerte bezüglich der verwendeten Messapparatur beschrieben. Der obige Ausdruck beschreibt damit nicht den Zustand des Systems an sich, sondern die Beziehung des Objekts zum Messgerät. Die Aussage, der Spin befände sich vor der Messung in einem Überlagerungszustand von $|\uparrow\rangle$ und $|\downarrow\rangle$, bedeutet konkret, dass der Zustand des Spins vor der Messung Anteile von beiden möglichen Messergebnissen enthält. Nach der Messung hingegen befinden sich die Atome in einem definierten Zustand, also entweder im Zustand $|\uparrow\rangle$ oder im Zustand $|\downarrow\rangle$ bezüglich der z-Richtung der Apparatur.

Die Koeffizienten α_1 und α_2 können komplexwertig sein, müssen aber in jedem Fall der Normierungsbedingung $\alpha_1^2 + \alpha_2^2 = 1$ genügen, da mit Sicherheit der eine $|\uparrow\rangle$ oder der andere Wert $|\downarrow\rangle$ gemessen wird.

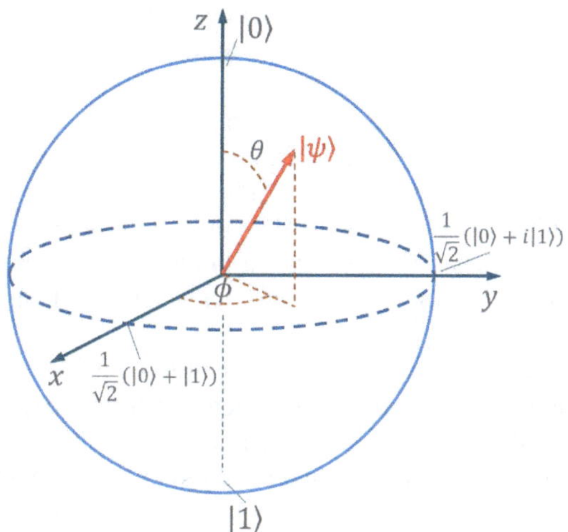

Abb. 13.9 Mithilfe der Bloch-Kugel lässt sich der Spinzustand eines Elektrons als Punkt auf der Kugel darstellen

Damit lassen sich die Spinzustände $|\psi\rangle$ als Punkte auf einer Kugel mit Radius 1 darstellen. Zeichnet man einen im Nullpunkt beginnenden Pfeil bis zum Zustandspunkt auf der Kugeloberfläche, erhält man eine bildliche Darstellung der räumlichen Orientierung des Spin-1/2-Vektors, analog zur klassischen Mechanik (s. Abb. 13.9)[16]. Diese Kugel ist nach dem österreichisch-schweizerischen und amerikanischen Physiker **Felix Bloch** (1905–1983) benannt, der 1952 den Nobelpreis für die Entdeckung der Kernspinresonanz erhielt. Diese bildet die Grundlage für die heute verwendete Magnetresonanztomografie und der NMR[17] -Spektroskopie.

Die x-y-Ebene entspricht der komplexen Zahlenebene, mit Realteil x und Imaginärteil y.

Auf dieser Kugel lässt sich ein allgemeiner Zustand $|\psi\rangle$ auch durch die beiden reellen Winkel θ und φ beschreiben. Beim Durchgang durch den SG-Magneten (Messung) springt der Zustand $|\psi\rangle$ irreversibel entweder in den Zustand $|0\rangle$ oder in den Zustand $|1\rangle$.

Welcher der beiden Zustände $|0\rangle$ oder $|1\rangle$ sich durch die Messung einstellt, lässt sich nicht mit Sicherheit vorhersagen. Die Wahrscheinlichkeit für das Eintreten des einen oder anderen Zustands hingegen lässt sich berechnen. Diese hängt von der z-Komponente des Zustandsvektors $|\psi\rangle$ ab. Ist der Winkel θ kleiner als 90°, ist das Messergebnis $|0\rangle$ wahrscheinlicher. Ist der Winkel θ hingegen größer als 90°, ist das Messergebnis $|1\rangle$ wahrscheinlicher. Liegt der Zustand in der x-y-Ebene, beträgt die Messwahrscheinlichkeit exakt 50 % für $|0\rangle$ und 50 % für $|1\rangle$. Befindet sich der Spin vor der Messung bereits im Zustand $|0\rangle$, ist das Messergebnis mit Sicherheit $|0\rangle$. Dasselbe gilt entsprechend für den Zustand $|1\rangle$.

Der Spin eines Elektrons beträgt $s = \frac{1}{2}$ (gemessen in Einheiten von $\hbar$), deshalb ergeben sich entsprechend den Regeln der Quantenmechanik im Magnetfeld

[16] Siehe dazu auch Abschn. 16.3 und https://learn.qiskit.org/course/ch-states/introduction

[17] **N**uclear **M**agnetic **R**esonance.

$2s + 1 = 2$ Einstellungsmöglichkeiten. Systeme mit dieser Eigenschaft nennt man allgemein **Zweizustandssysteme** oder **Qubits**. Die Beschreibung solcher Zustände mithilfe der Bloch-Kugel dient uns später auch zur Beschreibung der Zustände von Qubits (s. Teil IV, Abschn. 16.3).

Ganz ähnlich wie die Spin-$\frac{1}{2}$-Zustände verhalten sich die **Polarisationszustände** von Photonen. Lässt man Photonen (Licht) durch ein Polarisationsfilter hindurch, wird etwa die Hälfte der Photonen im Filter absorbiert und die andere Hälfte kommt durch. Die durchgelassenen Photonen besitzen danach alle dieselbe Polarisationsrichtung. Analog zu einem SG-Magneten dient ein Polfilter als Messgerät für die Polarisation[18].

Analog zu den Experimenten mit sukzessiven SG-Apparaturen kann man auch mit hintereinander angeordneten Polfiltern experimentieren. Stellen wir z. B. zwei Polfilter mit gleicher Ausrichtung hintereinander auf, so passieren fast alle Photonen, die durch das erste gekommen sind, auch ungehindert das zweite Polfilter. Dreht man hingegen das zweite Polfilter um 90° um die Strahlachse gegenüber dem ersten, kommt kein Licht mehr durch das zweite Filter hindurch (s. Abb. 13.10).

Setzen wir schließlich ein drittes Filter zwischen die beiden ersten, das um 45° gegenüber dem ersten verdreht ist, kommt hinter dem letzten Filter wieder Licht durch, das jetzt aber horizontal polarisiert ist. Die Intensität hat sich dabei allerdings um etwa einen Viertel reduziert.

Diese Experimente zeigen, dass auch ein Polfilter die Polarisation der Photonen aktiv beeinflusst. Das mittlere, um 45° gedrehte Polfilter dreht die Polarisation eines Teils der durch das erste Filter gelassenen Photonen in seine Durchlassrichtung, der andere Teil wird absorbiert. Bei einfachen Polfiltern sieht man nicht, was mit den absorbierten Photonen geschehen ist (Abb. 13.11).

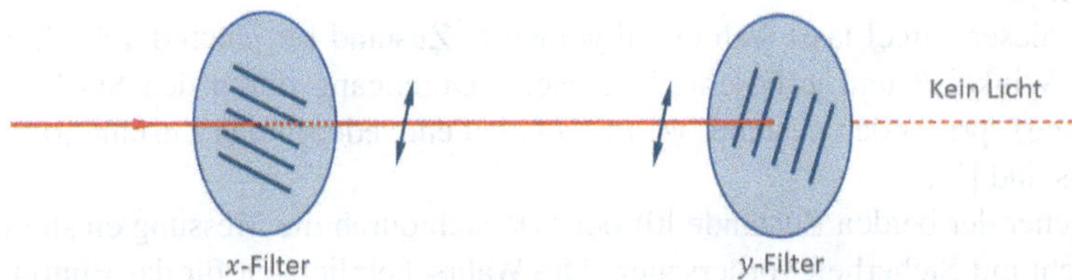

Abb. 13.10 Durch zwei senkrecht zueinander orientierte Polfilter kommt kein Licht mehr hindurch

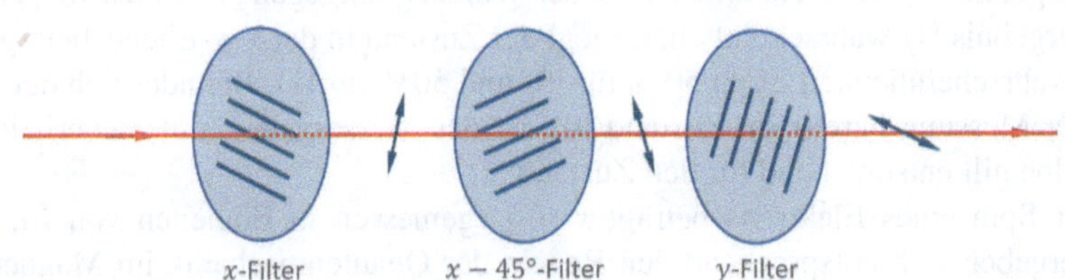

Abb. 13.11 Drei Polfilter hintereinander

[18] Mit der Bloch-Kugel lassen sich auch die Polarisationszustände des Lichts beschreiben. Historisch bedingt wird sie in diesem Zusammenhang auch als Poincaré-Kugel bezeichnet.

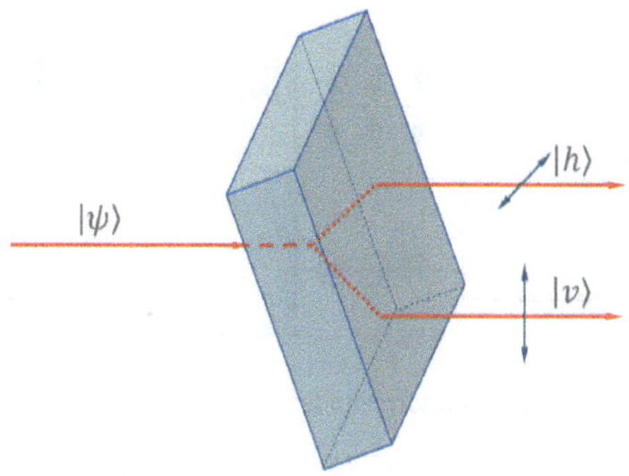

Abb. 13.12 Doppelbrechung an einem Kalzit- oder Beta-Barium-Borat-Kristall

Für analoge Experimente zu den SG-Versuchen verwendet man daher doppelbrechende Materialien. **Kalzitkristalle**[19] haben die Eigenschaft, dass sie einen polarisationsabhängigen Brechungsindex haben. Wird Licht in der richtigen Achse eingestrahlt, wird der Strahl in zwei Teilstrahlen aufgeteilt, die senkrecht zueinander polarisiert sind[20]. Die Abb. 13.12 zeigt den Vorgang schematisch:

Kristalle mit diesen Eigenschaften nennt man auch *polarisierende Strahlteiler*, abgekürzt **PBS** (***P**olarizing **B**eam **S**plitter*). Sie haben eine große Bedeutung in der Quantenoptik und Quanteninformatik. Dort verwendet man heute meistens Beta-Barium-Borat-Kristalle (**BBO**s). Eine Anordnung mit polarisierenden Strahlteilern stellt ein optisches Pendant zu einer Stern-Gerlach-Apparatur dar, die aber deutlich einfacher zu realisieren ist.

Nennen wir die beiden Kanäle, durch die die Photonen laufen können, H (für horizontal polarisiert) und V (für vertikal polarisiert). Ein Photon, das an der Eintrittsstelle nicht reflektiert wird, geht im Strahlteiler entweder durch den H-Kanal oder den V-Kanal. Ähnlich wie ein Silberatom, das in einer SG-Apparatur entweder den $|\uparrow\rangle$-Pfad oder den $|\downarrow\rangle$-Pfad einschlägt. Analog zu den sukzessiven SG-Apparaten lassen sich auch Strahlteiler hintereinander anordnen. Die Ergebnisse sind ganz analog (s. Abb. 13.13).

Setzen wir hinter jeden Kanal des ersten H/V-Strahlteilers jeweils wieder einen H/V-Strahlteiler, laufen Photonen, die durch den ersten Strahlteiler in den $|v\rangle$-Zustand versetzt wurden, mit Sicherheit im zweiten Strahlteiler auch wieder durch den V-Kanal. Entsprechend laufen Photonen, die durch den ersten Strahlteiler in den $|h\rangle$-Zustand versetzt wurden, mit Sicherheit im zweiten Strahlteiler auch wieder durch den H-Kanal (s. Abb. 13.13):

[19] Auch Kalkspat, Doppelspat oder Kalziumkarbonat ($Ca(CO_3)$).

[20] Dieser Effekt im Kalzitkristall wurde erstmals 1669 von Erasmus Bartholinus beschrieben, der feststellte, dass die Doppelbilder, die er durch den Kristall erkennen konnte, nicht durch das snelliussche Brechungsgesetz erklärt werden konnten.

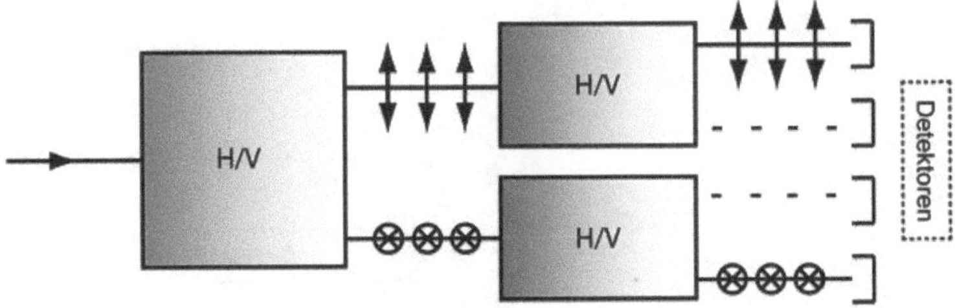

Abb. 13.13 Zwei H/V-Strahlteiler hintereinander

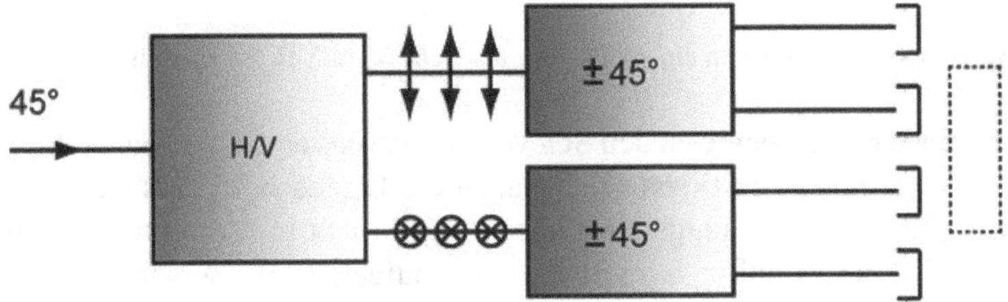

Abb. 13.14 Der zweite Strahlteiler ist um 45° gegenüber dem ersten gedreht

Wenn die beiden nachfolgenden Strahlteiler hingegen um 45° um die Strahlachsen gedreht wurden, sind alle vier Kanäle am Ende gleich bevölkert. Die Abb. 13.14 zeigt dieses Ergebnis:

Daraus können wir analog zu den SG-Versuchen den Schluss ziehen, dass die Wahl des Kanals einerseits zufällig erfolgt, die Wahrscheinlichkeit für den einen oder anderen Kanal aber vom Anfangszustand bzw. hier von der Anfangspolarisation abhängt. Je näher die anfängliche Polarisation bei $|v\rangle$ liegt, desto größer ist die Wahrscheinlichkeit, durch den V-Kanal zu laufen. Entsprechendes gilt für den H-Kanal.

Auch hier legt die Ausrichtung der Kristallachsen die Messbasis fest. Bezüglich dieser lässt sich, analog zu den SG-Versuchen, ein Polarisationszustand eines Photons durch die beiden möglichen Messergebnisse ausdrücken:

$$|\psi\rangle = \alpha\,|h\rangle + \beta\,|v\rangle \quad \text{oder allgemeiner} \quad |\psi\rangle = \alpha\,|0\rangle + \beta\,|1\rangle \tag{13.4}$$

Die nächste Abb. 13.15 veranschaulicht diese Situation. Dabei wurden die Zustände $|h\rangle$ und $|v\rangle$ wieder durch $|0\rangle$ und $|1\rangle$ ersetzt.

Der Pfeil stellt den Polarisationszustand eines Photons dar. Die beiden Basiszustände $|0\rangle$ und $|1\rangle$ entsprechen den beiden möglichen Messergebnissen. Die x- und die y-Achse bilden damit die Messbasis des Strahlteilers. Weil ein Photon mit Sicherheit entweder durch den H-Kanal oder den V-Kanal läuft, müssen die beiden Koordinaten des Zustandsvektors auch hier die Bedingung $\alpha^2 + \beta^2 = 1$ erfüllen.

Für $\alpha = \beta = \frac{1}{\sqrt{2}}$ müsste die Wahrscheinlichkeit – den Zustand $|0\rangle$ oder den Zustand $|1\rangle$ zu messen – jeweils $1/2$ sein. Daraus erkennen wir, dass α^2 bzw. β^2 jeweils die Wahrscheinlichkeit sein muss, den Zustand $|0\rangle$ bzw. $|1\rangle$ zu messen.

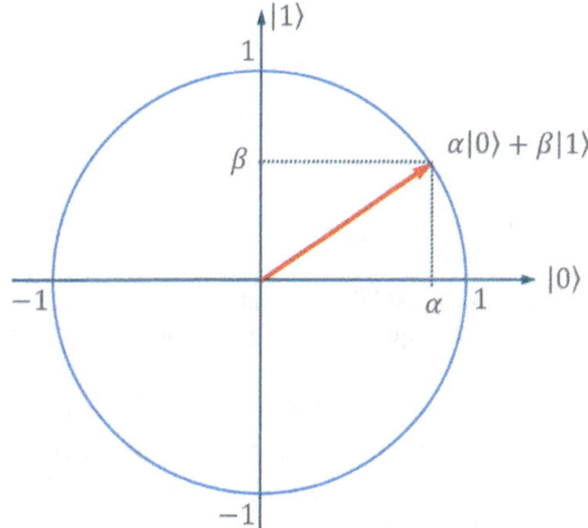

Abb. 13.15 Darstellung der Messwahrscheinlichkeit bei polarisierten Photonen

Berücksichtigt man, dass Photonen auch zirkular polarisiert sein können, ist eine zusätzliche Koordinatenachse erforderlich (imaginäre y-Achse). Damit lassen sich die Polarisationszustände von Photonen exakt gleich wie die Spin-$\frac{1}{2}$-Zustände mithilfe der Bloch-Kugel darstellen (vgl. Abb. 13.9).

Zur allgemeinen Darstellung von Zweizustandssystemen bzw. von Qubits wird meist die Bloch-Kugel verwendet. In vielen Fällen genügt aber auch die zweidimensionale Darstellung wie in Abb. 13.15.

Wie die beiden Darstellungen miteinander zusammenhängen, wird in den Abschn. 16.3 und 21.1 erklärt.

13.3 Der Messprozess

Photonen, Elektronen und andere Elementarteilchen können wir nicht direkt sehen und auch nicht mit unseren anderen Sinnen erfassen. Um die Eigenschaften dieser Objekte zu untersuchen, müssen diese in ein Messgerät gelangen. Dort laufen Wechselwirkungsprozesse ab, die im Messgerät eine Signatur hinterlassen und die wiederum vom Messgerät auf die Quantenobjekte zurückwirken. Diese Signatur deuten wir als Messwert und die Rückwirkung deuten wir als Änderung des Quantenzustands. Es ist leicht einzusehen, dass daran viele Prozesse beteiligt sein müssen, die deshalb eine Vorhersage eines Messergebnisses verunmöglichen. Genau hier kommt der Zufall ins Spiel. Gemäß den gängigen Vorstellungen wird die zeitliche Entwicklung der Quantenzustände durch die Schrödinger-Gleichung beschrieben. Diese zeitliche Entwicklung lässt sich vorausberechnen, indem man die Schrödinger-Gleichung löst. Bis hierher ist alles kausal und deterministisch und nichts ist dem Zufall überlassen. Dieser tritt erst beim Messprozess in Erscheinung.

Der Messprozess bildet damit die Schnittstelle zwischen der nicht direkt beobachtbaren Quantenwelt und unserer makroskopischen Realität. Unsere erfassbare Wirklichkeit **entsteht** exakt hier.

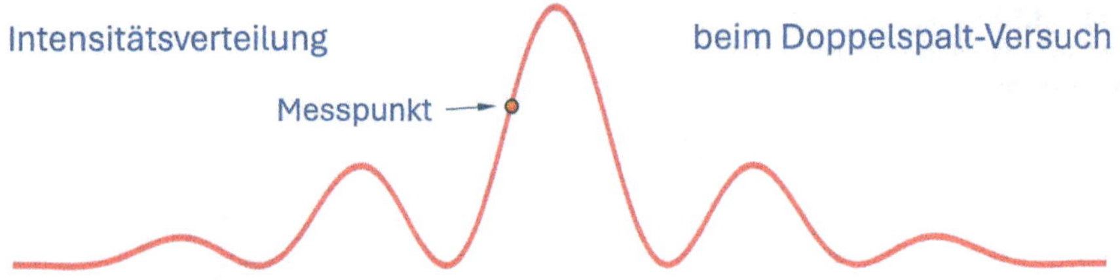

Abb. 13.16 Die Abbildung zeigt die Intensitätsverteilung der Elektronen hinter einem Doppelspalt bzw. das Betragsquadrat der Wellenfunktion eines Elektrons am Doppelspalt

Wie die Messanordnung die Wellenfunktion beeinflusst, kann man beim Doppelspaltexperiment direkt beobachten. Betrachten wir dazu noch einmal die Interferenz von einzelnen Photonen oder Elektronen. Die Abb. 13.16 zeigt die Intensitätsverteilung des Interferenzmusters.

Wie die Experimente mit Einzelphotonen zeigen (s. Abschn. 13.1), setzt sich das Interferenzmuster aus einzelnen Punkten zusammen. Diese Punkte werden meist als Auftreffpunkte der Elektronen bzw. der Photonen gedeutet. Deshalb kann das Interferenzmuster auch als Häufigkeits- bzw. Wahrscheinlichkeitsverteilung aufgefasst werden. Somit entspricht die Intensitätsverteilung in Abb. 13.16 dem Betragsquadrat $|\psi|^2$ der Wellenfunktion ψ.

Wie wir aus Abschn. 3.5 wissen, hängt das Interferenzmuster einerseits von der Wellenlänge λ (= Eigenschaft der Quantenobjekte) und andererseits von der Spaltgeometrie (= Eigenschaft des Messapparats) ab (s. Gl. 3.5 und 3.7). Deshalb kann man in der Wellenfunktion ψ nicht nur eine Beschreibung eines Quantenobjekts sehen, sondern, umfassender, eine Beschreibung von Quantenobjekt und Messapparat gemeinsam. In ähnlicher Weise verändert der Versuch, den Weg eines Quantenobjekts zu bestimmen, das Interferenzmuster von einem Doppelspalt- zu einem Einspaltmuster (s. Abschn. 13.1).

Mit dieser Betrachtungsweise umgeht man das Problem des Welle-Teilchen-Dualismus. Das eigentlich Unverständliche geschieht am Detektionsschirm. Die Wellenfunktion hinterlässt dort – weder beim Einzelspalt, noch beim Doppelspalt ein kontinuierliches Interferenzmuster, sondern ein Punktmuster. Wie es zu diesem Punktmuster kommt, wenn die Punkte nicht durch Teilchen verursacht sein sollen, ist noch weitgehend ungeklärt. Behelfsmäßig hat man für dieses Phänomen den Begriff **Kollaps der Wellenfunktion** eingeführt. Demnach soll die Wellenfunktion bei einem Messprozess irreversibel auf einen Punkt zusammenschrumpfen. Eine überzeugende Erklärung ist das allerdings nicht.

Ganz ähnlich liegen die Verhältnisse beim Elektron im Potenzialtopf (Abschn. 10.1 in Teil II). Die folgende Abb. 13.17 zeigt links das Betragsquadrat der Elektronenwellenfunktion zu einem Zeitpunkt, noch bevor eine Messung stattgefunden hat. Die Abbildung rechts verdeutlicht, was bei einem Messprozess geschieht. Die anfänglich über den Kasten verteilte Wellenfunktion schrumpft auf einen Punkt zusammen. Hier ist man zunächst versucht, diesen Punkt als Ort des Elektrons zum Zeitpunkt der

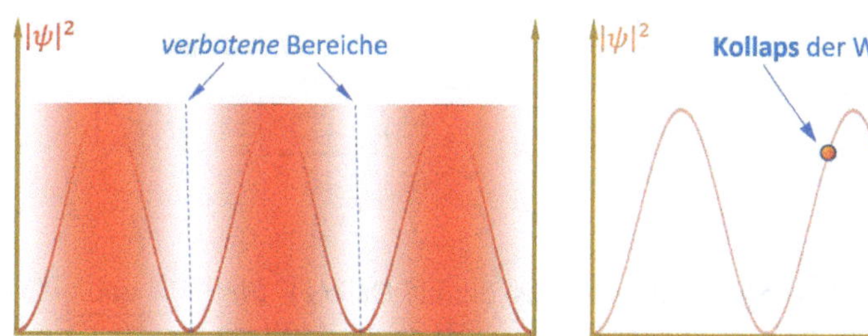

Abb. 13.17 Elektron im eindimensionalen Potenzialkasten vor und nach einer Messung

Messung aufzufassen. Weshalb diese Vorstellung problematisch ist, zeigt wiederum die linke Abbildung[21].

Das Quadrat der Wellenfunktion, welches die Messwahrscheinlichkeit angibt, hat Nullstellen, an denen das Elektron nie detektiert wird. Gingen wir davon aus, dass sich das Elektron vor der Messung als Teilchen in dem Kasten bewegt, müsste man auch erklären, wie es über diese Nullstellen (wo es ja nie sein dürfte) hinwegkommt. Es ist daher ungünstig zu sagen, dass das Betragsquadrat der Wellenfunktion der Aufenthaltswahrscheinlichkeit des Elektrons entspräche. Das hieße, dass das Elektron bereits vor der Messung zu jeder Zeit einen möglichen Ort hätte, der uns nur nicht bekannt ist. Das wiederum verbietet uns die Orts-Impuls-UBR. Vor der Messung hat das Elektron die Eigenschaft „Ort" nicht, oder zumindest nicht genau.

Eine Messung führt nun aber zweifellos an einer bestimmten Stelle zu einem punktförmigen Reflex. Dieser Wert entsteht aber erst bei der Messung im Messgerät. Und man kann sich fragen, ob diese Eigenschaft des Ortes eher eine Eigenschaft des Elektrons oder des Messapparats oder vielleicht sogar eine Eigenschaft des **Systems Elektron-Messapparat** ist.

Typisch an dieser Situation bleibt die Tatsache, dass die Wellenfunktion bzw. ihr Betragsquadrat die Messwahrscheinlichkeit beschreibt. Dabei kann sie aber keinerlei Voraussagen darüber machen, welcher Wert tatsächlich gemessen wird. Das Ergebnis einer Messung ist und bleibt rein zufällig und ist nicht im Voraus bestimmbar. Dieses Element der Unbestimmtheit und des Zufalls ist in der Quantenmechanik neu und in der klassischen Mechanik unbekannt.

Mit polarisierenden Strahlteilern lassen sich auch *Welcher-Weg*-Experimente durchführen, analog zu den Experimenten am Doppelspalt, wie sie in Abschn. 13.1 beschrieben wurden. Das Beispiel stammt aus dem (lesenswerten) Buch von Alastair Rae[22]. Betrachten wir dazu die Abb. 13.18.

Anstelle der beiden nachfolgenden $\pm 45°$-Strahlteiler setzen wir einen zweiten H/V-Strahlteiler in umgekehrter Richtung ein. Was erwarten Sie, welches Ergebnis

[21] Auf dem YouTube-Kanal von ViaScience findet man eine Animation des Doppelspaltexperiments sowie auch das Beispiel eines Elektrons in einem zweidimensionalen Potenzialkasten. (Quantummechanics 5b, Schrödinger Equation II). Dort kann man auch die zeitliche Entwicklung des Betragsquadrats der Wellenfunktion beobachten.

[22] Alastair Rae, Quantum Physics Illusion or Reality, Cambridge University Press, 2004 [75].

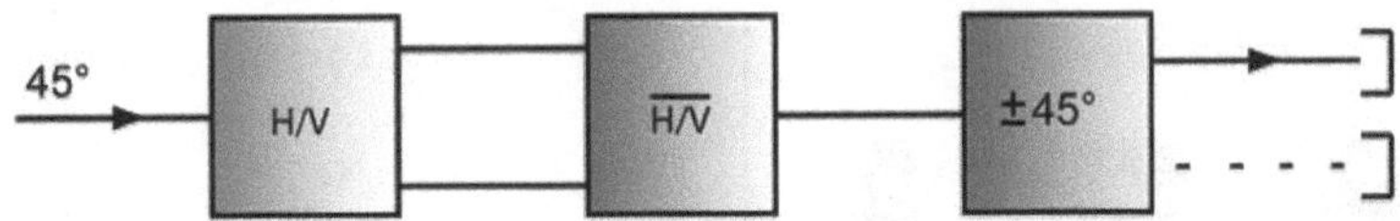

Abb. 13.18 Hier lässt sich der Messprozess umkehren

am Ausgang dieses $\overline{H/V}$-Strahlteilers herauskommt? Da H/V für +45° und −45° jeweils zu 50 % h und zu 50 % v liefern sollte, müssten am Ausgang von $\overline{H/V}$ doch ±45°-Photonen im Verhältnis 50 : 50 zu erwarten sein. Erstaunlicherweise kommen aber am Ausgang des dritten ±45°-Detektors nur Photonen im Zustand $|+\rangle$ und keine im Zustand $|-\rangle$ heraus (Abb. 13.18). Wie ist das zu erklären?

Solange keine Messung zwischen H/V und $\overline{H/V}$ stattfindet, weiß man eben nicht, ob ein Photon durch den Kanal H oder den Kanal V gelaufen ist. Ohne Messung wird der Zustand der einlaufenden $|+\rangle$-Photonen nicht verändert. Unterbricht man jedoch einen der beiden Kanäle H, oder V zwischen H/V und $\overline{H/V}$, kommen nach dem dritten ±45°-Detektor tatsächlich Photonen von +45° *und* − 45°-Polarisation im Verhältnis 50 : 50 heraus. Das ist doch recht erstaunlich!

Wie beim quantenmechanischen Doppelspaltversuch scheinen sich auch hier die Weginformation und die Erhaltung des Zustands $|+\rangle$ gegenseitig auszuschließen. Deshalb wird dieses Experiment oft auch als weiterer Beleg für das Komplementaritätsprinzip der Kopenhagener Deutung gesehen, gemäß welcher es in der Quantentheorie mehrere Paare von Größen geben soll, die komplementär zueinander sind. Hier ist der Grund für das unerwartete Verhalten ein anderer.

Wird nämlich an einem System keine Messung durchgeführt und wirken auch sonst keine äußeren Einflüsse auf das System ein, bleibt sein Zustand erhalten bzw. er entwickelt sich zeitlich entsprechend der Schrödinger-Gleichung. Eine Messung unterbricht diese zeitlich deterministische Entwicklung irreversibel und unvorhersehbar. Hier liegt der quantenmechanische Zufall begründet. Was sich bei einer quantenmechanischen Messung genau abspielt, ist bis heute noch weitgehend unbekannt. Genau darin besteht das Messproblem.

In unserem Beispiel von Abb. 13.18 stellt das Durchlaufen des H/V-Strahlteilers und von seinem inversen Pendant $\overline{H/V}$ jeweils keine Messung dar, sondern lediglich eine Manipulation des Polarisationszustands. Solche Operationen, wie man sie auch nennt, sind umkehrbar. In der Quanteninformatik werden solche Operationen Gates (Gatter) genannt. Sie dienen der Manipulation von Qubits. Der H/V-Strahlteiler entspricht dem Hadamard-Gate H (s. Abschn. 17.1) und $\overline{H/V}$ seinem Inversen H^{-1}. Solche Gates haben generell die Eigenschaft, umkehrbar zu sein. So gilt z. B. $HH^{-1} = 1$. Genauso führen die beiden Operationen $(H/V)(\overline{H/V})$, nacheinander ausgeführt, wieder zum ursprünglichen Zustand.[23]

[23] Polarisations- und andere Quantenzustände haben nicht nur eine Richtung, sondern auch eine Phase, die hier für das Ergebnis entscheidend ist. Näheres dazu erfahren Sie im Abschn. 21.1.

14 Verschränkung

Zusammenfassung

Die dritte grundlegende Eigenschaft von Quantenobjekten, neben der Superposition und der Unbestimmtheit, ist die Verschränkung (engl. quantum entanglement). Quantenobjekte können über große Distanzen miteinander verbunden bleiben. Diese Verbindung hat eine mysteriös anmutende Konsequenz: Betrachten wir zwei miteinander verschränkte Objekte, dann hat eine Messung an einem der beiden ohne zeitliche Verzögerung eine Auswirkung auf den Zustand des anderen Objekts, selbst dann, wenn das andere Objekt sehr weit vom ersten entfernt ist. Hier zeigt die Quantenwelt einen nichtlokalen Aspekt, den wir aus der klassischen Physik nicht kennen. Das Phänomen ist noch weitgehend unverstanden, bildet aber eine zentrale Grundlage für Quantencomputer.

14.1 Das EPR-Gedankenexperiment

Nach der fünften Solvay-Konferenz 1927 mit dem Thema *Elektronen und Photonen*, an der die neue Quantentheorie von den führenden Wissenschaftlern auf dem Gebiet diskutiert wurde, entwickelte sich eine intensive Debatte über die Interpretation der Quantentheorie. Insbesondere zwischen Albert Einstein und Niels Bohr wurde diese Debatte auch teilweise öffentlich ausgetragen und ist heute als *Bohr-Einstein-Debatte* bekannt. Carsten Held hat ein ganzes Buch darüber geschrieben[1].

Das Lager um Einstein bemängelte vor allem den probabilistischen Charakter der Quantentheorie sowie die Rolle des Zufalls. Sie sahen daher den damaligen Stand der Erkenntnis eher als eine Übergangslösung auf dem Weg zu einer umfassenderen und vollständigeren Theorie. Die Anhänger von Bohr glaubten hingegen, dass wir einfach nicht mehr über die Natur aussagen können, als die Theorie herzugeben in der Lage war.

[1] Carsten Held, Die Bohr-Einstein-Debatte, Quantenmechanik und physikalische Wirklichkeit, 1999 [76].

H. M. Rubin, *Vom Doppelspalt zum Quantencomputer*,
https://doi.org/10.1007/978-3-662-71207-8_14

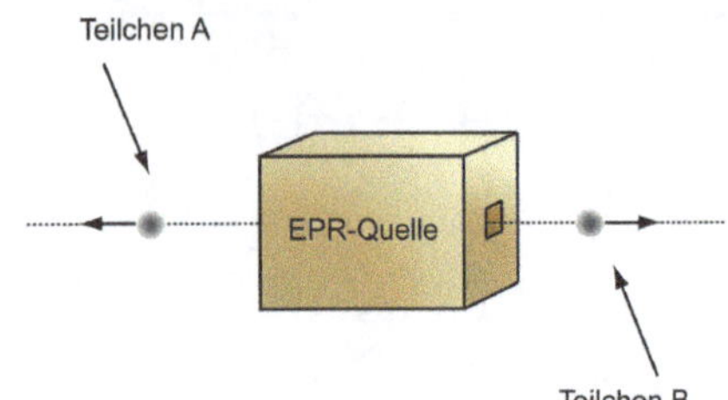

Abb. 14.1 EPR-Gedankenexperiment: Ein Apparat sendet zwei Teilchen in entgegengesetzte Richtungen aus. Aufgrund der Impulserhaltung muss der Gesamtimpuls *null* sein

Den Höhepunkt und gleichzeitig auch ihr Ende erreichte die Debatte im Jahr 1935, mit der Veröffentlichung einer Arbeit von Albert **Einstein**, Nathan **Rosen** und Boris **Podolsky** mit dem deutschen Titel *Kann die quantenmechanische Beschreibung der physikalischen Realität als vollständig betrachtet werden?*[2]. Darin glaubten sie, mithilfe eines Gedankenexperiments die Unvollständigkeit der Quantentheorie belegen zu können[3].

Sie betrachteten dazu einen Prozess, bei dem gleichzeitig von einem Apparat zwei Teilchen A und B in entgegengesetzter Richtung ausgesendet werden. Die Situation ist in Abb. 14.1 abgebildet.

Nun werden am Teilchen A Messungen von zwei unterschiedlichen Größen, wie z. B. P und Q, durchgeführt. Dies führt einerseits gemäß geltender Theorie zu einem Kollaps der Gesamtwellenfunktion der beiden Teilchen und andererseits zu zwei unterschiedlichen Wellenfunktionen für das zweite Teilchen B, dessen Zustand sie durch die Messung an Teilchen A nicht verändert glaubten, weil sie davon ausgingen, dass eine Messung an Teilchen A den Zustand von Teilchen B nicht beeinflussen kann, zumindest dann nicht, wenn dieses weit genug von Teilchen A entfernt ist. Damit würde die Quantentheorie zwei unterschiedliche Zustandsfunktionen für einen definierten Zustand liefern. Aus diesem Widerspruch ergibt sich für die EPR-Autoren durch grundsätzlich logisch korrekte Schlüsse die Unvollständigkeit der Quantentheorie.

Etwas anschaulicher kann man den Grundgedanken von EPR an folgendem Beispiel verdeutlichen. Entstehen die beiden Teilchen A und B z. B. durch einen Zerfall eines in Ruhe befindlichen Moleküls, so müssen die beiden Teilchen aufgrund der Impulserhaltung denselben Impuls haben, d. h., es muss gelten:

$$\vec{p}_A = -\vec{p}_B \quad \text{bzw.} \quad m_A \cdot \vec{v}_A = -m_B \cdot \vec{v}_B \tag{14.1}$$

Gemäß der heisenbergschen Unschärferelation sind Ort $\vec{x}$ und Impuls $\vec{p}$ nicht gleichzeitig exakt bestimmt. Nun könnte man doch am Teilchen A den Impuls genau messen, ohne den Ort dieses Teilchens zu bestimmen. Aufgrund der Impulserhaltung wäre dann auch der Impuls von Teilchen B bestimmt. Führt man nun an Teilchen B eine genaue Ortsmessung durch, ohne den Impuls zu messen, wäre auch dieser

[2] A. Einstein, B. Podolsky und N. Rosen, Can Quantum-Mechanical Description of Physical Reality Be Considered Complete?, Physical Review, 1935 [77].

[3] Siehe auch: Claus Kiefer, *Albert Einstein, Boris Podolsky, Nathan Rosen,* 2015 [78].

Ort scharf bestimmt. Durch dieses Vorgehen müssten sich also sowohl Ort als auch Impuls von Teilchen B genau bestimmen lassen, was aber im Widerspruch zur heisenbergschen Unschärferelation stünde. Aufgrund des gesunden Menschenverstands wären damit die Unvollständigkeit der Quantentheorie und damit die nichtabsolute Gültigkeit der Unbestimmtheitsrelationen erwiesen gewesen.

Noch im selben Jahr 1935 (und unter demselben Titel wie der EPR-Aufsatz) kam die Antwort Bohrs[4]. Darin attackierte er vor allem das Realitätskriterium, das EPR ihrer Argumentation zugrunde legten. Es soll hier nicht näher auf diese Arbeit eingegangen werden, zumal der Aufsatz als schwer verständlich gilt. Dies kam u. a. auch dadurch zum Ausdruck, dass im Original Seiten vertauscht wurden, was aber niemand bemerkte. Auch die später korrigierte Version war nicht wesentlich verständlicher. Jedenfalls fand die Diskussion mit diesen Arbeiten 1935 ein vorläufiges Ende, da es damals noch keine Möglichkeit gab, die Gedankenexperimente real im Labor zu überprüfen.

Aus heutiger Sicht liegt den Argumenten von EPR der *lokale Realismus* zugrunde. *Lokal* besagt, dass ein Ereignis an einem bestimmten Ort A keinen instantanen, kausalen Einfluss auf einen Körper an einem weit entfernten Ort B haben kann. Gemäß der speziellen Relativitätstheorie kann sich eine Wirkung innerhalb eines Zeitabschnitts Δt nur innerhalb eines Abstands $r = c\Delta t$ auswirken. Unter *Realismus* versteht man in diesem Zusammenhang, dass die Eigenschaften von Objekten auch dann einen definierten Wert haben, wenn keine Messungen vorgenommen werden. Messwerte werden damit als reale Eigenschaften der Gegenstände aufgefasst.

Völlig entgegen dieser Auffassung und wider den *gesunden* Menschenverstand tritt hier eine neue Eigenschaft der Natur in Erscheinung. Die beiden oben beschriebenen Teilchen A und B bleiben in einem gemeinsamen Zustand, auch wenn sie weit voneinander entfernt sind, sofern keine störenden Einflüsse auftreten. Sie werden immer durch eine gemeinsame Zustandsfunktion beschrieben. Eine Messung am Teilchen A wirkt sich augenblicklich auch auf das Teilchen B aus. Eine Impulsmessung am Teilchen A liefert zwar einen unvorhersehbaren Wert. Aber aufgrund der Impulserhaltung kann eine Impulsmessung an Teilchen B keinen zufälligen Wert mehr liefern. Der Messwert an B ist durch die Messung an A festgelegt. Dadurch ist aber die Ortsunschärfe bei beiden Teilchen wieder gleich groß und die Orts-Impuls-Unschärfe für beide Teilchen erfüllt[5].

Zur Veranschaulichung der Verschränkung kann man sich z. B. zwei Würfel vorstellen, die bei jedem Wurf aus irgendeinem Grund z. B. zusammen immer die Augensumme *sieben* ergeben müssen. Dies unabhängig davon, ob sie beide von einer Person geworfen werden oder jeder Würfel von einer anderen Person geworfen wird. Dabei können die Würfel auch beliebig weit voneinander entfernt sein, sie bleiben immer durch die o. g. Bedingung, wie durch ein *unsichtbares Band*, miteinander verbunden (siehe Abb. 14.2).

---

[4] N. Bohr, Can Quantum-Mechanical Description of Physical Reality Be Considered Complete?, Physical Review 1935 [79].

[5] Siehe dazu auch das Buch Claus Kiefer, *Albert Einstein, Boris Podolsky, Nathan Rosen*, 2015 [78].

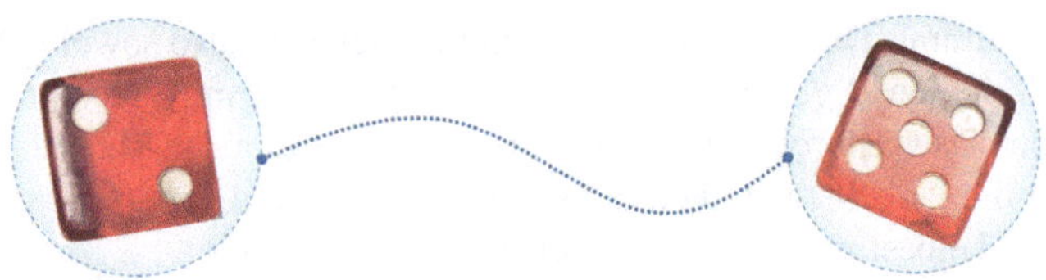

Abb. 14.2 Verschränkte Würfel

Angenommen, die Person A würfelt eine Zwei, dann wird Person B zwingend eine Fünf würfeln. Würfelt umgekehrt die Person B zuerst eine Fünf, dann wird Person A zwingend eine Zwei würfeln. Sowohl Person A als auch Person B werden ihre Ergebnisse als rein zufällig betrachten. Erst wenn sie nach einer gewissen Zeit ihre Ergebnisse vergleichen, stellen sie fest, dass die Augensumme immer sieben betragen hat.

Ein analoges Beispiel wären z. B. auch zwei gleiche Münzen, die gleichzeitig geworfen werden. Immer wenn die eine Münze *Kopf* zeigt, ist bei der anderen Münze *Zahl* zu sehen, und umgekehrt.

Auf makroskopischer Ebene beobachtet man solche Phänomene allerdings nicht. Das scheint es nur auf mikroskopischer Skala zu geben. Wie das Phänomen dort zustande kommt, wissen wir nicht. Wie verschränkte Zustände hingegen formal zu beschreiben sind und wie sie realisiert werden können, wissen wir und das erfahren Sie im nächsten Kapitel.

14.2 Verschränkte Zustände

Eine konzeptionell klarere und mathematisch einfacher zu beschreibende Version des EPR-Gedankenexperiments wurde 1951 von David Bohm in seinem Lehrbuch zur Quantenmechanik[6] vorgestellt. Diese betrachtet den Spin von Teilchen. Dabei wird ein Molekül betrachtet, das aus zwei Atomen besteht. Der Ausgangszustand dieses Moleküls soll den Spin 0 haben. Durch einen Dissoziationsprozess zerfällt dieses Molekül in seine beiden Atome, die sich anschließend in diametral entgegengesetzter Richtung voneinander weg bewegen. Aufgrund der Spinerhaltung müssen sich die beiden Atome aber immer noch in einem Zustand mit Spin 0 befinden. Dabei besitzt aber jedes der beiden Atome den Spin $\hbar/2$.

Als Realisierung dieser Situation können wir uns ein Experiment mit zwei Stern-Gerlach-Apparaturen vorstellen, wie es die Abb. 14.3 zeigt:

Im klassischen Stern-Gerlach-Experiment (s. Abschn. 13.2) wurden Silberatome aus einem Ofen emittiert. Hier wird dieser Ofen durch eine **EPR**-Quelle ersetzt, in der die beiden Atome, z. B. durch Bestrahlung mit einem energiereichen Laser, durch anschließende Dissoziation eines Moleküls entstehen. Vorausgesetzt, man kann die Spins der beiden Atome einzeln messen, stellt man Folgendes fest (s. Abb. 14.3):

[6] David Bohm, Quantum Theory, 1952 [80] und auch [81].

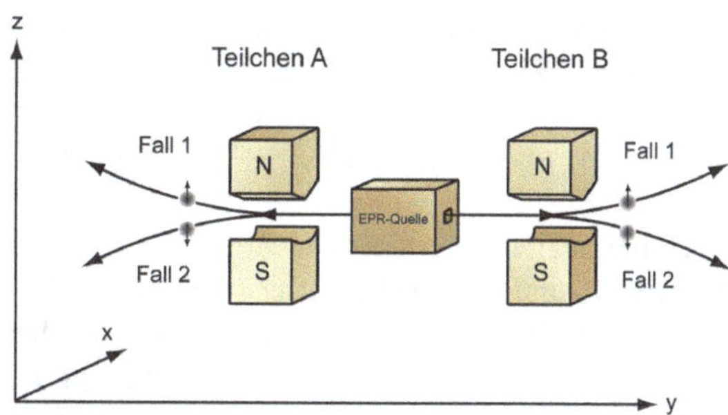

Abb. 14.3 Doppelte Stern-Gerlach-Apparatur mit einer EPR-Quelle

- **Fall 1:** Wird das Teilchen A nach oben abgelenkt, so beträgt sein Spin $+1/2\hbar\,(up)$. Aufgrund der Drehimpulserhaltung wird das Teilchen B nach unten abgelenkt, weil sein Spin $-1/2\hbar\,(down)$ beträgt.
- **Fall 2:** Wird das Teilchen A hingegen nach unten abgelenkt, so ist sein Spinzustand *down*. Aufgrund der Drehimpulserhaltung muss das Teilchen B nach oben abgelenkt werden, weil sein Spin dann *up* betragen muss.

Obwohl das Messergebnis an Teilchen A grundsätzlich zufällig ist, wird dadurch das Messergebnis an Teilchen B festgelegt. Das Umgekehrte gilt auch. Das Messergebnis an Teilchen A ist durch die Messung an B ebenfalls festgelegt. In beiden möglichen Fällen **korrelieren** die beiden Ergebnisse streng miteinander. Den Zustand eines derart verschränkten Elektronenpaars kann man bildhaft folgendermaßen darstellen (Abb. 14.4).

Ob beim linken Elektron der Spin $(\uparrow)$ oder $(\downarrow)$ gemessen wird, ist rein zufällig. Sicher ist nur, dass dann beim rechten Elektron der entgegengesetzte Spin gemessen wird. Dies gilt, wie gesagt, unabhängig davon, wie weit die beiden Elektronen voneinander entfernt sind.

Zur formalen Beschreibung der Zustände verwenden wir die diracschen Ket-Klammern[7] und setzen anstelle von $|\uparrow\rangle$ den Ausdruck $|1\rangle$ und anstelle von $|\downarrow\rangle$ den Ausdruck $|0\rangle$.

Die Zustände der beiden Teilchen A und B sind auch hier vor der Messung i. Allg. unbekannt bzw. unbestimmt. Sie können aber bezüglich der z-Richtung des Magneten als Superposition der beiden Messwerte $|0\rangle$ und $|1\rangle$ dargestellt werden.

$$|\psi_A\rangle = \alpha_1\,|0\rangle + \alpha_2\,|1\rangle \quad \text{und} \quad |\psi_B\rangle = \beta_1\,|0\rangle + \beta_2\,|1\rangle \tag{14.2}$$

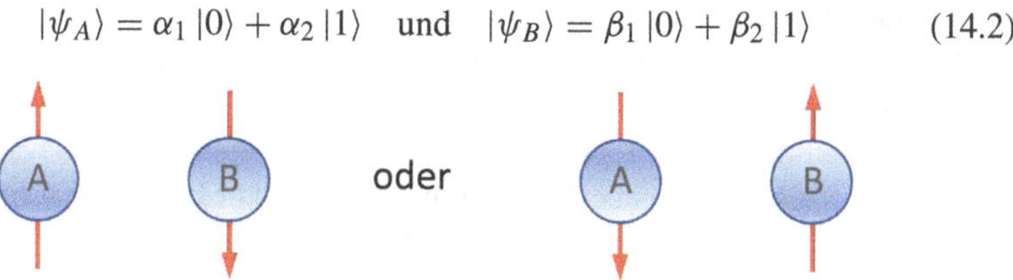

Abb. 14.4 Zustand eines verschränkten Elektronenpaars

[7] Diese diracsche Klammerschreibweise wird in Abschn. 21.4 näher erklärt.

Für dieses kombinierte System wären i. Allg. vier Ergebnisse möglich, die durch die folgende Zustandsfunktion beschrieben werden können.

$$|\psi_{AB}\rangle = |\psi_A\rangle\,|\psi_B\rangle = \gamma_1\,|11\rangle + \gamma_2\,|10\rangle + \gamma_3\,|01\rangle + \gamma_4\,|00\rangle \tag{14.3}$$

Dabei bezieht sich die erste Ziffer (links) im gemeinsamen Ket-Vektor auf das Teilchen A und die zweite Ziffer (rechts) auf das Teilchen B. Das Betragsquadrat $\gamma_i^*\gamma_i$ soll auch hier die Wahrscheinlichkeit angeben, das i-te Ergebnis zu erzielen.

In unserem **EPR**-Experiment sind aber aufgrund der vorgegebenen Korrelationen nicht alle vier Ergebnisse möglich: $|11\rangle$ und $|00\rangle$ fallen wegen der Drehimpulserhaltung weg. Übrig bleibt:

$$\left|\psi'_{AB}\right\rangle = \gamma_2\,|10\rangle + \gamma_3\,|01\rangle \tag{14.4}$$

Das verschränkende Element ist hier also die Drehimpulserhaltung.

Wenn beide Ergebnisse $|01\rangle$ und $|10\rangle$ gleich wahrscheinlich sind, muss für die Koeffizienten $\gamma_2 = \pm\gamma_3 = \frac{1}{\sqrt{2}}$ gelten. Deshalb sind für die beiden Elektronen grundsätzlich zwei Zustände möglich:

$$\left|\Psi^+\right\rangle = \frac{1}{\sqrt{2}}\,|01\rangle + \frac{1}{\sqrt{2}}\,|10\rangle \quad \text{und} \quad \left|\Psi^-\right\rangle = \frac{1}{\sqrt{2}}\,|01\rangle - \frac{1}{\sqrt{2}}\,|10\rangle \tag{14.5}$$

Dies sind zwei von vier möglichen **Bell**-Zuständen, auf deren Bedeutung wir im Abschn. 17.3 von Teil IV zurückkommen werden.

Bei den Bell-Zuständen handelt es sich um **maximal verschränkte** Zustände. Die Messergebnisse sind streng korreliert, und diese Korrelation bleibt über beliebig große Distanzen der beiden Atome erhalten, sofern keine Wechselwirkung mit der Umwelt erfolgt.

Ähnliche Experimente lassen sich auch mit polarisierten Photonen durchführen. Dabei sind ihre Polarisationszustände miteinander verschränkt. Unter bestimmten Umständen können Atome in kurzen Abständen zwei Photonen in unterschiedliche Richtungen emittieren[8], deren Polarisationsrichtungen senkrecht zueinander stehen. An einem solchen Photonenpaar lassen sich dann mit zwei polarisierenden Strahlteilern (PBS), mit vergleichsweise geringem Aufwand, EPR-Experimente durchführen.

Die folgende Abbildung zeigt eine schematische Darstellung einer solchen Apparatur (Abb. 14.5):

Wiederum lässt sich nicht vorhersagen, welchen Wert (h oder v) z. B. der Detektor **L** bei einer Messung liefern wird. Misst er aber den Wert h, so wird am Detektor **R** mit Gewissheit der Wert v registriert.

Durchläuft also eines der beiden Photonen im Detektor **L** den Kanal H, so läuft das andere im Detektor **R** mit Sicherheit durch den Kanal V. Es scheint so, als *wüssten* die beiden Photonen, in welchem Kanal das jeweils andere Photon im anderen Detektor registriert wurde.

[8] Siehe: Spontane parametrische Fluoreszenz (SPDC) oder Down Conversion (DC).

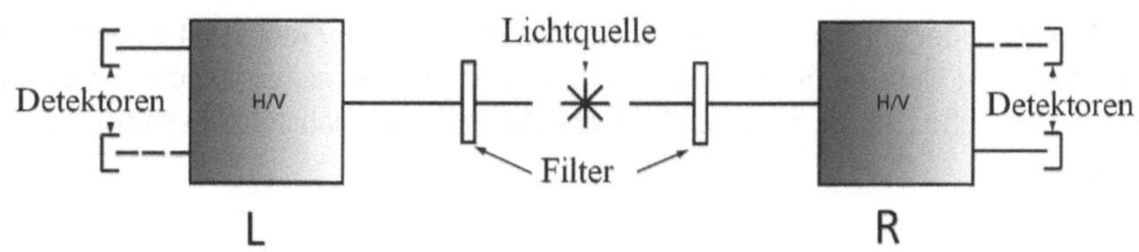

Abb. 14.5 Die Apparatur erzeugt und detektiert Photonenpaare, deren Polarisationsrichtungen senkrecht zueinander stehen

Interessant und auch irgendwie mysteriös ist nun die folgende Beobachtung: Bezüglich der EPR-Quelle können sowohl die beiden SG-Magnete bei Elektronenspinversuchen als auch die beiden Strahlteiler bei Experimenten mit polarisierten Photonen gemeinsam um einen beliebigen Winkel im Raum um die Strahlachse gedreht werden. Alternativ kann auch die EPR-Quelle um die Strahlachse verdreht werden. Das Ergebnis bleibt immer dasselbe: Wird im linken Detektor an Teilchen A der Zustand $|1\rangle$ gemessen, so ist dadurch im selben Augenblick der Zustand von Teilchen B auf $|0\rangle$ festgelegt. Das Umgekehrte gilt genauso. Es spielt auch keine Rolle, welches der beiden Teilchen, A oder B, zuerst gemessen wird.

Eine Beobachterin bei A (Alice) merkt nichts von dieser merkwürdigen Verbindung der Teilchen. Für sie sind die Messresultate absolut zufällig. Dasselbe gilt für einen Beobachter bei B (Bob). Auch für ihn scheinen die Resultate zufällig zu sein. Erst wenn die beiden Beobachter zusammenkommen und ihre Messwerte miteinander vergleichen, merken sie, dass die Ergebnisse streng korreliert sind. Immer wenn bei A der Zustand $|1\rangle$ gemessen wurde, erschien bei B der Zustand $|0\rangle$ und umgekehrt.

Die Teilchen A und B müssen auf irgendeine Weise miteinander verbunden sein. Das ist das Wesen der Verschränkung. Aus lokal-realistischer Sicht könnte das nur auf zwei Arten geschehen: Entweder die Teilchen oder die Messapparate informieren sich jeweils gegenseitig über den aktuellen Messwert oder bei der Einstellung der Apparatur wird den Teilchen ihr zukünftiges Messverhalten irgendwie eingeprägt oder einprogrammiert. In diesem Fall wären es versteckte Parameter, die das Verhalten der Teilchen bestimmen.

Die Kommunikation, zumindest auf herkömmliche Weise, kann ausgeschlossen werden, denn heute kann man die Experimente so gestalten, dass die Richtung der Detektoren erst nach dem Aussenden der Teilchen aus der EPR-Quelle eingestellt wird, und man kann ihre Distanz auch so groß wählen, dass es nicht mehr möglich ist, ein Signal innerhalb der Messzeit mit Lichtgeschwindigkeit von A nach B, oder umgekehrt, zu schicken.

Auch die Annahme, dass den Teilchen versteckte Parameter aufgeprägt werden, wird heute ausgeschlossen. Für die entscheidenden Experimente dazu erhielten der Amerikaner John F. Clauser, der Franzose Alain Aspect und der Österreicher Anton Zeilinger 2022 den Nobelpreis für Physik.

Zuvor hatte der nordirische Physiker John Stewart **Bell** im Jahr 1964 ein Kriterium formuliert, mit dem es erstmals möglich wurde, die Vorgänge experimentell auf lokal-realistische Effekte zu testen[9]. Dem gehen wir im nächsten Abschnitt auf den Grund.

14.3 Die bellsche Ungleichung

Bei verschränkten Photonen genügt eine Polarisationsmessung an einem Photon, um den Polarisationszustand des anderen Photons instantan (auch über große Distanzen) festzulegen. Die folgende Abb. 14.6 zeigt diese Situation.

An der Stelle des Pfeils auf der rechten Seite der Apparatur wäre eigentlich keine Messung mehr notwendig. Wurde z. B. die Polarisation des linken Photons zu v festgestellt, dann ist die Polarisation des rechten Photons im selben Augenblick h. Was wird aber auf der rechten Seite gemessen, wenn dort der Strahlteiler um den Winkel ϕ um die Strahlachse verdreht wird?

Das Ergebnis ist nicht vorhersagbar. Es ist unbestimmt und somit zufällig. Die Wahrscheinlichkeiten bzw. die Häufigkeiten für die beiden möglichen Messergebnisse ϕ_+ und ϕ_- hängen aber auch hier vom Ausgangszustand bzw. vom Winkel ϕ ab. Die Erwartungswerte dafür können berechnet werden. Dazu betrachten wir die Abb. 14.7:

Wird eine große Anzahl N von Messungen durchgeführt, tritt in der Hälfte der Fälle $(N/2)$ rechts der Fall (a) und in der anderen Hälfte der Fälle $(N/2)$ das Ergebnis (b) ein. Die quantenmechanischen Erwartungswerte berechnen sich so, wie wir es

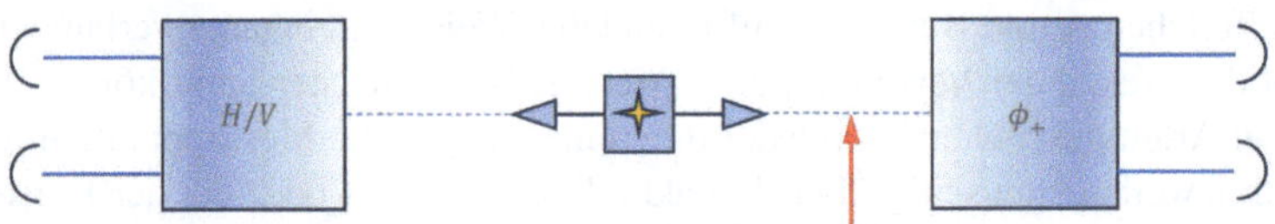

Abb. 14.6 Durch eine Messung der H/V-Polarisation links wird auch die Polarisation des Photons rechts festgelegt. Was zeigt der Strahlteiler rechts, wenn er um den Winkel ϕ gedreht wird?

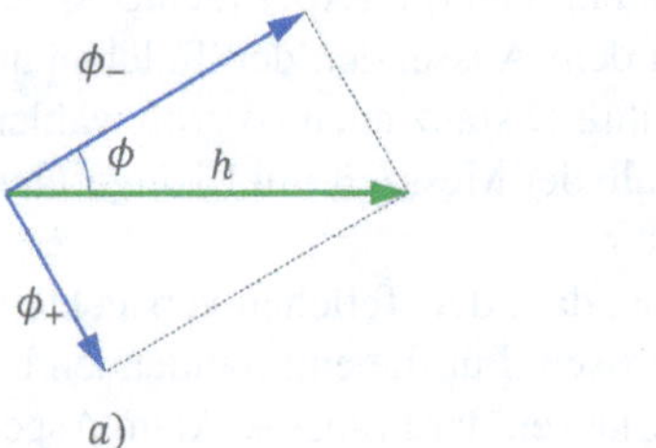

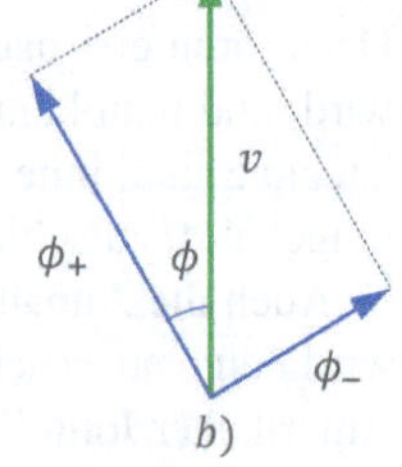

Abb. 14.7 Die Lage der ϕ_+ und ϕ_--Achsen auf der rechten Seite der Apparatur, falls links v gemessen wird (a) und falls links h festgestellt wird (b)

[9] John Stewart Bell, On the Einstein Podolsky Rosen Paradox, Physics 1964 [82].

auch makroskopisch beobachten, nämlich als das Quadrat der Projektionen von h und v auf die Richtungen von ϕ_+ und ϕ_-.

Nennen wir $n(v, \phi_\pm)$ die Anzahl Ergebnisse, die links den Polarisationswert v und rechts den Polarisationswert $\phi+$ oder ϕ_- liefern, müssen wir für die Berechnung der Erwartungswerte in Abb. 14.7 die Figur (a) betrachten, weil dann ja die nach rechts laufenden Photonen h-polarisiert sind. Entsprechend müssen wir für die Berechnung der Anzahl Ergebnisse $n(h, \phi_\pm)$ die Figur (b) heranziehen. Mithilfe der Trigonometrie in rechtwinkligen Dreiecken führt das zu dem folgenden Ergebnis:

$$n(v, \phi_+) = \frac{N}{2} \sin^2 \phi \tag{14.6a}$$

$$n(v, \phi_-) = \frac{N}{2} \cos^2 \phi \tag{14.6b}$$

$$n(h, \phi_+) = \frac{N}{2} \cos^2 \phi \tag{14.6c}$$

$$n(h, \phi_-) = \frac{N}{2} \sin^2 \phi \tag{14.6d}$$

Soviel vorerst zur Berechnung der erwarteten Häufigkeiten der Messergebnisse in einer Apparatur gemäß Abb. 14.6. Nun kann man auch auf der linken Seite der Apparatur den Detektor verdrehen und z. B. die in der Abb. 14.8 gezeigten Experimente 1, 2 und 3 durchführen.

Wieder kann man nach der Häufigkeit bestimmter Ergebnisse fragen, z. B. nach $n(v, \phi_-)$ im ersten Experiment, nach $n(\phi_-, \theta_+)$ im zweiten und schließlich $n(v, \theta_+)$ im dritten Experiment, wie in Abb. 14.8 gezeigt. Die zu erwarteten Häufigkeiten lassen sich mithilfe eines ähnlichen Schemas wie in Abb. 14.7 berechnen. Diese Rechnung wollen wir vorerst nicht durchführen, denn diese drei Experimente dienen einem anderen Zweck.

Was die Physiker beim Phänomen der Verschränkung besonders umtreibt, ist die zentrale Frage, wie diese Korrelationen der Messergebnisse zustande kommen

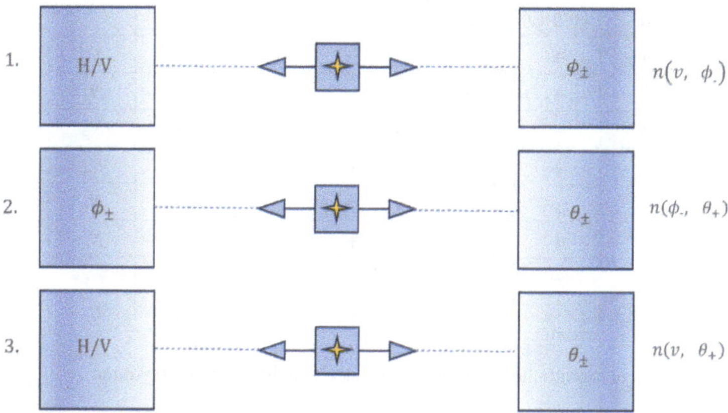

Abb. 14.8 Erweiterung der Messapparatur um einen zweiten Winkel θ

können. Aus lokal-realistischer Sicht sind, wie bereits erwähnt, dafür nur zwei Möglichkeiten denkbar:

- Die beiden Photonen tragen schon vor der Messung eine gemeinsame Information in sich, die ihnen vorschreibt, wie sie sich in bestimmten Situationen verhalten sollen. In diesem Fall spricht man von **versteckten Parametern** (Realitätskriterium).
- Die Photonen tauschen bei der Messung Informationen untereinander aus. Dies kann, gemäß den Erkenntnissen der speziellen Relativitätstheorie, nicht schneller als mit Lichtgeschwindigkeit erfolgen **(Lokalitätskriterium).**

Die zweite Annahme lässt sich ausschließen, falls die Detektoren auf der linken und auf der rechten Seite so weit auseinander liegen, dass kein Signal mit Lichtgeschwindigkeit genügend Zeit hätte, um Informationen des Messergebnisses von der einen Seite auf die andere Seite zu übermitteln. Somit bleibt zu prüfen, ob vielleicht die erste Annahme für den Effekt verantwortlich sein könnte. Dazu muss man sich zunächst überlegen, welche und wie viele Möglichkeiten es dafür jeweils geben kann.

Formulieren wir das Problem aber zunächst ganz allgemein, ohne direkten Bezug auf die Experimente und auf die Winkeleinstellungen von Abb. 14.8 zu nehmen: Links (Seite A) gibt es drei Detektoren, die drei Messgrößen a, b und c bestimmen können, von denen jede jeweils einen der beiden Werte + oder − annehmen kann. Auf der rechten Seite (Seite B) genau dasselbe. In der folgenden Tabelle (Abb. 14.9) sind alle möglichen Messergebnisse aufgelistet. Die Spalte A zeigt die Möglichkeiten der Werte auf der linken Seite und die Spalte B die möglichen Resultate auf der rechten Seite. Um zwei Eigenschaften (+ und −) auf drei Größen (a, b und c) zu verteilen, gibt es acht Möglichkeiten. Jede dieser Möglichkeiten hat gemäß Spalte P eine bestimmte Häufigkeit: $N_1, N_2, \ldots, N_8$.

A				B			P
a	b	c		a	b	c	
+	+	+		−	−	−	N_1
+	+	−		−	−	+	N_2
+	−	+		−	+	−	N_3
−	+	+		+	−	−	N_4
−	−	+		+	+	−	N_5
−	+	−		+	−	+	N_6
+	−	−		−	+	+	N_7
−	−	−		+	+	+	N_8

Abb. 14.9 Tabelle der möglichen Ergebnisse mit den zugehörigen Häufigkeiten

Die Bedingung dabei ist nur, dass die Werte auf der Seite B immer gegenteilig zu den Werten auf der Seite A sind, und dass die Summe der Häufigkeiten $N_1 + N_2 + \cdots + N_8 = N$ gleich der Anzahl der Versuche ist.

Anhand dieser Tabelle kann man sich leicht davon überzeugen, dass in dem gewählten Beispiel folgende Ungleichung gilt:

$$n(a = +, b = -) + n(b = -, c = +) \geq n(a = +, c = +) \tag{14.7}$$

Dies folgt aus den Häufigkeiten P, die man aus der letzten Spalte der Tabelle entnimmt, und der Tatsache, dass die Häufigkeitswerte positiv sind:

$$(N_1 + N_2) + (N_7 + N_8) \geq (N_2 + N_7) \tag{14.8}$$

Stellen wir jetzt den Bezug zu den Experimenten von Abb. 14.8 her, indem wir a mit v, b mit ϕ und c mit θ identifizieren, so erhalten wir eine Ungleichung für die Häufigkeiten der Ergebnisse der Experimente in Abb. 14.8:

$$n(v, \phi_-) + n(\phi_-, \theta_+) \geq n(v, \theta_+) \tag{14.9}$$

Dies ist eine Form der bellschen Ungleichung, die der nordirische Physiker John Stewart Bell im Jahr 1962 am CERN veröffentlichte[10]. Genügen die Ergebnisse von Verschränkungsexperimenten, wie in Abb. 14.8 beschrieben, dieser Ungleichung, können diese durch eine lokal-realistische Theorie erklärt werden, z. B. durch das Vorhandensein von versteckten Parametern. Damit wäre gleichzeitig die Vollständigkeit der Quantenmechanik infrage gestellt.

Nun stellt sich aber heraus, dass die quantenmechanisch berechneten Häufigkeiten nicht bei allen Winkeleinstellungen der bellschen Ungleichung genügen. Dies ist ein Beispiel einer kontrafaktischen Beweisführung: Führt eine Annahme zu einem Widerspruch bzw. einem falschen Ergebnis, kann die Annahme nicht richtig sein. Konkret heißt das hier, die Korrelationen bei EPR-Experimenten lassen sich nicht durch versteckte Parameter erklären. Die Lokalitätsannahme muss demnach falsch sein.

Rechnerisch lässt sich die Verletzung der bellschen Ungleichung zeigen, indem man für die Häufigkeiten in der Gl. 14.9 die Erwartungswerte gemäß Abb. 14.7 und den Gl. 14.6a–14.6d berechnet. Direkt können wir $n(v, \phi_-) = n/2 \cos^2 \phi$ und analog $n(v, \theta_+) = n/2 \sin^2 \theta$ setzen. Betrachten wir ϕ_- als h für die Winkeldifferenz $\theta - \phi$, folgt analog: $n(\phi_-, \theta_+) = n/2 \cos^2(\theta - \phi)$. Damit lautet die bellsche Ungleichung, ausgedrückt durch die beiden Winkel θ und ϕ:

$$\cos^2 \phi + \cos^2(\theta - \phi) \geq \sin^2 \theta \tag{14.10}$$

Setzt man hier z. B. $\phi = 2\theta$, kann man leicht überprüfen, dass die Ungleichung für alle Winkel θ zwischen 90° und 270° nicht erfüllt ist.

Die folgende Abb. 14.10 zeigt die Abhängigkeit von θ für $\phi = 2\theta$:

---

[10] John S. Bell, On the Einstein Podolsky Rosen Paradox, Physics 1964 [82].

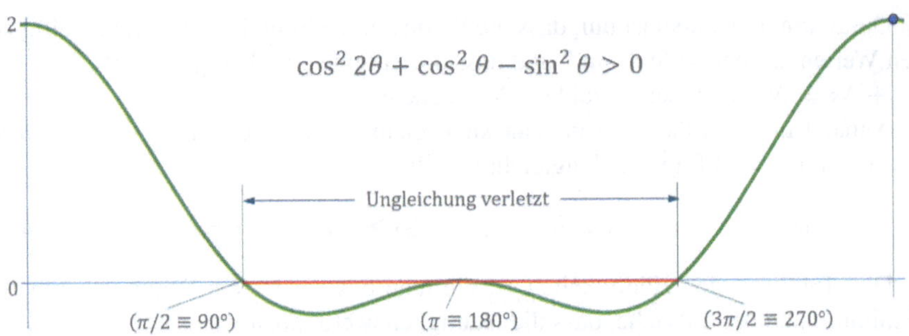

Abb. 14.10 Im Bereich zwischen 90° und 270° ist die bellsche Ungleichung für dieses Beispiel verletzt

Der erste experimentelle Test dieser Gleichung gelang J. F. Clauser im Jahr 1972[11]. Im Jahr 1982 konnte der französische Physiker **Alain Aspect**, mithilfe von zufällig eingestellten Ultraschallumschaltern S, die Photonen erst nach deren Emission einem bestimmten Detektor zuweisen. Damit ist die Möglichkeit ausgeschlossen, dass den Photonen bereits beim Verlassen der EPR-Quelle Informationen zu den Schalterstellungen hätten mitgegeben werden können. Zusätzlich waren auch die Abstände der Detektoren sowie der Schalter so groß gewählt, dass kein Informationsaustausch mit Lichtgeschwindigkeit zwischen den Detektoren oder den Schaltern stattfinden konnte[12]. Die folgende Abb. 14.11 zeigt den schematischen Aufbau der Aspect-Apparatur.

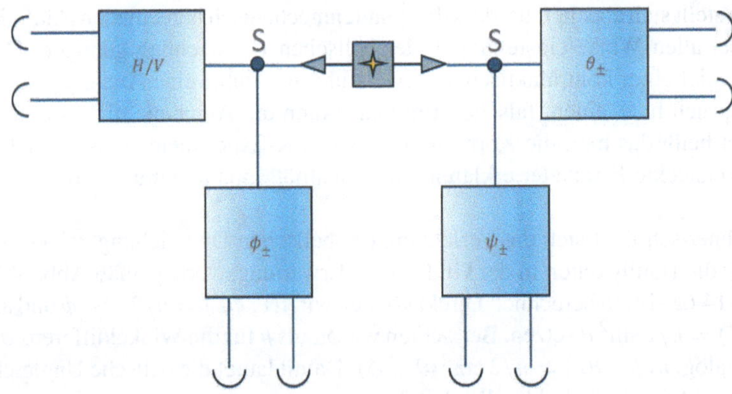

Abb. 14.11 Versuchsaufbau der Apparatur von Alain Aspect

[11] J. F. Clauser, Stewart Freedman, Experimental Test of local hidden variable theories, Physics, Review Letters, 1972 [83].

[12] Siehe dazu die Arbeiten von Alain Aspect aus dem Jahr 1982 [84] und [85] sowie Kayleigh A Bohémier [86].

Für ihre wegweisenden Experimente erhielten J. F. Clauser, A. Aspect und Anton Zeilinger 2022 den Nobelpreis für Physik[13]. Diese Experimente bestätigten die quantenmechanischen Vorhersagen – und damit auch die Verletzung der bellschen Ungleichung – mit großer Genauigkeit. Das bedeutet, dass die Korrelationen bei diesen EPR-Versuchen weder durch Informationsaustausch noch durch versteckte Parameter zustande kommen können. Verschränkte Quantenobjekte bilden deshalb offenbar eine **(nichtlokale)** Einheit und dies über beliebige räumliche Distanzen. In der Natur scheint es also nichtlokale Effekte zu geben, bei denen die räumliche Distanz zwischen zwei Ereignissen keine Rolle zu spielen scheint.

Die Sache ist sogar noch weit merkwürdiger. In einem Artikel der NZZ aus Forschung und Technik[14], wird von Experimenten berichtet, die darauf hindeuten, dass auch zeitliche Unterschiede bedeutungslos werden können. Die Abb. 14.12 zeigt drei Versuche mit verschränkten Photonen:

Es werden jeweils zwei Paare von verschränkten Photonen erzeugt (1, 2) und (3, 4). Eine sogenannte Bell-Messung an den Photonen 2 und 3 verschränkt auch die Photonen 1 und 4 miteinander:

a) Im Bild links findet die verschränkende Messung an 2 und 3 vor der Detektion der Photonen 1 und 4 statt. Die Messergebnisse von 1 und 4 sind deshalb korreliert.
b) In der Mitte findet die verschränkende Messung erst statt, nachdem die Photonen 1 und 4 bereits detektiert wurden. Aber auch hier sind die Messwerte an den Photonen 1 und 4 miteinander korreliert. Anscheinend kann ein Ereignis in der Gegenwart ein Ereignis in der Vergangenheit beeinflussen, völlig entgegen unserer Alltagserfahrung.

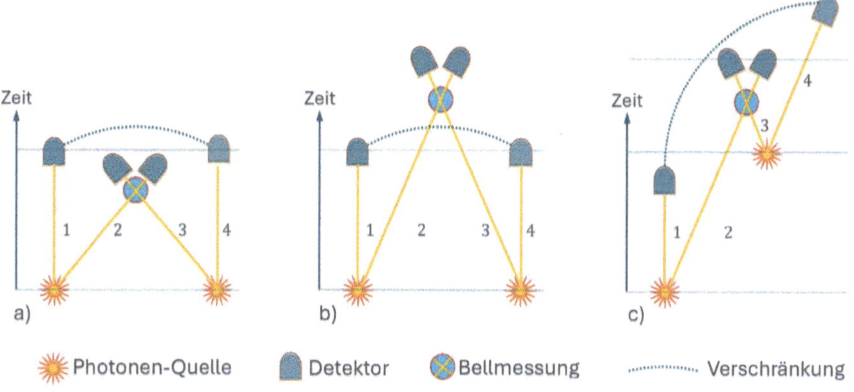

Abb. 14.12 Die Verschränkung zeigt nicht nur räumliche Nichtlokalität, sondern auch zeitliche. Man kann Objekte miteinander verschränken, die nie gleichzeitig existiert haben

[13] John Francis Clauser (USA, 1942); Alain Aspect (F, 1947); Anton Zeilinger (A, 1945).

[14] Christian Speicher, *Verschränkung von Teilchen, die niemals koexistiert haben,* NZZ Forschung und Technik, 29. Mai 2013, Nr. 121, S. 55.

c) Noch seltsamer ist das Ergebnis des Experiments in der Abbildung rechts. Hier wird das zweite verschränkte Photonenpaar erst erzeugt, nachdem das Photon 1 gemessen wurde und somit gar nicht mehr existiert. Dennoch sind die Messergebnisse an den Photonen 1 und 4 wieder miteinander korreliert. Anscheinend können auch Objekte miteinander verschränkt sein, die nie gleichzeitig existiert haben.

Bei der Verschränkung scheint also nicht nur der örtliche Abstand keine Rolle zu spielen, sondern der zeitliche ebenfalls nicht. Der Artikel bezieht sich auf die beiden in der Fußzeile angegebenen Quellen[15] und[16].

Empfehlenswert und allgemein verständlich zum Thema Verschränkung und Nichtlokalität sind auch die Bücher von Anton Zeilinger[17] sowie von Nicolas Gisin[18].

---

[15] *Entanglement Swapping between Photons that have Never Coexisted* [87].
[16] *Experimental delayed-choice entanglement swapping* [88].
[17] Anton Zeilinger, *Einsteins Spuk, Teleportation und weitere Mysterien der Quantenphysik,* 2005 und 2024 [89].
[18] Nicolas Gisin, *Der unbegreifliche Zufall,* 2014 [90].

15 Fazit Quantenobjekte

In der Thermodynamik scheint es niemanden zu stören, dass dort nur statistische Aussagen möglich sind. Bei jedem Prozess sind bekanntlich jeweils eine Unmenge von Teilchen beteiligt. Es ist ganz klar, dass es unmöglich ist, die Bewegung jedes einzelnen Teilchens in einem großen Ensemble zu kennen. Die Thermodynamik lässt sich auch sehr gut mit dem Teilchenmodell beschreiben. Wir haben es hier ja auch mit Atomen und Molekülen zu tun, die sich sehr gut gemäß unserer Teilchenvorstellung verhalten.

In der Quantenmechanik ist das ganz anders. Hier haben wir es noch mit wesentlich kleineren Strukturen zu tun. Es lässt sich auch nicht direkt beobachten, was auf dieser Ebene genau geschieht. Zugänglich ist uns diese Welt nur mithilfe unserer Apparate, und was wir mit diesen beobachten, ist recht mysteriös und weitgehend unverständlich.

Die Konzepte des Welle-Teilchen-Dualismus und jenes der Komplementarität sind Ausdruck einer gewissen Hilflosigkeit im Bemühen, ein zufriedenstellendes Verständnis dieser skurrilen Quantenwelt zu erzielen, und mit Sicherheit wissen wir noch recht wenig über diese Dinge. Aber, wie wir in diesem Teil des Buches gesehen haben, es lohnt sich, über die Betrachtungsweisen nachzudenken, ohne dabei gleich eine neue Interpretation der Quantenmechanik anzustreben.

Lassen sich doch auf diese Weise die Unbestimmtheit und die Superposition von Quantenzuständen aus der Wellennatur der Materie plausibel machen. Die Unbestimmtheitsrelationen erklären sich damit als direkte Folge des Wellencharakters der Materie. Ebenso beim quantenmechanischen Doppelspaltexperiment. Fasst man sowohl Licht als auch Materie als Wellenerscheinung auf, benötigt man den Welle-Teilchen-Dualismus und das Komplementaritätsprinzip nicht mehr zwingend.

Erinnern wir uns an die Hypothese von Louis de Broglie, der Energie als periodisches Phänomen erkannt hat, sowie an die Schrödinger-Gleichung, welche die Ausbreitung dieses periodischen Phänomens beschreibt. Bis heute ist anscheinend

H. M. Rubin, *Vom Doppelspalt zum Quantencomputer*,
https://doi.org/10.1007/978-3-662-71207-8_15

niemand weiter der Frage nachgegangen, was es mit diesem periodischen Phänomen genau auf sich hat. Dennoch wird die Gleichung von Schrödinger als grundlegend angesehen, dabei wird der ψ-Funktion aber mehrheitlich keine physikalische Realität zugeschrieben. Nur das Betragsquadrat dieser Funktion soll Bedeutung haben, als Wahrscheinlichkeitsverteilung von Messergebnissen.

Somit unterscheiden sich Quantenzustände ganz wesentlich von makroskopischen Zuständen. Die uns umgebenden Gegenstände bestehen aus einer enorm großen Anzahl von Molekülen und Atomen. Diese führen zu sehr stabilen Anordnungen. Eine Messung an einem makroskopischen System entspricht deshalb einer Feststellung einer stabilen Eigenschaft, wie z. B. der Länge oder des Volumens. Den Körpern schreiben wir diese Eigenschaften auch dann zu, wenn wir sie nicht messen. Es sind objektive, reale Eigenschaften. Wir scheinen in einer *realen Welt* zu leben. Gleichzeitig hat jeder Körper zu jeder Zeit einen bestimmten Ort, auch dann, wenn niemand hinschaut. Veränderungen sind nur durch direkte Einflussnahme möglich. Wir scheinen ebenfalls in einer *lokalen Welt* zu leben. Mysteriöse Fernwirkungen orten wir in der Ecke der Esoterik. Unser Weltbild ist deshalb geprägt von einer lokal-realistischen Sichtweise. Wir erinnern uns: Auch EPR betrachteten das Realitäts- und das Lokalitätskriterium als unumstößliche Tatsache.

Auf der submikroskopisch kleinen Quantenebene ist das nicht mehr so, da scheint alles anders zu sein, mysteriös und skurril. Und so wird die Quantenmechanik auch mehrheitlich wahrgenommen. Dabei ist das eigentlich gar nicht so erstaunlich. Die Stabilität der makroskopischen Eigenschaften ist der großen Anzahl an Teilchen geschuldet. Quantenobjekte hingegen sind klein, empfindlich und instabil. Wie ein Staubkorn, das durch einen feinen Windstoß weit weggetragen wird, wohingegen ein Stein am Boden auch heftige Windböen unberührt übersteht.

Gerät nun ein winziges Quantenobjekt in einen makroskopischen Detektor, hinterlässt jener dort zweifellos irgend eine Wirkung. Die Möglichkeiten dazu sind aber äußerst vielfältig und die Wirkungen deshalb schwer vorherzusagen. Die Frage ist nun, was uns eine solche Wirkung, ein solcher Messwert letztlich über das Quantenobjekt verrät. Hier kommt einerseits der Zufall ins Spiel. Andererseits kann uns ein Messwert höchstens Auskunft darüber geben, wie sich ein Quantenobjekt gegenüber der Messapparatur verhält. Die Messwerte können in dieser Sichtweise keinen objektiven Eigenschaften der Quantenobjekte mehr entsprechen. Die gewohnte realistische Sichtweise greift jetzt nicht mehr, im Gegenteil, sie führt eher zu Verwirrung.

Dennoch muss unsere geordnete Welt letztlich aus der Quantennatur hervorgehen. Dabei tritt eine weitere, merkwürdige Eigenschaft der Quantenwelt auf die Bühne: die Verschränkung. Quantenobjekte können über große Distanzen eine Einheit bilden, als ob sie direkt nebeneinander wären. Wie diese Verbindung zustande kommt, ist noch völlig unbekannt. Die Ungleichung von Bell sowie die Experimente von Clauser und Aspect haben aber klar gemacht, dass die Verschränkung nicht durch lokal-realistische Theorien erklärt werden kann. Dennoch ist die Verschränkung eine notwendige Erscheinung in der Natur. Sie ist sogar eine notwendige Konsequenz und somit eine Konsequenz der Unbestimmtheit einerseits und der Erhaltungsgrößen wie Energie und Impuls andererseits. Spin und Polarisation könnten ansonsten keine Erhaltungsgrößen sein, wenn die Messergebnisse nicht korreliert wären. Oder vielleicht ist es umgekehrt. Gewisse Größen könnten nicht erhalten bleiben, wenn es die Verschränkung nicht gäbe.

Die Verschränkung ist daher ein zentrales Element bei der Beschreibung von Quanteneffekten. Anwendung findet sie insbesondere in der Quanteninformatik. Dort ist sie die Grundlage für die erwartete Überlegenheit bei der Parallelisierung von Rechenprozessen der zukünftigen Quantencomputer gegenüber der herkömmlichen Technologie. Auch wenn wir die Grundlagen der Quantenwelt noch nicht wirklich gut versehen, können wir die Effekte dennoch nutzen. Ähnlich einem Vogel, der die Flugtechnik hervorragend beherrscht, aber natürlich keine Vorstellung davon haben kann, wie das alles möglich ist.

In den folgenden Kapiteln werden wir uns deshalb vor allem mit der Frage beschäftigen, **wie** die Quanteneffekte genutzt werden können. Dabei fassen wir ein Qubit einfach als quantenmechanisches Zweizustandssystem auf, wie wir es bereits bei Spin-$\frac{1}{2}$-Systemen und bei polarisierten Photonen kennengelernt haben. Zur Beschreibung der Qubitzustände können wir die Bloch-Kugel oder auch die vereinfachte, zweidimensionale Darstellung wie bei den nichtzirkular polarisierten Photonen benutzen. Die problematischen Aspekte der Quantentheorie lassen wir vorerst außen vor. Erst im letzten Teil des Buches gehen wir nochmals auf theoretische Aspekte ein, diskutieren dort den mathematischen Formalismus der Quantentheorie und zeigen auf, was dieser zu leisten vermag. Auch philosophische Aspekte werden dort Raum finden. Vorerst aber viel Spaß bei den Grundlagen der Quanteninformatik und ihren vielversprechenden Anwendungen.

Teil IV
Grundlagen der Quanteninformatik

Die Grundlage der heutigen Computertechnik bildet das Bit. Dieser Ausdruck kommt aus dem Englischen und bedeutet *binary digit,* also Binärziffer oder Binärzahl. Ein Bit steht auch für die Einheit der Information, diese lässt sich in Bits messen.

Der Informationsgehalt einer Nachricht lässt sich mit einer bestimmten Anzahl von Entscheidungsfragen (ja/nein bzw. 0/1) bestimmen, und deshalb kann jede Informationsmenge in die Informationseinheit Bit zerlegt werden und entsprechend als Kette von Nullen und Einsen dargestellt und abgespeichert werden. Das ist genau das, was wir heute unter Digitalisierung verstehen, und das ist auch das einzige, was unsere Computer verstehen und verarbeiten können. Wir digitalisieren heute Texte sowie Audio- und Bildinformation und lassen diese von Computern verarbeiten. Dabei können die digitalisierten Informationen beliebig kopiert, vervielfältigt und verbreitet werden.

Was kann nun ein Quantencomputer besser als ein klassischer Computer? Nun alles, was ein klassischer Computer kann, kann ein Quantencomputer auch. Das werden wir in Teil V sehen. Aber ein Quantencomputer kann eben noch mehr als das. Erinnern wir uns an das Bild von der Glühbirne und der Kerze in der Einleitung zu diesem Buch. Quantencomputer stellen eine neue Technologie dar, eine ganz neue Art, mit Information oder vielleicht sogar mit der Wirklichkeit umzugehen. Grundlage dieser Technologie ist das Quantenbit, kurz Qubit genannt.

Während man sich ein Bit als Schalter mit zwei Stellungen bzw. als Speicherzelle in einem Computer vorstellen kann, die entweder eine 0 oder eine 1 dauerhaft speichert und deren Zustand jederzeit und beliebig oft ausgelesen und kopiert werden kann, verhalten sich Qubits grundlegend anders.

Ein Qubit zeichnet sich durch eine deutlich komplexere Dynamik aus. Es kann grundsätzlich unendlich viele Zustände einnehmen, und diese können auch auf vielfältige Weise manipuliert werden. Manipulationen an Qubits heißen Gates, in Anlehnung an die logischen Gatter der digitalen Elektronik. Wir werden in diesem Teil einige Gates kennenlernen, mit denen sich bereits grundlegende Anwendungen – wie quantenmechanische Zufallsgeneratoren, die Quantenkryptografie sowie die Quantenteleportation – realisieren lassen. Weitere Anwendungen lernen wir im Teil V kennen.

Quantenmechanisch stellt ein Qubit ein Zweizustandssystem dar, wie wir sie schon in Teil III als Spin-1/2-Zustände oder als h/v-Polarisationen von Photonen kennengelernt haben. Diese Zustände sind nicht direkt beobachtbar. So wie eine

Messung der Polarisation oder des Spinzustands immer nur eines von zwei möglichen Ergebnissen zeigte (up oder down bzw. h oder v), so liefert das Auslesen eines Qubits ebenfalls nur einen von zwei möglichen Werten, 0 oder 1, analog zu einem herkömmlichen Bit. Die Antwort eines Qubits hängt aber von seinem Vorleben ab.

Zu Beginn einer quantenmechanischen Berechnung muss jedes beteiligte Qubit in einen definierten Anfangszustand versetzt werden. Damit beginnt sozusagen die Lebensphase eines Qubits. Danach erfolgen die Rechenoperationen durch Anwendung der verschiedenen Gates. Damit beginnt die Lebensgeschichte eines Qubits. Eine quantenmechanische Rechnung endet mit einer Messung. Damit endet auch die Lebensphase des Qubits. Ihm bleibt nur noch eine letzte Aussage: 0 oder 1.

Diese bildhafte Darstellung beschreibt das Wesen der Qubits recht treffend. Im Gegensatz zu klassischen Bits sind Qubits nur transiente Erscheinungen, ihre Lebensdauer ist in der Regel auf einige Millisekunden begrenzt. Will man die Ergebnisse einer quantenmechanischen Berechnung dauerhaft abspeichern, müssen die Messergebnisse in klassischen Bits abgespeichert werden.

Während ihres kurzen Lebens verfügen die Qubits aber über eine erstaunliche Fähigkeit: Sie können miteinander kommunizieren und sie können sich zu einer Einheit verbinden. Dieses Phänomen haben wir bereits als wesentliches Merkmal von Quantenobjekten kennengelernt: die Verschränkung. Diese Verschränkung ist es letztlich, welche die Quantentechnologie von den klassischen Computern abhebt. Wie auch schon in der Einleitung zu diesem Buch erwähnt, ist es diese Verschränkung, die Algorithmen ermöglicht, die mit herkömmlichen Computern nicht zu realisieren sind. In diesem Teil beschränken wir uns auf drei elementare Anwendungen, die sich auch von Hand durchrechnen lassen:

- **Quantenmechanischer Zufallsgenerator:** Beim Auslesen eines Qubits ist der Zufall im Spiel. Der quantenmechanische Zufall gilt als zufälliger als der gewohnte Zufall, wie er z. B. beim Würfeln entsteht. Die Bewegung eines Würfels lässt sich, gemäß der klassischen Mechanik, zumindest prinzipiell exakt vorausberechnen. Die Zufälligkeit des Ergebnisses wird auf die Unkenntnis der Anfangsbedingungen zurückgeführt, und man hat dafür den Begriff des scheinbaren bzw. des *subjektiven Zufalls* eingeführt. Bei einer quantenmechanischen Messung hingegen glaubt man an einen reinen bzw. objektiven Zufall, weil sich kein physikalischer Grund angeben lässt, weshalb das eine oder andere Ereignis eingetreten ist.

- Weil durch das Auslesen der Zustand eines Qubits in der Regel zerstört wird, lassen sich Qubits nicht kopieren, das nennt man das *No-Cloning-Theorem.* Die **Quantenteleportation** ermöglicht es jedoch, den Zustand eines Qubits auf ein anderes Qubit zu übertragen. Dabei wird allerdings der Zustand des ursprünglichen Qubits zerstört. Deshalb spricht man von Teleportation und nicht von Kopieren.

- Das *No-Cloning-Theorem* ermöglicht auch die **Quantenkryptografie.** Einerseits kann mithilfe des quantenmechanischen Zufalls ein objektiv zufälliger Schlüssel erzeugt werden. Andererseits ermöglicht es die Nichtkopierbarkeit von Qubits, festzustellen, ob der Schlüssel bei der Übertragung gelesen wurde oder nicht.

Nach diesen drei elementaren und heute schon technisch verfügbaren Anwendungen stellen wir abschließend ein Münzspiel vor, bei dem der Vorteil des quantenmechanischen Zufalls gegenüber dem herkömmlichen Zufall erkennbar wird und auch die Möglichkeiten eines Quantencomputers sichtbar werden. Denn der Quantencomputer gewinnt dieses Spiel fast immer, obwohl unter normalen Bedingungen die Gewinnchancen für beide Spieler gleich sind.

Vom Bit zum Qubit

16

Zusammenfassung

Das englische Wort Bit steht für *binary digit,* also Binärziffer oder Dualzahl. Ein Bit kann einen von zwei Werten annehmen, 0 oder 1. Mit mehreren Bits lassen sich die Binärzahlen aufbauen. Ein Bit ist gleichzeitig die Informationseinheit in unseren aktuellen Computern. Physisch entspricht das einer Art Elementarzelle, in der entweder eine 0 oder eine 1 abgespeichert werden kann. Zahlen, Zeichen und Buchstaben sind in einem Computer im Binärcode abgelegt. Binärzahlen können addiert und subtrahiert werden. Ein Prozessor arbeitet mit großer Geschwindigkeit Binärwerte sequentiell ab. Damit kann gerechnet werden, es können Bilder bearbeitet, Töne erzeugt und damit Informationen aller Art übertragen werden. Diese Informationen können beliebig kopiert und vervielfältigt werden. Das Wort Qubit kommt von Quantenbit. Diese bilden die Elementarzellen eines Quantencomputers. Sie unterscheiden sich jedoch fundamental von herkömmlichen Bits. Ein Qubit stellt ein quantenmechanisches Zweizustandssystem dar, wie z. B. ein Spin-$\frac{1}{2}$-System oder ein Photon mit definierter Polarisation. Einem Qubit stehen daher wesentlich mehr Zustände zur Verfügung als nur die beiden Zustände eines klassischen Bits. Darüber hinaus können Qubits miteinander verschränkt sein. Dies führt zu einer gänzlich neuen Art der Datenverarbeitung *(Quantum Data Processing)* und ermöglicht neuartige Algorithmen, die mit herkömmlichen Computern kaum verwirklicht werden könnten.

16.1 Das klassische Bit

Ein Bit stellt nicht nur eine elementare Speicherzelle eines Computers dar, sondern es kann auch als Grundeinheit von Information an sich aufgefasst werden. Betrachten wir dazu das folgende Beispiel. Vor uns liegen acht Dosen mit Keksen (s. Abb. 16.1). Bob teilt Alice mit, dass er die Kekse aus Dose 6 am liebsten mag.

H. M. Rubin, *Vom Doppelspalt zum Quantencomputer*, https://doi.org/10.1007/978-3-662-71207-8_16

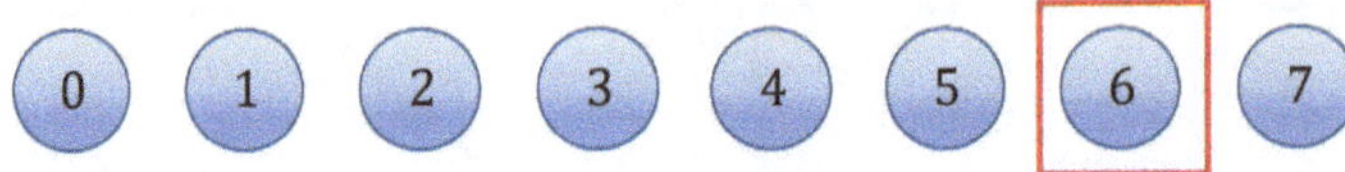

Abb. 16.1 Bobs Lieblingskekse sind jene in Dose 6

Alice nimmt diese Information zur Kenntnis, fragt sich dabei aber, welche Menge an Information in dieser Aussage wohl enthalten ist und wie man diese Informationsmenge konkret messen könnte.

Könnte man die Dosen einfach abzählen? Dann wäre die Informationsmenge in diesem Fall sechs, weil Bobs Lieblingskekse in Dose sechs sind. Wären die Favoriten in Dose vier, wäre die Informationsmenge dann vier? Nein, das ergibt keinen Sinn. Alle Dosen sind gleichwertig und die Dosen können beliebig nummeriert werden. Die Informationsmenge kann nicht von der Beschriftung der Dose abhängen.

Eine andere Möglichkeit bestünde etwa darin, einfach zu raten. Wenn man Glück hat, errät man die richtige Nummer gleich im ersten Versuch und wenn man Pech hat, erst im achten. Dann wäre die Menge an Information eine Zufallsgröße. Auch das ergibt wenig Sinn. Gesucht ist ein Verfahren, das unabhängig von der Nummer der Dose immer denselben Wert ergibt.

Eine weitere Möglichkeit wäre es, durch eine Folge von Fragen zum Ziel zu kommen. Ist die Nummer größer als 3? Ja! Also kommen nur noch die Zahlen 4, 5, 6 und 7 infrage. Fragen wir weiter: Ist die Nummer größer als 5? Ja, super! Nach der dritten Frage sind wir am Ziel: Ist die Nummer größer als 6? Nein! Damit bleibt nur noch die 6 übrig. Bobs Lieblingskekse befinden sich in der Dose 6. Nach drei Fragen sind wir somit am Ziel angekommen. Sie können das Spiel mit jeder beliebigen Zahl zwischen 0 und 7 durchspielen, sie benötigen in jedem Fall drei Ja/Nein-Fragen, um zum Ziel zu kommen. Drei Entscheidungsfragen entsprechen drei Ja/Nein-Schritten bzw. drei Bits. Ein Bit entspricht somit einer Ja/Nein-Entscheidung.

Bezeichnen wir ein *Ja* mit 1 und ein *Nein* mit 0, entspricht das Ergebnis unserer Fragefolge der Sequenz 110. Dies entspricht im dualen System der 6:

$$110 = 1 \times 2^2 + 1 \times 2^1 + 0 \times 2^0 = 4 + 2 + 0 = 6$$

Die Abb. 16.2 veranschaulicht die Vorgehensweise:

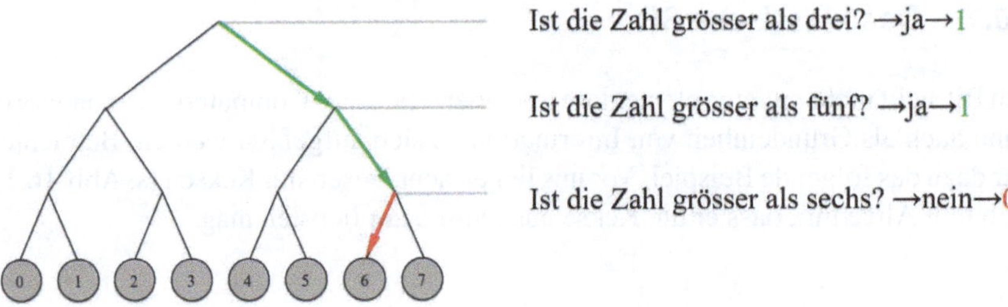

Abb. 16.2 Nach drei Ja/Nein-Entscheidungsfragen hat man die Nummer in jedem Fall herausgefunden

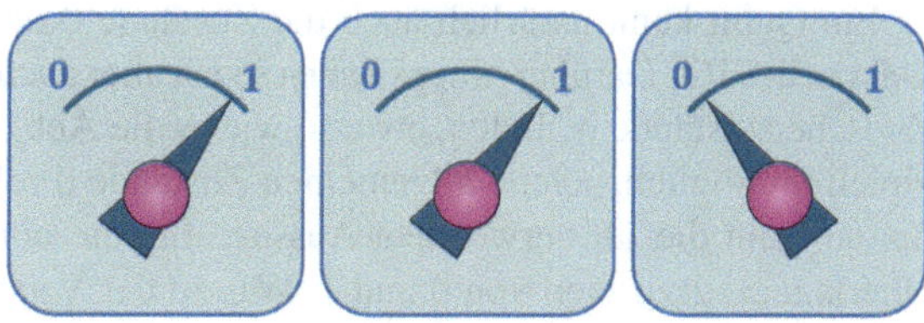

Abb. 16.3 In der Schalterstellung 110 ist die Zahl 6 binär abgespeichert

Dieses Verfahren liefert für jede Zahl zwischen 0 und 7 dieselbe Anzahl Entscheidungsfragen, nämlich in jedem Fall 3. Die Information, in welcher Dose sich Bobs Lieblingskekse befinden, erfordert – unabhängig von der Nummer – immer drei Schritte, also drei Bits. Die Informationsmenge kann man somit mit drei Bit beziffern, und man kann das Ergebnis mit einer dreistelligen Binärzahl bezeichnen, nämlich 110.

Die Informationsmenge entspricht somit der Anzahl Stellen einer Binärzahl, die die Anzahl möglicher Ergebnisse darstellt. In diesem Beispiel 3 Bit. Diese Information könnten wir auch durch drei Schalter darstellen, welche jeweils über die beiden Schalterstellungen 0 und 1 verfügen (Abb. 16.3).

Mit diesen drei Schaltern kann die Information von Bobs Lieblingskeksen leicht für längere Zeit abgespeichert werden. Ebenso kann die Information jederzeit wieder ausgelesen werden. Dazu braucht man nur die Schalterstellung anzuschauen. Und natürlich wird durch das Ablesen der Schalter ihre Einstellung nicht verändert. In einem Computer funktioniert das ähnlich. Dort werden die Informationen in Form von elektrischen Ladungen in einem EEPROM[1] einer SSD[2] gespeichert und können fast beliebig oft ausgelesen und kopiert werden. In einem Quantencomputer ist das ganz anders.

16.2 Eigenschaften von Qubits

Das Pendant des Bits eines klassischen Computers ist in einem Quantencomputer das Qubit. Wollten wir uns ein Qubit ebenfalls durch einen mechanischen Schalter verbildlichen, müsste das etwa so wie in der folgenden Abb. 16.4 aussehen:

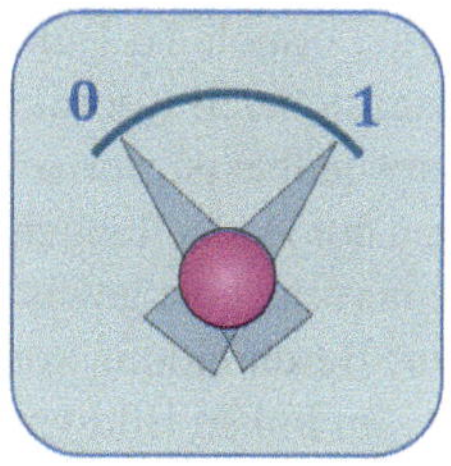

Abb. 16.4 Ein mechanischer Schalter als Qubit müsste etwa so aussehen

[1] Abkürzung für electrically erasable programmable read-only memory.

[2] Solid-State-Disk, auch Halbleiterlaufwerk oder Festkörperspeicher genannt.

Ein Qubit kann natürlich auch die Zustände 0 und 1 annehmen, genau wie ein klassisches Bit. Darüber hinaus kann es sich aber auch in einem der unendlich vielen Zwischenzustände befinden, etwa so wie es die Abb. 16.4 andeutet. Es ist aber prinzipiell unmöglich, solche allgemeinen Zustände direkt zu sehen. Zu Missverständnissen kann die oft verwendete Aussage führen, ein Qubit befände sich in einem Überlagerungszustand von 0 und 1. Was zu der Vorstellung führen kann, ein Qubit befände sich gleichzeitig sowohl im Zustand 0 als auch im Zustand 1 (Sowohl-als-auch-Betrachtungsweise). Nein, das wäre irreführend. Ein Qubit befindet sich im Allgemeinen weder im Zustand 0 noch im Zustand 1 und schon gar nicht in beiden gleichzeitig. Ein Qubitzustand ist exakt definierbar und liegt irgendwo zwischen 0 und 1. Erst, wenn der Zustand eines Qubits ausgelesen wird, springt dieses sofort entweder in den Zustand 0 oder den Zustand 1.

Das Auslesen eines Qubits entspricht einer quantenmechanischen Messung. Ein Qubit ist ganz allgemein ein quantenmechanisches Zweizustandssystem. Die Eigenschaften solcher Systeme wurden in Teil III, Abschn. 13.2 ausführlich besprochen. Alles dort Gesagte gilt auch hier. Wie dort hängt die Wahrscheinlichkeit, mit der ein Qubit bei einer Messung den Zustand 0 oder den Zustand 1 annimmt, von seinem Ausgangszustand ab. Genau das und nichts anderes bringt die Schreibweise

$$|a\rangle = \alpha\,|0\rangle + \beta\,|1\rangle \tag{16.1}$$

zum Ausdruck. Ohne Berücksichtigung der Phase können wir einen allgemeinen Qubitzustand nur durch die erwarteten Messwahrscheinlichkeiten ausdrücken. Wie bei einem allgemeinen Zweizustandssystem gilt auch hier, dass α^2 (bzw. $\alpha^*\alpha$) die Messwahrscheinlichkeit für den Zustand $|0\rangle$ und β^2 (bzw. $\beta^*\beta$) die Messwahrscheinlichkeit für den Zustand $|1\rangle$ darstellt. Die Koeffizienten (Amplituden) α und β müssen demnach auch hier die bereits bekannte Normierungsbedingung erfüllen:

$$\alpha^2 + \beta^2 = 1 \tag{16.2}$$

16.3 Darstellung von Qubits

Die Formeln 16.1 und 16.2 beschreiben auf 1 normierte Vektoren in einem zweidimensionalen Koordinatensystem. Falls diese Beschreibung auch auf Qubitzustände anwendbar ist, verhalten sich diese wie Zweiervektoren. Natürlich sind solche Vektoren nur Darstellungen von Qubits, die ihr Verhalten widerspiegeln. Sie vermitteln uns einerseits eine gewisse Vorstellung und dienen uns später als nützliches Hilfsmittel zur Beschreibung von Manipulationen (sogenannte Gates) an Qubits (Abb. 16.5).

Im linken Bild von Abb. 16.5 ist der Zustandsvektor $|a\rangle$ von Gl. 16.1 eingezeichnet. Auf den x- und y-Achsen liegen die Zustände $|0\rangle$ und $|1\rangle$. Das sind die beiden Zustände, die ein Qubit nach einer Messung einnehmen kann. Sie bilden die Basis des Koordinatensystems und stellen gleichzeitig die sogenannte Messbasis dar. Sind

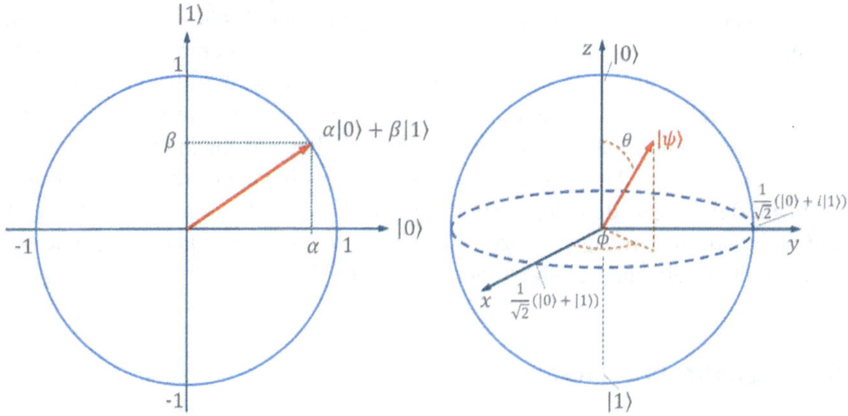

Abb. 16.5 Darstellungsmöglichkeiten von Qubits

z. B. die Amplituden α und β gleich groß, dann muss wegen der Normierungsbedingung, Gl. 16.2 gelten

$$\alpha = \beta = \frac{1}{\sqrt{2}} \quad \text{und damit für den Zustandsvektor} \quad |a\rangle = \frac{1}{\sqrt{2}}|0\rangle + \frac{1}{\sqrt{2}}|1\rangle \tag{16.3}$$

Die Betragsquadrate α^2 und β^2 der beiden Amplituden entsprechen den Messwahrscheinlichkeiten für die Zustände $|0\rangle$ und $|1\rangle$. Falls $\alpha > \beta$, dann ist die Wahrscheinlichkeit dafür, das Qubit nach der Messung im Zustand $|0\rangle$ zu finden, größer als dafür, das Qubit im Zustand $|1\rangle$ anzutreffen. Das Umgekehrte gilt für $\alpha < \beta$. Für $\alpha = \beta$ ist die Wahrscheinlichkeit für beide Ergebnisse genau 0,5.

Schließlich kann sich ein Qubit vor der Messung bereits im Zustand $|0\rangle$ oder im Zustand $|1\rangle$ befinden. Dann wird sein Zustand durch die Messung nicht verändert.

Geht es nur darum, die Messwahrscheinlichkeit eines Qubits zu berechnen, ist die zweidimensionale Darstellung von Abb. 16.5 links ausreichend. Sind mehrere Qubits im Spiel, so kann mit der dreidimensionalen Darstellung (Bloch-Kugel Abb. 16.5 rechts) ihre gegenseitige Phasenlage mitberücksichtigt werden. Das ist in manchen Fällen entscheidend. Dazu mehr im Teil V, wo wir konkrete Anwendungen mit der IBM-Plattform IBMQ betrachten. Für die grundlegenden Anwendungen – wie Zufallsgeneratoren, Verschränkungsoperatoren, Quantenteleportation oder Quantenkryptografie – genügt die vereinfachte, zweidimensionale Darstellung völlig.

Aus den Betrachtungen in diesem Kapitel geht eine weitere, wichtige Eigenschaft von Qubits hervor. Befindet sich nämlich ein Qubit bei einer Messung nicht schon entweder im Zustand $|0\rangle$ oder im Zustand $|1\rangle$, dann wird sein Zustand durch das Auslesen zerstört. Das Auslesen entspricht, wie wir gesehen haben, einer Zustandsmessung. Durch den projektiven Charakter einer quantenmechanischen Messung wird ein quantenmechanischer Zustand durch den Messprozess immer in einen der Basiszustände übergehen (Kollaps der Wellenfunktion). Der ursprüngliche Zustand wird dadurch vernichtet.

Konkret bedeutet das, Qubits lassen sich in allgemeinen Zuständen nicht kopieren. Das nennt man das *No-Cloning-Theorem*. Qubits können somit nicht (wie klassische Bits) von einem Ort an einen anderen kopiert werden. Sie können aber an einen anderen Ort *teleportiert* werden. Damit ist genau das zu verstehen, was wir aus Science-Fiction-Filmen oder -Romanen her kennen. Wird dabei ein Objekt teleportiert (oder *gebeamt*), wird es am Ausgangsort eliminiert und an einem anderen Ort wieder neu aufgebaut. Bei der Quantenteleportation werden allerdings keine materiellen Gegenstände teleportiert, wie zuweilen zu lesen ist, es werden nur Quantenzustände von einem Qubit auf ein anderes übertragen (s. Abschn. 18.2).

16.4 Quantenregister

Mit einem klassischen Bit lassen sich zwei (2^1) Zahlen darstellen, nämlich 0 und 1. Mit zwei Bits können vier Zahlen (2^2) dargestellt werden: $00 = 0$, $01 = 1$, $10 = 2$ und $11 = 3$. Üblicherweise fasst man 8 Bits zu einem Byte zusammen. Damit lassen sich $2^8 = 256$ Zahlen darstellen, nämlich:

$$00000000 = 0, 00000001 = 1, 00000011 = 3, \ldots, 11111111 = 255$$

So, wie man z. B. 8 klassische Bits zu der größeren Speichereinheit *Byte* zusammenfasst, kann man mehrere Qubits zu einem Quantenregister R zusammenfügen. Darunter versteht man zunächst einfach nur eine Gruppe von Qubits, die miteinander interagieren und die man wie klassische Bits nebeneinander schreibt.

$$R = \ldots |x_2\rangle \, |x_1\rangle \, |x_0\rangle \tag{16.4}$$

Welche Zustände kann ein Quantenregister annehmen und was kann damit dargestellt bzw. darin gespeichert werden? Um das zu untersuchen, betrachten wir vorerst ein Register, das aus nur zwei Qubits x_0 und x_1 besteht. Die Zustände der beiden Qubits stellen wir auch hier in diracscher Klammerschreibweise dar. Jedes Qubit kann dabei, im Sinne der Ausführungen von Abschn. 16.2, als Superposition der beiden zuvor definierten Basiszustände (Vektoren) $|0\rangle$ und $|1\rangle$ dargestellt werden:

$$|x_0\rangle = \alpha_0 \, |0\rangle + \beta_0 \, |1\rangle \quad \text{und} \quad |x_1\rangle = \alpha_1 \, |0\rangle + \beta_1 \, |1\rangle \tag{16.5}$$

Wie lässt sich jetzt der gemeinsame Zustand der beiden Qubits beschreiben? Wird das Register ausgelesen, sind die vier folgenden Messergebnisse möglich:

$$|0\rangle \, |0\rangle \, , \, |0\rangle \, |1\rangle \, , \, |1\rangle \, |0\rangle \quad \text{und} \quad |1\rangle \, |1\rangle$$

Die Wahrscheinlichkeiten für diese vier möglichen Ergebnisse müssen aus den Amplituden α_0, β_0, und α_1 und β_1 hervorgehen. Wären die beiden Qubits vor dem Auslesen z. B. im Zustand $|0\rangle \, |1\rangle$, dann wäre das Messergebnis mit Sicherheit (0, 1). Aus welcher Darstellung geht dieses Verhalten hervor?

Wie in der Wahrscheinlichkeitsrechnung üblich, erhält man die Wahrscheinlichkeit zweier unabhängiger Ereignisse durch Multiplizieren der Wahrscheinlichkeiten der Einzelereignisse. Deshalb ist es naheliegend, den Zustand des Registers als Produkt der beiden Ausgangszustände darzustellen (Produktzustand):

$$|x_1\rangle\,|x_0\rangle = (\alpha_1\,|0\rangle + \beta_1\,|1\rangle)\,(\alpha_0\,|0\rangle + \beta_0\,|1\rangle) \tag{16.6}$$

Ausmultipliziert gibt das

$$|x_1\rangle\,|x_0\rangle = \alpha_1\alpha_0\,|0\rangle\,|0\rangle + \alpha_1\beta_0\,|0\rangle\,|1\rangle + \alpha_0\beta_1\,|1\rangle\,|0\rangle + \beta_1\beta_0\,|1\rangle\,|1\rangle \tag{16.7}$$

Das ist genau das gewünschte Ergebnis. Der obige Term enthält die vier möglichen Messergebnisse, ausgedrückt durch die Amplituden der Ausgangszustände. Aus den zwei ursprünglichen Basiszuständen $|0\rangle$ und $|1\rangle$ der einzelnen Qubits ergeben sich vier neue Basiszustände, entsprechend den nun vier möglichen Messwerten (00, 01, 10 und 11).

Insbesondere bei Registern mit drei und mehr Qubits wird diese Klammerschreibweise recht aufwendig und unübersichtlich. Deshalb führt man die folgende Vereinfachung ein:

$|00\rangle = |0\rangle\,|0\rangle$: Qubit 1 im Zustand *null* und Qubit 2 im Zustand *null*
$|01\rangle = |0\rangle\,|1\rangle$: Qubit 1 im Zustand *eins* und Qubit 2 im Zustand *null*
$|10\rangle = |1\rangle\,|0\rangle$: Qubit 1 im Zustand *null* und Qubit 2 im Zustand *eins*
$|11\rangle = |1\rangle\,|1\rangle$: Qubit 1 im Zustand *eins* und Qubit 2 im Zustand *eins*

Mit der Nummerierung der Qubits beginnt man üblicherweise rechts. Zur Beschreibung eines 2-Bit-Quantenregisters ist demnach ein Zustandsraum von $2^2 = 4$ Dimensionen erforderlich. Für die Beschreibung eines 3-Bit-Registers benötigt man bereits einen Zustandsraum mit $2^3 = 8$ Dimensionen. Mit jedem Qubit, das dazukommt, verdoppelt sich somit die Dimension des Zustandsraums eines Quantenregisters.

In einem Quantencomputer mit z. B. 64 Qubits hat der Zustandsraum bereits $2^{64} \approx 1{,}8 \times 10^{19}$ Dimensionen. Ein Basisvektor hätte dann genau auf einer Zeile dieser Seite Platz, wie z. B. der Basisvektor:

$$|10001011010111001001011110111000110100111001100101100101110000001\rangle$$

Zur Darstellung dieses Raumes benötigt man somit ca. $1{,}8 \times 10^{19}$ solcher Basisvektoren.

Wollte man einen Quantencomputer mit n Qubits mit einem klassischen Computer simulieren, bräuchte dieser Computer $n \times 2^n$ klassische Bits. Das wäre mit einem heutigen Computer nicht möglich.

Zur Veranschaulichung dieser Größenordnungen kann uns die folgende Geschichte dienen, die aus dem alten Persien/China überliefert ist: Ein Diener schenkte seinem König ein edles Schachbrett, damit sich dieser nicht mehr so langweilen sollte. Zum Dank durfte der Diener einen Wunsch äußern. Sehr bescheiden erschien dem König der Wunsch des Dieners. Der bat den König lediglich, ein

Schachbrett mit Reiskörnern zu belegen. Auf das erste Feld ein Reiskorn, auf das zweite zwei, auf das dritte vier und so fort. Der König war erstaunt über diesen Wunsch und versprach, ihn sogleich zu erfüllen…

Ein Reiskorn hat im Schnitt eine Masse von $0{,}05\ g$. Allein auf das letzte Feld hätte der König 2^{64} Reiskörner legen müssen. Das entspricht einer Zahl von $1{,}8 \times 10^{19}$. Bei der genannten Masse wären das $9{,}2 \times 10^{14}\ kg$ oder rund $10^{12}\ t$. Wenn wir sehr großzügig mit $100\ t$ pro Güterwaggon rechnen, wären dafür grob 10^{10} Waggons erforderlich, alleine um die Reismenge auf dem letzten Feld transportieren zu können. Eine unglaubliche Zahl.

Genau wie die Anzahl der Reiskörner auf dem Schachbrett wächst auch die Dimension des Zustandsraums eines Quantencomputers. In einem Quantencomputer mit 100 Qubits hätte der Zustandsraum bereits 2^{100} Dimensionen. Das ist eine Zahl mit 31 Dezimalstellen. Unvorstellbar!

Nach diesen imposanten Zahlen stellt sich die Frage, was man damit nun anfangen kann. Welche Informationen kann man in diesem gewaltigen Zustandsraum speichern? Welche Berechnungen lassen sich darin durchführen? Vergessen wir dabei nicht, bis jetzt haben wir nur über die Dimension des Zustandsraums eines Quantenregisters gesprochen. In diesem Raum sind schließlich nahezu unendlich viele Zustände möglich.

Ein weiteres wichtiges Merkmal von Quantenregistern ist die Verschränkung. Die Qubits können miteinander verschränkt werden. Dies hat zur Folge, dass eine Operation auf einem Qubit gleichzeitig alle mit diesem verschränkten Qubits beeinflussen kann. Dadurch ist eine Vielzahl von Rechenschritten gleichzeitig bzw. parallel möglich. Dies führt zu neuen Algorithmen, die mit aktuellen Computern nicht durchführbar wären.

Welche Operationen lassen sich auf Qubits durchführen? Wie lassen sie sich miteinander verschränken und wozu ist das alles gut? Diesen Fragen gehen wir im nächsten Kapitel nach.

Quanten-Gatter und -Schaltkreise 17

Zusammenfassung

Bei einer Speicherzelle eines klassischen Computers gibt es nur zwei Möglichkeiten: Entweder schreibt man eine $Null$ hinein oder eine $Eins$. Andere Zustände kennt ein solches Bit nicht. Bei einem Quantencomputer ist das anders. Ein Qubit kennt grundsätzlich unendlich viele Zustände. Zwar resultiert beim Auslesen eines Qubits auch immer nur entweder eine $Null$ oder eine $Eins$. Entscheidend ist aber der Zustand eines Qubits vor der Messung. Wie manipuliert man diese Zustände? Was ist der Unterschied zwischen einer Manipulation und einer Messung? Manipulationen an Qubits heißen Quantengatter oder englisch Gates, in Anlehnung an die logischen Operationen in der Digitaltechnik. Die Abfolge solcher Operationen stellt man in Quantenschaltkreisen dar. In diesem Kapitel lernen wir die wichtigsten Gates bzw. Gatter kennen und erfahren auch, wie man Qubits miteinander verschränken kann.

17.1 Das Hadamard-Gate

Die Abb. 17.1 zeigt die wichtigsten Elemente, die in einem Quantenschaltkreis enthalten sind. In einem ersten Schritt wird ein Qubit in einen definierten Ausgangszustand versetzt. Das ist in den meisten Fällen entweder der Zustand $|0\rangle$ oder der Zustand $|1\rangle$. Anschließend erfolgen diverse Manipulationen an dem Qubit. Das sind die Gates, in diesem Fall das Hadamard-Gate H. Beendet wird ein Schaltkreis jeweils durch eine Messung M. Die Messung stellt sozusagen eine Frage dar, die als Antwort entweder den Wert 0 oder 1 bekommt.

Der in diesem Beispiel verwendete Operator H ist nach dem französischen Mathematiker Jacques Hadamard benannt. Die Wirkungen auf die beiden Basiszustände $|0\rangle$ und $|1\rangle$ sind in Abb. 17.2 zu sehen.

$$H : |0\rangle \longmapsto \psi_0 = \frac{1}{\sqrt{2}}\,|0\rangle + \frac{1}{\sqrt{2}}\,|1\rangle \quad \text{bzw.} \quad H : |1\rangle \longmapsto \psi_1 = \frac{1}{\sqrt{2}}\,|0\rangle - \frac{1}{\sqrt{2}}\,|1\rangle$$

H. M. Rubin, *Vom Doppelspalt zum Quantencomputer*,
https://doi.org/10.1007/978-3-662-71207-8_17

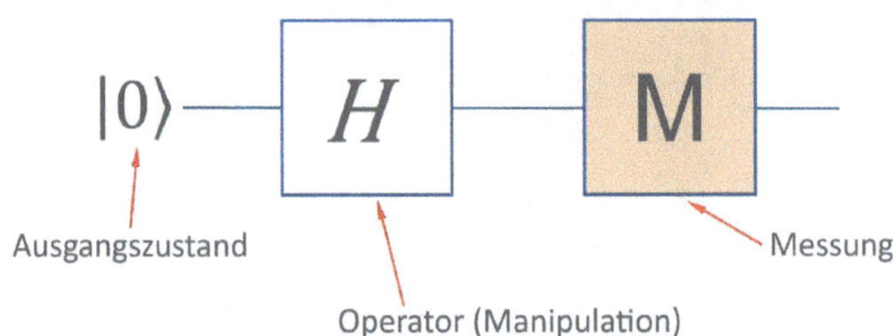

Abb. 17.1 Die Grundstruktur eines quantenmechanischen Schaltkreises

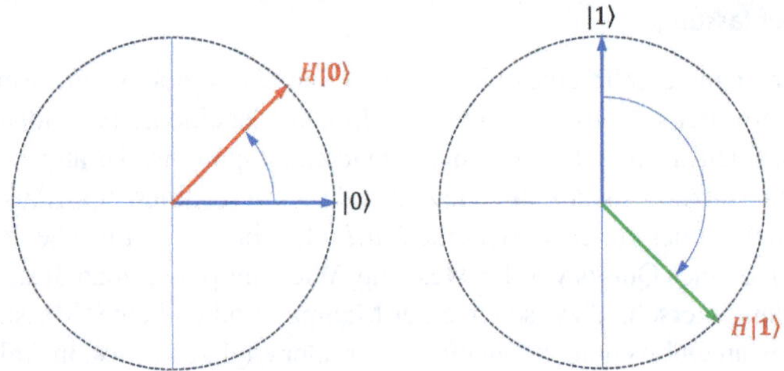

Abb. 17.2 Wirkung des Hadamard-Gates auf die beiden Basiszustände $|0\rangle$ und $|1\rangle$

Gehen wir von der zweidimensionalen Darstellung der Qubits (gemäß Abb. 16.5 links) aus, können wir zur Beschreibung der Qubits Zweiervektoren und zur Darstellung der Gates 2×2-Matrizen verwenden.

Die Zustände $|0\rangle$ und $|1\rangle$ stellen sich damit wie folgt dar:

$$|0\rangle = \begin{pmatrix} 1 \\ 0 \end{pmatrix} \quad \text{und} \quad |1\rangle = \begin{pmatrix} 0 \\ 1 \end{pmatrix} \tag{17.1}$$

Nach den Regeln der linearen Algebra schreibt sich das Hadamard-Gate als:

$$\frac{1}{\sqrt{2}} \begin{pmatrix} 1 & 1 \\ 1 & -1 \end{pmatrix} \tag{17.2}$$

Nach den Regeln der Matrixmultiplikation ergeben sich die Ergebnisse der Hadamard-Transformation in dieser Darstellung zu:

$$H\,|0\rangle = \frac{1}{\sqrt{2}} \begin{pmatrix} 1 & 1 \\ 1 & -1 \end{pmatrix} \cdot \begin{pmatrix} 1 \\ 0 \end{pmatrix} = \frac{1}{\sqrt{2}} \begin{pmatrix} 1 \\ 1 \end{pmatrix} = \frac{1}{\sqrt{2}} \begin{pmatrix} 1 \\ 0 \end{pmatrix} + \frac{1}{\sqrt{2}} \begin{pmatrix} 0 \\ 1 \end{pmatrix} = \frac{1}{\sqrt{2}} (|0\rangle + |1\rangle) \tag{17.3}$$

und

$$H\,|1\rangle = \frac{1}{\sqrt{2}} \begin{pmatrix} 1 & 1 \\ 1 & -1 \end{pmatrix} \cdot \begin{pmatrix} 0 \\ 1 \end{pmatrix} = \frac{1}{\sqrt{2}} \begin{pmatrix} 1 \\ -1 \end{pmatrix} = \frac{1}{\sqrt{2}} \begin{pmatrix} 1 \\ 0 \end{pmatrix} - \frac{1}{\sqrt{2}} \begin{pmatrix} 0 \\ 1 \end{pmatrix} = \frac{1}{\sqrt{2}} (|0\rangle - |1\rangle) \tag{17.4}$$

In der Bloch-Kugeldarstellung (Abb. 16.5 rechts) entspricht das ‚–'-Zeichen einer Phase von $\phi = \pi = 180°$. Ob man die Hadamard-Transformation nun bildhaft, mithilfe der Dirac-Klammerschreibweise, oder in zweidimensionaler Vektor- und Matrixschreibweise darstellt, spielt eigentlich keine Rolle. Das Ergebnis ist jeweils dasselbe. In den meisten Fällen kommt man sogar mit einer einfachen, grafischen Pfeildarstellung gut durch.

Realisieren lässt sich das Hadamard-Gate z. B. mit einem polarisierenden Strahlteiler (PBS), den wir bereits in Abschn. 13.3 besprochen hatten. Das Beispiel von Abb. 13.18 entspricht der zweimaligen Anwendung des H-Gates. Hier gilt sogar $H = H^{-1}$. Deshalb gilt auch $HH = HH^{-1} = I$. Davon können wir uns leicht selbst überzeugen:

$$\frac{1}{\sqrt{2}}\begin{pmatrix}1 & 1\\ 1 & -1\end{pmatrix}\frac{1}{\sqrt{2}}\begin{pmatrix}1 & 1\\ 1 & -1\end{pmatrix} = \frac{1}{2}\begin{pmatrix}1 & 1\\ 1 & -1\end{pmatrix}\begin{pmatrix}1 & 1\\ 1 & -1\end{pmatrix} = \frac{1}{2}\begin{pmatrix}2 & 0\\ 0 & 2\end{pmatrix} = \begin{pmatrix}1 & 0\\ 0 & 1\end{pmatrix} = I \qquad (17.5)$$

Das Hadamard-Gate ist also zu sich selbst invers und liefert deshalb, nach zweimaliger Anwendung, wieder den ursprünglichen Zustand. Sämtliche Gates, die auf Qubits wirken, haben diese Eigenschaft. Eine Operation mit dieser Eigenschaft heißt unitär. Quantengates sind somit **unitäre Operatoren**. Sie können durch unitäre Matrizen dargestellt werden. Vergleichen Sie dazu auch mit Abschn. 21.2.

17.2 Das CNOT-Gate

Dieses Gate wird hier am Beispiel eines Zwei-Qubit-Registers erläutert. Dabei beziehen sich die Operationen auf die Basiszustände des Registers. $CNOT$ steht für Controlled **NOT**. Das erste Qubit dient als Kontrollbit. Ist dieses im Zustand $|0\rangle$, geschieht nichts. Ist das erste Qubit jedoch im Zustand $|1\rangle$, dann wird zu dem zweiten Qubit eine 1 binär addiert. Den Schaltkreis dazu zeigt die Abb. 17.3.

In einem Quantenschaltkreis wird für jedes Qubit eine Zeile benötigt. Die erste Zeile beschreibt, was mit dem ersten Qubit x geschieht. Die zweite Zeile beschreibt die Manipulationen am zweiten Qubit y. Die zeitliche Abfolge läuft von links nach rechts.

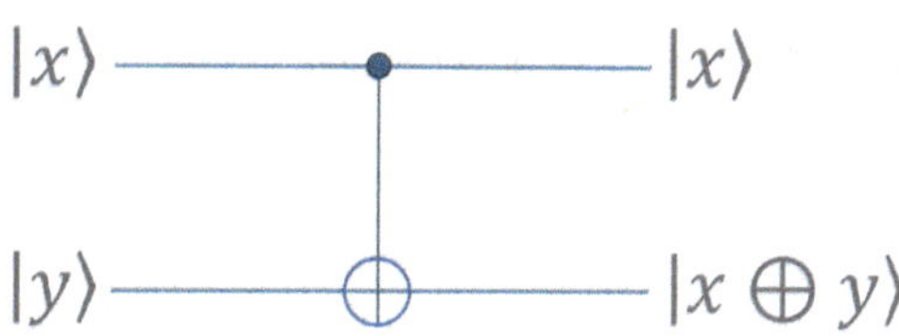

Abb. 17.3 $CNOT$: Controlled NOT, ein Zwei-Qubit-Gate

Was bedeutet das genau, falls sich die beiden Qubits x und y in allgemeinen Zuständen befinden? Dann beschreibt sich der Zustand des Registers $|xy\rangle$ wie zuvor als Produktzustand:

$$|x\rangle\,|y\rangle = \gamma_1\,|00\rangle + \gamma_2\,|01\rangle + \gamma_3\,|10\rangle + \gamma_4\,|11\rangle \tag{17.6}$$

Die vier neuen Basisvektoren $|00\rangle$, $|01\rangle$, $|10\rangle$ und $|11\rangle$ sind im Schaltkreis von Abb. 17.3 nicht direkt ersichtlich. Der Punkt • auf der ersten Zeile entspricht der Abfrage: Ist das erste Qubit eines Basiszustands $|1\rangle$? Wenn ja, dann addiere zum zweiten Qubit des entsprechenden Basiszustands eine $Eins$, sonst mache nichts. Das Symbol $\oplus$ steht für die bitweise Addition.

Das Ergebnis der CNOT-Operation, angewendet auf den obigen allgemeinen Zustand, ist demnach

$$CNOT\,|x\rangle\,|y\rangle = \gamma_1\,|00\rangle + \gamma_2\,|01\rangle + \gamma_3\,|11\rangle + \gamma_4\,|10\rangle \tag{17.7}$$

Im Binärsystem bedeutet die Addition einer 1 eine Negation, denn $0 + 1 = 1$ und $1 + 1 = 0$ (behalte 1, falls weiter gerechnet wird). Hier wird aus einer 1 eine 0 und aus einer 0 eine 1. Dies aber immer nur unter der Bedingung, dass sich das erste Qubit des Basisvektors im Zustand 1 befindet.

17.3 Verschränkung von Qubits

Wozu sind diese beiden Gates, das Hadamard- und das CNOT-Gate, nun gut? Lässt man diese beiden Gates auf zwei Qubits zusammenwirken, geschieht in der Tat etwas Erstaunliches. Was, das erfahren Sie in diesem Abschnitt.

Die Abb. 17.4 zeigt einen Quantenschaltkreis für zwei Qubits. Beide werden zu Beginn jeweils in den Zustand $|0\rangle$ initialisiert.

Danach folgt die Hadamard-Transformation auf das erste Qubit und versetzt dieses in den Zustand

$$H\,|0\rangle = \frac{1}{\sqrt{2}}\,|0\rangle + \frac{1}{\sqrt{2}}\,|1\rangle \tag{17.8}$$

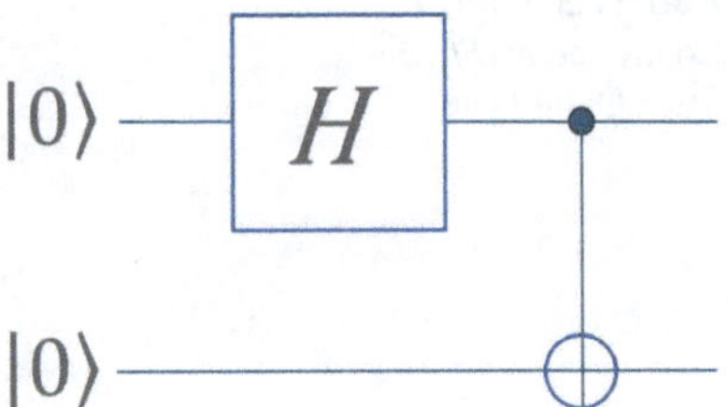

Abb. 17.4 Verschränkungsoperation

Das zweite Qubit bleibt dabei unverändert. Der Zustand des Registers schreibt sich damit

$$H\,|00\rangle = \frac{1}{\sqrt{2}}\,(|00\rangle + |10\rangle) \tag{17.9}$$

Auf diesen ersten Folgezustand des Registers folgt das CNOT-Gate. So wie im letzten Abschnitt beschrieben, führt dies zu dem zweiten Folgezustand

$$CNOT \otimes H\,|00\rangle = \frac{1}{\sqrt{2}}\,(|00\rangle + |11\rangle) \tag{17.10}$$

Was ist an diesem Zustand besonders, wodurch zeichnet er sich aus? Die beiden Qubits sind jetzt in einem Zustand, der nur zwei mögliche Messergebnisse liefern kann, nicht vier, wie bei zwei voneinander unabhängigen Qubits. Als Ergebnis können die beiden Qubits nur entweder im Zustand $|00\rangle$ oder im Zustand $|11\rangle$ sein. Wenn also am ersten Qubit der Zustand 0 gemessen wird, muss die Messung am zweiten Qubit zwingend auch dieses Ergebnis liefern. Umgekehrt, wenn an einem der beiden Qubits der Zustand 1 ausgelesen wird, muss die Messung am anderen Qubit ebenfalls dieses Ergebnis liefern. Kurzum: Die beiden Qubits sind miteinander **verschränkt**.

An diesem Beispiel erkennen wir die Bedeutung der beiden Gates H und $CNOT$: Kombiniert, wie im Schaltkreis von Abb. 17.4, führen sie zu einem verschränkten Zustand. $CNOT \otimes H$ ist eine **Verschränkungsoperation**.

In analoger Weise kann man diese Verschränkungsoperation auch auf andere Ausgangszustände anwenden, wie etwa $|01\rangle$, $|10\rangle$ und $|11\rangle$. Damit erhalten wir insgesamt vier maximal verschränkte Zustände, die sogenannten **Bell-Zustände**, für die sich die folgenden Bezeichnungen eingebürgert haben:

$$CNOT \otimes H\,|00\rangle = \frac{1}{\sqrt{2}}\,(|00\rangle + |11\rangle) = \Phi^{+} \tag{17.11}$$

$$CNOT \otimes H\,|01\rangle = \frac{1}{\sqrt{2}}\,(|01\rangle + |10\rangle) = \Psi^{+} \tag{17.12}$$

$$CNOT \otimes H\,|10\rangle = \frac{1}{\sqrt{2}}\,(|00\rangle - |11\rangle) = \Phi^{-} \tag{17.13}$$

$$CNOT \otimes H\,|11\rangle = \frac{1}{\sqrt{2}}\,(|01\rangle - |10\rangle) = \Psi^{-} \tag{17.14}$$

Sie können das leicht selber nachrechnen. Dazu müssen Sie nur die Rechnung für den Ausgangszustand $|00\rangle$ bei den drei anderen möglichen Ausgangszuständen $|01\rangle$, $|10\rangle$ und $|11\rangle$, in analoger Weise, durchführen.

Interessant ist nun Folgendes. Vertauschen wir die Reihenfolge von $CNOT$ und H, wird die Verschränkungsoperation wieder rückgängig gemacht.

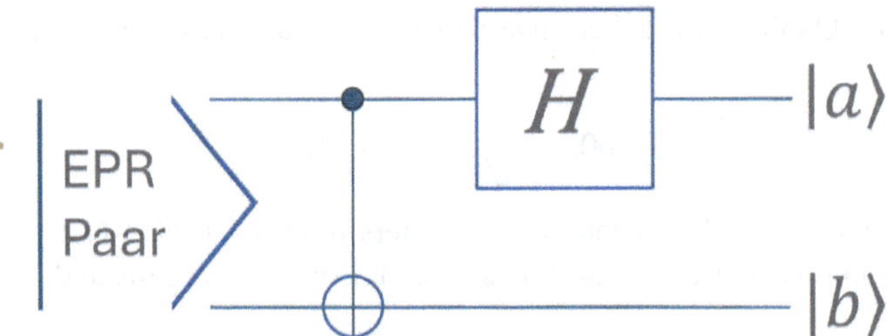

Abb. 17.5 Vertauschen von CNOT und H führt zu einer Umkehr der Verschränkungsoperation

Als Ergebnis dieser Umkehr kommen wieder die ursprünglichen Anfangszustände heraus. In Abb. 17.5 steht $|ab\rangle$ für die vier Ausgangszustände $|00\rangle$, $|01\rangle$, $|10\rangle$ und $|11\rangle$. Auch davon können Sie sich leicht selbst überzeugen.

17.4 Das X- und das Z-Gate

Neben dem H- und dem $CNOT$-Gate gibt es eine Vielzahl weiterer Gates für die verschiedensten Bedürfnisse. Für die Anwendungen, die wir in diesem Teil besprechen, benötigen wir nur zwei davon, das X- und das Z-Gate. Das X-Gate vertauscht die beiden Amplituden α und β. Das Ergebnis, angewendet auf einen allgemeinen Zustand $\alpha\,|0\rangle + \beta\,|1\rangle$, lautet:

$$X: \quad \alpha\,|0\rangle + \beta\,|1\rangle \quad \rightarrow \quad \beta\,|0\rangle + \alpha\,|1\rangle \tag{17.15}$$

In der zweidimensionalen Qubitdarstellung entspricht das einer Spiegelung an der Winkelhalbierenden im ersten Quadranten. In der Bloch-Kugeldarstellung entspricht das einer Drehung um den Winkel π um die x-Achse.

Etwas einfacher ist das Z-Gate. Es ändert nur das Vorzeichen von β. Die Wirkung dieses Gates lässt sich demnach folgendermaßen schreiben:

$$Z: \quad \alpha\,|0\rangle + \beta\,|1\rangle \quad \rightarrow \quad \alpha\,|0\rangle - \beta\,|1\rangle \tag{17.16}$$

Dies entspricht in der zweidimensionalen Darstellung einer Spiegelung an der x-Achse und in der Bloch-Kugel einer Drehung um den Winkel π um die z-Achse (⟼ siehe auch Abschn. 16.3, Abb. 16.5).

In der Matrix-Darstellung:

$$X = \begin{pmatrix} 0 & 1 \\ 1 & 0 \end{pmatrix} \tag{17.17}$$

$$Z = \begin{pmatrix} 1 & 0 \\ 0 & -1 \end{pmatrix} \tag{17.18}$$

Überzeugen Sie sich selbst davon, dass mit diesen Matrizen und den Basisvektoren $|0\rangle = \begin{pmatrix}1\\0\end{pmatrix}$ sowie $|1\rangle = \begin{pmatrix}0\\1\end{pmatrix}$ für einen beliebigen Zustandsvektor $\alpha\,|0\rangle + \beta\,|1\rangle$ genau die obigen Ergebnisse herauskommen.

Das X- und das Z-Gate benötigen wir zusammen mit H und $CNOT$ für die Quantenteleportation (s. Abschn. 18.2).

Anwendungen

18

Zusammenfassung

Mit den im vorherigen Kapitel besprochenen Gates lassen sich bereits die elementarsten Anwendungen der Quanteninformatik realisieren. Dazu gehören Zufallsgeneratoren, die Quantenteleportation und die Quantenkryptografie sowie einfache Quantenspiele. Die Algorithmen und Schaltkreise dazu werden in diesem Kapitel besprochen.

18.1 Quantenmechanischer Zufallsgenerator

Werfen wir eine Münze in die Luft und lassen sie wieder zu Boden fallen, zeigt sie entweder Kopf oder Zahl. Das Ergebnis können wir nicht vorhersagen, es ist zufällig. Allerdings ganz so zufällig ist es nicht. Wüssten wir nämlich über die Anfangsbedingungen, wie z. B. die anfängliche Lage und den genauen Abwurfvorgang, genau Bescheid, ließe sich das Ergebnis im Prinzip mithilfe der klassischen Mechanik vorausberechnen. Die Zufälligkeit des Ergebnisses beruht also auf der Unkenntnis der Anfangs- und Randbedingungen. Man spricht deshalb von einem Pseudozufall bzw. von einem **subjektiven Zufall**. Auch Zufallszahlen, die mit einem Computer generiert werden, hängen vom Anfangszustand des Computers ab. Dieser ist in der Regel nur nicht bekannt.

Bei einer quantenmechanischen Messung hängt die Wahrscheinlichkeit des Ergebnisses zwar auch vom Anfangszustand ab, aber es ließe sich nicht prinzipiell vorausberechnen wie beim Münzwurf, weil nicht bekannt ist, welche Prozesse zwischen Präparierung des Quantenzustands und der Messung, bzw. beim Messvorgang, ablaufen. Man geht deshalb heute davon aus, dass es sich beim quantenmechanischen Zufall um einen *wirklichen* oder einen *reinen* Zufall handelt. Man spricht dabei von einem **objektiven Zufall**. Der quantenmechanische Zufall gilt deshalb als zufälliger als der klassisch generierte Zufall.

H. M. Rubin, *Vom Doppelspalt zum Quantencomputer*,
https://doi.org/10.1007/978-3-662-71207-8_18

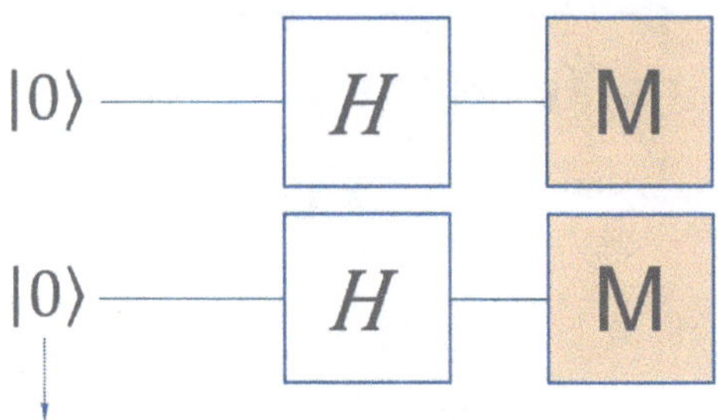

Abb. 18.1 Zwei-Bit-Zufallsgenerator

Mithilfe des Schaltkreises von Abb. 17.1 lässt sich der klassische Münzwurf quantenmechanisch realisieren. Die Hadamard-Transformation versetzt den Ausgangszustand $|0\rangle$ in den Überlagerungszustand

$$\frac{1}{\sqrt{2}}\,|0\rangle + \frac{1}{\sqrt{2}}\,|1\rangle \tag{18.1}$$

Die Quadrate der beiden Amplituden $\left(\frac{1}{\sqrt{2}}\right)^2 = \frac{1}{2}$ ergeben für die beiden möglichen Ergebnisse $|0\rangle$ und $|1\rangle$ exakt dieselbe Messwahrscheinlichkeit von $p = 0{,}50$. Grundsätzlich sollte dieses Ergebnis nun zufälliger sein als bei einem realen Münzwurf oder einer Simulation mit einem herkömmlichen Computer.

Möchte man eine Zufallszahl zwischen 0 ... 3 erzeugen, könnte man das Experiment entweder zweimal nacheinander oder (wie in Abb. 18.1) mit zwei voneinander unabhängigen Qubits durchführen.

Sollen Zufallszahlen zwischen 0 ... 255 erzeugt werden, könnte man das Experiment entweder achtmal nacheinander oder mit acht voneinander unabhängigen Qubits gleichzeitig durchführen. Das Schaltbild von Abb. 18.1 wäre entsprechend durch sechs weitere Zeilen zu ergänzen.

Die in Genf ansässige Firma ID Quantique SA verkauft bereits Steckkarten für PCs, mit denen sich am eigenen Rechner (zu Hause oder im Büro) quantenmechanisch generierte Zufallszahlen erzeugen lassen.

18.2 Quantenteleportation

Das Ziel bei der Quantenteleportation besteht darin, den Zustand eines Qubits auf ein anderes Qubit zu übertragen. Dies ist eine wichtige Operation in Quantencomputern, weil Qubits nicht kopiert werden können. Der Zustand eines Qubits kann schließlich nicht direkt beobachtet werden. Beim Auslesen eines Qubits wird der Zustand i. Allg. zerstört. Diese Tatsache bringt, wie bereits erwähnt, das *No-Cloning-Theorem* zum Ausdruck.

Auch bei der Quantenteleportation wird der Ausgangszustand zerstört, dabei aber an einem anderen Qubit wieder rekonstruiert. Der Unterschied zwischen Kopieren und Teleportieren besteht somit darin, dass bei der Teleportation das Ausgangsqubit vernichtet wird. Bei einer Kopie hingegen bliebe das ursprüngliche Qubit erhalten.

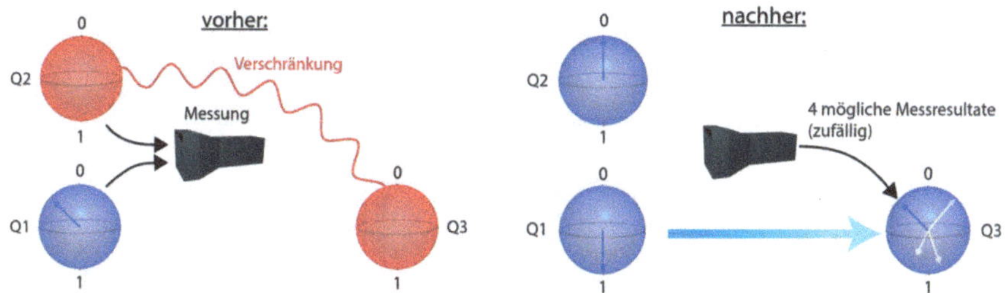

Abb. 18.2 Was geschieht bei der Quantenteleportation?

Das Resultat wären zwei identische Qubits, was, wie wir jetzt wissen, bei Qubits nicht möglich ist.

Die Abb. 18.2 zeigt bildhaft das Vorgehen bei der Quantenteleportation.

Der Zustand von Qubit Q_1 wird dabei auf das Qubit Q_3 übertragen. Dazu müssen die beiden Qubits Q_2 und Q_3 zuvor in einen bellschen Zustand versetzt werden, d. h. vollständig miteinander verschränkt sein. Anschließend folgt eine Bell-Messung an den beiden Qubits Q_1 und Q_2, so wie wir sie im letzten Abschnitt besprochen hatten. Dabei sind vier Messresultate möglich und entsprechend wird auch der Zustand von Qubit Q_3 beeinflusst. Dieses befindet sich nach der Messung in einem von vier möglichen Zuständen. Diese sind in Abb. 18.2 rechts unten, in Qubit Q_3, durch drei helle und einen dunklen Pfeil dargestellt.

Wichtig ist nun das Ergebnis der Bell-Messung, denn dieses bestimmt die finale Manipulation, die zur Rekonstruktion des ursprünglichen Zustands von Q_1 an Q_3 durchgeführt werden muss.

Besser verständlich wird das Vorgehen, wenn die einzelnen Schritte in einem Quantenschaltkreis dargestellt werden. Vergleichen Sie dazu die nachfolgende Abb. 18.3. Weil wir hierzu drei Qubits benötigen, besteht der Schaltkreis aus drei Zeilen, für jedes Qubit eine. In der ersten Zeile liegt das Qubit $|\Psi\rangle$, dessen allgemeiner Zustand auf das Qubit $|b\rangle$ übertragen werden soll. Den Ausgangszustand schreiben wir deshalb als

$$|\Psi\rangle = \alpha\,|0\rangle + \beta\,|1\rangle \tag{18.2}$$

Die beiden anderen Qubits $|a\rangle$ und $|b\rangle$ müssen sich in einem der vier verschränkten Bell-Zustand befinden, also z. B. im Zustand:

$$|ab\rangle = \frac{1}{\sqrt{2}}\,|00\rangle + \frac{1}{\sqrt{2}}\,|11\rangle \tag{18.3}$$

Damit die Sache nicht gleich zu unübersichtlich wird, ist diese Verschränkungsoperation in dem Schaltkreis von Abb. 18.3 nicht eingezeichnet.

Mithilfe dieses Schaltkreises können wir nun die Berechnungen durchführen. Dazu müssen wir zuerst den Ausgangszustand des Drei-Qubit-Registers als Produktzustand notieren:

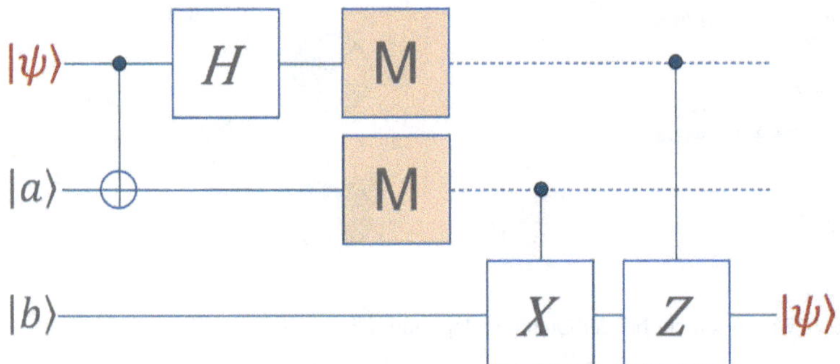

Abb. 18.3 Schaltkreis der Quantenteleportation

$$\phi_0 = |\Psi ab\rangle = |\Psi\rangle\,|ab\rangle = (\alpha\,|0\rangle + \beta\,|1\rangle)\left(\frac{1}{\sqrt{2}}\,|00\rangle + \frac{1}{\sqrt{2}}\,|11\rangle\right) \tag{18.4}$$

Ausmultipliziert:

$$\phi_0 = \frac{1}{\sqrt{2}}\,(\alpha\,|000\rangle + \alpha\,|011\rangle + \beta\,|100\rangle + \beta\,|111\rangle) \tag{18.5}$$

Danach folgt der erste Folgezustand ϕ_1 nach Anwendung des $CNOT$-Gatters:

$$\phi_1 = \frac{1}{\sqrt{2}}\,(\alpha\,|000\rangle + \alpha\,|011\rangle + \beta\,|110\rangle + \beta\,|101\rangle) \tag{18.6}$$

Nun wird es etwas ungemütlich, denn jetzt müssen wir das Hadamard-Gate auf das erste Qubit von jedem der vier Terme anwenden. Dadurch verdoppelt sich die Anzahl der Terme auf acht. Der zweite Folgezustand ϕ_2 ergibt sich dann zu

$$\frac{1}{2}\,(\alpha\,[|0\rangle + |1\rangle]\,|00\rangle + \alpha\,[|0\rangle + |1\rangle]\,|11\rangle + \beta\,[|0\rangle - |1\rangle]\,|10\rangle + \beta\,[|0\rangle - |1\rangle]\,|01\rangle)$$

Auch das wird wieder ausmultipliziert, was für ϕ_2 zu folgendem Ausdruck führt:

$$\begin{aligned}&\frac{1}{2}\,(\alpha\,|000\rangle + \alpha\,|100\rangle + \alpha\,|011\rangle + \alpha\,|111\rangle + \beta\,|010\rangle - \beta\,|110\rangle\\&\quad +\beta\,|001\rangle - \beta\,|101\rangle)\end{aligned} \tag{18.7}$$

Dies ist der Zustand des Registers nach Anwendung von $CNOT$ und H. Nun folgt die gleichzeitige Messung der ersten beiden Qubits. Deshalb werden die Terme nach den ersten beiden Werten zusammengefasst undausgeklammert. Das führt (Faktor

1/2 und äußere Klammer weggelassen) zu:

$$|00\rangle \underbrace{[\alpha\,|0\rangle + \beta\,|1\rangle]}_{I} + |01\rangle \underbrace{[\alpha\,|1\rangle + \beta\,|0\rangle]}_{X} + |10\rangle \underbrace{[\alpha\,|0\rangle - \beta\,|1\rangle]}_{Z}$$
$$+\,|11\rangle \underbrace{[\alpha\,|1\rangle - \beta\,|0\rangle]}_{ZX} \tag{18.8}$$

In eckigen Klammern steht jeweils der Zustand des dritten Qubits b. Offenbar hängt dieser Zustand vom Ergebnis der Messung an den ersten beiden Qubits ab:

- Ist das Ergebnis 00, dann befindet sich das Qubit b bereits im Ausgangszustand ψ und es ist keine weitere Manipulation nötig. ($I = Identität$)
- Ist das Ergebnis 01, kommt das X-Gate zur Anwendung, welches das Qubit b durch Vertauschen von α und β in den Ausgangszustand ψ überführt.
- Ist das Ergebnis 10, muss das Vorzeichen von β gewechselt werden. Dies wird durch das Z-Gate bewerkstelligt.
- Ist das Ergebnis 11, müssen sowohl die Koeffizienten α und β vertauscht als auch das Vorzeichen von β gewechselt werden. In diesem Fall kommen beide Gates, das X- und das Z-Gate, zum Zug.

Am Ende des Schaltkreises befindet sich das Qubit b in jedem Fall im Ausgangszustand ψ. Der Schaltkreis ermöglicht es jedoch nicht, den Zustand ψ direkt zu sehen. Wir wissen nur mit Gewissheit, dass dieser auf das Qubit b übertragen wurde. Schauen Sie sich dazu auch die Bilder der Visualisierung in Abschn. 20.1 an.

Dies ist übrigens eine Eigenschaft, die alle quantenmechanischen Schaltkreise gemeinsam haben. Man kann die Zwischenzustände nicht sehen bzw. nicht direkt beobachten. Man sieht nur das Endresultat. Auf den ersten Blick erscheint dies eher nachteilig, aber es hat eine wichtige Anwendung, die wir im nächsten Abschnitt besprechen: die Quantenkryptografie. Damit wird einerseits verhindert, dass der Verschlüsselung eine Signatur aufgeprägt wird, die später der Entschlüsselung dienen könnte, und andererseits wird der Schlüssel dabei sicher übertragen. Falls es jemandem gelingen sollte, den Schlüssel bei der Übertragung von A nach B abzufangen und zu lesen, würde dies von Alice und Bob bemerkt werden.

18.3 Quantenkryptografie

Die Quantenkryptografie dient der sicheren Erzeugung und Übermittlung eines Schlüssels, welcher zu einer starken Verschlüsselung von Daten benötigt wird. Sie beruht auf dem *No-Cloning-Theorem*. Wird der Schlüssel bei der Übermittlung von A nach B gelesen, verändert sich die Information und dies wird bemerkt. Dabei wird der Schlüssel mithilfe eines quantenmechanischen Zufallsgenerators erzeugt. Dadurch wird sichergestellt, dass dem Schlüssel keine erkennbare Signatur aufgeprägt wird, die eine Entschlüsselung ermöglichen könnte.

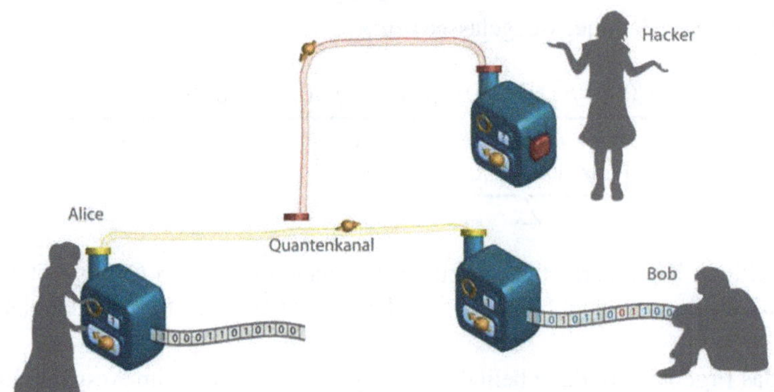

Abb. 18.4 Verfahren zur sicheren Übermittlung eines Schlüssels mithilfe der Quantenkryptografie

Unbedarfterweise könnte man z. B. jedem Buchstaben im Alphabet einen anderen Buchstaben zuordnen und dies in einer Zuordnungstabelle aufschreiben. Mithilfe dieser Tabelle ließen sich dann Texte und Ziffern kodieren und mit derselben Tabelle auch wieder dekodieren. Da aber in jeder Sprache jeder Buchstabe mit einer bekannten Häufigkeit auftritt, wäre es zumindest bei längeren Texten nicht schwierig, die Nachrichten zu entschlüsseln.

Wie ist vorzugehen, um die o. g. Anforderungen umzusetzen? Die Abb. 18.4 veranschaulicht ein bekanntes Verfahren, welches heute bereits kommerziell eingesetzt wird.

Nennen wir, wie es in der Quanteninformatik üblich ist, die Absenderin Alice und den Empfänger Bob. Die Daten werden von A nach B bzw. von Alice zu Bob übertragen. Eingezeichnet ist auch eine Lauscherin (Hacker), meist als Eve bezeichnet (von engl. eavesdropper), der es gelingt, die übertragenen Qubits auszulesen. Natürlich würden die Qubits durch Eves Eingriff verändert und der Schlüssel, der bei Bob ankommt, wäre nicht mehr derselbe wie der von Alice abgeschickte. Wie kann man nun herauszufinden, ob der Schlüssel bei der Übertragung gelesen wurde?

Entscheidend ist, dass Alice ihre Zufallsqubits jeweils in einer von zwei verschiedenen Basen sendet. Genauso misst Bob die von Alice gesendeten Qubits jeweils in einer von diesen beiden Basen. Die verwendeten Basen müssen natürlich bei Alice und Bob dieselben sein, also z. B. (0, 1) oder (+, −). Wichtig ist nur, dass sowohl Alice als auch Bob ihre Basis für jedes übertragene bzw. empfangene Qubit zufällig neu wählen und protokollieren. Diese Wahl der Basis erfolgt in der Abb. 18.4 jeweils mithilfe des Drehrads, welches an beiden Apparaten erkennbar ist.

Von den übertragenen Qubits werden nur jene in den Schlüssel übernommen, bei denen die Sende- und Empfangsbasis übereinstimmen. Nur dann ist das Messergebnis bei Bob nicht zufällig und ein von Alice gesendetes Qubit bleibt durch Bobs Messung unverändert. Stimmen die Basen von Alice und Bob hingegen nicht überein, dann ist das Messergebnis von Bob zufällig und man kann keine Übereinstimmung erwarten. Dazu muss Alice für jedes Qubit protokollieren, in welcher Basis bei ihr jedes einzelne Qubit gesendet wurde. Ebenso muss Bob bei jedem von ihm empfangenen Qubit Protokoll führen, in welcher Basis er dieses jeweils gemessen hat.

Nach der Übertragung müssen Alice und Bob ihre Protokolle der jeweils gewählten Basen gegenseitig austauschen. Dies kann auf einem klassischen Kanal wie z. B. per Telefon oder E-Mail unverschlüsselt erfolgen. Ein Hacker könnte mit diesem Protokoll alleine nichts anfangen, da es selbst keine Informationen über den Schlüssel enthält. Alice und Bob nehmen jeweils nur diejenigen Qubits in den Schlüssel auf, bei denen Sende- und Empfangsbasis übereingestimmt haben.

Falls niemand die übertragenen Qubits im Quantenkanal gelesen hat, stimmen die Schlüssel von Alice und Bob überein. Wurden hingegen alle oder nur einige Qubits von Eve gelesen, stimmen die Schlüssel von Alice und Bob nicht überein. Um sicherzustellen, dass die beiden Schlüssel übereinstimmen, müssen sich Alice und Bob schließlich gegenseitig eine zuvor vereinbarte Testnachricht zusenden. Stimmt diese mit der vereinbarten Nachricht überein, sind auch die Schlüssel identisch.

Das hier beschriebene Vorgehen wurde im Jahr 1984 von Charles **Bennett** von IBM und Gilles **Brassard** von der Universität Montreal vorgeschlagen, und es wird deshalb als BB84-Protokoll bezeichnet[1]. Umgesetzt werden konnte das Verfahren fünf Jahre später von IBM in Yorktown, mit Qubits aus polarisierten Photonen[2].

Das Protokoll benötigt zwei Qubits, die beide, wie üblich, im Zustand $|0\rangle$ beginnen. Danach werden beide durch je eine Hadamard-Transformation in den Zustand $|+\rangle$ versetzt und danach sogleich gemessen. Dies führt dazu, dass sich nun jedes der beiden Qubits entweder in Zustand $|0\rangle$ oder im Zustand $|1\rangle$ befindet. Das Ergebnis ist dabei rein zufällig, so wie in Abschn. 18.1 beschrieben.
Wie bei der Teleportation lässt sich auch das BB84-Protokoll in einem Quantenschaltkreis darstellen, (s. Abb. 18.5):

Mit dem Zufallsgenerator in der ersten Zeile des oberen Bildteils wird der Zustand des zu übertragenden Qubits auf $|0\rangle$ oder $|1\rangle$ festgelegt. Der Zufallsgenerator in der zweiten Zeile legt, wiederum rein zufällig, die Übertragungsbasis fest. Ist dieses zweite Qubit im Zustand $|0\rangle$, geschieht nichts. Befindet es sich hingegen im Zustand $|1\rangle$, wird auf das erste Qubit die Hadamard-Transformation angewendet. Das hat zur Folge, dass dieses sich jetzt entweder im Zustand $|+\rangle$ oder im Zustand $|-\rangle$ befindet und das Qubit somit in der $(+, -)$-Basis übermittelt wird.

Wenn das Qubit $|x\rangle$ im unteren Bildteil bei Bob ankommt, befindet es sich entweder im Zustand $|0\rangle$ oder $|1\rangle$, falls die Messung $a' = 0$ ergab. Andernfalls befindet sich das übertragene Qubit $|x\rangle$ entweder im Zustand $|+\rangle$ oder im Zustand $|-\rangle$.

Für Bobs Auswertung ist nun entscheidend, welchen Wert b' die Messung seines zweiten Qubits ergab. Kommt das Qubit von Alice im Zustand $|0\rangle$ oder $|1\rangle$ bei Bob an und ist $b' = 0$, verändert sich $|x\rangle$ bei seiner Messung nicht. Kommt das Qubit x von Alice hingegen im Zustand $|+\rangle$ oder $|-\rangle$ bei Bob an, ist sein Messergebnis von b zufällig.

[1] Bennett, C. H., Brassard, G., Quantum cryptography: Public key distribution and coin tossing, 1984 [91] und [92].

[2] Weitere Informationen dazu im Internet z. B. unter dem Stichwort *Quantenschlüsselaustausch*.

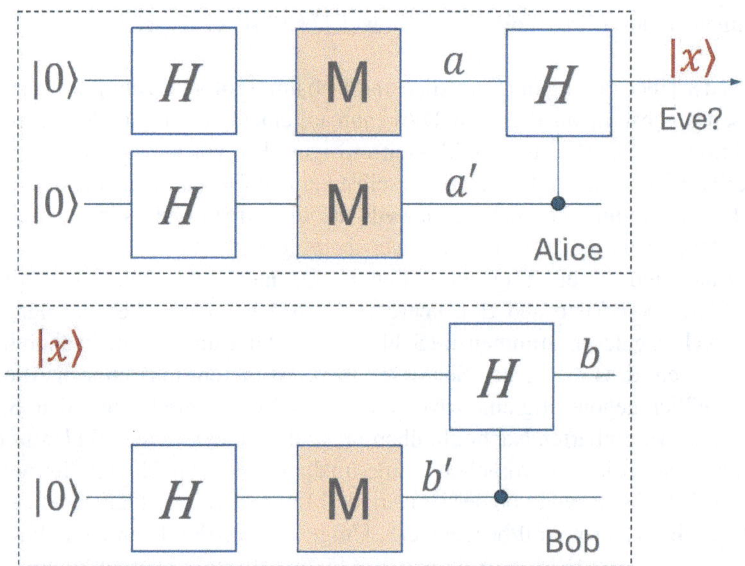

Abb. 18.5 Quantenschaltkreis des BB84-Protokolls der Quantenkryptografie

Ist der Messwert $b' = 1$, dann werden die Qubits von Alice im Zustand $|0\rangle$ oder $|1\rangle$ in den Zustand $|+\rangle$ oder $|-\rangle$ versetzt, was zu einem Zufallsergebnis bei Bob führt. Kommen die Qubits von Alice entweder im Zustand $|+\rangle$ oder $|-\rangle$ bei Bob an, werden sie durch die Hadamard-Transformation wieder in der Zustand $|0\rangle$ bzw. $|1\rangle$ versetzt. Durch Bobs finale Messung werden diese Zustände dann nicht mehr verändert.

In ihrem Protokoll muss Alice für jedes übertragene Qubit die Messwerte a, a' sorgfältig in ihr Übertragungsprotokoll eintragen. Dasselbe gilt für Bob: Er protokolliert für jedes empfangene Qubit seine Messwerte b und b' sorgfältig. Als Resultat ergibt sich dann die folgende Tabelle (Abb. 18.6):

Aus diesem Protokoll ist Folgendes erkennbar: Immer dann, wenn $a' = b'$ ist, stimmen auch die Messwerte a und b überein. Diese Werte sind dann bei Alice und bei Bob mit Sicherheit gleich. Sind hingegen a' und b' verschieden, dann sind die Messergebnisse von b zufällig. Bob kann dann nicht davon ausgehen, dass Alice für a denselben Wert erhalten hat.

a	0	0	1	1	0	0	1	1
a'	0	1	0	1	0	1	0	1
$\|x\rangle$	$\|0\rangle$	$\|+\rangle$	$\|1\rangle$	$\|-\rangle$	$\|0\rangle$	$\|+\rangle$	$\|1\rangle$	$\|-\rangle$
b'	0	0	0	0	1	1	1	1
b	0	Z	1	Z	Z	0	Z	1
Schlüssel	0		1			0		1

Abb. 18.6 Übertragungsprotokoll der Messwerte von Alice und Bob

Alice und Bob müssen jetzt nur noch ihre Werte von a' bzw. b' gegenseitig austauschen. Dabei ist natürlich strikt auf die richtige Reihenfolge zu achten. Beide können schließlich mithilfe dieses Übertragungsprotokolls der a'- und b'-Werte den Schlüssel konstruieren, indem sie nur jene gesendeten a-Werte bzw. empfangenen b-Werte in den Schlüssel übernehmen, bei denen jeweils $a' = b'$ war. Wenn dabei keine Fehler gemacht wurden und niemand mitgehört hat, müssen die Schlüssel bei Alice und Bob übereinstimmen.

Sollte es jedoch jemandem gelungen sein, die Qubits $|x\rangle$ im Quantenkanal gelesen zu haben, dann hätte sich dadurch der Zustand von $|x\rangle$ verändert. Dadurch extrahieren Alice und Bob unterschiedliche Schlüssel.

Erst wenn die zuvor vereinbarten Testnachrichten übereinstimmen, können beide gewiss sein, dass niemand den Schlüssel abgefangen hat.

18.4 Quantenspiele

Betrachten wir zunächst ein einfaches Münzspiel: Zwei Spieler sitzen sich an einem Tisch gegenüber. Der erste legt eine Münze mit *Kopf* nach oben auf den Tisch. Danach wird die Münze so abgedeckt, dass keiner der beiden Spieler sie sehen kann, aber beide mit den Händen die Münze drehen können. Nun ist der zweite Spieler am Zug. Er darf die Münze drehen oder sie liegen lassen. Der erste Spieler sieht nicht, was der zweite Spieler gemacht hat. Nun kommt der erste Spieler wieder an die Reihe. Auch er darf die Münze drehen oder sie liegen lassen. Im dritten Zug darf auch der zweite Spieler nochmals die Münze drehen oder sie nur liegenlassen. Schließlich wird die Abdeckung entfernt. Zeigt die Münze *Kopf,* gewinnt der erste Spieler, zeigt sie *Zahl,* gewinnt der zweite. Spielen die beiden das Spiel oft genug, gewinnt in der Hälfte der Durchgänge der erste Spieler, in der anderen Hälfte der zweite. Die Chancen stehen 50 zu 50.

Spiel gegen den Quantencomputer

Die Situation ändert sich, wenn der zweite Spieler durch einen Quantencomputer ersetzt wird. Hat der erste Spieler eine Chance? Er beginnt das Spiel, wie vorher, indem er die Münze mit Kopf nach oben auf den Tisch legt. Die folgende Abb. 18.7 veranschaulicht den Spielverlauf.

Das Ganze geschieht jetzt natürlich nur virtuell am Bildschirm. Dann ist der Quantencomputer am Zug. Anstatt die Münze entweder zu drehen oder nicht, versetzt er die Münze in einen Überlagerungszustand von Drehen und Nichtdrehen. Das ist eine logische Konsequenz, denn wir sehen ja nicht, was der Quantencomputer gemacht hat. Nun ist der Spieler wieder an der Reihe, er dreht die Münze oder auch nicht. Den letzten Zug hat wieder der Quantencomputer, er geht gleich vor wie im ersten Zug. Abschließend wird das Resultat sichtbar gemacht. Die Münze zeigt *Kopf,* der Quantencomputer hat gewonnen! Ist das Zufall oder nicht? Nach hundert Durchläufen hat der Quantencomputer das Spiel in ca. 97 Fällen gewonnen, wie ist das möglich?

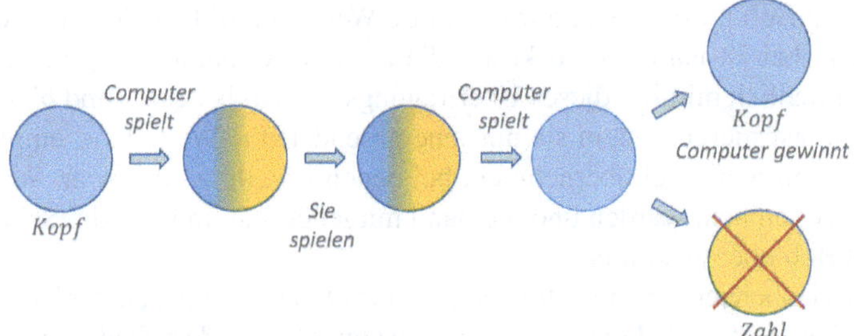

Abb. 18.7 Spielplan des einfachen Münzspiels gegen einen Quantencomputer

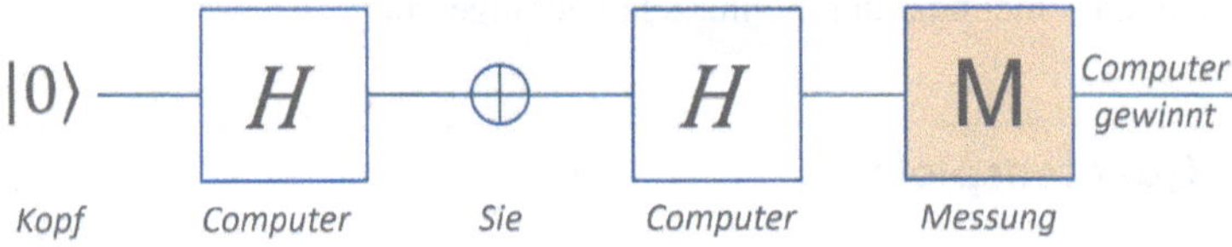

Abb. 18.8 Quantenschaltkreis des einfachen Münzspiels mit einem Quantencomputer

Um das zu verstehen, schauen wir uns am besten den Quantenschaltkreis zu diesem Spiel an. Er ist in Abb. 18.8 dargestellt:

Im ersten Zug wendet der Computer die Hadamard-Transformation auf das Qubit an. Dadurch wird dieses in den Überlagerungszustand $\frac{1}{\sqrt{2}}(|0\rangle + |1\rangle)$ versetzt. Für den Spieler bedeutet Drehen, die bitweise Addition ($\oplus$) einer 1 durchzuführen oder das **X**-Gate auf das Qubit anzuwenden. Beide Operationen haben dieselbe Wirkung auf den obigen Überlagerungszustand, nämlich gar keine. X vertauscht $|0\rangle$ mit $|1\rangle$. Die bitweise Addition einer 1 macht genau dasselbe.

Jetzt ist der Quantencomputer wieder am Zug. Er wendet nochmals die Hadamard-Transformation auf das Qubit an. Diese überführt aber das Qubit wieder in den Ausgangszustand, denn es gilt $\mathbf{H} = \mathbf{H}^{-1}$ und damit $\mathbf{HH} = \mathbf{HH}^{-1} = I$. Das Qubit liegt somit am Ende mit Sicherheit wieder im Zustand $|0\rangle$ vor. Der Quantencomputer gewinnt immer. In den wenigen Fällen, in denen der Quantencomputer verliert, liegt das an Fehlern, die während des Rechenprozesses auftreten können. Qubits sind sehr empfindliche Gebilde. Die geringste Störung kann den Zustand eines Qubits verändern. Weil störende Einflüsse kaum zu vermeiden sind, werden Fehlerkorrekturmethoden entwickelt, mit denen Fehler entdeckt und korrigiert werden können. Das grundlegende Vorgehen dazu wird im nächsten Abschn. 18.5 erläutert. ◄

18.5 Quantenfehlerkorrektur

Die Fehlerrate bei elementaren Operationen in klassischen Computern liegt bei etwa $p < 10^{-17}$. In Quantencomputern reichen schon sehr schwache Wechselwirkungen mit der Umgebung aus, um ein Qubit umspringen (flippen) zu lassen. Dies kann auch ohne äußere Einwirkung, durch die spontane Emission eines Photons, geschehen.

Beispielsweise wird (2024) für das von der Fraunhofer-Gesellschaft genutzte IBM Quantum System One in Ehningen (De) für 1-Qubit-Quantengatter eine Fehlerrate von 0,02 % ($p \approx 2 \times 10^{-4}$) und für 2-Qubit-Quantengatter eine von 0,8 % ($p \approx 8 \times 10^{-2}$) angegeben. Diese Werte unterscheiden sich um mehrere Größenordnungen gegenüber jenen von klassischen Computern. Diese hohen Fehlerraten sind derzeit noch ein wesentliches Hindernis für zuverlässige Anwendungen von Quantencomputern.

Längere Rechnungen können nur verlässlich auf einem Quantencomputer ausgeführt werden, wenn es gelingt, die einzelnen Quantengatteroperationen mit einer gewissen Mindestgenauigkeit auszuführen. Die momentanen Abschätzungen der erforderlichen Mindestgenauigkeit liegen etwa bei einem Fehler auf 10^4 Operationen. Um dies zu erreichen, werden Fehlerkorrekturverfahren entwickelt. Dazu sind aber zusätzliche Operationen und zusätzliche Qubits erforderlich, die ihrerseits die Fehleranfälligkeit wieder erhöhen.

Die Idee dabei ist, anstelle von nur einem Qubit mehrere reale Qubits zu verwenden und diese zu einem **logischen Qubit** zu vereinen, indem man z. B. festlegt, dass $|0\rangle$ durch $|0\rangle\,|0\rangle\,|0\rangle$ und $|1\rangle$ durch $|1\rangle\,|1\rangle\,|1\rangle$ dargestellt werden. Nimmt man an, dass in einem der drei Qubits ein Bitflip als Fehler auftritt, enthalten diese trotzdem noch genügend Information, um den Fehler zu bemerken und zu beheben. Jeder mögliche Bitflipfehler hat ein ihm eigenes Fehlermerkmal.

Wie das konkret bei Bitflipfehlern umgesetzt werden kann, wollen wir an folgendem Beispiel zeigen. Anstelle eines elementaren Qubits im Zustand $|0\rangle$ oder im Zustand $|1\rangle$ setzen wir logische Qubits, bestehend aus drei Qubits: $|0_L\rangle = |000\rangle$ und $|1_L\rangle = |111\rangle$. Ein allgemeiner Qubitzustand schreibt sich somit:

$$\psi = \alpha\,|000\rangle + \beta\,|111\rangle \tag{18.9}$$

Nur dürfen wir diese Qubits nicht direkt prüfen (messen), weil dadurch ihr Zustand und damit die in ihnen gespeicherten Informationen zerstört würden. Deshalb wird ein viertes Qubit $|z\rangle$ im Anfangszustand $|0\rangle$ benötigt, das vor seiner Messung, einmal mit den beiden Qubits 1 und 2 und ein zweites Mal mit den Qubits 2 und 3, mittels $CNOT$-Operationen, gemäß dem folgenden Schaltkreis (Abb. 18.9), verknüpft wurde.

Dieser Schaltkreis muss zweimal durchlaufen werden. Im ersten Durchgang stehen x und y somit für die Qubits 1 und 2 und im zweiten Durchgang für die Qubits 2 und 3. Damit ergeben sich zwei Messwerte für das Hilfsqubit: z_{12} und z_{23} mit den

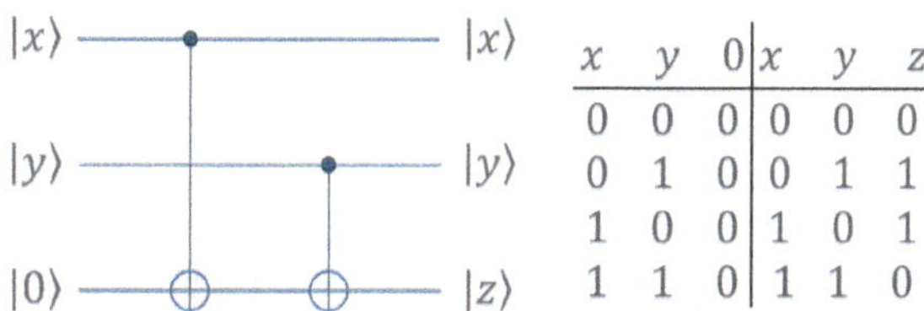

x	y	0	x	y	z
0	0	0	0	0	0
0	1	0	0	1	1
1	0	0	1	0	1
1	1	0	1	1	0

Abb. 18.9 Messen von Qubits auf Fehler

z_{12}	z_{23}	Qubits	Fehler
0	0	$\|0\rangle\|0\rangle\|0\rangle$	keiner
1	0	$\|1\rangle\|0\rangle\|0\rangle$	Flip im ersten Qubit
1	1	$\|0\rangle\|1\rangle\|0\rangle$	Flip im zweiten Qubit
0	1	$\|0\rangle\|0\rangle\|1\rangle$	Flip im dritten Qubit

Abb. 18.10 Aufgrund der Messergebnisse des Hilfsbits z_{12} und z_{23} lassen sich Bitflipfehler an einem logischen Qubit lokalisieren

möglichen Werten in der zweiten Spalte der Wahrheitstabelle in Abb. 18.9. Damit ergeben sich die oben aufgelisteten Fehlersymptome (Abb. 18.10):

Möglicherweise sind auch zwei Qubits gleichzeitig von einem Bitflipfehler betroffen. Diese sind mit diesem Verfahren jedoch nicht eindeutig erkennbar. Ihre Wahrscheinlichkeit ist aber deutlich geringer als jene für einen Bitflipfehler. Außerdem können in Quantencomputern nicht nur **Bitflipfehler**, sondern auch **Phasenfehler** auftreten. Diese äußern sich im Vorzeichenwechsel der Amplituden α oder β. Ein solcher kann aber durch eine Hadamard-Transformation in einen Bitflipfehler transformiert werden.

Die Größe der erreichbaren Fehlerschwelle hängt vom verwendeten Quantenfehlerkorrekturcode ab. Vielversprechend sind die sogenannten **Surface Codes**[3], an denen weltweit und insbesondere auch an der ETH Zürich intensiv geforscht wird.

Weil eine vollständige Fehlererkennung kaum möglich ist, begnügt man sich mit der Minimierung, bzw. Abschwächung von Fehlern. Dazu wurden sogenannte Mitigationsverfahren entwickelt. Zu erwähnen hierzu ist die Zero Noise Extrapolation (Richardson-Fehlerextrapolation, abgekürzt ZNE). Dazu werden zusätzliche Quantengatter verwendet, die es ermöglichen, die Stärke der Fehler zu variieren und aus fehlerhaften Messergebnissen auf die richtigen Werte zu extrapolieren.

Auf der IBM-Internetplattform IBMQ, die wir im nächsten Teil V kennenlernen, lässt sich dieses Verfahren mithilfe von Qiskit simulieren. An dieser Stelle wollen wir aber nicht näher auf solche Verfahren eingehen. Im folgenden Teil beschäftigen wir uns aber ausführlich mit der IBMQ-Plattform und der Quantensoftware Qiskit.

[3] Siehe dazu auch: *Google Quantum AI, Suppressing Quantum Errors by Scaling a Surface Code Logical Qubit,* Nature, 2023 [93].

Teil V
Quantumcomputing online

Mithilfe von Quantenschaltkreisen können die einzelnen Arbeitsschritte eines Quantencomputers symbolisch übersichtlich dargestellt werden. Schritt für Schritt lassen sich damit auch die jeweiligen Folgezustände berechnen. Wie wir aber im letzten Teil gesehen haben, können diese Berechnungen schnell ziemlich mühsam werden.

Für solche quantenmechanischen Berechnungen gibt es jedoch bereits Software, die einem diese unangenehme Arbeit abnehmen kann und, darüber hinaus, auch diverse Möglichkeiten der Visualisierung von Zustandsvektoren sowie von Wirkungen der unterschiedlichen Gates ermöglichen.

Mit der *IBM Quantum Platform* stellt die Firma IBM eine frei zugängliche Onlineumgebung für das Quantum Computing zur Verfügung. Dazu gehören die folgenden Elemente:

- Der **Quantum Composer:** Dabei handelt es sich um eine interaktive, grafische Benutzeroberfläche, mit deren Hilfe man durch einfaches Auswählen und Verschieben (Drag and Drop) von ikonischen Symbolen Quantenschaltkreise zusammenbauen und ausführen lassen kann.

- Das **Quantum Lab:** Hier können mithilfe der Programmierumgebung Qiskit Quantenschaltkreise online programmiert werden. Qiskit ist ein von IBM entwickeltes Open Source Software Development Kit (SDK), das auf der Programmiersprache Python beruht. Sei Kurzem läuft das Quantum Lab auf einer neuen Plattform namens **qBraid** und wird deshalb auch **qBraid Lab** genannt.

- Eine umfangreiche **Dokumentation** bzw. Referenz der Qiskit-Elemente (Funktionen und Gates).

- **Tutorials** zur Programmierumgebung Qiskit, mit vielen Erklärungen und Beispielen, die selbständig durchgearbeitet werden können.

Wir nutzen das Quantum Lab einerseits zur Visualisierung der bereits bekannten Verfahren der Teleportation und der Kryptografie, aber andererseits auch, um neue Algorithmen vorzustellen, die bei nur theoretischer Beschreibung eher schwierig zu vermitteln sind. Außerdem bietet die Plattform dem Leser bzw. der Leserin die

Möglichkeit, selbst am eigenen Computer mit Quantenschaltkreisen zu experimentieren. Individuelle Fragen klären sich oft durch eigenes Ausprobieren besser als durch langatmige Erklärungen.

Die folgenden neuen Algorithmen werden in diesem Teil besprochen:

- **Halbaddierer:** Hier wird gezeigt, wie man mit einem Quantencomputer einen klassischen Rechner simulieren kann.

- Das **Problem von Deutsch:** Anschaulich erklärt, handelt es sich dabei um ein Verfahren, mit dem man auf einen Blick feststellen kann, ob eine Münze gefälscht ist oder nicht. Für gewöhnlich muss man eine Münze einmal umdrehen, um beide Seiten zu überprüfen. Mit diesem Algorithmus genügt einem Quantencomputer dafür ein Blick (shot).

- **Bernstein-Vazirani-Algorithmus:** Dies ist eine Erweiterung des Problems von Deutsch auf beliebig lange Binärzahlen. Um eine n-Bit-Binärzahl aus dem Speicher zu lesen, benötigt ein Computer n Arbeitsschritte. Ist die Zahl in einem Quantencomputer codiert, schafft dieser das Auslesen in nur einem Schritt (shot) bzw. mit nur einem Blick.

- **Shor-Algorithmus:** Mit diesem Algorithmus wird es möglich, sehr große Zahlen in kurzer Zeit in Primfaktoren zu zerlegen. Die Primfaktorzerlegung spielt z. B. bei der RSA-Verschlüsselung eine zentrale Rolle. Die Sicherheit dieses asymmetrischen Verschlüsselungsverfahrens basiert auf der praktischen Unmöglichkeit, mit herkömmlichen Computern sehr große Zahlen innerhalb nützlicher Frist in Primfaktoren zu zerlegen. Mit dem Shor-Algorithmus und entsprechend leistungsfähigen Quantencomputern geraten solche Verfahren in Bedrängnis.

- **Grover-Algorithmus:** In einer Datenbank, wie z. B. in einem Telefonbuch, sind die Datensätze nach den Nachnamen der Teilnehmer geordnet. Kennt man den Namen, findet man die Telefonnummer schnell. Kennt man hingegen nur die Nummer, aber nicht den Namen, wird es sehr aufwendig, den Teilnehmer zu dieser Nummer zu finden. Der Grover-Algorithmus ermöglicht es, solche unstrukturierten Datenabfragen effizienter durchzuführen, als das mit herkömmlichen Computern möglich ist. Ebenfalls vielversprechend ist dieser Algorithmus zur Bewältigung logistischer Probleme.

- **GHZ-Zustände:** Dies sind Zustände von drei oder mehr vollständig verschränkten Qubits. Hier wird ein Verfahren vorgestellt, wie sich drei Qubits vollständig miteinander verschränken lassen.

Das Quantum Lab (neuerdings qBraid Lab) basiert auf sogenannten Jupyter Notebooks. Diese ermöglichen es, Textzellen und ausführbare Python-Programmcodes in einem Notebook zu vereinen. Auch einige der Qiskit-Tutorials stehen in dieser Form zur Verfügung. Dies ermöglicht es, Erklärungen direkt mit ausführbaren Codebeispielen zu ergänzen, mit denen man selbständig weiter experimentieren kann.

Auch die o. g. Beispiele stehen als Jupyter Notebooks zum Download auf GitHub zur Verfügung. Im Buch sind die wichtigsten Elemente abgedruckt. Die Notebooks enthalten aber weiterführende Erläuterungen und Beispiele. Die heruntergeladenen Notebooks können anschließend ins Quantum Lab hochgeladen und dort auch betrachtet und bearbeitet werden.

Jupyter Notebooks, inklusive Python und Qiskit, lassen sich auch lokal auf dem eigenen Rechner installieren. Dies geschieht am besten mit der Programmierumgebung Anaconda, die ebenfalls frei zugänglich und leicht zu installieren ist. Damit haben Sie Zugriff auf alle Tools, unabhängig von einer Internetverbindung. Das lokal in Anaconda enthaltene Jupyter Lab entspricht weitgehend der Cloudanwendung qBraid Lab.

Dieser Teil schließt mit einigen technischen Ergänzungen, die, der Übersichtlichkeit wegen, bei den vorangegangenen Erklärungen ausgelassen wurden. Diese Details betreffen die Darstellung von Qubits mithilfe der Bloch-Kugel sowie die Beschreibung von Qubitzuständen mithilfe der Dichtedarstellung.

IBM Quantum Platform

19

Zusammenfassung

Die Firma IBM stellt eine umfangreiche, frei zugängliche Onlineplattform zum Quantencomputing zur Verfügung. Darin enthalten sind der *Quantencomposer* sowie eine umfangreiche Sammlung an Dokumenten und Tutorials. Das Ganze basiert auf einer von IBM entwickelten Programmbibliothek namens **Qiskit**, die in der Programmiersprache Python verfasst ist. Mit dem Quantencomposer kann man online auf einer grafischen Benutzeroberfläche, mittels Drag and Drop, Quantenschaltkreise am Bildschirm aufbauen. Die Quantenzustände werden auf verschiedene Arten visualisiert. Die Schaltkreise können anschließend zur Auswertung an einen echten Quantencomputer oder an einen Quantensimulator geschickt werden. Dazu ist allerdings ein IBM-Konto erforderlich. Neben dem Quantumcomposer steht auf der qBraid-Plattform das auf Jupyter Notebooks basierende Quantum Lab zur Verfügung. In diesem können Texte im LaTeX -Format mit Python-Codes in einem Dokument vereint werden. Mithilfe der Programmiersprache Python und der Qiskit-Programmbibliothek, eröffnen sich damit noch weit mehr Möglichkeiten als mit dem Composer. Dies ist besonders in der Lehre von Interesse, weil damit Erklärungen und ausführbare Codes miteinander in einem Dokument verknüpft sowie die verschiedenen Gates und ihre Wirkung auf die Zustandsvektoren visuell darstellt werden können. Das Quantum Lab lässt sich auch lokal auf dem eigenen Rechner installieren. Dazu wird die Programmierumgebung Anaconda empfohlen. Diese enthält neben einem Python-Interpreter u. a. auch das Jupyter Lab, mit dem sich, analog zu qBraid, Jupyter Notebooks erstellen lassen. Beispiele dazu werden in den Abschn. 19.2 und 19.4 sowie im Kap. 20 vorgestellt.

International **B**usiness **M**achines.

H. M. Rubin, *Vom Doppelspalt zum Quantencomputer*,
https://doi.org/10.1007/978-3-662-71207-8_19

19.1 Der Quantum Composer

Zur Startseite von IBM Quantum kommt man mit dem Link https://quantum.ibm.com/. Dort kann man sich ein IBM-Konto einrichten. Zur Kontoeinrichtung geben Sie eine gültige E-Mail-Adresse und ein Passwort ein. Anschließend erhalten Sie einen Zugangscode per E-Mail. Nach der Eingabe dieses Codes ist die Kontoeinrichtung abgeschlossen. Die eingegebene E-Mail-Adresse gilt gleichzeitig als IBMid.

Danach können Sie Quantenschaltkreise per Drag and Drop aufbauen und diese auch abspeichern oder an einen echten Quantencomputer bzw. -simulator zur Auswertung senden. Geben Sie https://quantum.ibm.com/composer/ ein, gelangen Sie direkt zum Startbildschirm des Quantumcomposers und können auch ohne Anmeldung experimentieren (aber nicht abspeichern).

Der Bildschirm des Composers ist in drei Teile geteilt (am besten setzen Sie sich dazu vor den Bildschirm und rufen den Composer auf): Links sehen Sie die Palette mit den zur Verfügung stehenden Gates und in der Mitte den Schaltkreis. Jedes Qubit erhält eine horizontale Linie. Auf diesen Linien können aus der Palette die Gates per Drag und Drop platziert werden. Setzen Sie z. B. das Hadamard-Gate auf das Qubit `q[0]` und fügen anschließend das $CNOT$-Gate ein. Dieses wird hier mit C_X bezeichnet. Die unterste Linie, mit `c4` bezeichnet, steht für ein klassisches Register (hier auf eine Größe von 4 Bit eingestellt), in dem die Messwerte nach dem Auslesen der Qubits abgespeichert werden. So kann jedem Qubit ein Bit zugeordnet werden. In der rechten Spalte ist der Programmtext für den Quantensimulator OpenQASM aufgelistet. Dort wird definiert, wie viele Quantenregister (`qreg`) und wie viele klassische Register (`creg`) der Schaltkreis haben soll und welche Gates in welcher Reihenfolge zur Anwendung kommen. Hier können Sie sich auch den Qiskit-Code anzeigen lassen. Beobachten Sie jeweils, wie sich das Balkendiagramm *Probabilities* und die *Q-Sphere* verändern.

Die Anzahl der Quantenregister sowie die Anzahl und Größe der klassischen Register können entweder per Mausklick eingestellt werden, indem man mit der linken Maustaste auf ein Symbol `q[4]` bzw. `c[4]` klickt, oder per Ersetzung im Programmtext (z. B. `qreg[4]` durch `qreg[2]` und `creg[4]` durch `creg[2]`). Die Bezeichnungen `qreg` und `creg` sind übrigens nur Variablennamen und können auch anders gewählt werden.

Links im Histogramm *Probabilities* sieht man die Messwahrscheinlichkeiten des Registers. Da wir hier einen verschränkten Zustand (den Bell-Zustand Ψ^+) erzeugt haben, sind nur zwei Messwerte – 0000 und 0011 – mit je einer Messwahrscheinlichkeit von 50 % möglich. Die *Q-Sphere* in der Mitte bietet die Möglichkeit, den Registerzustand von bis zu sechs Qubits in einer (an die Bloch-Kugel angelehnten) Darstellung zu verbildlichen. Im Gegensatz zur Bloch-Kugel, mit der nur der Zustand eines Qubits dargestellt werden kann, ermöglicht die *Q-Sphere* die Darstellung der Zustände mehrerer Qubits. Dabei ist der Zustand $|0000\rangle$ senkrecht nach oben ausgerichtet und der Zustand $|0011\rangle$ senkrecht dazu nach links. WeitereZustände werden auf Breitenkreisen der Kugel, nach dem Prinzip des Hamming-Abstands[1], mit zunehmender Anzahl Einsen von oben nach unten verteilt. Die Größe des Punktes auf der Kugel steht für die Amplitude und die Farbe für die Phase.

Im Menüpunkt *View > Panels > Statevector* können Sie sich auch den Zustandsvektor (*Statevector*) als Balkendiagramm anzeigen lassen. Die Höhe der Balken entspricht den Amplituden der Basiszustände und diese betragen in diesem Beispiel $1/\sqrt{2} \approx 0{,}707$, im Unterschied zu den Messwahrscheinlichkeiten von je 0,5 im Probabilities-Diagramm links.

Das Register befindet sich nach der Anwendung der Verschränkungsoperation auf den Anfangszustand $|0000\rangle$ jetzt im Zustand

$$\Phi^+ = 1/\sqrt{2}\,|0000\rangle + 1/\sqrt{2}\,|0011\rangle \tag{19.1}$$

Unter dem Statevector-Diagramm ist zusätzlich der Zustandsvektor in der Form `[0.707+0j, 0+0j, 0+0j, 0.707+0j]` angegeben. Das entspricht unserer gewohnten Darstellung $1/\sqrt{2}\,|0000\rangle + 1/\sqrt{2}\,|0011\rangle$. Die Terme mit j entsprechen dem Imaginäranteil der Amplituden. In unserem Beispiel sind alle diese Anteile *null*. Ein Imaginärteil in der Amplitude bedeutet in der Bloch-Kugeldarstellung einen Anteil in y-Richtung. Näheres dazu in Abschn. 19.4.

Schließlich bleiben noch die Scheibchen am rechten Ende des Schaltkreises zu erklären. Sie enthalten drei Informationen über das jeweilige Qubit, auf dessen Linie sie sich befinden. Der Durchmesser des schwarzen Kreises gibt den Verschränkungsgrad mit den anderen Qubits an. Ist der Durchmesser 1, ist das Qubit nicht verschränkt. Ist der Durchmesser 0,5, dann liegt maximale Verschränkung vor. Liegt der Durchmesser zwischen 0,5 und 1, liegt teilweise Verschränkung vor. Der Füllstand mit blauer Farbe gibt Auskunft darüber, wie groß der Anteil des Zustands $|1\rangle$ am jeweiligen Qubitzustand ist. Da das Register im Zustand $1/\sqrt{2}\,|0000\rangle + 1/\sqrt{2}\,|0011\rangle$ ist, beträgt dieser Anteil bei beiden Qubits am Gesamtzustand je 0,5 und die Scheiben sind daher je halb gefüllt. Schließlich gibt der Zeiger Auskunft über die Phase des $|1\rangle$-Anteils. Aufgrund des Pluszeichens vor $|0011\rangle$ zeigt der Zeiger nach rechts, was einem Phasenwinkel in der Bloch-Kugel von $0°$ entspricht.

Abgeschlossen wird eine Quantenberechnung durch eine Messung. Dazu zieht man das Messsymbol (halbkreisförmige Skala mit Zeiger und dem Buchstaben z) auf die Linien der zu messenden Qubits. Die nichtbenutzten Qubits `q[3]` und `q[4]` lassen sich leicht löschen, indem man auf `q[3]` bzw. `q[4]` klickt und im darauf erscheinenden Dialogfeld das Papierkorbsymbol anklickt.

Bevor wir in die Details gehen, wollen wir vorerst, anhand eines bereits bekannten Schaltkreises, den Quantum Composer etwas besser kennenlernen.

[1] Als Hamming-Abstand zweier Vektoren definiert man die Anzahl der voneinander verschiedenen Koordinaten, benannt nach dem US-amerikanischen Mathematiker Richard Wesley Hamming.

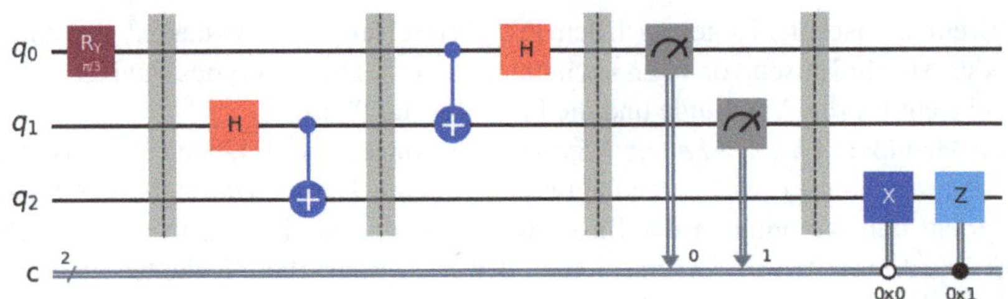

Abb. 19.1 Quantenschaltkreis der Quantenteleportation

Beispiel Quantenteleportation

Durch Ziehen und Ablegen bauen wir den Quantenschaltkreis für die Teleportation auf. Das Prinzip der Quantenteleportation kennen Sie bereits aus Abschn. 18.2. Wir benötigen drei Qubits und zwei klassische Bits zum Abspeichern der Messresultate der Bell-Messung. Den Schaltkreis sehen Sie in der Abb. 19.1:

Das Ziel besteht darin, den Anfangszustand von Qubit q_0 auf das Qubit q_2 zu übertragen. Die einzelnen Rechenschritte sind im Schaltkreis durch vertikale, gestrichelte Linien (barriers) getrennt. Betrachten wir sie einzeln und der Reihe nach:

Im ersten Schritt wird das Qubit q_0 mithilfe des Gates R_Y in einen allgemeineren Zustand versetzt. R_Y ist eine Rotation um die y-Achse. Der Drehwinkel lässt sich durch Anklicken des Symbols im Schaltkreis einstellen. Hier wurde für R_Y der Winkel $\phi = \pi/3 = 60°$ willkürlich gewählt. Das bedeutet, der Zustandsvektor $|0\rangle$ wird um $\phi = 60°$ um die y-Achse gedreht. Dies ergibt den Anfangszustand des Registers zu[2]

$$|000\rangle \mapsto \phi_0 = |00\rangle \left(\frac{\sqrt{3}}{2} |0\rangle + \frac{1}{2} |1\rangle \right) \approx 0{,}866\, |000\rangle + 0{,}5\, |001\rangle \qquad (19.2)$$

Wenn wir die Basisvektoren in der üblichen Weise, d. h. nach aufsteigenden Dualwerten ordnen,

$$|000\rangle\,, |001\rangle\,, |010\rangle\,, |011\rangle\,, |100\rangle\,, |101\rangle\,, |110\rangle \quad \text{und} \quad |111\rangle \qquad (19.3)$$

dann verstehen wir die Angabe des Zustandsvektors unter dem Statevector-Diagramm:

```
[0.866+0j, 0.5+0j, 0+0j, 0+0j, 0+0j, 0+0j, 0+0j, 0+0j]
```

[2] In Qiskit wird das oberste Qubit im Schaltkreis rechts geschrieben. Die Reihenfolge ist also $|q_2 q_1 q_0\rangle$.

Vorerst tragen nur die Basiszustände $|000\rangle$ und $|001\rangle$ mit den Amplituden $\frac{\sqrt{3}}{2}$ und $\frac{1}{2}$ zum Registerzustand bei. Da wir um die y-Achse rotiert haben, sind auch alle imaginären Anteile (j) *null*. Die Normierungsbedingung $\left(\frac{\sqrt{3}}{2}\right)^2 + \left(\frac{1}{2}\right)^2 = 1$ ist damit natürlich auch erfüllt.

Im zweiten Schritt werden die Qubits q_1 und q_2 miteinander verschränkt. Das hatten wir seinerzeit, bei der Erklärung der Teleportation, bereits vorausgesetzt gehabt. Hier müssen wir das natürlich selbst machen.

Im dritten Schritt erfolgt die Vorbereitung auf die Bell-Messung mit der Abfolge der Operationen $CNOT$ und H (Umkehrung der Verschränkungsoperation).

Im vierten Schritt erfolgt die Messung der beiden Qubits q_0 und q_1. Dabei sind vier verschiedene Messergebnisse möglich, nämlich: 00, 01, 10 und 11. Das Messergebnis wird in das klassische Register geschrieben, z. B. $c_0 = 0$ und $c_1 = 1$.

Im fünften Schritt wird mithilfe der kontrollierten Z- und X-Gatter C_Z und C_X sowie dem Messergebnis das Qubit q_3 in den Anfangszustand von q_0 versetzt. Der Statevector wird nun mit

```
[0+0j, 0.866+0j, 0+0j, 0+0j, 0+0j, 0.5+0j, 0+0j, 0+0j]
```

angegeben.

Die Statevectorangabe liefert uns wieder die Amplituden der Basisvektoren in der Reihenfolge von oben. Gemäß dieser Reihenfolge der Basisvektoren können wir den Endzustand des Registers schließlich in unserer gewohnten Schreibweise angeben:

$$\frac{\sqrt{3}}{2}|001\rangle + \frac{1}{2}|101\rangle = \left(\frac{\sqrt{3}}{2}|0\rangle + \frac{1}{2}|1\rangle\right)|01\rangle = q_2\,|01\rangle \tag{19.4}$$

Der Endzustand von q_2 ist demnach jetzt tatsächlich $\left(\frac{\sqrt{3}}{2}|0\rangle + \frac{1}{2}|1\rangle\right)$.

Dieser ist identisch mit dem Anfangszustand von q_0.

Sie können nun selbst weiter experimentieren und andere, noch allgemeinere Anfangszustände ausprobieren. Das Ergebnis wird immer das gleiche sein: Der Zustand von q_0 wird auf das Qubit q_2 übertragen. ◄

19.2 Das Quantum Lab

Im Gegensatz zum Quantum Composer müssen die Schaltkreise im Lab programmiert werden. Dazu wurde eigens die Programmierumgebung Qiskit entwickelt. Dabei handelt es sich um ein Open-Source-Framework zur Programmierung von

Quantencomputern, basierend auf der Programmiersprache Python. Im Quantum Lab kann man Onlineskripte in Form von Jupyter Notebooks erstellen, die den Qiskit-Code mit erklärenden Texten und Visualisierungen kombinieren. Dazu ist keine Installation erforderlich. Den Code kann man entweder auf realen Quantencomputern oder auf Simulatoren laufen lassen. Die Ausführung auf Simulatoren hat den Vorteil, dass man sämtliche Zwischenzustände beobachten und das Programm Schritt für Schritt nachvollziehen kann.

Jupyter Notebooks sind sehr hilfreich beim Lernen und beim Lehren der Quantum-Computing-Grundlagen. Die Skripte können in der Cloud gespeichert werden. Dazu werden jedem registrierten Benutzer 4 GB Speicherplatz zur Verfügung gestellt, der von überall her mit einem Standardbrowser erreichbar ist.

Das Quantum Lab wird auf der Plattform *qBraid* zur Verfügung gestellt, weshalb auch die Bezeichnung *qBraid Lab* geläufig ist. Zur Nutzung ist ein Login auf https://qbraid.com erforderlich. Nach erfolgter Registrierung können Sie sich auf dieser Website einloggen und das Lab durch Anklicken von *Launch Lab* starten.

Im Lab sehen Sie ganz links eine schmale Spalte mit diversen Symbolen, zuoberst ein Ordnersymbol. Damit erhalten Sie in der zweiten Spalte eine Übersicht über Ihre gespeicherten Dokumente. Das können Textdokumente (.txt), Python-Code (.py), Markdown-Files (.md) oder Jupyter Notebooks (.ipynb) sein. Die Bedeutung dieser Formate wird weiter unten erklärt. Zuoberst in dieser Spalte finden Sie zwei Ordner (*qBraid* und *qbraid-tutorials*), in denen sich weitere Tutorials befinden.

Im mittleren Bereich ist der Launcher, mit verschiedenen Kacheln, geordnet nach den Kategorien Notebook, Console und Other. Zum Einstieg laden Sie das einführende Notebook *Darstellung von Qubit-Zuständen*[3] von der GitHub-Plattform zum Buch hoch. Dieses erscheint anschließend in der zweiten Spalte, wo alle hochgeladenen Dokumente aufgelistet werden. Diese Spalte lässt sich wieder schließen, indem man auf das entsprechende Symbol in der schmalen Spalte ganz links klickt. Dadurch wird der Bildschirm frei für das einführende Notebook.

Ein Jupyter Notebook besteht aus einer Reihe von untereinander angeordneten Zellen, wovon es mehrere Typen gibt: Code, Markdown und Raw. Den Typ der Zelle erkennen Sie durch Anklicken einer Zelle. Klicken Sie in eine Codezelle erscheint die Bezeichnung *Code*. Codezellen enthalten ausführbaren Qiskit-Code, den man innerhalb des Dokuments mit Shift+Enter oder durch Anklicken des Dreiecksymbols (▷) in der Menüzeile ausführen kann.

Markdown-Zellen enthalten Überschriften, Texte, Bilder und Formeln sowie Formatierungsanweisungen. Durch Doppelklick in eine solche Zelle sehen Sie den Markdown-Code. Beispiele für Formatierungsbefehle sind: Das Rautezeichen (#) macht die erste Zeile zu einer Hauptüberschrift. Der Doppelstern `**Build**` macht den Text fett und ein Weblink hat die Struktur [quantum circuit] (https://en.wikipedia.org/wiki/Quantum_circuit). Normaler Text steht in Schreibmaschinenschrift ohne Formatierung. Wollen Sie wieder in die Normalansicht wechseln, führen Sie die Zelle (wie oben bei der Codezelle beschrieben) aus.

[3] `Darstellung-von-Qubits.ipynb`.

Mit ## und ### können Untertitel auf verschiedenen Ebenen erzeugt werden. Es gibt auch die Möglichkeit, einen Titel mit einem Label zu versehen: Z. B. mit <a id='basics'></a>. Mithilfe des Labels 'basics' kann man von einer beliebigen Stelle des Notebooks aus, durch Anklicken eines Links (z. B. [Link](#basics)), an diese Stelle springen, ganz ähnlich wie in HTML.

Nun schreiben wir mathematische Formeln in eine Markdown-Zelle. Geben Sie z. B. die folgende Anweisung ein:

```
$$\psi\rangle = \left(|000\rangle+|111\rangle\right)\sqrt{2}$$
```

Das ist dieselbe Syntax, wie sie auch in LaTeX -Dokumenten verwendet wird. Ausgegeben wird dann nach Ausführen der Zelle:

$$|\psi\rangle = (|000\rangle + |111\rangle)\,\frac{1}{\sqrt{2}} \tag{19.5}$$

Soll eine Formel innerhalb eines Textes stehen, wird sie nur von einfachen $-Zeichen eingeschlossen.

Wie man z. B. Matrizen schreibt, sehen Sie weiter unten. Der Befehl dazu lautet:

```
$$C_X=\begin{pmatrix}1&0&0&0\\0&0&0&1\\0&0&1&0\\0&1&0&0\\\end{pmatrix}$$
```

Nach Ausführen der Zelle wird die folgende Ausgabe erzeugt:

$$C_X = \begin{pmatrix} 1 & 0 & 0 & 0 \\ 0 & 0 & 0 & 1 \\ 0 & 0 & 1 & 0 \\ 0 & 1 & 0 & 0 \end{pmatrix} \tag{19.6}$$

Dies ist die Matrixdarstellung des $CNOT$- bzw. C_X- Gates. Was sie bedeutet und wie man damit umgeht, erfahren Sie in Abschn. 21.2.

Wie Sie an diesen Beispielen sehen können, ist die Markdown-Syntax eng an die HTML- und die LaTeX -Beschreibungssprache angelehnt[4] .

Das Quantum Lab bietet Möglichkeiten der Visualisierung, die es im Composer nicht gibt. Ohne bereits in Details zu gehen, sollen hier vorab anhand eines Beispiels die Visualisierungsmöglichkeiten mithilfe der Bloch-Kugeldarstellung gezeigt werden. Die Eingabe des Programmcodes erfolgt in Codezellen eines Jupyter Notebooks. Ein neues, leeres Notebook startet man entweder über das Menü `File > New > Notebook` oder, indem man im Launcher die dritte Kachel in der obersten Zeile mit dem Python-Symbol anklickt. Darauf öffnet sich ein Notebook mit dem Titel *Untitled1.ipynb*. Es enthält bereits eine Codezelle, in die Sie die folgenden, grau unterlegten Codeabschnitte eingeben können. Damit dieses Notebook auf

[4] Weitere Details zur Markdown-Sprache im Internet z. B. unter: https://www.markdownguide.org/.

qBraid läuft, müssen Sie dort zuerst die passende Qiskit-Umgebung einbinden. Dies kann im Launcher mit der Kachel Add Environment oder ganz rechts oben mithilfe des ENVS-Symbols geschehen. Wähhlen Sie aus der angebotenen Liste IBM Qiskit (v0.43.1) aus. Vergewissern Sie sich, dass in diesem Notebook in der Menüzeile oben rechts auch der Kernel Python [Qiskit] gewählt ist.

Ein Quantum-Lab-Beispiel: Bloch-Kugel

[5] Der erste Schritt besteht immer darin, von Qiskit die benötigten Bibliotheken einzubinden:

```
from qiskit import QuantumCircuit, BasicAer, execute
from qiskit.quantum_info import Statevector
from qiskit.visualization import plot_bloch_multivector
from math import sqrt, pi
```

Danach werden der Quantenschaltkreis definiert und die Qubits initialisiert sowie das Backend festgelegt:

```
qc = QuantumCircuit(2, 0)
initial_state = [0,1]    # Zustandsvektor |1> definieren
qc.initialize(initial_state, 1)
backend = BasicAer.get_backend('statevector_simulator')
```

Das Qubit q_0 befindet sich danach im Zustand $|0\rangle$ und das Qubit q_1 im Zustand $|1\rangle$. Wir arbeiten mit dem `'statevector_simulator'`. Das erlaubt uns, die beiden Zustände in je einer Bloch-Kugel darzustellen:

```
job = execute(qc, backend).result()
plot_bloch_multivector(job.get_statevector(qc),title="")
```

Nach der Ausführung dieser Zelle folgt die Ausgabe des Anfangszustands $|01\rangle$ (s. Abb. 19.2):

Nun untersuchen wir, welche Wirkung das Hadamard-Gate auf diese beiden Anfangszustände hat. Dazu geben wir den folgenden Code in die nächste Codezelle ein:

[5] Sie finden dieses Notebook auch auf der GitHub-Plattform zum Buch: Blochkugel.ipynb.

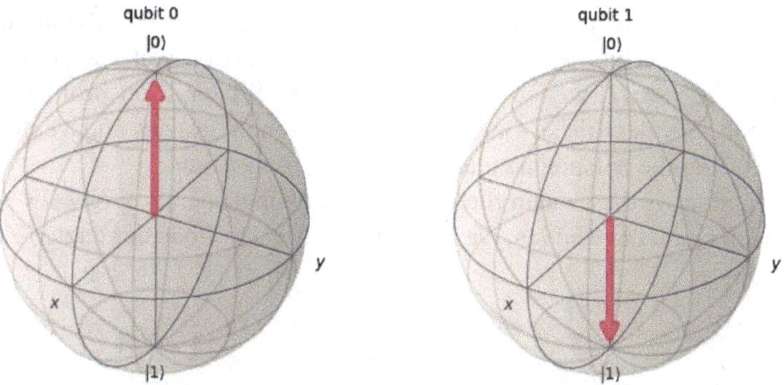

Abb. 19.2 Qubit $q[0]$ im Zustand $|0\rangle$ (links) und Qubit $q[1]$ im Zustand $|1\rangle$ (rechts)

```
qc.h(0) #Hadamard auf q[0]
qc.h(1) #Hadamard auf q[1]
job = execute(qc, backend).result()
plot_bloch_multivector(job.get_statevector(qc),title="")
```

Das Ergebnis zeigt die folgende Abb. 19.3

H legt also den Vektor $|0\rangle$ in die x-Achse, in positiver Richtung, und den Vektor $|1\rangle$ ebenfalls in die x-Achse, aber in negativer Richtung. Die beiden Vektoren haben keine Komponente in z-Richtung. Das bedeutet, dass die Messwahrscheinlichkeit, eine 0 oder eine 1 zu messen, jeweils bei $p = 0{,}5$ bzw. bei 50 % liegt. Deshalb sind die beiden Zustände in der uns bereits bekannten Weise zu schreiben:

$$H|0\rangle = \frac{1}{\sqrt{2}}|0\rangle + \frac{1}{\sqrt{2}}|1\rangle \quad \text{und} \quad H|1\rangle = \frac{1}{\sqrt{2}}|0\rangle - \frac{1}{\sqrt{2}}|1\rangle \tag{19.7}$$

.

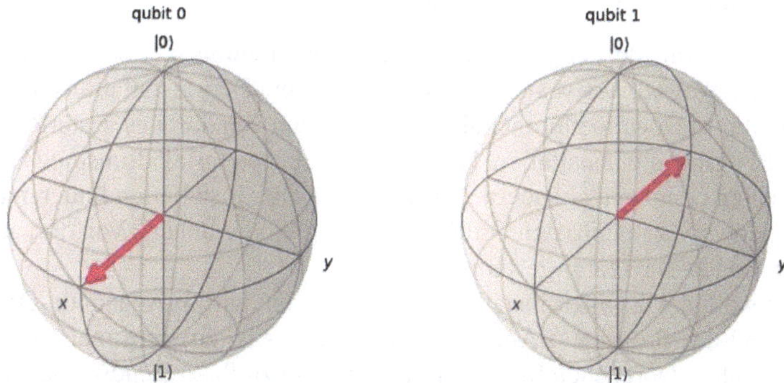

Abb. 19.3 Das Ergebnis der Hadamard-Transformation auf die beiden Basiszustände $|0\rangle$ und $|1\rangle$

Vergleichen Sie dazu auch mit der zweidimensionalen Darstellung von Abb. 17.2 in Abschn. 17.1. Nun können Sie selbständig weiter experimentieren und, anstelle von H, weitere Gates wie z. B. X, Y oder Z ausprobieren. Dabei stellen Sie fest, dass diese Gates jeweils Rotationen des Zustandsvektors um π bzw. 180° um die entsprechenden x-, y- und z-Achse sind.

Interessant wird es, wenn Sie die Verschränkungsoperation $CNOT \otimes H$ auf die beiden Qubits anwenden. Dazu verändern Sie den Code der letzten Zelle auf:

```
qc.h(0)
qc.cx(1)
job = execute(qc, backend).result()
plot_bloch_multivector(job.get_statevector(qc),title="")
```

Das Ergebnis ist überraschend. Die Vektorpfeile verschwinden und die Bloch-Kugeln bleiben leer. Verschränkte Zustände lassen sich nicht mehr mit Bloch-Kugeln darstellen, da diese nur die Zustände von unabhängigen Qubits zeigen können. Die beiden Qubits haben sozusagen ihre eigenständige Existenz verloren. ◀

19.3 Qiskit lokal einrichten

Am einfachsten ist es, sich dazu die Programmierumgebung Anaconda auf dem eigenen Rechner zu installieren. Die aktuelle Python-Version und Jupyter Lab sind dann gleich mit dabei und Qiskit lässt sich mithilfe des Anaconda-Terminals (Anaconda Prompt) nachträglich leicht installieren. Gehen Sie am besten so vor, wie im Folgenden beschrieben:

Die Anaconda Programmierumgebung

Das Installationsfile der Anaconda-Python-Distribution lädt man sich von der Anaconda-Website www.anaconda.com herunter. Das Installationsprogramm wird in Ihrem Downloadordner abgelegt und kann von dort aus gestartet werden. Danach beginnt die Installation. Den vorgeschlagenen Installationspfad kann man beibehalten oder auch abändern. Nach erfolgreicher Installation findet man (z. B. im Windows Startmenü) den Ordner Anaconda3 (oder höher). Von dort aus kann der Anaconda-Navigator gestartet werden.

Nun wollen wir Qiskit installieren. Dazu starten wir im Anaconda-Ordner im Startmenü das Programm Anaconda Prompt. Das ist ein Terminal zur Eingabe von Befehlen. Dort sehen Sie als Erstes den Pfad zu Ihren Benutzerdaten:

```
(base) C:\Users\IhrName>
```

Hier geben Sie Folgendes ein:

```
(base) C:\Users\IhrName>pip install qiskit==0.43.1
```

Pip ist der **P**ackage **I**nstaller für **P**ython. Das ist ein Paketverwaltungsprogramm für Python-Pakete aus dem Python Package Index (PyPI). Damit wir auch die Visualisierungsmöglichkeiten von Qiskit nutzen können, installieren wir auch diese gleich mit dazu::

```
(base) C:\Users\IhrName>pip install qiskit[visualization]
```

Wenn Sie das Terminal schon geöffnet haben, können Sie das *Jupyter Lab* gleich von hier aus starten:

```
(base) C:\Users\IhrName>jupyter lab
```

Die grafische Benutzeroberfläche ähnelt stark jener des ehemaligen IBM Quantum Labs[6] Hier können Sie mit neuen Jupyter Notebooks beginnen oder gespeicherte Notebooks öffnen. Hatten Sie früher bereits Notebooks im Quantum Lab erstellt und in der Cloud gespeichert, können Sie diese von dort in Ihren lokalen Downloadordner exportieren. Erstellen Sie sich nun einen lokalen Ordner für Ihre Jupyter Notebooks. Navigieren Sie anschließend im Jupyter Lab zu diesem Ordner, und Sie haben somit alle ihre Notebooks lokal griffbereit.

Sofern Sie keine Quantenressourcen in den Notebooks verwendet haben, sollten diese jetzt auch lokal funktionieren. Falls sie Fehlermeldungen erhalten, ersetzen Sie ggf. das Aer-Backend durch BasicAer. Wollen Sie hingegen Ihr Notebook von einem echten Quantencomputer ausführen lassen, dann benötigen Sie einen Zugangscode für IBM Quantum. Das sogenannte API-Token finden Sie auf der Startseite der *IBM Quantum Platform.* Dort können Sie es per Mausklick kopieren und in Ihr Notebook kopieren. Eröffnen Sie dazu ein neues Notebook und geben Sie die folgenden Befehle ein:

[6] Das Quantum Lab wurde durch qBraid Lab ersetzt, s. https://q.braid.com.

```
import qiskit
fromqiskit import IBMQ
IBMQ.save_account('- hier Ihr persönliches Token -')
IBMQ.load_account()
```

Damit wird Ihr API-Token auf Ihrem Rechner gespeichert. Die Abkürzung API steht übrigens für **A**pplication **P**rogramming **I**nterface, was etwa so viel wie Anwendungsschnittstelle oder wörtlich *AnwendungsProgrammierSchnittstelle* bedeutet. ◄

Natürlich können Sie das Jupyter Lab auch aus der Anaconda-Umgebung starten. Auf dem Startbildschirm sehen Sie das ganze Angebot in Form von Kacheln zum Anklicken. Neben dem Jupyter Lab gibt es noch das Programm Jupyter Notebook. Auch damit können Sie ihre Notebooks erstellen oder öffnen. Allerdings sind die Möglichkeiten, gegenüber dem Jupyter Lab, eingeschränkt und die Bedienung entspricht nicht jener im Quantum bzw. qBraid Lab von IBM. Falls Sie anderweitig Python-Programme erstellen wollen, steht Ihnen hier – mit Spider – ein sehr schön gemachter Python-Interpreter zur Verfügung. Zusätzlich gibt es noch eine ganze Palette weiterer nützlicher Programme für die Verarbeitung und Darstellung wissenschaftlicher Daten.

Falls Sie diese Angebote nicht benötigen oder sie als störend empfinden, gibt es auch die Möglichkeit, Python, Qiskit und Jupyter Lab alleinstehend zu installieren. Wie dazu vorzugehen ist, erfahren Sie auf der GitHub-Plattform zum Buch,

19.4 Visualisierungselemente von Qiskit

Wie Sie im einführenden Beispiel bemerkt haben, ist es nicht leicht zu erkennen, welche Funktionen von welchen Bibliotheken verlangt werden und in welcher Form die Parameter an eine Funktion übergeben werden müssen. Im Folgenden betrachten wir einige der verwendeten Methoden isoliert und erklären, wie diesen die Daten zu übergeben sind und welche Werte sie ausgeben. Werden mehrere Bibliotheken verwendet, binden wir sie jeweils erst an den Stellen ein, an denen sie zum ersten Mal benötigt werden.

Statevector Simulator

[7] Der **Statevector Simulator** ist ein von Qiskit bereitgestellter Simulator, der den Zustandsvektor des Quantenregisters berechnet und zurückgibt. Dieser ist vor allem dann nützlich, wenn die Zustände verschiedener Qubits im Quantenschaltkreis visualisiert werden sollen. In diesem Beispiel erfahren Sie mehr über

[7] Notebook: Statevector.ipynb.

den Statevector Simulator und wie Sie diesen mit dem **BasicAer**BasicAer Qiskit-Modul verwenden können.

Damit der Statevector Simulator verwendet werden kann, muss er zuerst von `BasicAer` importiert werden. Dies ist ein pythonbasiertes Modul, das neben dem Statevector Simulator weitere Simulatoren zur Verfügung stellt, wie z. B. auch den Qasm-Simulator, den wir anschließend besprechen.

```
from qiskit import BasicAer
backend = BasicAer.get_backend('statevector_simulator')
```

Anschließend kann der Quantenschaltkreis definiert werden. Dazu ist die `QuantumCircuit-Bibliothek einzubinden`:

```
from qiskit import QuantumCircuit
qc = QuantumCircuit(2) #Schaltkreis mit zwei Qubits
qc.h(0) #Hadamard auf das erste Qubit
qc.h(1) #Hadamard auf das zweite Qubit
qc.draw('mpl') # Schaltkreis zeichnen
```

Hier wird ein Schaltkreis mit zwei Qubits, ohne Verwendung von klassischen Bits, definiert. Auf beide Bits wird die Hadamard-Transformation angewendet, und anschließend wird der Schaltkreis gezeichnet. Rechnen Sie den Schaltkreis übungshalber zuerst von Hand durch und überlegen Sie sich, was der berechnete Zustand bedeutet.

Das Ergebnis ist:

$$\begin{aligned}\psi &= H\,|0\rangle\, H\,|0\rangle = \frac{1}{\sqrt{2}}\,(|0\rangle + |1\rangle)\,\frac{1}{\sqrt{2}}\,(|0\rangle + |1\rangle)\\ &= \frac{1}{2}\,[|00\rangle + |01\rangle + |10\rangle + |11\rangle]\end{aligned}$$

Um diesen Schaltkreis ausführen zu können, muss die Methode `execute` eingebunden werden. Anschließend wird das Resultat in der Objektvariable `job` abgespeichert. Die Syntax dazu lautet:

```
from qiskit.execute_function import execute
job = execute(qc, backend)
```

Das Objekt job enthält nun alle Informationen zu diesem Job. Das Ergebnis muss jetzt noch mit der Methode result extrahiert werden

```
result = job.result()
```

Da uns vorerst nur der Registerzustand interessiert, müssen wir diesen mit der get-Statevector()-Methode aus der Variable result auslesen

```
state_vector = result.get_statevector()
print(state_vector)
```

Daraufhin wird der Zustand in folgender Form ausgegeben:[8]

[0,5+0,j 0,5+0,j 0,5+0,j 0,5+0,j]

Das entspricht: $\frac{1}{2}|00\rangle + \frac{1}{2}|01\rangle + \frac{1}{2}|10\rangle + \frac{1}{2}|11\rangle$. Vergleichen Sie diese Ausgabe mit dem von Hand berechneten Ausdruck. Nun könnte man diesen Zustandsvektor weiterverwenden, um ihn z. B. mit dem Bloch-Multivector oder der Q-Sphere zu visualisieren. Dazu später mehr. Vorerst aber noch eine kleine Übung. ◄

Aufgabe Legen Sie mithilfe der Funktion initialize einen anderen Anfangszustand fest, z. B. $|10\rangle$. Dazu fügen Sie nach der Definition des Schaltkreises eine neue Zeile ein, mit dem Befehl qc.initialize([0,1],1). Damit wird das zweite Qubit in den Zustand $|1\rangle$ versetzt. Experimentieren Sie auch mit anderen Anfangszuständen und rechnen Sie dabei die Schaltkreise jeweils auch von Hand durch. Vergleichen Sie jeweils auch mit der Statevectorausgabe.

QASM-Simulator

[9] Den **QASM-Simulator** benötigen wir, sobald wir Messungen in unseren Schaltkreis verwenden, also Qubits auslesen wollen. Der QASM-Simulator führt dann den Schaltkreis mehrmals nacheinander durch und simuliert dabei einen fehlerfrei funktionierenden Quantencomputer. Der QASM-Simulator ist Bestandteil von Qiskit. Zur Auswertung werden keine Daten an IBM übermittelt. Man kann ihn somit lokal, ohne IBM-Token, auf dem eigenen Rechner nutzen.

Zuerst muss wieder das Modul BasicAer importiert werden. Anschließend wird der Simulator wie folgt aufgerufen:

[8] 0,j bedeutet, dass der Vektor keine komplexen Anteile hat.

[9] Notebook: QASM_Simulator.ipynb.

```
from qiskit import BasicAer
backend = BasicAer.get_backend('qasm_simulator')
```

Wie gesagt, braucht man den QASM-Simulator nur, wenn im Schaltkreis Messungen vorkommen und dabei Messwerte anfallen, die in klassischen Registern abgelegt werden. Wir verwenden denselben Schaltkreis wie im letzten Beispiel, fügen aber zwei klassische Register und eine abschließende Messung hinzu:

```
from qiskit import QuantumCircuit

qc = QuantumCircuit(2, 2)
qc.h(0)
qc.h(1)
qc.measure([0, 1], [0, 1])
qc.draw('mpl') # Schaltkreis zeichnen
```

Der Befehl `qc.measure([0, 1], [0, 1])` besagt, dass beide Qubits, q_0 und q_1, gemessen werden sollen und dass die Ergebnisse in die beiden klassischen Register c_0 und c_1 geschrieben werden. Der Schaltkreis bringt dies gut zum Ausdruck. Der Anfangszustand ist wieder derselbe wie im letzten Beispiel:

$$\psi = \frac{1}{2}\left[|00\rangle + |01\rangle + |10\rangle + |11\rangle\right] \tag{19.8}$$

Die möglichen Messergebnisse sind deshalb 00, 01, 10 und 11, mit je einer Messwahrscheinlichkeit von 25 %. Für die Ausführung des Schaltkreises benötigen wir wiederum die Funktion `execute`, die wir vorher natürlich zuerst einbinden müssen. Auch die anschließende Ausführung des Jobs erfolgt genau gleich, wie im ersten Beispiel.

```
from qiskit.execute_function import execute
job = execute(qc, backend, shots=1024)
```

Wieder enthält das `job`-Objekt alle Informationen bezüglich der Ausführung des Jobs mit dem QASM-Simulator. Das Ergebnis wird daher wieder mit der `result`-Methode extrahiert.

```
result = job.result()
```

Das Ergebnis der Messung wird nun aus der `result`-Variable, durch Aufrufen der `get_counts`-Methode, bestimmt und anschließend ausgedruckt.

```
counts = result.get_counts()
print(counts)
```

Als Ergebnis erhalten wir z. B.:

```
{'01': 276, '11': 233, '10': 242, '00': 273}
```

Das Ergebnis ist nach jedem Durchlauf wieder etwas anders. Fehlt die Angabe der Anzahl Durchläufe (`shots`), wird der Schaltkreis 1024-mal durchlaufen und ausgewertet. Die Zahlen nach dem Doppelpunkt geben an, wie oft das davor stehende Ergebnis aufgetreten ist. Die Summe dieser Werte ist hier 1024, denn mit der Anweisung `shots=1024` hatten wir die Anzahl Durchläufe auf diesen Wert festgelegt. ◀

Aufgabe Fügen Sie Ihrem Notebook in einer neuen Codezelle die folgenden beiden Zeilen hinzu und führen Sie die Zelle aus:

```
from qiskit.visualization import plot_histogram()
plot_histogram(counts)
```

Führen Sie die Messungen nun mehrmals nacheinander durch und beobachten Sie die Ausgabe des Statevectors, sowie auch das Histogramm.

Das Ergebnis des QASM-Simulators wird in der Variable `counts` als Zeichenkette gespeichert und der Funktion `plot_histogram()` übergeben. Diese Funktion stellt das Ergebnis anschließend als Histogramm dar. `plot_histogram()` beschreiben wir im nächsten Beispiel ausführlicher.

Histogramm

[10] Ein Histogramm ist eine intuitive und einfache Möglichkeit, die Messergebnisse eines Quantenschaltkreises zu visualisieren. Qiskit bietet eine integrierte Funktion zum Erstellen von Histogrammen an. In diesem Beispiel sehen Sie, wie Sie mithilfe des Visualisierungsmoduls von Qiskit ein Histogramm erstellen.

Die Funktion dazu heißt `plot_histogram` und wird von qiskit.visualization abgerufen:

```
from qiskit.visualization import plot_histogram()
```

Als Eingabe erwartet die Funktion eine Zeichenkette in genau derselben Form, wie sie im letzten Beispiel als Messergebnis ausgegeben wurde. Wir können dieses Ergebnis gleich nutzen, um daraus ein Histogramm zu erstellen:

```
plot_histogram({'00':252, '10':256, '11':264, '01':252})
```

Als Ergebnis wird ein Histogramm aufgrund dieser Daten ausgegeben (Abb. 19.4). ◀

Aufgabe Sie können den Outputstring für die Funktion `plot_histogram()` auch von Hand eingeben. Experimentieren Sie mit verschiedenen Eingaben und beobachten Sie jeweils das Resultat.

Bloch sphere

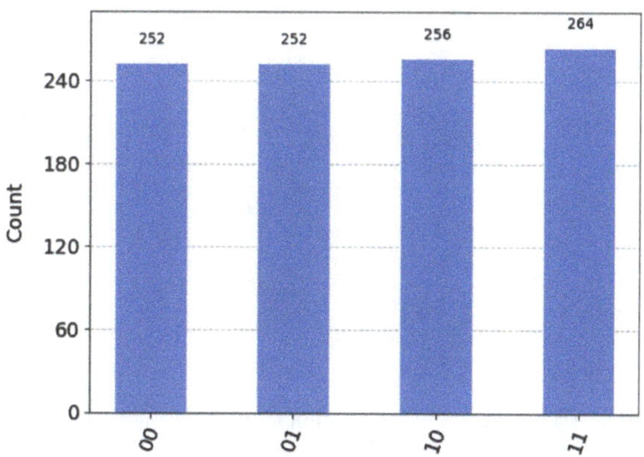

Abb. 19.4 Ausgabe der Funktion `plot_histogram()`

[10] Notebook: Histogramm.ipynb.

[11] Qiskit bietet eine integrierte Funktion, um den Zustand eines Qubits als Bloch-Vektorvisualisierung darzustellen. In diesem Beispiel erfahren Sie, wie Sie mithilfe des Visualisierungsmoduls von Qiskit eine Bloch-Kugeldarstellung erzeugen.

```
from qiskit.visualization import plot_bloch_vector
plot_bloch_vector([0, 0, 1],title='Bloch Vektor')
```

Das Ergebnis sehen Sie in Abb. 19.5 links. Die drei Zahlen `[0, 0, 1]` entsprechen den x-, y- und z-Koordinaten des Bloch-Vektors. Man kann der Funktion aber auch sphärische Koordinaten übergeben, muss ihr das aber durch die Anweisung `coord_type='spherical'` mitteilen (s. Abb. 19.5 rechts):

```
from math import sqrt, pi
plot_bloch_vector([1, pi/2, pi/2],
coord_type='spherical',
title='Bloch-Vektor in Polarkoordinaten')
```

◀

Aufgabe Experimentieren Sie auch hier mit den kartesischen Koordinaten und den Winkeleinstellungen. Überlegen Sie, weshalb im Beispiel rechts die imaginäre Einheit i eingeht.

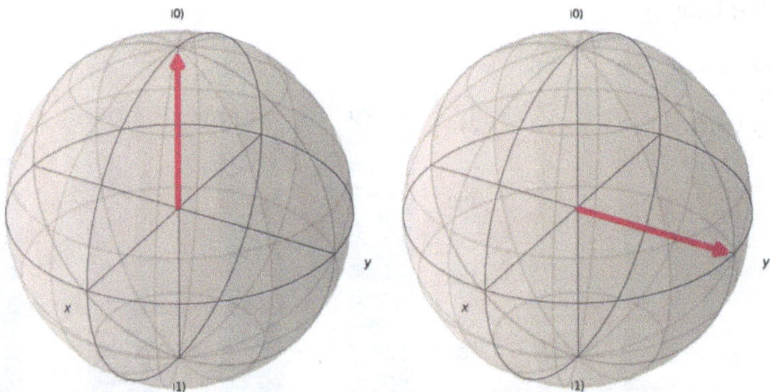

Abb. 19.5 Bloch-Kugeldarstellungen des Zustands $|0\rangle$ links und des Zustands $\frac{1}{\sqrt{2}}|0\rangle + \frac{i}{\sqrt{2}}|1\rangle$ rechts

[11] Notebook: BlochSphere.ipynb.

Bloch-Multivector

[12] Mit der Bloch-Kugel kann nur der Zustand eines Qubits dargestellt werden. Haben wir aber einen Schaltkreis mit mehreren Qubits, dann benötigt man zur Visualisierung des Registerzustands für jedes Qubit eine eigene Bloch-Kugel. Dies erreicht man mit der Methode Bloch-Multivector. Diese erzeugt eine Bloch-Vektorvisualisierung für alle Qubits; daher der Name Bloch-Multivector. Qiskit bietet integrierte Funktionen zum Erstellen von Bloch-Multivektorvisualisierungen. In diesem Beispiel erfahren Sie, wie mithilfe des Visualisierungsmoduls von Qiskit eine Bloch-Multivektorvisualisierung erstellt wird.

```
from qiskit.visualization import plot_bloch_multivector
```

Im Gegensatz zu `plot_bloch_vector` akzeptiert die Bloch-Multivektorfunktion keine Koordinaten, sondern nur den Statevector. Wollen wir z. B. den Zustand $\frac{1}{2}\left[|00\rangle + |01\rangle + |10\rangle + |11\rangle\right]$ darstellen, erfolgt der Aufruf wie folgt:

```
plot_bloch_multivector([0.5, 0.5, 0.5, 0.5])
```

Diesen Zustand erhalten Sie auch durch zwei Hadamard-Transformationen auf zwei Qubits q_0 und q_1. Dazu ergänzen Sie Ihr Notebook wie folgt:

```
from qiskit import QuantumCircuit, execute, BasicAer
qc=QuantumCircuit(2)
qc.h([0,1]) #Hadamard auf beide Qubits anwenden
backend = BasicAer.get_backend('statevector_simulator')
job=execute(qc, backend)
result = job.result()
state_vec = result.get_statevector()
plot_bloch_multivector(state_vec)
```

Diese Funktion hatten wir bereits in unserem Einführungsbeispiel in Abschn. 19.2 verwendet. ◄

Aufgabe Experimentieren Sie mit unterschiedlichen Anfangszuständen und wenden Sie verschiedene Gates an. Interpretieren Sie jeweils die Ausgaben von `plot_`

[12] Notebook: Bloch_Multivektor.ipynb.

`bloch_multivector(state_vec)` und rechnen Sie übungshalber zusätzlich die Zustände von Hand nach.

QSphere

[13] Die Q-Sphere bietet die Möglichkeit, den Zustand eines Qubitregisters, bestehend aus mehreren Qubits, auf einer Kugeloberfläche darzustellen. In diesem Beispiel erfahren Sie, wie man mithilfe des Visualisierungsmoduls von Qiskit eine Q-Sphere-Visualisierung erstellen kann.

Weil diese Art der Darstellung kompakter und übersichtlicher ist als jene des Bloch-Multivektors, wird sie bei der Visualisierung der Ergebnisse aus dem Statevectorsimulator im Allgemeinen gegenüber dem Bloch-Multivector bevorzugt. Zuerst muss die Funktion wieder von `qiskit.visualization` importiert werden:

```
from qiskit.visualization import plot_state_qsphere
```

Die `plot_state_qsphere()` Methode akzeptiert Daten zum Zeichnen der Q-Sphere als Zustandsvektor oder als Dichtematrix[14], wie z. B. `[0.5 0.5 0.5 0.5]` für den Zustand

$$\psi_{(2)} = \frac{1}{2}\left[|00\rangle + |01\rangle + |10\rangle + |11\rangle\right] \tag{19.9}$$

```
plot_state_qsphere([0.5, 0.5, 0.5, 0.5])
```

Diesen Zustand können wir natürlich auch mit der folgenden Programmsequenz selbst erzeugen:

```
from qiskit import QuantumCircuit, execute, BasicAer
qc=QuantumCircuit(2)
qc.h([0,1])
backend = BasicAer.get_backend('statevector_simulator')
job=execute(qc, backend)
result = job.result()
```

[13] Notebook: Qsphere.ipynb.

[14] Die Dichtedarstellung wird im Abschn. 21.5 erklärt.

```
state_vec = result.get_statevector()
plot_state_qsphere(state_vec)
```

Die `get_statevector()`-Methode gibt den Zustandsvektor in Form eines NumPy-Arrays[15] zurück. Daher kann die `state_vec`-Variable direkt an die Funktion `plot_state_qsphere()` übergeben werden. Das Ergebnis ist exakt dasselbe.

Definieren wir in obiger Programmsequenz einen Schaltkreis mit drei Qubits, indem wir `qc=QuantumCircuit(3)` setzen und das Hadamard-Gate mittels der Anweisung `qc.h([0,1,2])` auf alle drei Qubits anwenden, erhalten wir den folgenden Zustand (bitte nachrechnen):

$$\psi_{(3)} = \frac{1}{2\sqrt{2}}\left[|000\rangle + |001\rangle + |010\rangle + |011\rangle + |100\rangle + |101\rangle + |110\rangle + |111\rangle\right]$$

Dasselbe Ergebnis erhalten Sie, wenn Sie die Funktion direkt mit dem Array `[0.354, 0.354, 0.354, 0.354, 0.354, 0.354, 0.354, 0.354]` aufrufen (Abb. 19.6).

In diesem Beispiel haben alle Punkte dieselbe Farbe: blau. Gemäß den farbigen Phasenscheibchen entspricht das der Phase 0. Dies muss so sein, weil alle Terme dasselbe Vorzeichen (+) haben. Setzen wir bei einem Term im Statevector ein (−), wird die Farbe des entsprechenden Punktes gelb, was der Phase π bzw. 180° entspricht. Liegen die Phasenwinkel zwischen 0 und π, dann werden die Punkte entsprechend der Phasenscheibe eingefärbt. Ein solcher Phasenwinkel zeichnet

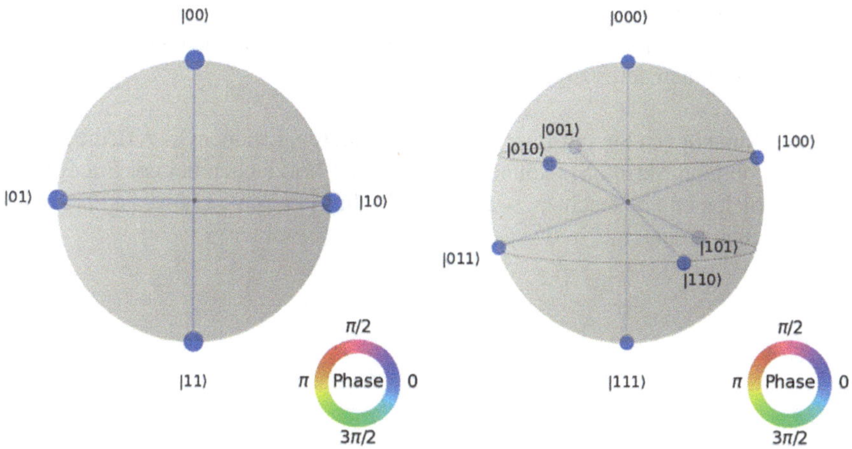

Abb. 19.6 Q-Sphere-Darstellung für den Zustand $\psi_{(2)}$ (links) und den Zustand $\psi_{(3)}$ (rechts)

[15] NumPy ist eine Programmbibliothek, für Vektoren und Matrizen.

sich im Statevector durch eine komplexwertige Komponente (y-Koordinate) bzw. Amplitude aus.

Die Größe der Punkte entspricht der Amplitude des entsprechenden Basisvektors. Für den Zustand $\psi_{(2)}$ sind deshalb die Punkte größer als für den Zustand $\psi_{(3)}$. Sind die Amplituden eines Registerzustands unterschiedlich, sind auch die Größen der Punkte verschieden. Die Basisvektoren werden auf der Kugel auf die Pole und auf die Breitenkreise gleichmäßig verteilt. Der Zustand $|0\ldots0\rangle$ liegt immer auf dem Nordpol und der Zustand $|1\ldots1\rangle$ auf dem Südpol der Kugel. Die Zustände dazwischen werden nach steigender Anzahl Einsen von Norden nach Süden verteilt.

Um die Darstellung auf der Q-Sphere eingehender zu studieren, eignet sich die Funktion `random_statevector`. Sie wird von `qiskit.quantum_info` importiert. Damit lassen sich Registerzustände mit zufällig verteilten Amplituden erzeugen. Der Aufruf erfolgt gemäß:

```
from qiskit.quantum_info import random_statevector
from qiskit.visualization import plot_state_qsphere
my_sv = random_statevector(2**3)
plot_state_qsphere(my_sv)
```

Die Angabe `2**3` bedeutet in diesem Fall $2^3 = 8$. Damit wird die Anzahl Qubits auf 3 gesetzt. Ein Zustandsvektor ist dann im allgemeinen Fall eine Superposition von den 8 Basisvektoren $|000\rangle \ldots |111\rangle$. Schauen wir uns ein mögliches Resultat an (Abb. 19.7):

Weil der Zustand hier zufällig erzeugt wird, erscheint nach jedem Durchlauf (natürlich) ein anderes Ergebnis. ◀

Aufgabe Nun können Sie selbst weiter experimentieren. Erhöhen Sie z. B. die Anzahl Qubits in obigem Skript. Sie können auch mit den Vorzeichen bei der Statevectoreingabe spielen und beobachten, wie sich die Farben der Punkte (also die Phasen der Qubits) dabei verändern.

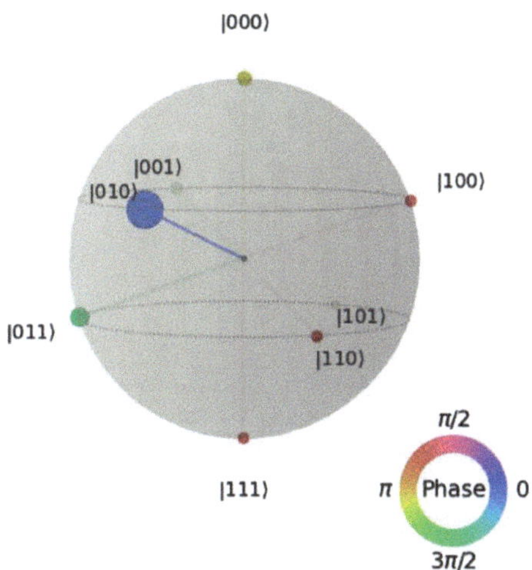

Abb. 19.7 Q-Sphere eines zufällig erzeugten Drei-Qubit-Registers

Anwendungen mit Qiskit 20

Zusammenfassung

In diesem Kapitel wollen wir die Möglichkeiten von Qiskit und dem Quantum Lab nutzen, um die im Teil IV besprochenen Anwendungen zu veranschaulichen, zu vertiefen und auch noch weitere Anwendungen aus praktischer Sicht kennenlernen. Dazu gehören:

- die Quantenteleportation (Teleportieren von Quantenzuständen)
- die Quantenkryptografie (Schlüssel sicher erzeugen und übertragen)
- der klassische Halbaddierer (quantenmechanisch umgesetzt)
- das Problem von Deutsch (Falschmünzen mit einem Blick erkennen)
- der Bernstein-Vazirani-Algorithmus (Geheimzahlen in einem Durchgang erraten)
- die GHZ-Zustände (Greenberger-Horn-Zeilinger-Zustände)
- der Grover-Algorithmus (inverse Datenbankabfragen)
- der Shor-Algorithmus (Primfaktorzerlegung von großen Zahlen)

Abgesehen von dem Grover- und dem Shor-Algorithmus, lassen sich diese Anwendungen mit dem Quantum Lab leicht simulieren. Die beiden (letztgenannten) Algorithmen werden wir hier nur ansatzweise erläutern.

20.1 Visualisierung der Quantenteleportation

Dieses Beispiel hatten wir bereits im Quantum Composer umgesetzt (s. Abschn. 19.1). Der Composer ist zwar einfach zu handhaben, hat aber seine Grenzen, insbesondere was die Visualisierung der Quantenzustände angeht. Das Interpretieren des Statevectors war ja schon recht mühsam. Viel einfacher ist es doch, die Qubitzustände mithilfe der Bloch-Kugel grafisch darzustellen, wie dies im vorletzten Beispiel gezeigt wurde. Den Schaltkreis für die Teleportation zeigt die Abb. 20.1. Dieser ist durch vier vertikale, gestrichelte Linien (barriers) in fünf Abschnitte eingeteilt, die wir der Reihe nach besprechen wollen:

Im ersten Abschnitt wird mit dem Gate $U(\theta, \phi, 0)$ und durch Wahl der Winkel θ und ϕ ein beliebiger Zustand eingestellt. Im zweiten Abschnitt werden

H. M. Rubin, *Vom Doppelspalt zum Quantencomputer*,
https://doi.org/10.1007/978-3-662-71207-8_20

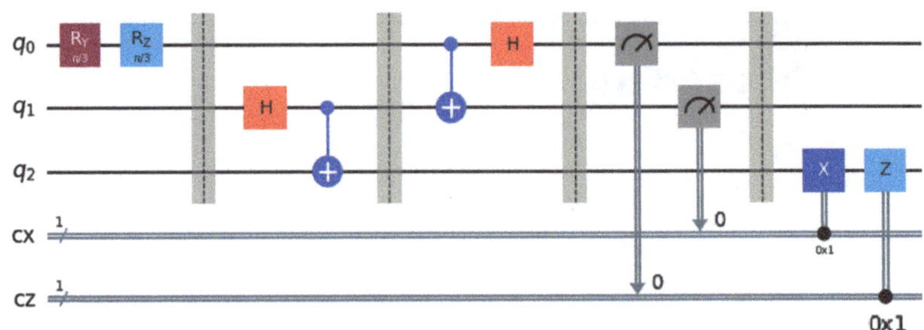

Abb. 20.1 Der vollständige Schaltkreis der Quantenteleportation

die beiden Qubits (q_1 und q_2) miteinander verschränkt. Im dritten Abschnitt erfolgt die Vorbereitung auf die Bell-Messung. Danach befindet sich das Register im Zustand[1]:

$$\underbrace{[\alpha\,|0\rangle + \beta\,|1\rangle]}_{I}\,|00\rangle + \underbrace{[\alpha\,|0\rangle - \beta\,|1\rangle]}_{Z}\,|01\rangle + \underbrace{[\alpha\,|1\rangle + \beta\,|0\rangle]}_{X}\,|10\rangle + \underbrace{[\alpha\,|1\rangle - \beta\,|0\rangle]}_{ZX}\,|11\rangle$$

Der Faktor $1/2$ wurde hier weggelassen. Im vierten Abschnitt werden die Qubits q_0 und q_1 schließlich ausgelesen und die Messwerte in den beiden klassischen Registern `cx` und `cz` abgespeichert. Je nach Messergebnis (00, 01, 10 oder 11) befindet sich das Qubit q_2 danach in einem der vier, in rechteckigen Klammern stehenden, Zustände.

Je nach Ergebnis dieser Messungen muss abschließend das X-Gate, das Z-Gate oder die Kombination ZX auf q_2 angewendet werden, um dieses in den Ausgangszustand zu versetzen. Nur wenn das Messergebnis 00 war, ist nichts mehr zu unternehmen (I steht für Identität).

Notebook Quanten-Teleportation

[2] Im Folgenden wird beschrieben, wie sich der Programmcode und die dazwischen geschobenen Erklärungen im Format eines Jupyter Notebooks realisieren lassen. Zuerst müssen wieder die erforderlichen Bibliotheken eingebunden werden:

```
from qiskit import QuantumRegister, ClassicalRegister,
                   QuantumCircuit, execute, Aer, BasicAer
from qiskit.quantum_info import Statevector
from qiskit.visualization plot_bloch_multivector
from math import sqrt, pi
```

[1] Vergleichen Sie mit der Rechnung in Abschn. 18.2 und beachten Sie die in Qiskit umgekehrte Bitreihenfolge.
[2] Notebook: Teleportation.ipynb.

Anschließend erfolgen die Definition des Schaltkreises sowie die Initialisierung der Qubits und die Wahl des Backends:

```
qr = QuantumRegister(3, 'q')
crx= ClassicalRegister(1, 'cx')
crz= ClassicalRegister(1, 'cz')
circuit = QuantumCircuit(qr, crx, crz)
circuit.u(pi / 3, pi / 3, 0, 0)
backend = BasicAer.get_backend('statevector_simulator')
job = execute(circuit, backend).result()
plot_bloch_multivector(job.get_statevector(circuit), ...)
```

Mit der `plot_bloch_multivector`-Methode werden die Anfangszustände der drei Qubits q_0, q_1 und q_2 in der Bloch-Kugeldarstellung gezeigt (Abb. 20.2).

Die Überschrift des Diagramms kann man beim Aufruf der Funktion anstelle der drei Punkte setzen: `Title="Diagrammüberschrift"`.

Das Ziel besteht nun darin, den Zustand von q_0 auf q_2 zu übertragen. Dazu wird das ursprünglich im Zustand $|0\rangle$ befindliche Qubit q_0 durch zwei Rotationen aus dieser Anfangslage verdreht. Das Gate $U(\theta, \phi, 0)$ dreht den Vektor zunächst um $\theta = \pi/3 = 60°$ um die y-Achse und anschließend um den Winkel $\phi = \pi/3 = 60°$ um die z-Achse. Damit lässt sich der Zustandsvektor durch Variation der beiden Winkel θ und ϕ auf jeden beliebigen Punkt auf der Bloch-Kugel ausrichten.

Danach werden die beiden Qubits q_1 und q_2 mithilfe der Gates C_X und H in bekannter Weise miteinander verschränkt:

```
circuit.h(1)
circuit.cx(1, 2)
circuit.barrier()
job = execute(circuit, backend).result()
plot_bloch_multivector(job.get_statevector(circuit), ...)
```

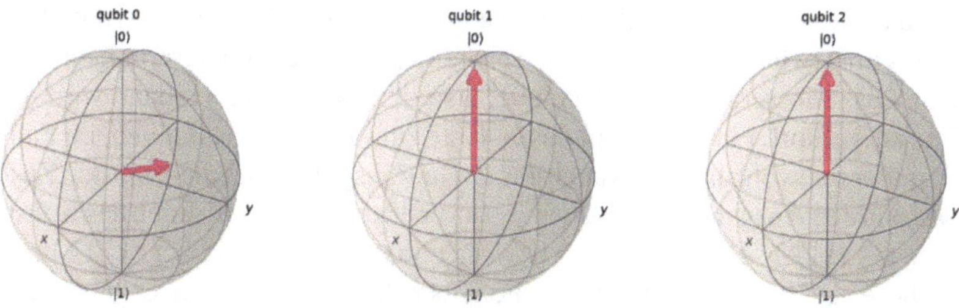

Abb. 20.2 Anfangszustand des Registers nach der Initialisierung

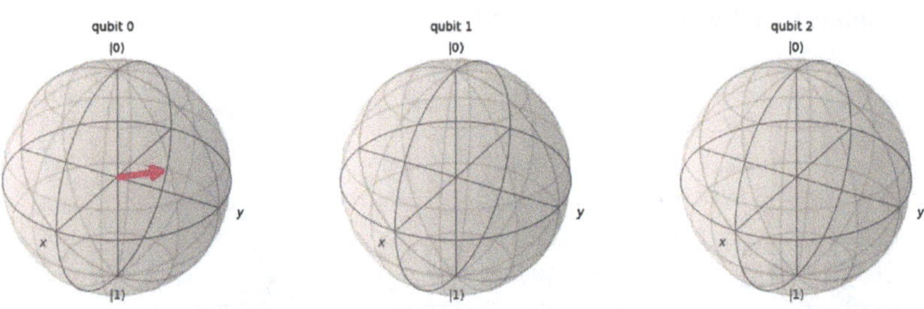

Abb. 20.3 Registerzustand nach der Verschränkung von q_1 und q_2

Aufgrund der Verschränkung haben die beiden Qubits q_1 und q_2 ihre eigenständige und unabhängige Existenz verloren und sie befinden sich jetzt in einem gemeinsamen Zustand. Deshalb zeigt die Abb. 20.3 bei q_1 und q_2 keine Pfeile bzw. keine eigenständigen Zustandsvektoren mehr an. Der Zustand von q_0 hingegen bleibt, wie man sieht, durch diese Operation unverändert.

Die Abb. 20.3 zeigt wieder die Bloch-Kugeln der drei Qubits q_0, q_1 und q_2.

Im nächsten Schritt wird durch C_X und H die Bell-Messung vorbereitet, worauf die beiden Qubits q_0 und q_1 ausgelesen bzw. gemessen werden. Die Messergebnisse werden in die beiden klassischen Bits `cx` und `cz` geschrieben. Hier sind vier Kombinationen möglich: 00, 01, 10 und 11.

```
circuit.cx(0, 1)
circuit.h(0)
circuit.barrier()
circuit.measure(0, crz)
circuit.measure(1, crx)
circuit.barrier()
circuit.x(2).c_if(crx, 1)
circuit.z(2).c_if(crz, 1)
job = execute(circuit, backend).result()
plot_bloch_multivector(job.get_statevector(circuit), ...)
```

War das Messergebnis 00, also `crx=0` und `crz=0`, dann befindet sich das Qubit q_2 bereits im gewünschten Zustand und es muss nichts weiter unternommen werden. Lautet das Messergebnis hingegen 01, also `crx=0` und `crz=1`, dann wird das Z-Gate ausgeführt. Für 10 kommt das X-Gate zum Zug und schließlich, im Fall von 11, müssen sowohl das X- als auch das Z-Gate ausgeführt werden, um den Zustand von q_2 in den Ausgangszustand von q_0 zu versetzen. Dies wird durch das Konstrukt `circuit.x(2).c_if(crx, 1)` bzw. `circuit.z(2).c_if(crz, 1)` bewirkt.

Die Abb. 20.4 zeigt schließlich die Bloch-Vektoren der drei Qubits am Ende des Vorgangs.

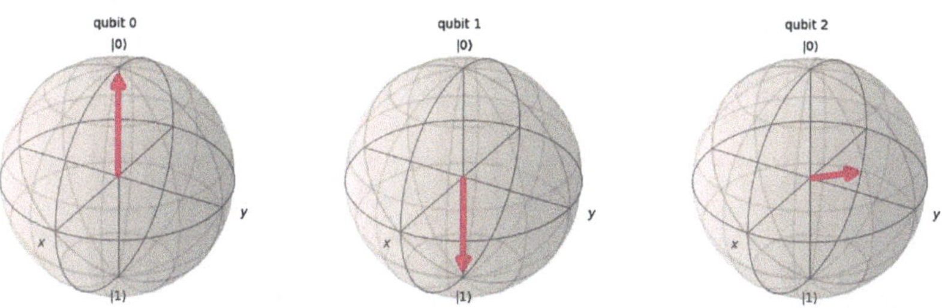

Abb. 20.4 Die Bloch-Kugeldarstellung des Quantenregisters am Ende der Berechnung

Schon von bloßem Auge ist (leicht) zu erkennen, dass nach der Teleportation der Zustandsvektor von q_2 identisch ist mit dem Zustandsvektor von q_0 am Anfang. Der Zustand von q_0 wurde somit erfolgreich auf das Qubit q_2 übertragen.

Ebenfalls ersichtlich sind die Zustände der Qubits q_0 und q_1 nach der Bell-Messung. Sie entsprechen dem jeweiligen Messergebnis, hier in Abb. 20.4 offenbar 01. Wenn Sie den Schaltkreis mehrmals durchlaufen, sehen Sie auch die anderen drei Kombinationen, die jeweils mit einer Häufigkeit von 25 % auftreten.

Mit der `c_if`-Instruktion kann der Inhalt eines klassischen Registers als Bedingung für die Ausführung eines Gates gesetzt werden. Ist hier der Wert von `crx` gleich 1, wird das X-Gate auf Qubit 2 angewendet. Dasselbe gilt für das zweite klassische Register `crz`. Ist sein Wert gleich 1, wird das Z-Gate auf Qubit 2 angewendet.

Schließlich wird mit `circuit.draw('mpl')` der Schaltkreis gezeichnet:

```
circuit.draw('mpl')
```

Die Ausgabe zeigt die Abb. 20.1 zu Beginn des Abschnitts. ◀

Aufgabe Sie können nun selbst mit verschiedenen Anfangszuständen experimentieren. Immer wird der Zustand von q_2 am Ende identisch mit dem Zustand von q_0 am Anfang sein. Die Multi-Bloch-Kugeldarstellung zeigt dies visuell auf eindrückliche Weise.

20.2 Programmierbeispiel Quantenkryptografie

Das Prinzip der Quantenkryptografie wurde bereits im Teil IV, Abschn. 18.3 besprochen. Den Schaltkreis von Abb. 18.5 setzen wir wieder im Quantum Lab mithilfe von Qiskit um. Das Ergebnis zeigt die Abb. 20.5:

Der Schaltkreis ist hier in drei Abschnitte eingeteilt. Der erste Abschnitt entspricht der Seite von Alice. Hier versetzt sie das Qubit q_0 durch quantenmechanischen Zufall entweder in den Zustand $|0\rangle$ oder $|1\rangle$. Bevor sie dieses jedoch an Bob sendet, versetzt

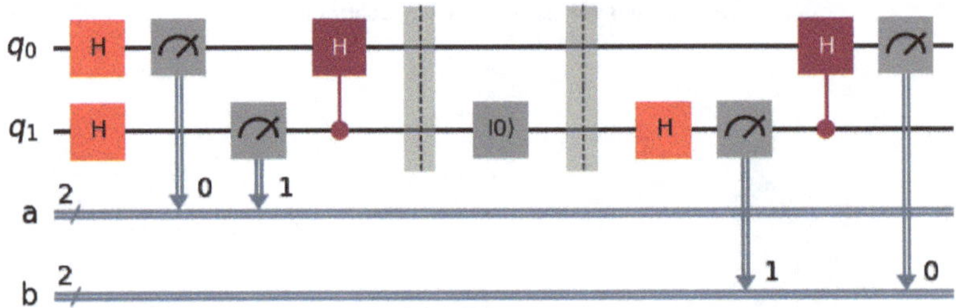

Abb. 20.5 Schaltkreis des Protokolls BB84 der Quantenkryptografie

sie das zweite Qubit q_1 ebenfalls per quantenmechanischem Zufall entweder in den Zustand $|0\rangle$ oder $|1\rangle$. Die nachfolgende, bedingte Hadamard-Transformation wird nur ausgeführt, wenn sich q_1 nach der Messung im Zustand $|1\rangle$ befindet. Dadurch wird q_0 in den Zustand $|+\rangle$ oder $|-\rangle$ versetzt. Wir sagen, das Qubit q_0 wird dann in der Basis $(+, -)$ übertragen, andernfalls in der Standardbasis $(0, 1)$.

Im zweiten Abschnitt muss q_1 wieder in den Zustand $|0\rangle$ zurückgesetzt werden, denn Bob muss anschließend auf gleiche Weise wie Alice aus diesem Qubit wieder ein Zufallsqubit erzeugen. Durch Einfügen einer Messung an q_0 kann in diesem Abschnitt auch das Abhören der Übertragung durch Eve simuliert werden.

Der dritte Abschnitt entspricht der Seite von Bob. Hier empfängt er das Qubit q_0, welches Alice ihm zugeschickt hat. Der zufällige Zustand von q_1 bestimmt nun, ob er das Qubit von Alice unverändert misst oder ob er vor der Messung die Hadamard-Transformation darauf anwendet. Diese kommt nur zur Anwendung, falls sich q_1 nun im Zustand $|1\rangle$ befindet. Kommt dann q_0 bei Bob im Zustand $|+\rangle$ oder $|-\rangle$ an, wird dieses wieder in den Zustand $|0\rangle$ oder $|1\rangle$ zurückgeführt. Das abschließende Messergebnis ist dann nicht zufällig. Kommt es hingegen im Zustand $|0\rangle$ oder $|1\rangle$ an, wird es durch H entweder in den Zustand $|+\rangle$ oder $|-\rangle$ versetzt und das Messergebnis ist zufällig.

Notebook Quantenkryptografie

[3] Zuerst werden wieder die benötigten Komponenten eingebunden:

```
from qiskit import QuantumRegister, ClassicalRegister,
                   QuantumCircuit, execute, BasicAer
from qiskit.providers.aer import QasmSimulator
```

Wir benötigen zwei Qubits (q_0 und q_1), sowie zwei klassische Register (a und b) mit jeweils zwei Bits.

[3] Notebook: Kryptografie.ipynb.

```
qr = QuantumRegister(2, 'q')
cra = ClassicalRegister(2, 'a')
crb = ClassicalRegister(2, 'b')

circuit = QuantumCircuit(qr, cra, crb)
```

Nun definieren wir die Aktionen auf der Seite von Alice:

```
#--- Alice ------------------------------
circuit.h(qr[0])
circuit.h(qr[1])
circuit.measure(qr[0], cra[0])
circuit.measure(qr[1], cra[1])
circuit.ch(qr[1], qr[0])
```

Danach wird q_1 wieder auf den Zustand $|0\rangle$ zurückgesetzt. Dies geschieht mit der Funktion `reset`. Hier können wir später auch eine Messung an q_0 einbauen, um den Lauschangriff von Eve zu simulieren. Der Befehl dazu lautet: `circuit.measure(qr[0])`.

```
#--- Eve --------------------------------
circuit.barrier()
circuit.reset(qr[1])
circuit.barrier()
```

Im dritten Abschnitt sind die Aktionen auf Bobs Seite ersichtlich:

```
#--- Bob --------------------------------
circuit.h(qr[1])
circuit.measure(qr[1], crb[1])
circuit.ch(qr[1], qr[0])
circuit.measure(qr[0], crb[0])
```

Der Durchlauf endet mit der Messung des Qubits q_0 bei Bob.
Als Nächstes wird der Schaltkreis schön gezeichnet (s. Abb. 20.5):

```
circuit.draw('mpl')
```

Nun muss der Schaltkreis noch ausgeführt werden. Dies geschieht wieder mit der Funktion `execute`:

```
backend = BasicAer.get_backend('qasm_simulator')
result = execute(circuit, backend, shots=1).result().
         get_counts()
print(result)
```

Das Ergebnis wird als Zeichenkette (String) ausgegeben: `{'01 01': 1}`.

Die *Eins* nach dem Doppelpunkt besagt, dass dies das Ergebnis nach einem Durchlauf (Shot) ist. In der ersten Zeichenfolge `01` von links steht das Ergebnis der ersten beiden Messungen auf der Seite von Alice, und zwar 1 als Ergebnis der ersten Messung von q_0 und 0 als Ergebnis der zweiten Messung von q_1. Der rechte Wert entspricht dem Bit 0 und der linke dem Bit 1. Alice hat somit an Bob in diesem Durchlauf ein Qubit im Zustand $|1\rangle$ und in der Normalbasis (0, 1) gesendet.

Die zweite Zeichenfolge lautet hier ebenfalls `01`. Das bedeutet, Bob misst das empfangene Qubit im Zustand $|1\rangle$, ebenfalls in der Basis (0, 1). Da die Sendebasis von Alice mit jener von Bob übereinstimmt, ist das Messergebnis von Bob nicht zufällig und der Zustand von Bobs Qubit stimmt mit jenem von Alice überein.

In der Schreibweise von Abb. 18.5 und 18.6 entspricht die Zahlenfolge der Reihenfolge $a'a \quad b'b$.

Um nun einen Schlüssel zu übertragen, muss der Vorgang mehrmals wiederholt werden. In der Tab. 20.1 sind die Ergebnisse von zwölf weiteren Durchläufen vertikal in der Reihenfolge $a'a \quad b'b$ eingetragen:

Die a'- und b'-Werte entsprechen der Einstellung der jeweiligen Übertragungsbasis bei Alice und bei Bob. Dabei entspricht der Wert 0 jeweils der Standardbasis (0, 1) und der Wert 1 der um 45° gedrehten Basis (+, −). Falls die beiden Basen übereinstimmen ($a' = b'$), sind die Messergebnisse a und b gleich. Das erkennt man auch in der Tab. 20.1 sofort. Stimmen die Basen nicht überein, ist das Messergebnis von Bob zufällig, die Qubits können übereinstimmen oder auch nicht.

Alice muss nun ihre a'-Werte (also hier die Zeichenkette 011000010101) an Bob übermitteln. Bob seinerseits schickt seine b'-Werte (also hier die Zeichenkette 000110011000) an Alice. Dies kann per Telefon, per E-Mail oder sonst

Tab. 20.1 Ergebnisse nach 12 weiteren Durchläufen (R1 …R12)

Bitwerte	R1	R2	R3	R4	R5	R6	R7	R8	R9	R10	R11	R12
a’	0	1	1	0	0	0	0	1	0	1	0	1
a	0	0	1	1	0	1	0	1	0	0	1	0
b’	0	0	0	1	1	0	0	1	1	0	0	0
b	0	0	0	0	0	1	0	1	1	1	1	0

irgendwie geschehen. Nun können beide aus der Liste ihrer gesendeten bzw. der empfangenen Qubitwerte den Schlüssel extrahieren. Sie nehmen beide nur diejenigen a- bzw. b-Werte in ihren Schlüssel auf, bei denen $a' = b'$ gilt. In unserem Beispiel wäre das die Folge 101011, falls wir das Ergebnis des ersten Durchgangs mitberücksichtigen.

Ist ein längerer Schlüssel gewünscht, müssen mehr Durchläufe gemacht werden. Im Mittel werden etwa die Hälfte der Durchläufe ein gültiges Schlüsselbit liefern. In unserem Notebook könnten wir in der `execute`-Anweisung die Anzahl Shots auf einen beliebigen, ganzzahligen Wert setzen. So gab die Funktion z. B. für `shots=16` das folgende Resultat:

```
{'10 10':1,'11 11':3,'01 01':4,'11 01':4,'10 00':1,'00 00':1,
 '11 00':2}
```

Die Zahlen nach dem Doppelpunkt geben die jeweiligen Häufigkeiten an, mit denen das davor stehende Resultat aufgetreten ist. In unserem Beispiel ist die Summe dieser Häufigkeiten natürlich 16, und wir sehen, dass hier in 9 Fällen ein gültiges Schlüsselbit dabei war. Allerdings können wir aus dieser Darstellung die Reihenfolge nicht mehr rekonstruieren. Deshalb nützt uns die Heraufsetzung des `shots`-Wertes hier nicht bei der Erstellung eines Schlüssels. Wir müssen für jedes Bit das Notebook erneut durchlaufen lassen. ◄

Aufgabe Sie können nun selbständig weiter experimentieren und die Werte von Tab. 20.1 beliebig weiter ergänzen und sich davon überzeugen, dass immer, wenn $a' = b'$ gilt, auch $a = b$ ist.

Schließlich können Sie im mittleren Teil des Schaltkreises von Abb. 20.5 eine zusätzliche Messung an q_0 einfügen. Diese entspräche einem Lauschangriff von Eve.

Geben Sie dazu im mittleren Abschnitt zusätzlich die folgende Zeile ein:

```
circuit.measure(qr[0])
```

Überzeugen Sie sich auch hier wieder selbst davon, dass in diesem Fall die beiden Schlüssel von Alice und Bob nicht mehr übereinstimmen.

Alice und Bob können dies allerdings erst nach dem Austausch einer Testnachricht feststellen, weil diese dann nicht mit der zuvor vereinbarten Nachricht übereinstimmt.

20.3 Programmierbeispiel Halbaddierer

Ein Quantencomputer kann nicht nur so merkwürdige Dinge tun, wie Quantenzustände zu teleportieren oder Verschlüsselungen sicher zu übertragen. Man kann auch ganz normal mit ihm rechnen. Das Grundelement eines klassischen Rechners ist der Halbaddierer. Ein Halbaddierer addiert zwei binäre Zahlen und gibt ggf. einen Übertrag weiter. So gilt im Binärsystem $0 + 1 = 1$ und $1 + 1 = 0$ behalte 1. Den klassischen Schaltplan inkl. Wahrheitstabelle zeigt die Abb. 20.6.

Das Kästchen mit [= 1] steht für ein exclusives ODER (XOR). und das Kästchen mit dem [&] entspricht einem Und-Gatter (AND) nach dem IEC-Standard[4]. Die Ausgabe der Schaltung ist aus der Wahrheitstabelle rechts in Abb. 20.6 ersichtlich. Der Übertrag co ist nur dann gleich 1, wenn $a = b = 1$ ist.

Den analogen Quantenschaltkreis zeigt die Abb. 20.7. Versuchen Sie, sich die Funktion dieses Schaltkreises selbst zu erschließen, bevor Sie die Erklärung lesen. Denken Sie dabei an die elementaren Regeln für das Messen von Quantenzuständen.

Die beiden X-Gates versetzen die beiden Qubits q_0 und q_1 jeweils in den Zustand $|1\rangle$. Der Registerzustand ist dann zu Beginn $|0011\rangle$. Der mittlere Bereich beinhaltet drei Gates: zweimal $CNOT$ und ein neues Gate, dem wir bislang noch nicht begegnet sind, das Toffoli-Gate. Das erste $CNOT$ addiert zu q_2 binär eine 1, falls sich q_0 im Zustand $|1\rangle$ befindet, was hier zutrifft. Das zweite $CNOT$ macht dasselbe, falls sich q_1 im Zustand $|1\rangle$ befindet, was hier ebenfalls zutrifft. Befinden sich q_0 und q_1 beide im Zustand $|1\rangle$, addiert das Toffoli-Gate binär eine 1 zu q_3. Die beiden $CNOT$-Gates entsprechen dem klassischen XOR und das Toffoli-Gate dem klassischen AND. Der Zustand von q_2 entspricht demnach dem Ausgang sum und der Zustand von q_3 hält den Übertrag co fest.

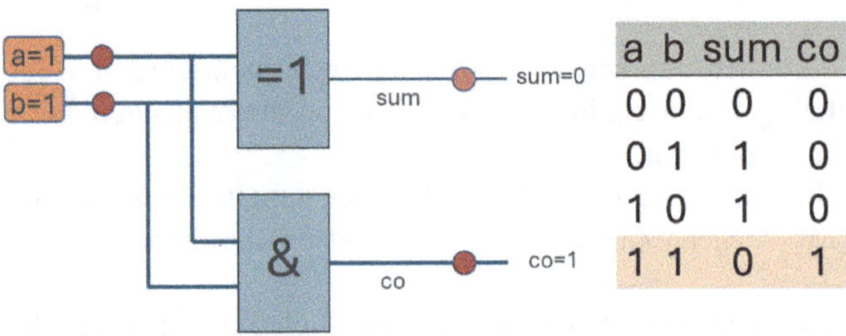

a	b	sum	co
0	0	0	0
0	1	1	0
1	0	1	0
1	1	0	1

Abb. 20.6 Logikschaltung eines klassischen Halbaddierers inkl. Wahrheitstabelle

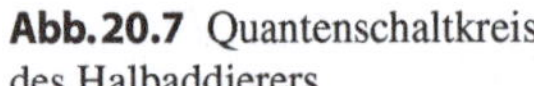

Abb. 20.7 Quantenschaltkreis des Halbaddierers

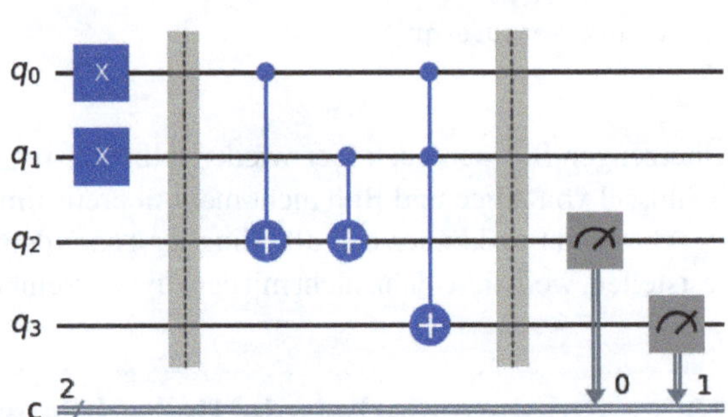

[4] IEC: International Electronical Commission, neben den ANSI- und DIN-Normen.

Den Übergang von der Quantenwelt in die reale Welt bewerkstelligen die beiden Messungen am Ende. Sie speichern die Messwerte in einem klassischen Register ab, das aus zwei Bits besteht. Wie das Ganze in Qiskit realisiert wird, zeigt das folgende Notebook.

Notebook Halbaddierer

[5] Zunächst müssen wir, wie gewohnt, die benötigten Bibliotheken einbinden:

```
from qiskit import QuantumCircuit, execute, Basic Aer
from qiskit.visualization import plot_histogram
```

Anschließend definieren wir den Quantenschaltkreis mit vier Qubits und einem klassischen Register mit zwei Bits. In der gleichen Zelle initialisieren wir auch gleich die beiden zu addierenden Qubits q_0 und q_1:

```
qc_ha = QuantumCircuit(4,2)
qc_ha.x(0) # Für a=0, diese Zeile auskommentieren
qc_ha.x(1) # Für b=0, diese Zeile auskommenteiren.
qc_ha.barrier()
```

Im dritten Schritt folgen die benötigten Rechenoperationen

```
qc_ha.cx(0,2)
qc_ha.cx(1,2)
qc_ha.ccx(0,1,3) #Toffoli-Gate
qc_ha.barrier()
```

Die beiden C_X-Gatter entsprechen dem klassischen ODER. Hier führen sie eine bitweise Addition auf q_2 aus, falls sich entweder q_0 oder q_1 im Zustand $|1\rangle$ befindet. Falls sich sowohl q_1 als auch q_2 im Zustand $|1\rangle$ befinden, ist die Summe

[5] Notebook: Halbaddierer.ipynb.

auf q_2 *null*. Jetzt kommt das neue Toffoli-Gate ins Spiel. Dabei handelt es sich ebenfalls um ein C_X-Gate, welches die bitweise Addition aber nur dann ausführt, wenn sich sowohl q_0 als auch q_1 im Zustand $|1\rangle$ befinden. Dann wird zum Qubit q_3 bitweise eine 1 addiert. Diese 1 stellt den Übertrag im klassischen Fall dar, und das Toffoli-Gate entspricht damit dem klassischen UND.

Abgeschlossen wird der Vorgang durch das Auslesen der Qubits q_2 und q_3:

```
qc_ha.measure(2,0) # Auslesen der XOR-Werte
qc_ha.measure(3,1) # Auslesen det AND-Werte
```

Schließlich wird der Schaltkreis mithilfe der MatPlotLib (`'mpl'`) schön gezeichnet

```
qc_ha.draw('mpl')
```

Das Ergebnis ist in Abb. 20.7 zu sehen. ◀

Aufgabe Nun können Sie die anderen drei Eingangskombinationen ausprobieren und sich davon überzeugen, dass der Algorithmus auch für diese die richtigen Ergebnisse liefert.

Schließlich können Sie auch überlegen und ausprobieren, wie der Quantenschaltkreis zu erweitern ist, um drei, vier und mehr Bits zu addieren und wie die Schaltung schließlich zu einem Volladdierer zu ergänzen ist.

Dabei werden Sie sehen, dass der quantenmechanische Halbaddierer alles enthält, um Zahlen zu addieren. Mit dem NOT-, dem $CNOT$- und dem Toffoli-Gate lassen sich somit Schaltkreise aufbauen, die beliebige Zahlen jeder Größe addieren können. Diese drei Gates sind alles, was man braucht, um alles andere umzusetzen, was ein klassischer Rechner auch kann. Diese drei Gates sind sozusagen die Atome der Mathematik und somit die einfachsten Elemente, aus denen alle erdenklichen Problemlösungen abgeleitet werden können.

20.4 Das Problem von Deutsch

[6] Stellen Sie sich die folgende Situation vor: Falschmünzer haben aus Versehen Münzen hergestellt, die auf beiden Seiten Kopf oder Zahl zeigen. Natürlich muss man die Münzen umdrehen, um festzustellen, ob sie gefälscht sind oder nicht. Einmal umdrehen bedeutet zweimal hinschauen. Wir müssen sowohl die vordere Seite als auch die

[6] David Deutsch, britischer Physiker, Universität Oxford.

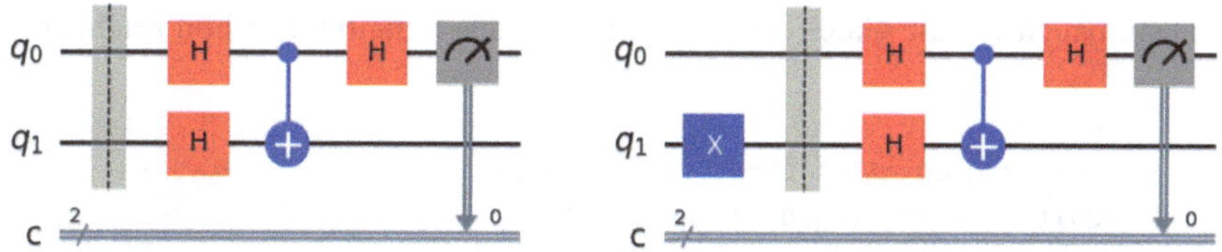

Abb. 20.8 Schaltkreise für das Problem von Deutsch: Links für eine gefälschte und rechts für eine echte Münze

Rückseite sehen und somit zwei Messungen durchführen. Mithilfe der Quantenmechanik ist es jedoch möglich, auf einen Blick (mit einer Messung) zu erkennen, ob eine Münze echt oder falsch ist, ohne die Münze dazu umzudrehen. Ähnlich wie beim Elitzur-Vaidman-Bombentesttheorem (Abschn. 13.1) würden Sie sicher sagen, dass so etwas nicht möglich ist. Wie schon dort, kann auch dieses Problem aber mithilfe der Quantenmechanik gelöst werden.

Allerdings geht das mit einer echten Münze tatsächlich nicht. Aber in Zukunft, mit einem Quantenbitcoin, wird das möglich sein. Ein solcher QBitcoin wird dann durch zwei Qubits dargestellt, eines im Zustand $|0\rangle$ für z. B. *Kopf* und das andere im Zustand $|1\rangle$ für *Zahl*. Ein echter Quantenbitcoin lässt sich demnach durch den Zustand $|10\rangle$ oder $|01\rangle$ eines Zwei-Qubit-Registers repräsentieren. Ein gefälschter QBitcoin wäre dann entsprechend durch den Zustand $|00\rangle$ bzw. $|11\rangle$ zu beschreiben.

Die Abb. 20.8 zeigt die Schaltung, mit der es möglich ist, mit nur einer Messung einen echten von einem gefälschten QBitcoin zu unterscheiden:

Mit dem Schaltkreis links wird der gefälschte QBitcoin getestet und mit dem Schaltkreis rechts der echte. Überzeugen Sie sich durch eine Rechnung von Hand, dass im linken Beispiel immer das Ergebnis '0' und im rechten Beispiel immer das Ergebnis '1' herauskommt, bevor wir das zusammen durchrechnen. Zunächst wollen wir das Problem aber im Quantum Lab umsetzen.

Problem von Deutsch

[7] Zuerst binden wir wieder die erforderlichen Bibliotheken ein und definieren das Register:

```
from qiskit import QuantumRegister, ClassicalRegister,
                   QuantumCircuit, execute, BasicAer
from qiskit.providers.aer import QasmSimulator

qreg_q = QuantumRegister(2, 'q')
creg_c = ClassicalRegister(1, 'c')
circuit = QuantumCircuit(qreg_q, creg_c)
```

[7] Notebook: DeutschAlgorithmus.ipynb.

Dann bauen wir die Gates ein und lassen uns den Schaltkreis schön zeichnen:

```
circuit.x(qreg_q[1]) #Ggf. auskommentieren
circuit.barrier(qreg_q[0], qreg_q[1])
circuit.h(qreg_q[0])
circuit.h(qreg_q[1])
circuit.cx(qreg_q[0], qreg_q[1])
circuit.h(qreg_q[0])
circuit.measure(qreg_q[0], creg_c[0])
circuit.draw('mpl')
```

Schließlich wird der Schaltkreis wieder ausgewertet:

```
backend = BasicAer.get_backend('qasm_simulator')
result = execute(circuit, backend, shots=128).result().
        get_counts()
print(result)
```

Kommentieren wir das erste X-Gate mit (#) aus, lautet das Resultat `{'0': 128}`, andernfalls `{'1': 128}`. In diesem Beispiel wurde die Anzahl Durchläufe (Shots) auf 128 gestellt. Aber auch bei jedem höheren Wert ist das Resultat immer dasselbe. Andere Messergebnisse gibt es nicht. Rechnen wir die Sache formal, von Hand durch.

Unfaire Münze im Zustand $|00\rangle$: Im ersten Schritt wenden wir auf den Zustand $|00\rangle$ auf beiden Qubits das Hadamard-Gate an:

$$H\,|0\rangle\,H\,|0\rangle = \frac{1}{2}\,(|0\rangle + |1\rangle)\,(|0\rangle + |1\rangle) = \frac{1}{2}\,(|00\rangle + |01\rangle + |10\rangle + |11\rangle) = \phi_1 \tag{20.1}$$

Auf den ersten Folgezustand wenden wir das $CNOT$-Gate an:

$$\phi_2 = CNOT\phi_1 = \frac{1}{2}\,(|00\rangle + |11\rangle + |10\rangle + |01\rangle) = \frac{1}{2}\,[|0\rangle\,(|0\rangle + |1\rangle) + |1\rangle\,(|0\rangle + |1\rangle)]$$

Auf diesen zweiten Folgezustand wenden wir nochmals das Hadamard-Gate auf das erste Qubit q_0 an. Dieses befindet sich jetzt im Zustand $1/\sqrt{2}\,(|0\rangle + |1\rangle)$. H führt diesen wieder in den Zustand $|0\rangle$ zurück. Damit erhalten wir als Endzustand:

$$\phi_3 = \frac{1}{\sqrt{2}}\,(|0\rangle + |1\rangle)\,|0\rangle \tag{20.2}$$

Das Qubit q_0 befindet sich demnach nach jedem Durchlauf im Zustand $|0\rangle$, und eine Messung in der Standardbasis muss jeweils mit Sicherheit das Ergebnis 0 liefern.

Faire Münze im Zustand $|10\rangle$: Nun wird der Kreislauf mit dem Anfangszustand $|10\rangle$ durchlaufen. Der erste Folgezustand nach Anwendung der Hadamard-Gates auf q_0 und q_1 lautet jetzt:[8]

$$H\,|1\rangle\,H\,|0\rangle = \frac{1}{2}\,(|0\rangle - |1\rangle)\,(|0\rangle + |1\rangle) = \frac{1}{2}\,(|00\rangle + |01\rangle - |10\rangle - |11\rangle) = \phi_1$$

Auf diesen ersten Folgezustand wenden wir wieder das $CNOT$-Gate an:

$$\phi_2 = CNOT\phi_1 = \frac{1}{2}\,(|00\rangle + |11\rangle - |10\rangle - |01\rangle) = \frac{1}{2}\,[|0\rangle\,(|0\rangle - |1\rangle) - |1\rangle\,(|0\rangle - |1\rangle)]$$

Auf diesen zweiten Folgezustand wenden wir wieder das Hadamard-Gate auf das erste Qubit q_0 an. Dieses befindet sich jetzt im Zustand $1/\sqrt{2}\,(|0\rangle - |1\rangle)$. H führt diesen wieder in den Zustand $|1\rangle$ zurück. Damit erhalten wir als Endzustand:

$$\phi_3 = \frac{1}{\sqrt{2}}\,(|0\rangle - |1\rangle)\,|1\rangle \tag{20.3}$$

Das Qubit q_0 befindet sich nun nach jedem Durchlauf jeweils im Zustand $|1\rangle$, und eine Messung in der Standardbasis wird mit Sicherheit immer das Ergebnis 1 liefern. ◀

Wie man sieht, kann man damit mit einem Blick bzw. mit einer Messung feststellen, ob man eine faire oder eine unfaire Münze bzw. einen gefälschten QBitcoin vor sich hat oder nicht.

Ursprünglich wurde das Problem von David Deutsch 1984 etwas anders formuliert. Es ging nicht darum, festzustellen, ob eine Münze fair oder unfair ist, sondern darum, ob eine binäre Funktion konstant ist oder nicht. Eine solche Funktion hätte die folgende Eigenschaft:

$$f : 0, 1 \longmapsto 0, 1 \tag{20.4}$$

Falls die Funktion konstant ist, gilt $f(0) = f(1)$, andernfalls $f(0) \neq f(1)$. Um zu prüfen, welcher Fall vorliegt, muss man im klassischen Fall den Funktionswert $f(0)$ und den Funktionswert $f(1)$ bestimmen. Dazu braucht es zwei Abfragen. Nun kann man zeigen, dass – nach entsprechender Vorbereitung in einem Quantencomputer – eine Abfrage genügt, um diese Funktion zu testen. Der Quantenschaltkreis ist ganz ähnlich dem für die Prüfung der Münze. Dort hatten wir als Funktion das $CNOT$-Gate verwendet. Der Algorithmus funktioniert aber für jede beliebige Funktion mit obiger Eigenschaft.

[8] Hier kommt es auf die richtige Reihenfolge der Faktoren an, $H\,|0\rangle\,H\,|1\rangle \neq H\,|1\rangle\,H\,|0\rangle$.

Nun kann man natürlich einwenden, dass der Gewinn nicht so groß ist, ob man jetzt einmal oder zweimal nachschaut. Der Algorithmus lässt sich aber auf eine beliebige Anzahl n Qubits verallgemeinern. Für große n-Werte wird der Vorteil bedeutend. Die verallgemeinerte Version wurde 1992 von David Deutsch und Richard Jozsa vorgestellt und heißt deshalb auch **Deutsch-Jozsa-Algorithmus**[9]. Er bildet die Grundlage für zwei weitere vielversprechende Algorithmen, den **Grover-Algorithmus** für unstrukturierte Datenbankabfragen und den **Shor-Algorithmus** für die Primfaktorzerlegung großer Zahlen. Diese beiden Verfahren werden in den Abschn. 20.8 und 20.9 beschrieben.

Der Deutsch-Jozsa-Algorithmus lässt sich auch mit Qiskit simulieren. Um die Sache aber nicht unnötig ausufern zu lassen, sei hier lediglich auf das Qiskit Textbook dazu hingewiesen. Man findet es einfach unter dem Suchbegriff: *Qiskit Deutsch-Jozsa-Algorithmus.* Eine vereinfachte Version dieses Problems, den Bernstein-Vazirani-Algorithmus, wollen wir im nächsten Abschnitt aber dennoch vorstellen.

20.5 Der Bernstein-Vazirani-Algorithmus

Stellen Sie sich folgende Situation vor: Auf Ihrem Computer ist eine Geheimzahl abgespeichert. Damit es nicht zu unübersichtlich wird, gehen wir von einer 4-Bit-Dualzahl aus, z. B. 1001. Wie geht der Computer vor, wenn er diese Geheimzahl auslesen soll? Er fragt den Speicher folgendermaßen ab: Zuerst vergleicht er die Speicherzelle mit dem Wert 0001. Ein AND-Gatter stellt Übereinstimmung fest und notiert als erste Abfrage 0001. Nun testet er das zweite Bit durch den Vergleich mit 0010. Das Ergebnis ist 0. Da keine Übereinstimmung vorliegt, notiert er für die zweite Abfrage 0000. Ebenso verläuft die dritte Abfrage. Die letzte Abfrage mit 1000 liefert wieder Übereinstimmung, also notiert er 1000. Schließlich zählt er alle Ergebnisse zusammen und erhält 1001. Durch diese vier Abfragen hat er die Geheimzahl ausgelesen. Das ist analog zum Problem mit den Keksdosen (s. Abschn. 16.1). Drei Bits erfordern drei Abfragen und vier Bits vier und so weiter.

Wie ginge ein Quantencomputer vor, um die Geheimzahl auszulesen? Nun, einem Quantencomputer genügt **ein** Durchgang (Shot) um die Zahl auszulesen, vorausgesetzt, die Zahl ist im Quantencomputer entsprechend codiert. Wie muss die Zahl demnach codiert werden und wie sieht der Quantenschaltkreis dazu aus? Die Abb. 20.9 zeigt den Schaltkreis für eine Vier-Bit-Zahl.

Hier verzichten wir darauf, diesen Schaltkreis von Hand durchzurechnen, weil dies mit fünf Qubits schon sehr unübersichtlich wird. Im Aufbau des Schaltkreises erkennen wir hingegen die Erweiterung des Schaltkreises von Deutsch aus Abb. 20.8

[9] David Deutsch und Richard Jozsa: Rapid solutions of problems by quantum computation. In: Proceedings of the Royal Society of London 1992 [94] und [95].

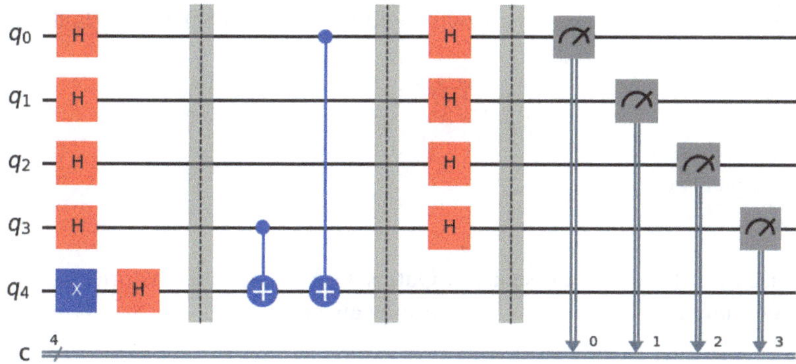

Abb. 20.9 Der Bernstein-Vazirani-Algorithmus für vier Qubits

rechts. Die Binärzahl 1001 wird durch die beiden CNOT-Gatter festgelegt. Im Folgenden implementieren wir diesen Schaltkreis in Qiskit[10].

Bernstein-Vazirani-Algorithmus für eine Vier-Bit-Zahl

[11] Zuerst wird eine vierstellige, binäre Geheimzahl definiert.

```
geheimzahl='1001'
```

Anschließend werden die benötigten Module eingebunden:

```
from qiskit import QuantumCircuit, execute, BasicAer
```

Danach werden die Qubits initialisiert:

```
qc = QuantumCircuit(4+1,4)
qc.h([0,1,2,3])
qc.x(4)
qc.h(4)
qc.barrier()
```

[10] Die Schaltung wird auch von Abraham Asfaw in einem Video auf YouTube erklärt: Coding with Qiskit, Episode 6.
[11] Bernstein-Vazirani.ipynb.

In diesem Teil wird die Geheimzahl durch C_x-Gates im Schaltkreis kodiert:

```
qc.cx(3,4)
qc.cx(0,4)
qc.barrier()
```

Danach werden auf den ersten vier Qubits die Hadamard-Transformationen ausgeführt und der Vorgang mit der Messung abgeschlossen.

```
qc.h([0,1,2,3])
qc.barrier()
qc.measure([0,1,2,3],[0,1,2,3])
qc.draw("mpl")
```

Schließlich muss der Schaltkreis ausgeführt werden:

```
simulator = BasicAer.get_backend('qasm_simulator')
result = execute(qc, backend = simulator).result()
counts = result.get_counts()
print(counts)
```

Das Ergebnis lautet bei jedem der 1024 Durchläufe:'1001': 1024 ◄

Der Algorithmus lässt sich linear auf größere Binärzahlen erweitern. Mithilfe einer Programmierschleife kann das Programm leicht allgemein auf n-stellige Binärzahlen erweitert werden[12]. Dabei kann eine beliebig lange binäre Geheimzahl eingegeben werden. Das Programm konstruiert dann automatisch den Schaltkreis dazu und liest die Geheimzahl in einem Durchgang aus. Probieren Sie es aus!

20.6 GHZ-Zustände

Sicher haben Sie sich schon gefragt, ob man auch mehr als zwei Qubits miteinander verschränken kann. Ja, sicher geht das. Der Schaltkreis dazu ist sogar sehr einfach, und er lässt sich auch leicht in Qiskit simulieren. Wir betrachten dazu, als Beispiel, drei miteinander verschränkte Qubits im sogenannten GHZ-Zustand:

[12] Bernstein-Vazirani.ipynb.

$$|GHZ\rangle_3 = \frac{1}{\sqrt{2}}(|000\rangle + |111\rangle) \tag{20.5}$$

Dieses Beispiel stellt einen maximal verschränkten Zustand mit drei Qubits dar. Er ist auch mit mehr als drei Qubits möglich. Vorgeschlagen wurde dieser Zustand 1989 von den drei Physikern Greenberger, Horne und Zeilinger, zunächst als Gedankenexperiment, um die Richtigkeit der Quantenmechanik zu belegen und die Existenz von versteckten Variablen auszuschließen[13]. Im Jahr 1999 konnte der Zustand erstmals im Experiment erzeugt und nachgewiesen werden[14].

Doch schauen wir uns zunächst den Quantenschaltkreis zur Erzeugung dieses Zustands an:

Rechnen wir den Schaltkreis übungshalber zuerst von Hand durch. Der erste Folgezustand nach dem Hadamard-Gate lautet:

$$\phi_1 = \frac{1}{2}|00\rangle(|0\rangle + |1\rangle) = \frac{1}{2}(|000\rangle + |001\rangle) \tag{20.6}$$

$$\phi_2 = CNOT_{01}\phi_1 = \frac{1}{2}(|000\rangle + |011\rangle) \tag{20.7}$$

$$\phi_3 = CNOT_{02}\phi_2 = \frac{1}{2}(|000\rangle + |111\rangle) \tag{20.8}$$

Die Messwerte werden anschließend in dem klassischen Drei-Bit-Register c abgelegt. Als Messergebnisse dürfen demnach nur 000 und 111 im Verhältnis von ca. 50 : 50 auftreten.

Um den Qiskit-Code dieses Schaltkreises zu erstellen, bauen wir ihn zunächst wieder im Quantum Composer auf und übertragen danach den Qiskit-Code aus der rechten Spalte in eine Codezelle im Quantum Lab.

Notebook GHZ-Zustand

[15] Zuerst wieder die benötigten Bibliotheken einbinden, wie in den früheren Beispielen:

```
from qiskit import QuantumRegister, ClassicalRegister,
                    QuantumCircuit, execute, BasicAer
from qiskit.providers.aer import QasmSimulator
```

[13] Daniel M. Greenberger, Michael A. Horne, Abner Shimony, Anton Zeilinger: Bell's theorem without inequalities. In: Am. J. Phys. 1990 [96].

[14] Jian-Wei Pan, Dirk Bouwmeester, M. Daniell, Harald Weinfurter, A. Zeilinger Experimental test of quantum nonlocality in three-photon GHZ entanglement, Nature 2000 [97].

[15] Notebook: GHZ-States.ipynb.

Anschließend den Schaltkreis mit drei Qubits und einem klassischen Drei-Bit-Register definieren:

```
qreg_q = QuantumRegister(3, 'q')
creg_c = ClassicalRegister(3, 'c')
circuit = QuantumCircuit(qreg_q, creg_c)
```

Dann die Gates hinzufügen und den Schaltkreis schön zeichnen lassen:

```
circuit.h(qreg_q[0])
circuit.cx(qreg_q[0], qreg_q[1])
circuit.cx(qreg_q[0], qreg_q[2])
circuit.barrier(qreg_q[0], qreg_q[1], qreg_q[2])
circuit.measure(qreg_q[0], creg_c[0])
circuit.measure(qreg_q[1], creg_c[1])
circuit.measure(qreg_q[2], creg_c[2])
circuit.draw('mpl')
```

Das Ergebnis zeigt das Schaltbild von Abb. 20.10. Schließlich muss der Schaltkreis noch ausgewertet werden. Auch das geschieht genauso, wie in den vorhergehenden Beispielen.

```
backend = BasicAer.get_backend('qasm_simulator')
result = execute(circuit, backend, shots=1024).result().
         get_counts()
print(result)
```

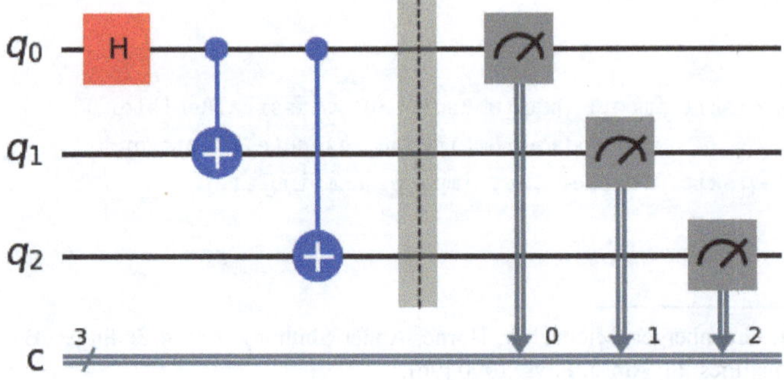

Abb. 20.10 Quantenschaltkreis zur Erzeugung des Drei-Qubit-GHZ-Zustands

Als Resultat wird die folgende Zeichenkette ausgegeben:

```
{'111': 516, '000': 508}.
```

Das Ergebnis sagt uns, dass nach 1024 Durchläufen (Shots) 516-mal das Ergebnis (111) und 508-mal das Ergebnis (000) gemessen wurde. Das ist genau das, was wir erwartet hatten. ◄

Aufgabe Jetzt können Sie anfangen, nach Belieben mit dem Schaltkreis weiter zu experimentieren. Schauen Sie sich dazu auch immer die Histogramme und die Q-Sphere im Quantum Composer an.

20.7 Das RSA-Verschlüsselungsverfahren

Die RSA-Verschlüsselung ist eines der wichtigsten Verschlüsselungsverfahren. Es ist benannt nach Ronald **R**ivest, Adi **S**hamir und Leonard **A**dleman, die dieses Verfahren 1978 veröffentlicht haben. Es basiert auf der Produktbildung von großen Primzahlen und gehört zu den *Public-Key-Verfahren,* mit einem öffentlichen und einem privaten Schlüssel. Mit dem öffentlichen Schlüssel werden die Daten verschlüsselt und mit dem privaten Schlüssel werden sie wieder entschlüsselt. Dies ist dann nötig, wenn viele Nutzer (z. B. einer Website) verschlüsselte Daten an einen Server schicken wollen. Alle Nutzer können ihre Daten mit demselben Schlüssel verschlüsseln aber nicht entschlüsseln. Entschlüsseln lassen sich die Daten nur mit dem privaten Schlüssel, z. B. auf dem Server. Man spricht deshalb auch von asymmetrischer Verschlüsselung.

Wir wollen dieses Verfahren im Folgenden zuerst an einem einfachen Zahlenbeispiel erläutern, das sich leicht mit dem Taschenrechner nachrechnen lässt, und anschließend mithilfe von Python und einem Jupyter Notebook mit etwas größeren Zahlen umsetzen.

- Man beginnt mit der Wahl von zwei Primzahlen, z. B. $p = 3$ und $q = 11$, und bildet ihr Produkt $n = p \cdot q = 3 \cdot 11 = 33$. Zusätzlich bestimmt man die eulersche ϕ-Funktion $\phi(n) = (p-1)(q-1) = \phi(33) = 2 \cdot 10 = 20$.
- Anschließend wählt man eine ungerade Zahl e, die teilerfremd zu $\phi(n)$ ist. Am einfachsten eine Primzahl, z. B. $e = 7$.
- Damit löst man die Gleichung $d \cdot e \equiv 1 \mod (p-1)(q-1)$. Gesucht ist also eine Zahl d, die mit e multipliziert ein Vielfaches von $\phi(n)$ liefert plus 1. Hier also $d = \frac{\phi(33)+1}{7} = \frac{20+1}{7} = 3$.
- Damit haben wir einen öffentlichen Schlüssel $(e, n) = (7, 33)$ und einen privaten Schlüssel $(d, n) = (3, 33)$ erzeugt.
- Nun verschlüsseln wir mit dem öffentlichen Schlüssel eine Botschaft (Message) m, z. B. $m = 15$. Dazu berechnen wir $x = m^e \mod n$. Das Ergebnis ist $x = 27$.

- Zur Entschlüsselung benötigen wir den geheimen Schlüssel $(d, n) = (3, 33)$ und rechnen damit

$$mr = x^d \mod n = 27^3 \mod 33 = 15 \tag{20.9}$$

Damit ist die ursprüngliche Zahl wieder hergestellt.[16]

Das nächste Beispiel mit größeren Zahlen lässt sich schon nicht mehr mit dem Taschenrechner bewältigen. Wir nutzen dazu unseren PC und rechnen das Beispiel mithilfe eines Jupyter Notebooks durch.

RSA-Verschlüsselung

[17] Als Primzahlen wählen wir $p = 47$ und $q = 59$ und bilden daraus das Produkt $n = p \cdot q$

```
p=47
q=59
n=p*q
print('Das Produkt lautet n =', n)
```

```
Das Produkt lautet n=2773
```

Dann berechnen wir die eulersche ϕ-Funktion: $\phi = (p-1)(q-1)$

```
phi=(p-1)*(q-1)
print('Der Euler-Phi-Funktionswert lautet phi = ', phi)
```

```
Der Euler-Phi-Funktionswert lautet phi = 2668
```

Nun wählen wir eine Zahl e (Primzahl), die zu $\phi(n)$ teilerfremd ist, also weder ein Teiler von 46 noch von 58 ist. Wir wählen $e = 17$ und lösen damit die Gleichung:

$$d \cdot e = 1 \mod \phi \tag{20.10}$$

Das ist gleichbedeutend mit

$$d = \frac{1 + (q-1) \cdot (p-1)}{e} \tag{20.11}$$

[16] Die Modulo-Funktion eignet sich deshalb so gut zur Verschlüsselung, weil sie hochgradig nicht eindeutig umkehrbar ist.

[17] Notebook: rsa.ipynb.

```
e=17
d=(1+(q-1)*(p-1))/e
d=int(d) # Umwandlung in Integer (Rundungsfehler)
print('Die Lösung von d*e mod phi = 1 ist: d= ', d)
```

```
Die Lösung von d*e mod phi = 1 ist: d= 157
```

Damit haben wir einen öffentlichen Schlüssel $(e, n) = (17, 2773)$ und einen privaten Schlüssel $(d, n) = (157, 2773)$ erzeugt. Nun verschlüsseln wir mit dem privaten Schlüssel eine Botschaft (Message) m, z. B. für $m = 1220$. Dazu berechnen wir:

$$x = m^e \mod n \tag{20.12}$$

```
m=1220
x=m**e%n
print('Die verschlüsselte Zahl ist x = ', x)
```

```
Die verschlüsselte Zahl ist x = 1750
```

Zur Entschlüsselung benutzen wir den geheimen Schlüssel $(d, n) = (157, 2773)$ und berechnen damit

$$mr = x^d \mod n \tag{20.13}$$

```
mr=x**d%n
print('Die rekonstruierte Zahl ist: mr = ', mr)
```

```
Die rekonstruierte Zahl ist: mr = 1220
```

Damit ist die verschlüsselte Zahl wieder rekonstruiert. ◀

Konkretes Beispiel Wir wollen das Vorgehen zur Verschlüsselung und Entschlüsselung an einem konkreten Beispiel besser veranschaulichen. Angenommen, Sie wollen die Nachricht HALLO WELT mit dem RSA-Verfahren verschlüsseln. Dazu nummerieren wir die Großbuchstaben alphabetisch von 01 für A, 02 für B, 03 für C... 23 für W. Für das Leerzeichen setzen wir 00. Damit kommen wir für unseren Text auf die Zahlenfolge

$$0801/1212/1500/2305/1220 \tag{20.14}$$

die wir in Viererblöcke aufgeteilt haben. Diese fünf vierstelligen Zahlen verschlüsseln wir nun mit dem öffentlichen Schlüssel aus obigem Beispiel, indem wir für jede vierstellige Zahl $m^{17} \mod 2773$ berechnen. Das gibt uns die verschlüsselte Botschaft

$$2480/2345/2417/2151/1750 \tag{20.15}$$

Aufgabe Entschlüsseln Sie diesen Kryptotext, indem Sie jede vierstellige Gruppe mittels des privaten Schlüssels $(d, n) = (157, 2773)$ gemäß $x^{157} \mod 2773$ berechnen. Überzeugen Sie sich davon, dass dadurch wieder die ursprüngliche Zahlenfolge entsteht. Benutzen Sie dazu die Vorlage `rsa.ipynb`.

Dieses Beispiel wäre für eine reale Anwendung immer noch viel zu einfach. Da der öffentliche Schlüssel $(e, n) = (17, 2773)$ bekannt ist und damit auch die Zahl $n = 2773$, muss man nur eine Primfaktorzerlegung finden, in der $e = 17$ als teilerfremder Faktor enthalten ist. Versuchen Sie selbst herauszufinden, wie viele Möglichkeiten es dafür gibt.

Bei nur wenigen Möglichkeiten hat man die gesuchte Zahl schnell gefunden, bei welcher der Text einen Sinn ergibt. Deshalb müssen für sichere Verschlüsselungen viel größere Primzahlen gewählt werden, sodass die Primfaktorzerlegung mit einem herkömmlichen Rechner praktisch unmöglich wird.

Genau hier setzt der Algorithmus von Shor an. Gelingt es, auch sehr große Zahlen innerhalb nützlicher Zeit in Primfaktoren zu zerlegen, dann sind solche asymmetrische Verschlüsselungsverfahren (wie RSA) nicht mehr sicher.

20.8 Der Shor-Algorithmus

Die Primfaktorzerlegung ist also ein wichtiges Element bei der Entschlüsselung von Krypto-Daten, die nach dem RSA-Verfahren verschlüsselt sind. Mit dem Shor-Algorithmus[18] sollen sich in Zukunft grosse Zahlen in Primfaktoren zerlegen lassen. Allerdings stehen noch keine hinreichend grossen und fehlerarme Quantencomputer zur Verfügung, um den Algorithmus praktisch nutzen zu können.

Der Shor-Algorithmus bietet einen exponentiellen Geschwindigkeitsvorteil gegenüber klassischen Algorithmen zur Faktorisierung und hat daher bedeutende Implikationen für die Kryptographie, insbesondere für die Sicherheit von RSA-Verschlüsselungssystemen. Hier ist eine vereinfachte Erklärung der Grundidee:

Grundidee des Algorithmus

1. **Problemstellung:** Gegeben ist eine grosse Zahl N, die in ihre Primfaktoren zerlegt werden soll.
2. **Zufällige Wahl**: Wähle eine zufällige Zahl a mit $1 < a < N$.

[18] Peter W. Shor, *Polynomial-time algorithms for prime factorization and discrete logarithms on a quantum computer,* 1999 [98].

3. **Grösster gemeinsamer Teiler (ggT)**: Berechne den ggT von a und N. Falls $\text{ggT}(a, N) \neq 1$, dann ist dieser ggT ein nicht-trivialer Teiler von N.
4. **Periodensuche:** Bestimme die Periode r der Funktion $f(x) = a^x \mod N$. Dies ist der kleinste positive Wert von r, für den gilt: $a^r \equiv 1 \mod N$.
5. **Teiler von N finden:** Wenn r gerade ist und $a^{r/2} \not\equiv -1 \mod N$, dann sind $\text{ggT}(a^{r/2} - 1, N)$ und $\text{ggT}(a^{r/2} + 1, N)$ nicht-triviale Teiler von N.

Quantenmechanischer Teil des Algorithmus

Ein kritischer Schritt im Shor-Algorithmus ist die effiziente Bestimmung der Periode r mit Hilfe eines Quantencomputers. Dabei wird die Fähigkeit eines Quantencomputers genutzt, eine grosse Anzahl von Zuständen gleichzeitig zu verarbeiten. Dazu wird ein Rechenverfahren genutzt, welches im klassischen Fall der Fourier-Transformation entspricht. Diese zerlegt eine periodische Funktion in ihre harmonischen Komponenten (Sin- und Cosinus-Funktionen). Analog dazu zerlegt die Quanten-Fourier-Transformation (QFT) Quantenzustände in ihre periodischen Anteile.

Im Folgenden sind die einzelnen Schritte dieses Verfahrens aufgeführt:

1. **Superposition erzeugen:** Bereite ein Quantenregister in einer Superposition aller möglichen Zustände vor.
2. **Quantenfunktion anwenden:** Berechne die Funktion $f(x) = a^x \mod N$ gleichzeitig für alle Zustände in der Superposition.
3. **Quanten-Fourier-Transformation:** Wende die QFT auf das Register an, um die Periodizität der Funktion zu extrahieren.
4. **Messung:** Messe das Register. Die Messung liefert mit hoher Wahrscheinlichkeit Informationen über die Periode r.
5. **Klassische Post-Processing:** Verwende die gemessene Information zur Berechnung von r. Danach benutze r, um die Faktoren von N zu bestimmen.

Der Shor-Algorithmus kombiniert somit klassische und quantenmechanische Schritte, um das Problem der Faktorisierung effizient zu lösen. Der klassische Teil sorgt für die Vor- und Nachbearbeitung, während der quantenmechanische Teil die periodische Struktur der Funktion $a^x \mod N$ findet. Die exponentielle Beschleunigung resultiert hauptsächlich aus der Fähigkeit des Quantencomputers, die Fourier-Transformation sehr schnell durchzuführen.

Wie der Shor-Algorithmus an einem einfachen Beispiel mit Qiskit umgesetzt werden kann und wie der Quantenschaltkreis dazu aufgebaut wird erfahren Sie im Jupyter-Notebook ShorAlgorithmus.ipynb.

20.9 Der Grover-Algorithmus

Problem

Inverse Datenbankabfrage Wenn Sie ein Telefonbuch benutzen um eine Telefonnummer zu suchen, kennen Sie in der Regel den Namen des Teilnehmers bzw. der Teilnehmerin. Weil die Einträge alphabetisch nach den Namen sortiert sind, ist die Nummer schnell gefunden.

Haben Sie – umgekehrt – eine Nummer und möchten wissen, wem diese Nummer gehört, müssten sie Eintrag für Eintrag durchgehen, bis sie die Nummer und damit die Person gefunden hätten. Das erinnert an die Suche der Nadel im Heuhaufen. Je nach Grösse der Datenbank, könnte diese Suche sehr lange dauern.

Der Grover-Suchalgorithmus ist ein Quantenalgorithmus, der verwendet wird, um die Suche in einer unsortierten Datenbank zu beschleunigen. Er wurde 1996 von Lov Grover entwickelt und ist bekannt dafür, dass er eine quadratische Geschwindigkeitsverbesserung im Vergleich zu klassischen Suchalgorithmen bietet[19].

Jede Suchaufgabe kann mit einer abstrakten Funktion $f(x)$ formuliert werden, die Suchelemente x akzeptiert. Wenn das Element x eine Lösung für die Suchaufgabe ist, dann ist $f(x) = 1$. Wenn das Element x keine Lösung ist, dann ist $f(x) = 0$. Das Suchproblem besteht darin, nach jedem Element x_0 zu suchen, für das $f(x_0) = 1$ ist.

Die Komplexität des Algorithmus wird anhand der Häufigkeit der Verwendungen der Funktion $f(x)$ gemessen. Herkömmlicherweise muss $f(x)$ im schlechtesten Fall insgesamt $N - 1$-mal ausgewertet werden, wobei $N = 2^n$ gilt und alle Möglichkeiten ausprobiert werden. Nach $N - 1$ Elementen steht fest, dass es sich um das letzte Element handeln muss. Mit dem Grover-Quantenalgorithmus kann dieses Problem viel schneller gelöst werden, da er eine quadratische Beschleunigung ermöglicht. Quadratisch bedeutet hier, dass nur *ungefähr* $\sqrt{N}$ Auswertungen statt *ungefähr* N Auswertungen erforderlich sind[20].

Angenommen, wir haben eine unsortierte Datenbank mit N Einträgen und wir suchen nach einem bestimmten Eintrag w. Ein klassischer Algorithmus benötigt im ungünstigsten Fall N Suchvorgänge, um den gesuchten Eintrag zu finden. Der Grover-Algorithmus kann den gesuchten Eintrag hingegen in etwa $\sqrt{N}$ Suchvorgängen finden. Betrachten wir die Schritte, die dazu nötig sind im Überblick:

Die Schritte des Grover-Algorithmus

1. **Initialisierung:** Zuerst muss das System aus n Qubits vorbereitet werden, wobei $N = 2^n$ gilt. Dazu werden alle Qubits in den Zustand $|0\rangle$ versetzt. Anschliessend wird auf jedes Qubit die Hadamard-Transformation $\mathcal{H}$ angewendet. Dies führt zu

[19] Lov K. Grover, *A fast quantum mechanical algorithm for database search,* 1996 [99].

[20] In der Literatur schreibt man statt *ungefähr* präziser $\mathcal{O}(N)$ bzw. $\mathcal{O}(\sqrt{N})$.

einer Superposition aller möglichen Zustände:

$$|\psi\rangle = \frac{1}{\sqrt{N}} \sum_{x=0}^{N-1} |x\rangle$$

2. **Orakel-Operation:** Das Orakel ist eine Quantenschaltung, die den gesuchten Eintrag w markiert. Dazu wendet es eine Phasenumkehr auf den gesuchten Zustand $|w\rangle$ an. Dies lässt sich formal folgendermassen schreiben:

$$O|x\rangle = \begin{cases} -|x\rangle & \text{wenn } x = w \\ |x\rangle & \text{sonst} \end{cases}$$

3. **Verstärkung** (auch Grover-Iteration oder Amplitudenverstärkung genannt): Nach der Orakel-Operation wird eine spezielle Transformation durchgeführt, welche die Amplituden der gesuchten Zustände verstärkt und jene der anderen Zustände abschwächt. Dies geschieht durch die folgende Operation[21]:

$$O_f = 2|\psi\rangle\langle\psi| - \mathcal{I}$$

wobei $|\psi\rangle$ der gleichmässig verteilte Anfangszustand ist und $\mathcal{I}$ die Identitätsmatrix.
4. **Wiederholung Schritte 2 und 3:** Nun werden die Schritte 2 und 3 ungefähr $\sqrt{N}$ Mal wiederholt. Jede Iteration verstärkt die Amplitude des gesuchten Zustands, während die Amplituden der anderen Zustände abgeschwächt werden.
5. **Messung:** Nach ungefähr $\sqrt{N}$ Iterationen wird das System (Register) gemessen. Aufgrund der Verstärkung der Amplituden ist die Wahrscheinlichkeit, den gesuchten Zustand w zu messen, sehr hoch.
Dieses Prozedere lässt sich etwa mit dem folgenden Schaltbild veranschaulichen (Abb. 20.11):

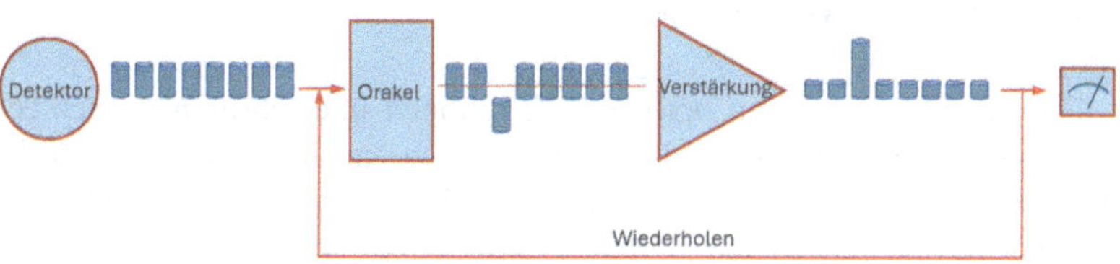

Abb. 20.11 Flussdiagramm des Grover-Algorithmus, anschaulich

[21] $|\psi\rangle\langle\psi|$ ist ein Projektionsoperator, der auf den Zustand $|\psi\rangle$ projiziert. Projektiosoperatoren werden im Abschn. 27.3 erklärt.

Die Verstärkung durch den Diffusions-Operator basiert demnach auf der Phasenumkehr sämtlicher Qubits bezüglich dem neuen Mittelwert, der sich nach der Orakel-Operation einstellt.

Übersicht
Angenommen, die Datenbank besteht aus $N = 2^n$ Einträgen, und diese werden indiziert, indem jedem Element eine ganze Zahl zwischen 0 und $N - 1$ zugewiesen wird. Nehmen wir ausserdem an, dass es M unterschiedliche gültige Eingaben gibt, sodass M Eingaben vorhanden sind, für die $f(x) = 1$ gilt. Die Schritte des Algorithmus lauten dann wie folgt:

1. Er beginnt mit einem Register von n Qubits, die mit dem Zustand $|0\rangle$ initiiert werden.
2. Wie bereits erwähnt, werden, durch Anwendung des Hadamard-Gatters $\mathcal{H}$ auf jedes Qubit, die Qubits in eine Superposition versetzt:

$$|\psi\rangle = \frac{1}{\sqrt{N}} \sum_{x=0}^{N-1} |x\rangle$$

3. Die folgenden Vorgänge werden nun $N_{optimal} \approx \frac{\pi}{4}\sqrt{N}$ Mal auf das Register angewendet:
   a) Das Phasenorakel $\mathcal{O}_f$ wendet in jedem Durchlauf die bedingte Phasenverschiebung -1 für die Lösungselemente an[22].
   b) Danach wird $\mathcal{H}$ nochmals auf jedes Qubit des Registers angewendet.
   c) Anschliessend erfolgt die bedingte Phasenverschiebung -1 auf jeden Basiszustand mit Ausnahme von $|0\rangle$. Dies kann durch die unitäre Operation $-O_0$ dargestellt werden, da O_0 nur die bedingte Phasenverschiebung auf $|0\rangle$ darstellt.
   d) Schliesslich kommt nochmals $\mathcal{H}$ auf jedes Qubit im Register zur Anwendung.
4. Nach der Anzahl $N_{optimal}$ Iterationen wird der Prozess durch eine Messung abgeschlossen. Dadurch erhält man den Index des gesuchten Elements, welches eine Lösung mit sehr hoher Wahrscheinlichkeit ist.

Wird die Anzahl $N_{optimal}$ an optimalen Iterationen überschritten, verschlechtert sich das Resultat wieder. Es ist also wichtig, diese Anzahl zuvor zu kennen. Die Gesamtheit der Schritte 3.b) - d) wird in der Literatur gewöhnlich als Grover-Diffusionsoperation bezeichnet.

Der ganze Prozess lässt sich mithilfe des folgenden Schaltkreises darstellen:

[22] $\mathcal{O}\,|x\rangle = (-1)^{f(x)}|x\rangle$, wobei $f(x) = 1$ für den gesuchten Eintrag und $f(x) = 0$ sonst.

Formal lässt sich die gesamte (unitäre) Operation, die auf das Register angewendet wird, auch wie folgt schreiben:

$$\mathcal{H}^{\otimes n}\left(\mathcal{O}_0 H^{\otimes n} \mathcal{O}_f \mathcal{H}^{\otimes n}\right)^{N_{\text{optimal}}}$$

Ein einfaches, konkretes Beispiel
Um die einzelnen Schritte und die einzelnen Operationen besser zu verstehen, betrachten wir den einfachen Fall, dass unsere Datenbank nur aus vier Einträgen besteht, aus der der gesuchte Eintrag ermittelt werden soll. In diesem einfachen Fall, besteht das Register nur aus zwei Qubits und das gesuchte Element soll $|01\rangle$ sein.

1. Wir beginnen damit, das Register in den Zustand:

$$|\phi_0\rangle = |00\rangle$$

   zu versetzen (Initialisierung).
2. Danach wird auf jedes Qubit die Hadamard-Transformation $\mathcal{H}$ angewendet, was zu dem ersten Folgezustand des Registers wird:

$$|\phi_1\rangle = \mathcal{H}\,|\phi_0\rangle = \frac{1}{2}(|00\rangle + |01\rangle + |10\rangle + |11\rangle)$$

3. Nun kommt das Phasenorakel $\mathcal{O}_0$ zur Anwendung, welche die Phase des gesuchten Eintrags umkehrt:

$$|\phi_2\rangle = \frac{1}{2}(|00\rangle - |01\rangle + |10\rangle + |11\rangle)$$

4. Nun wird $\mathcal{H}$ gemäss Schaltkreis (Abb. 20.12) erneut auf jedes Qubit angewendet, mit dem Ergebnis:

$$|\phi_3\rangle = \frac{1}{2}(|00\rangle + |01\rangle - |10\rangle + |11\rangle)$$

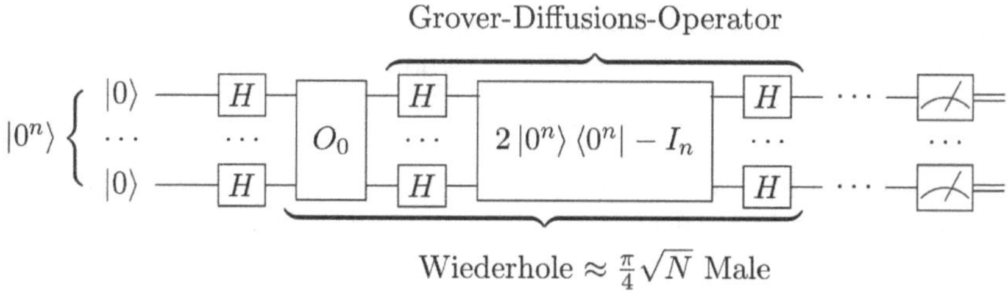

Grover-Diffusions-Operator
$|0^n\rangle$ $|0\rangle$ H O_0 H $2\,|0^n\rangle\langle 0^n| - I_n$ H
Wiederhole $\approx \frac{\pi}{4}\sqrt{N}$ Male

Abb. 20.12 Quanten-Schaltkreis der Grover-Iteration

5. Danach erfolgt die bedingte Phasenverschiebung auf jeden Zustand, mit Ausnahme von $|00\rangle$

$$|\phi_4\rangle = \frac{1}{2}(|00\rangle - |01\rangle + |10\rangle - |11\rangle)$$

6. Schliesslich wird die erste Grover-Iteration durch nochmalige Anwendung von $\mathcal{H}$ beendet. Dies führt zu:

$$|\phi_5\rangle = |01\rangle$$

In diesem Beispiel wird das gesuchte Element mit nur einer Iteration gefunden. Dies liegt daran, dass für $N = 4$ und für ein einzelnes gültiges Element $N_{\text{Optimal}} = 1$ gilt. Um in Übung zu bleiben, rechnen Sie doch die einzelnen Schritte von Hand nach. Fassen wir den Registerzustand als Vektor auf (State-Vector), können wir die Grover-Iteration auch geometrisch interpretieren.

Geometrische Erklärung
Um den Grover-Algorithmus besser zu veranschaulichen, untersuchen wir ihn deshalb aus geometrischer Sicht. Angenommen, es gibt M gültige Lösungen, dann können wir die Superposition aller Zustände $|\text{schlecht}\rangle$, die keine Lösung für das Suchproblem darstellen, folgendermassen schreiben:

$$|\text{schlecht}\rangle = \frac{1}{\sqrt{N-M}} \sum_{x:f(x)=0} |x\rangle$$

Der Zustand $|\text{gut}\rangle$ ist demnach als Superposition aller Zustände zu schreiben, die eine Lösung des Suchproblems darstellen:

$$|\text{gut}\rangle = \frac{1}{\sqrt{M}} \sum_{x:f(x)=1} |x\rangle$$

Da sich *gut* und *schlecht* gegenseitig ausschliessen, weil ein Element nicht gleichzeitig gültig und ungültig sein kann, sind die Zustände $|\text{gut}\rangle$ und $|\text{schlecht}\rangle$ orthogonal zueinander. Beide Zustände bilden somit eine orthogonale Basis des Vektorraums der möglichen Zustandsvektoren.

Angenommen, $|\psi\rangle$ ist ein beliebiger Zustand in der *Ebene,* die von $|\text{gut}\rangle$ und $|\text{schlecht}\rangle$ gebildet wird. Jeder Zustand in dieser Ebene kann wie folgt ausgedrückt werden:

$$|\psi\rangle = \alpha\,|\text{gut}\rangle + \beta\,|\text{schlecht}\rangle$$

wobei α und β reelle Zahlen sind. Jetzt führen wir den Reflexionsoperator $R_{|\psi\rangle}$ ein, wobei $|\psi\rangle$ ein beliebiger Qubitzustand in der Ebene ist. Dieser Operator ist definiert als[23]:

$$R_{|\psi\rangle} = 2\,|\psi\rangle\,\langle\psi| - \mathcal{I}$$

Er wird als Reflexionsoperator am Zustand $|\psi\rangle$ bezeichnet, da er geometrisch als Reflexion an der Richtung von $|\psi\rangle$ interpretiert werden kann. Um ihn zu ermitteln, verwendet man die orthogonale Basis der von $|\psi\rangle$ gebildeten Ebene und die orthogonale Ergänzung $|\psi^{\perp}\rangle$. Jeder Zustand $|\xi\rangle$ der Ebene lässt sich in eine solche Basis zerlegen:

$$|\xi\rangle = \mu\,|\psi\rangle + \nu\,\left|\psi^{\perp}\right\rangle$$

Die Anwendung des Operators $R_{|\psi\rangle}$ auf $|\xi\rangle$ bewirkt folgendes:

$$R_{|\psi\rangle}\,|\xi\rangle = \mu\,|\psi\rangle - \nu\,\left|\psi^{\perp}\right\rangle$$

Der Operator $R_{|\psi\rangle}$ bewirkt somit eine Umkehrung der orthogonalen Ergänzung in $|\psi\rangle$, lässt jedoch die Komponente $|\psi\rangle$ unverändert. Somit ist $R_{|\psi\rangle}$ eine Reflexion um $|\psi\rangle$. Die folgende Abbildung zeigt das für den zweidimensionalen Fall (Abb. 20.13):

Der Grover-Algorithmus beginnt nach der ersten Anwendung von H auf jedes Qubit mit einer gleichmässigen Superposition aller Zustände. Dies kann wie folgt ausgedrückt werden:

$$|\text{alle}\rangle = \sqrt{\frac{M}{N}}\,|\text{gut}\rangle + \sqrt{\frac{N-M}{N}}\,|\text{schlecht}\rangle$$

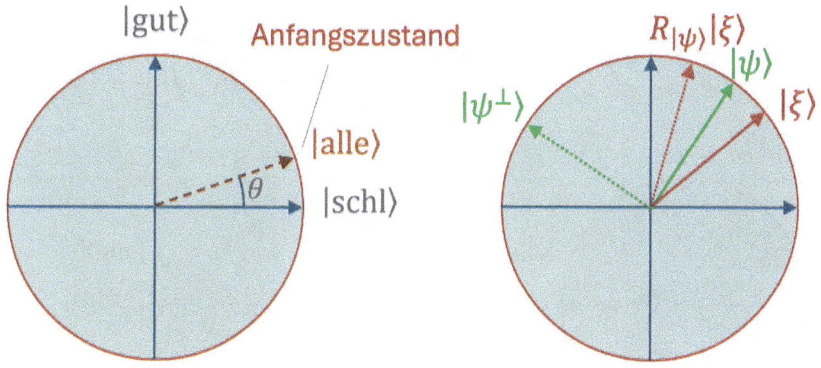

Abb. 20.13 Vektorielle Darstellung der Grover-Iteration 1

[23] Die Bedeutung des Konstrukts $|\psi\rangle\,\langle\psi|$ wird in den Abschn. 21.7 und 27.4 erklärt.

Beachten Sie, dass die Wahrscheinlichkeit, bei der Messung aus der gleichen Superposition ein richtiges Ergebnis zu erhalten, einfach $|\langle \text{gut}|\text{gut}\rangle|^2 = M/N$ ist, was Sie auch von einer zufälligen Schätzung erwarten würden.

Mit dem Orakel $\mathcal{O}_f$ wird jeder Lösung des Suchproblems eine negative Phase hinzugefügt. Es lässt sich somit als Reflexion an der Achse $|\text{schlecht}\rangle$ ausdrücken:

$$\mathcal{O}_f = R_{|\text{schlecht}\rangle} = 2\,|\text{schlecht}\rangle\,\langle\text{schlecht}| - \mathcal{I}$$

Analog dazu ist die bedingte Phasenverschiebung O_0 eine umgekehrte (invertierte) Reflexion am Zustand $|0\rangle$:

$$\mathcal{O}_0 = R_{|0\rangle} = -2\,|0\rangle\,\langle 0| + \mathcal{I}$$

Davon ausgehend, lässt sich einfach nachweisen, dass die Grover-Diffusionsoperation $-\mathcal{H}^{\otimes n} O_0 \mathcal{H}^{\otimes n}$ eine Reflexion am Zustand $|\text{alle}\rangle$ ist. Dazu müssen Sie nur Folgendes tun:

$$-\mathcal{H}^{\otimes n}\mathcal{O}_0\mathcal{H}^{\otimes n} = 2\mathcal{H}^{\otimes n}\,|0\rangle\,\langle 0|\,\mathcal{H}^{\otimes n} - \mathcal{H}^{\otimes n}\mathcal{I}\mathcal{H}^{\otimes n} = 2\,|\text{alle}\rangle\,\langle\text{alle}| - \mathcal{I} = R_{|\text{alle}\rangle}$$

Damit ist gezeigt, dass jede Iteration des Grover-Algorithmus aus den beiden Reflexionen $R_{|\text{schlecht}\rangle}$ und $R_{|\text{alle}\rangle}$ besteht (Abb. 20.14).

Die kombinierte Auswirkung jeder Grover-Iteration ist eine Drehung um den Winkel 2θ gegen den Uhrzeigersinn. Dabei lässt sich der Winkel θ einfach ermitteln. Da θ nur der Winkel zwischen $|\text{alle}\rangle$ und $|\text{schlecht}\rangle$ ist, kann der Winkel über das Skalarprodukt ermittelt werden. Da bekannt ist, dass $\cos\theta = \langle\text{alle}|\text{alle}\rangle$ gilt, muss $\langle\text{alle}|\text{alle}\rangle$ berechnet werden. Aus der Aufteilung von $|\text{alle}\rangle$ in $|\text{schlecht}\rangle$ und $|\text{gut}\rangle$ folgt dafür:

$$\theta = \arccos\left(\langle\text{alle}|\text{alle}\rangle\right) = \arccos\left(\sqrt{\frac{N-M}{N}}\right)$$

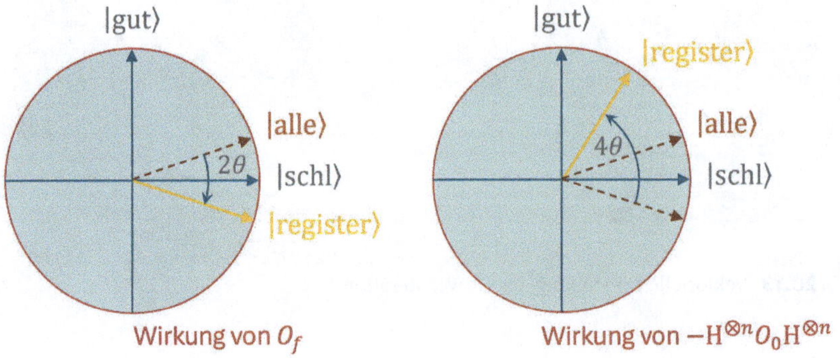

Abb. 20.14 Vektorielle Darstellung der Grover-Iteration 2

Der Winkel zwischen dem Zustand des Registers und dem $|guten\rangle$ Zustand nimmt mit jeder Iteration ab, was zu einer höheren Wahrscheinlichkeit führt, dass ein gültiges Ergebnis gemessen wird (sofern die optimale Anzahl $N_{optimal}$ an Iterationen nicht überschritten wird.).

Eine Umsetzung des Grover-Algorithmus mit Qiskit[24] und viele weitere Informationen hierzu, finden Sie auch auf: https://learning.quantum.ibm.com/tutorial/grovers-algorithm.

[24] Notebook: GroverAlgorithmus .ipynb.

Ergänzungen 21

Zusammenfassung

In diesem Kapitel finden Sie einige Ergänzungen praktischer Art, so z. B. theoretische Ergänzungen, die, der Übersichtlichkeit wegen, zuvor ausgelassen wurden. Dazu gehören auch Ergänzungen zur Darstellung von Qubits in verschiedenen Koordinatensystemen, Erläuterungen zu Vektoren und Matrizen, zum Tensorprodukt, der diracschen Klammerschreibweise und der Dichtedarstellung.

21.1 Qubitkoordinaten

Im Abschn. 16.3 haben wir zwei Darstellungen von Qubits kennengelernt. Die beiden Darstellungen sind in Abb. 16.5 einander gegenübergestellt.

Die zweidimensionale Darstellung lehnt sich an die direkt beobachtbare Tatsache an, dass bei einer Messung immer nur einer von zwei möglichen Werten gemessen wird, nämlich $|0\rangle$ oder $|1\rangle$, wobei α^2 die Wahrscheinlichkeit ist, den Zustand $|0\rangle$ zu messen, und β^2 die Wahrscheinlichkeit, den Zustand $|1\rangle$ zu messen. Damit lässt sich ein allgemeiner Qubitzustand wie folgt schreiben, als:

$$|q\rangle = \alpha\,|0\rangle + \beta\,|1\rangle \tag{21.1}$$

Die Zustände $|0\rangle$ und $|1\rangle$ selbst lassen sich dann als zweidimensionale Vektoren wie folgt darstellen:

$$|0\rangle = \begin{bmatrix} 1 \\ 0 \end{bmatrix} \quad |1\rangle = \begin{bmatrix} 0 \\ 1 \end{bmatrix}. \tag{21.2}$$

Die dreidimensionale Darstellung mit der Bloch-Kugel hingegen lehnt sich an die physikalische Eigenschaft des Spins von Elektronen oder der Polarisation von Photonen an, die sich als dreidimensionale Vektoren im Raum entweder durch kartesische Koordinaten (x, y, z) oder durch Polarkoordinaten (θ, ϕ, r) darstellen lassen. Dabei müssen diese Koordinaten die Normierungsbedingung $x^2 + y^2 + z^2 = 1$ bzw. $r = 1$ erfüllen. In Polarkoordinaten ist also $r = 1$ gesetzt, und es bleibt die Frage, wie die

H. M. Rubin, *Vom Doppelspalt zum Quantencomputer*,
https://doi.org/10.1007/978-3-662-71207-8_21

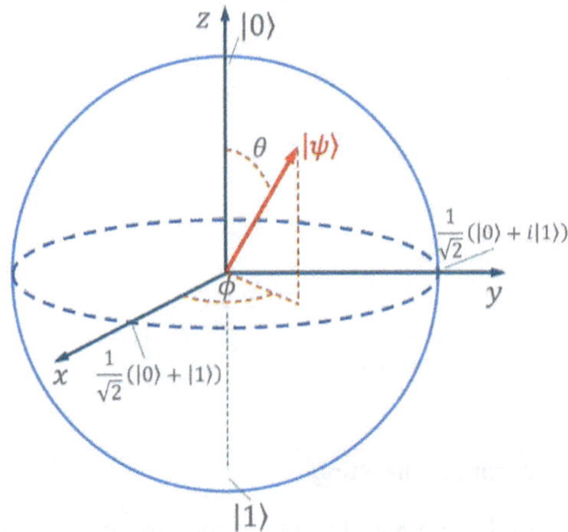

Abb. 21.1 Qubitzustand $|\psi\rangle$ als Punkt auf der Bloch-Kugel

beiden Winkelkoordinaten θ und ϕ mit den Amplituden α und β zusammenhängen. Schauen wir uns dazu die Abb. 21.1 an, die einen allgemeinen Zustand eines Qubits darstellt.

Die Wahrscheinlichkeit, in z-Richtung $|0\rangle$ oder $|1\rangle$ zu messen, hängt nur vom Winkel θ ab, nicht von ϕ. Den Winkel ϕ bezeichnet man als Phase des Qubits, oft auch *globale Phase* genannt. Ohne in mathematische Details zu gehen, erkennt man, dass der Winkel $\theta = 90°$ einen Zustand beschreibt, bei dem die Messwahrscheinlichkeiten für die z-Richtungen $|0\rangle$ und $|1\rangle$ jeweils 0,5 betragen. Somit muss der Winkel $\theta = 90°$ hier dem Winkel von 45° entsprechen. Dies entspricht den Amplituden $\alpha = \beta = \frac{1}{\sqrt{2}}$. Andererseits muss für $\theta = 0°$ $\alpha = 1$ und $\beta = 0$ sowie für $\theta = 180°$ $\alpha = 0$ und $\beta = 1$ herauskommen. Dies lässt sich nur bewerkstelligen, wenn wir $\alpha = \cos\frac{\theta}{2}$ und $\beta = \sin\frac{\theta}{2}$ setzen.

Nun muss nur noch der Winkel ϕ eingebracht werden, ohne dass dieser die Messwahrscheinlichkeit beeinflusst. Dies wird möglich, indem man den Winkel ϕ als komplexen Faktor $e^{i\phi}$ entweder bei $|0\rangle$ oder bei $|1\rangle$ setzt. Üblicherweise schreibt man diesen Faktor bei $|1\rangle$.

Damit können wir schreiben:

$$|q\rangle = \alpha\,|0\rangle + \beta\,|1\rangle = \cos\frac{\theta}{2}\,|0\rangle + e^{i\phi}\sin\frac{\theta}{2}\,|1\rangle \tag{21.3}$$

Das Betragsquadrat einer komplexen Zahl z schreibt man als zz^*. Hier angewendet auf $e^{i\phi}$, ergibt das $e^{i\phi}e^{-i\phi} = 1$. Damit wird erreicht, dass der komplexe Vorfaktor keinen Einfluss auf die Messwahrscheinlichkeit hat und dass die Normierungsbedingung

$$\alpha^2 + \beta^2 = \cos^2\frac{\theta}{2} + \sin^2\frac{\theta}{2} = 1 \tag{21.4}$$

erfüllt ist.

Die Einführung von komplexen Zahlen für die Amplituden α und β liegt genau in diesem Sachverhalt begründet, diese beiden Darstellungsweisen miteinander in Verbindung bringen zu können.

Exakt diese Funktion wird verwendet, wenn Sie mit dem Statevector Simulator den Zustandsvektor eines Quantenregisters berechnen. Probieren Sie es selbst aus. Definieren Sie mit dem U-Gate einen beliebigen Qubitzustand, in Abhängigkeit von θ und ϕ. Berechnen Sie den Zustandsvektor gemäß 20.1 und vergleichen Sie diesen mit dem Qiskit-Resultat.

21.2 Vektoren und Matrizen

Eine lineare Abbildung (Transformation bzw. Operation) $\mathbf{M}$ führt den Vektor $\vec{a}$ in einen neuen Vektor $\vec{b}$ über. Etwas mathematischer ausgedrückt:

$$\mathbf{M} : \vec{a} \rightarrow \vec{b} = \mathbf{M}\vec{a} \tag{21.5}$$

Die Manipulation $\mathbf{M}$ kann durch eine Matrix $\mathbf{M}$ dargestellt werden. In drei Raumdimensionen ist $\mathbf{M}$ eine 3×3-Matrix, die man in allgemeiner Form wie folgt schreibt:

$$\mathbf{M} = \begin{pmatrix} m_{11} & m_{12} & m_{13} \\ m_{21} & m_{22} & m_{23} \\ m_{31} & m_{32} & m_{33} \end{pmatrix} \tag{21.6}$$

Der erste Index i der Koeffizienten m_{ij} nummeriert die Zeilen und der zweite Index j die Spalten.

Was sind nun die Koeffizienten m_{ij} dieser Matrix und wie ist diese mit dem Vektor $\vec{a}$ zu verrechnen? Konkret: Durch welche Rechenvorschrift erhalten wir aus dem Vektor $\vec{a}$ den Vektor $\vec{b}$? Dazu schreiben wir den Vektor $\vec{a}$ als Linearkombination der Basisvektoren:

$$\begin{aligned} \mathbf{M}\vec{a} &= \mathbf{M}\left(a_x \cdot \begin{pmatrix} 1 \\ 0 \\ 0 \end{pmatrix} + a_y \cdot \begin{pmatrix} 0 \\ 1 \\ 0 \end{pmatrix} + a_z \cdot \begin{pmatrix} 0 \\ 0 \\ 1 \end{pmatrix} \right) \\ &= \left(a_x \cdot \mathbf{M}\begin{pmatrix} 1 \\ 0 \\ 0 \end{pmatrix} + a_y \cdot \mathbf{M}\begin{pmatrix} 0 \\ 1 \\ 0 \end{pmatrix} + a_z \cdot \mathbf{M}\begin{pmatrix} 0 \\ 0 \\ 1 \end{pmatrix} \right) = \begin{pmatrix} b_x \\ b_y \\ b_z \end{pmatrix} \end{aligned}$$

Dabei ist $\mathbf{M}\begin{pmatrix} 1 \\ 0 \\ 0 \end{pmatrix} = \begin{pmatrix} m_{11} \\ m_{21} \\ m_{31} \end{pmatrix}$ das Bild des Basisvektors $\vec{i} = \begin{pmatrix} 1 \\ 0 \\ 0 \end{pmatrix}$, $\mathbf{M}\begin{pmatrix} 0 \\ 1 \\ 0 \end{pmatrix} = \begin{pmatrix} m_{12} \\ m_{22} \\ m_{32} \end{pmatrix}$, das Bild des Basisvektors $\vec{j} = \begin{pmatrix} 0 \\ 1 \\ 0 \end{pmatrix}$ und $\mathbf{M}\begin{pmatrix} 0 \\ 0 \\ 1 \end{pmatrix} = \begin{pmatrix} m_{13} \\ m_{23} \\ m_{33} \end{pmatrix}$ das Bild des Basisvektors $\vec{k} = \begin{pmatrix} 0 \\ 0 \\ 1 \end{pmatrix}$.

Damit können wir schreiben:

$$\mathbf{M}\vec{a} = a_x \cdot \begin{pmatrix} m_{11} \\ m_{21} \\ m_{31} \end{pmatrix} + a_y \cdot \begin{pmatrix} m_{12} \\ m_{22} \\ m_{32} \end{pmatrix} + a_z \cdot \begin{pmatrix} m_{13} \\ m_{23} \\ m_{33} \end{pmatrix} = \begin{pmatrix} m_{11} & m_{12} & m_{13} \\ m_{21} & m_{22} & m_{23} \\ m_{31} & m_{32} & m_{33} \end{pmatrix} \cdot \begin{pmatrix} a_x \\ a_y \\ a_z \end{pmatrix} \tag{21.7}$$

Die Operation **M** lässt sich damit als Matrix darstellen, die mit dem abzubildenden Vektor $\vec{a}$, wie oben gezeigt, zu multiplizieren ist.

Die Spalten der Matrix **M** sind somit die Bilder der Basisvektoren $\begin{pmatrix} 1 \\ 0 \\ 0 \end{pmatrix}$, $\begin{pmatrix} 0 \\ 1 \\ 0 \end{pmatrix}$ und $\begin{pmatrix} 0 \\ 0 \\ 1 \end{pmatrix}$.

Die Rechenvorschrift, um den Vektor $\vec{a} = \begin{pmatrix} a_x \\ a_y \\ a_z \end{pmatrix}$ mit der Matrix **M** abzubilden bzw. zu multiplizieren, können wir aus dieser Definition ablesen. Explizit ausgeschrieben:

$$\mathbf{M}\vec{a} = \begin{pmatrix} m_{11} & m_{12} & m_{13} \\ m_{21} & m_{22} & m_{23} \\ m_{31} & m_{32} & m_{33} \end{pmatrix} \cdot \begin{pmatrix} a_x \\ a_y \\ a_z \end{pmatrix} = \begin{pmatrix} a_x m_{11} + a_y m_{12} + a_z m_{13} \\ a_x m_{21} + a_y m_{22} + a_z m_{23} \\ a_x m_{31} + a_y m_{32} + a_z m_{33} \end{pmatrix} \tag{21.8}$$

Man bildet Zeile für Zeile das Skalarprodukt einer Zeile der Matrix **M** mit dem Vektor $\vec{a}$.

Beispiele

a) Das Hadamard-Gate **H** ist ebenfalls ein linearer Operator und lässt sich als 2×2-Matrix darstellen.

$$\mathbf{H} = \frac{\mathbf{1}}{\sqrt{\mathbf{2}}} \begin{pmatrix} 1 & 1 \\ 1 & -1 \end{pmatrix} \tag{21.9}$$

Was macht diese Matrix?
In der ersten Spalte steht das Bild des ersten Basisvektors $|0\rangle = \begin{pmatrix} 1 \\ 0 \end{pmatrix}$, und in der zweiten Spalte lesen wir das Bild des zweiten Basisvektors $|1\rangle = \begin{pmatrix} 0 \\ 1 \end{pmatrix}$ ab.
Tatsächlich liefert unsere Multiplikationsvorschrift diese Ergebnisse:

$$\mathbf{H}\,|0\rangle = \frac{\mathbf{1}}{\sqrt{\mathbf{2}}} \begin{pmatrix} 1 & 1 \\ 1 & -1 \end{pmatrix} \cdot \begin{pmatrix} 1 \\ 0 \end{pmatrix} = \frac{\mathbf{1}}{\sqrt{\mathbf{2}}} \cdot \begin{pmatrix} 1 \\ 1 \end{pmatrix} \tag{21.10}$$

$$\mathbf{H}\,|1\rangle = \frac{\mathbf{1}}{\sqrt{\mathbf{2}}} \begin{pmatrix} 1 & 1 \\ 1 & -1 \end{pmatrix} \cdot \begin{pmatrix} 0 \\ 1 \end{pmatrix} = \frac{\mathbf{1}}{\sqrt{\mathbf{2}}} \cdot \begin{pmatrix} 1 \\ -1 \end{pmatrix} \tag{21.11}$$

Diese Matrix hat noch eine weitere signifikante Eigenschaft. Wenden wir sie anschließend noch einmal auf das Ergebnis der ersten Rechnung an, erhalten wir wieder den ursprünglichen Vektor.

$$\mathbf{HH}\,|0\rangle = \frac{\mathbf{1}}{\sqrt{\mathbf{2}}}\begin{pmatrix}1 & 1\\ 1 & -1\end{pmatrix} \cdot \frac{\mathbf{1}}{\sqrt{\mathbf{2}}} \cdot \begin{pmatrix}1\\ 1\end{pmatrix} = \frac{\mathbf{1}}{\mathbf{2}} \cdot \begin{pmatrix}2\\ 0\end{pmatrix} = \begin{pmatrix}1\\ 0\end{pmatrix} \tag{21.12}$$

$$\mathbf{HH}\,|1\rangle = \frac{\mathbf{1}}{\sqrt{\mathbf{2}}}\begin{pmatrix}1 & 1\\ 1 & -1\end{pmatrix} \cdot \frac{\mathbf{1}}{\sqrt{\mathbf{2}}} \cdot \begin{pmatrix}1\\ -1\end{pmatrix} = \frac{\mathbf{1}}{\mathbf{2}} \cdot \begin{pmatrix}0\\ 2\end{pmatrix} = \begin{pmatrix}0\\ 1\end{pmatrix} \tag{21.13}$$

Vergleichen Sie dazu auch mit Abschn. 17.1.

b) Wir können auch jeweils das **X**-, das **Y**- und das **Z**-Gate als 2×2-Matrix darstellen:

$$\mathbf{X}\,|0\rangle = |1\rangle \quad \text{und} \quad \mathbf{X}\,|1\rangle = |0\rangle \rightarrow \mathbf{X} = \begin{pmatrix}0 & 1\\ 1 & 0\end{pmatrix} \tag{21.14}$$

$$\mathbf{Y}\,|0\rangle = i\,|1\rangle \quad \text{und} \quad \mathbf{Y}\,|1\rangle = -i\,|0\rangle \rightarrow \mathbf{Y} = \begin{pmatrix}0 & -i\\ i & 0\end{pmatrix} \tag{21.15}$$

$$\mathbf{Z}\,|0\rangle = |0\rangle \quad \text{und} \quad \mathbf{Z}\,|1\rangle = -\,|1\rangle \rightarrow \mathbf{Z} = \begin{pmatrix}1 & 0\\ 0 & -1\end{pmatrix} \tag{21.16}$$

c) In der x-y-Ebene soll ein Vektor $\vec{a}$ bezüglich des Nullpunkts in mathematisch positiver Richtung um den Winkel θ gedreht werden. Wie sieht die dazu erforderliche Drehmatrix **R** ($2 \times 2 - Matrix$) aus?

Wir schreiben die Bilder der Basisvektoren $\begin{pmatrix}1\\ 0\end{pmatrix}$ und $\begin{pmatrix}0\\ 1\end{pmatrix}$ in die Spalten von **R**:

$$\mathbf{R}\begin{pmatrix}1\\ 0\end{pmatrix} = \begin{pmatrix}\cos\theta\\ \sin\theta\end{pmatrix} \quad \text{und} \quad \mathbf{R}\begin{pmatrix}0\\ 1\end{pmatrix} = \begin{pmatrix}-\sin\theta\\ \cos\theta\end{pmatrix} \quad \rightarrow \mathbf{R} = \begin{pmatrix}\cos\theta & -\sin\theta\\ \sin\theta & \cos\theta\end{pmatrix} \tag{21.17}$$

Inneres Produkt

Das innere Produkt zweier Vektoren ist Ihnen vermutlich unter dem Namen **Skalarprodukt** bekannt.

$$\vec{a} \cdot \vec{b} = a \cdot b \cdot \cos\varphi \tag{21.18}$$

Dieses Produkt heißt so, weil das Ergebnis ein Skalar ist. Dabei ist $b \cdot \cos\alpha$ die Projektion des Vektors $\vec{b}$ auf den Vektor $\vec{a}$, bzw. $a \cdot \cos\alpha$ die Projektion des Vektors $\vec{a}$ auf den Vektor $\vec{b}$.

Betrachten wir eine Matrix $\mathbf{P}_{xy}$ mit:

$$\mathbf{P}_{xy}\vec{a} = \begin{pmatrix} m_{11} & m_{12} & m_{13} \\ m_{21} & m_{22} & m_{23} \\ 0 & 0 & 0 \end{pmatrix} \cdot \begin{pmatrix} a_x \\ a_y \\ a_z \end{pmatrix} = \begin{pmatrix} a_x m_{11} + a_y m_{12} + a_z m_{13} \\ a_x m_{21} + a_y m_{22} + a_z m_{23} \\ 0 \end{pmatrix} \tag{21.19}$$

Der resultierende Vektor liegt in der xy-Ebene, da er keine z-Komponente hat. Die Matrix projiziert den Vektor $\vec{a}$ also in die xy-Ebene.

Betrachten wir nun eine Matrix $\mathbf{P}_x$ mit:

$$\mathbf{P}_x\vec{a} = \begin{pmatrix} m_{11} & m_{12} & m_{13} \\ 0 & 0 & 0 \\ 0 & 0 & 0 \end{pmatrix} \cdot \begin{pmatrix} a_x \\ a_y \\ a_z \end{pmatrix} = \begin{pmatrix} a_x m_{11} + a_y m_{12} + a_z m_{13} \\ 0 \\ 0 \end{pmatrix} \tag{21.20}$$

Dieser Vektor liegt auf der x-Achse, da die y- und die z-Komponenten verschwinden. Diese Matrix projiziert den Vektor $\vec{a}$ somit auf die x-Achse. Das Ergebnis ist deshalb ein Skalar.

Das lässt sich vereinfacht schreiben als:

$$\vec{m} \cdot \vec{a} = \begin{pmatrix} m_1 & m_2 & m_3 \end{pmatrix} \cdot \begin{pmatrix} a_x \\ a_y \\ a_z \end{pmatrix} = a_x \cdot m_1 + a_y \cdot m_2 + a_z \cdot m_3 \tag{21.21}$$

Dies stimmt mit der obigen Definition des Skalarprodukts überein (Abb. 21.2). Dies sieht man gleich, wenn man für $\vec{m}$ den Einheitsvektor $\vec{i} = \begin{pmatrix} 1 & 0 & 0 \end{pmatrix}$ einsetzt. Dann entspricht offenbar der Ausdruck

$$\vec{i} \cdot \vec{a} = a_x \tag{21.22}$$

der x-Koordinate des Vektors $\vec{a}$. Die Koordinaten eines Vektors entsprechen somit den Projektionen dieses Vektors auf die Koordinatenachsen.

Beispiel:

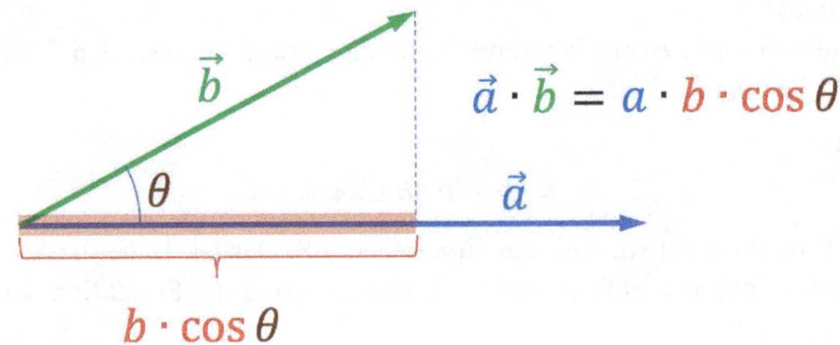

Abb. 21.2 Der Vektor $\vec{b}$ wird auf den Vektor $\vec{a}$ projiziert

Verifizieren Sie die oben beschriebene Projektionseigenschaft des Skalarprodukts am Beispiel des Vektors $\begin{pmatrix}2\\1\end{pmatrix}$, indem Sie einmal das Skalarprodukt mit $\begin{pmatrix}1\\0\end{pmatrix}$ und einmal mit $\begin{pmatrix}0\\1\end{pmatrix}$ bilden.

$$\begin{pmatrix}2\\1\end{pmatrix}\cdot\begin{pmatrix}1\\0\end{pmatrix}=2 \quad \text{Das ist die erste Koordinate des Vektors} \begin{pmatrix}2\\1\end{pmatrix} \tag{21.23}$$

$$\begin{pmatrix}2\\1\end{pmatrix}\cdot\begin{pmatrix}0\\1\end{pmatrix}=1 \quad \text{Das ist die zweite Koordinate des Vektors} \begin{pmatrix}2\\1\end{pmatrix} \tag{21.24}$$

Äußeres Produkt

Schreibt man das Skalarprodukt als reduzierte Matrixmultiplikation, so entspricht es einer Multiplikation eines Zeilenvektors mit einem Spaltenvektor.

$$\vec{a}\cdot\vec{b}=\begin{pmatrix}a_1 & a_2 & a_3\end{pmatrix}\cdot\begin{pmatrix}b_1\\b_2\\b_3\end{pmatrix}=a_xb_1+a_yb_2+a_zb_3 \tag{21.25}$$

Was entsteht, wenn wir umgekehrt einen Spaltenvektor mit einem Zeilenvektor multiplizieren?

$$\vec{b}\otimes\vec{a}=\begin{pmatrix}b_1\\b_2\\b_3\end{pmatrix}\otimes\begin{pmatrix}a_1 & a_2 & a_3\end{pmatrix} \tag{21.26}$$

Dabei entsteht eine Matrix nach der Regel:

$$\vec{b}\otimes\vec{a}=\begin{pmatrix}b_1a_1 & b_1a_2 & b_1a_3\\ b_2a_1 & b_2a_2 & b_2a_3\\ b_3a_1 & b_3a_2 & b_3a_3\end{pmatrix} \tag{21.27}$$

Dieses Produkt wird auch **dyadisches** oder **tensorielles Produkt** genannt. Mehr dazu im nächsten Abschn. 21.3 sowie in Abschn. 27.2. Die Spur dieser Matrix entspricht dem Skalarprodukt $\vec{a}\cdot\vec{b}$ der beiden Vektoren $\vec{a}$ und $\vec{b}$.

Auch mit Matrizen lässt sich ein äußeres Produkt bilden. Wie die obige Vorschrift auf Matrizen anzuwenden ist, soll am Beispiel der beiden Pauli-Matrizen

$$\sigma_z=\begin{pmatrix}1 & 0\\0 & -1\end{pmatrix},\quad \sigma_x=\begin{pmatrix}0 & 1\\1 & 0\end{pmatrix} \tag{21.28}$$

gezeigt werden.

Dazu berechnen wir das äußere Produkt $\sigma_z \otimes \sigma_x$ explizit:

$$\sigma_z \otimes \sigma_x = \begin{pmatrix} 1 & 0 \\ 0 & -1 \end{pmatrix} \otimes \begin{pmatrix} 0 & 1 \\ 1 & 0 \end{pmatrix} = \begin{pmatrix} 0 & 1 & 0 & 0 \\ 1 & 0 & 0 & 0 \\ 0 & 0 & 0 & -1 \\ 0 & 0 & -1 & 0 \end{pmatrix} \quad (21.29)$$

Dirac-Schreibweise

Vektoren und Matrizen sind in der Quantenmechanik wichtig, da man bei einem n-Zustandssystem die Zustände durch n-Vektoren und die Observablenoperatoren durch $n \times n$-Matrizen darstellen kann. Bereits in Kap. 13 hatten wir für quantenmechanische Zustandsvektoren die von Dirac vorgeschlagene **Bra-Ket**-Schreibweise eingeführt. Dort kamen allerdings vorerst nur**Ket**-Vektoren vor.

Einen Spaltenvektor $\vec{i}$ schreibt man demnach als **Ket**:

$$|i\rangle \quad (21.30)$$

Als Zeilenvektor mit konjugiert komplexen Komponenten schreiben wir $\vec{i}^*$ hingegen als **Bra**:

$$\langle i| \quad (21.31)$$

Dabei gilt:

$$\langle i| = |i\rangle^\dagger \quad (21.32)$$

Der Zeilenvektor $\langle i|$ ist gegenüber dem Spaltenvektor $|i\rangle$ transponiert und die Koeffizienten konjugiert komplex gesetzt. Dies kommt durch das Daggersymbol $\dagger$ zum Ausdruck.

Damit schreiben wir für das innere und das äußere Produkt schließlich:

- für das innere Produkt: $\langle i|i\rangle$
- und für das äußere Produkt: $|i\rangle\,\langle i|$

Aus der Schreibweise für das innere Produkt wird auch die Bezeichnung **Bra-Ket** verständlich: Das innere Produkt schließt die beiden Vektoren zwischen einer linken und einer rechten Dreieckklammer ein. *Bracket* ist das englische Wort für Klammer.

Weitere Details zu dieser Schreibweise und zu komplexen Zahlen erfahren Sie in Abschn. 21.4.

21.3 Tensorprodukt I

In Abschn. 16.4 hatten wir den Zustand eines Quantenregisters als Produktzustand der beteiligten Qubitzustände erkannt. Schreiben wir das für ein Zwei-Qubit-Register mit den beiden Qubits $|x_0\rangle = \alpha_0 |0\rangle + \beta_0 |1\rangle$ und $|x_1\rangle = \alpha_1 |0\rangle + \beta_1 |1\rangle$ noch einmal hin:

$$|x_1\rangle |x_0\rangle = (\alpha_1 |0\rangle + \beta_1 |1\rangle)(\alpha_0 |0\rangle + \beta_0 |1\rangle) \tag{21.33}$$

und ausmultipliziert:

$$|x_1\rangle |x_0\rangle = \alpha_1\alpha_0 |0\rangle |0\rangle + \alpha_1\beta_0 |0\rangle |1\rangle + \alpha_0\beta_1 |1\rangle |0\rangle + \beta_1\beta_0 |1\rangle |1\rangle \tag{21.34}$$

Andererseits hatten wir die Basiszustände $|0\rangle$ und $|1\rangle$ als Zweiervektoren geschrieben (s. Abschn. 17.1).

$$|0\rangle = \begin{pmatrix} 1 \\ 0 \end{pmatrix} \quad \text{und} \quad |1\rangle = \begin{pmatrix} 0 \\ 1 \end{pmatrix} \tag{21.35}$$

Schreiben wir den Registerzustand mit diesen Zweiervektoren, erhalten wir

$$|x_1\rangle |x_0\rangle = \alpha_1\alpha_0 \begin{pmatrix} 1 \\ 0 \end{pmatrix} \begin{pmatrix} 1 \\ 0 \end{pmatrix} + \alpha_1\beta_0 \begin{pmatrix} 1 \\ 0 \end{pmatrix} \begin{pmatrix} 0 \\ 1 \end{pmatrix} + \alpha_0\beta_1 \begin{pmatrix} 0 \\ 1 \end{pmatrix} \begin{pmatrix} 1 \\ 0 \end{pmatrix} + \beta_1\beta_0 \begin{pmatrix} 0 \\ 1 \end{pmatrix} \begin{pmatrix} 0 \\ 1 \end{pmatrix} \tag{21.36}$$

Wenn man hier die Produkte der Zweiervektoren als Skalarprodukte interpretiert, ergibt sich als Resultat dieses Ausdrucks eine Zahl und kein Vektor. Deshalb muss hier genauer definiert werden, wie diese Produkte der Vektoren zu verstehen sind. Dies geschieht mit dem Symbol $\otimes$. Damit schreibt sich obiger Ausdruck zu

$$\begin{aligned} |x_1\rangle |x_0\rangle &= \alpha_1\alpha_0 \begin{pmatrix} 1 \\ 0 \end{pmatrix} \otimes \begin{pmatrix} 1 \\ 0 \end{pmatrix} + \alpha_1\beta_0 \begin{pmatrix} 1 \\ 0 \end{pmatrix} \otimes \begin{pmatrix} 0 \\ 1 \end{pmatrix} \\ &\quad + \alpha_0\beta_1 \begin{pmatrix} 0 \\ 1 \end{pmatrix} \otimes \begin{pmatrix} 1 \\ 0 \end{pmatrix} + \beta_1\beta_0 \begin{pmatrix} 0 \\ 1 \end{pmatrix} \otimes \begin{pmatrix} 0 \\ 1 \end{pmatrix} \end{aligned} \tag{21.37}$$

mit der Vorschrift für zwei allgemeine Vektoren $\vec{a}$ und $\vec{b}$:

$$\vec{a} \otimes \vec{b} = \begin{pmatrix} a_1 \\ a_2 \end{pmatrix} \otimes \begin{pmatrix} b_1 \\ b_2 \end{pmatrix} = \begin{pmatrix} a_1 b_1 \\ a_1 b_2 \\ a_2 b_1 \\ a_2 b_2 \end{pmatrix} \tag{21.38}$$

Mit dieser Vorschrift wird aus den beiden Zweiervektoren ein Vierervektor. Diese Art der Produktbildung nennt man **Tensorprodukt**. Das lässt sich auch auf Vektoren unterschiedlicher Dimension sinngemäß erweitern.

Berechnen wir damit die Basisvektoren des Registerzustands, erhalten wir:

$$|00\rangle = |0\rangle \otimes |0\rangle = \begin{pmatrix}1\\0\end{pmatrix} \otimes \begin{pmatrix}1\\0\end{pmatrix} = \begin{pmatrix}1\\0\\0\\0\end{pmatrix} \tag{21.39}$$

Der zweite Vektor (rechts) wird der Reihe nach mit den Koeffizienten des ersten Vektors multipliziert, und die Ergebnisse werden in einem neuen Vektor untereinandergereiht. Analog geht das mit

$$|01\rangle = |0\rangle \otimes |1\rangle = \begin{pmatrix}1\\0\end{pmatrix} \otimes \begin{pmatrix}0\\1\end{pmatrix} = \begin{pmatrix}0\\1\\0\\0\end{pmatrix} \tag{21.40}$$

und analog mit

$$|10\rangle = |1\rangle \otimes |0\rangle = \begin{pmatrix}0\\1\end{pmatrix} \otimes \begin{pmatrix}1\\0\end{pmatrix} = \begin{pmatrix}0\\0\\1\\0\end{pmatrix} \tag{21.41}$$

und schließlich auch mit dem letzten Basisvektor

$$|11\rangle = |1\rangle \otimes |1\rangle = \begin{pmatrix}0\\1\end{pmatrix} \otimes \begin{pmatrix}0\\1\end{pmatrix} = \begin{pmatrix}0\\0\\0\\1\end{pmatrix} \tag{21.42}$$

Damit erhalten wir eine Vektordarstellung der vier Basiszustände des kombinierten Systems

$$|11\rangle = \begin{pmatrix}1\\0\\0\\0\end{pmatrix}, \quad |10\rangle = \begin{pmatrix}0\\1\\0\\0\end{pmatrix}, \quad |01\rangle = \begin{pmatrix}0\\0\\1\\0\end{pmatrix} \quad \text{und} \quad |00\rangle = \begin{pmatrix}0\\0\\0\\1\end{pmatrix} \tag{21.43}$$

Damit schreibt sich der Registerzustand schließlich:

$$|x_1\rangle\,|x_0\rangle = \alpha_1\alpha_0 \begin{pmatrix}1\\0\\0\\0\end{pmatrix} + \alpha_1\beta_0 \begin{pmatrix}0\\1\\0\\0\end{pmatrix} + \alpha_0\beta_1 \begin{pmatrix}0\\0\\1\\0\end{pmatrix} + \beta_1\beta_0 \begin{pmatrix}0\\0\\0\\1\end{pmatrix}, \tag{21.44}$$

oder in unserer üblichen, verkürzten Schreibweise:

$$|x_1\rangle\,|x_0\rangle = \alpha_1\alpha_0\,|00\rangle + \alpha_1\beta_0\,|01\rangle + \alpha_0\beta_1\,|10\rangle + \beta_1\beta_0\,|11\rangle \tag{21.45}$$

21.4 Diracsche Klammerschreibweise

Paul Adrian Maurice Dirac war ein britischer Physiker, der für seine Beiträge zur Quantenmechanik 1933, zusammen mit Erwin Schrödinger, den Nobelpreis in Physik erhielt. Mit der nach ihm benannten Dirac-Gleichung gelang ihm die relativistische Beschreibung des Elektrons und eine physikalische Erklärung des Spins[1]. In seinem Buch *The Principles of Quantum Mechanics* von 1930 legte er die noch heute gültige, formale Beschreibung der Quantenmechanik vor. Im Teil VII werden wir näher darauf eingehen.

In der 4. Auflage dieses Buches von 1958[2] führt er eine neue Schreibweise für Quantenzustände ein: Die Dirac-Klammern bzw. die **Bra-Ket**-Notation. Wir hatten diese Notation bereits früher verwendet, ohne dabei auf die tiefere Bedeutung dieser Schreibweise einzugehen. Dies wollen wir nun nachholen (s. auch Abschn. 26.3).

Das Skalarprodukt zwischen zwei Vektoren $\vec{a}$ und $\vec{b}$ ist definiert als

$$\vec{a}\cdot\vec{b} = a_1b_1 + a_2b_2 + \cdots + a_nb_n \tag{21.46}$$

Insbesondere ist das Skalarprodukt eines Vektors $\vec{a}$ mit sich selbst das Betragsquadrat dieses Vektors

$$\vec{a}\cdot\vec{a} = a_1a_1 + a_2a_2 + \cdots + a_na_n \tag{21.47}$$

In der Quantenmechanik haben die Zustandsvektoren oft auch komplexwertige Komponenten. Dann ist das Skalarprodukt folgendermaßen zu schreiben

$$\vec{a}\cdot\vec{b} = a_1^*b_1 + a_2^*b_2 + \cdots + a_n^*b_n \tag{21.48}$$

[1] P. A. M. Dirac: *The quantum theory of the electron.* In: Proceedings of the Royal Society 1928 (100).

[2] *The Principles of Quantum Mechanics,* Oxford University Press (101).

und das Betragsquadrat entsprechend

$$\vec{a} \cdot \vec{a} = a_1^* a_1 + a_2^* a_2 + \cdots + a_n^* a_n \tag{21.49}$$

Der Stern bedeutet die konjugiert komplexe Zahl. Ist z. B. $z = x + iy$ eine komplexe Zahl, so ist die konjugiert komplexe Zahl dazu definiert als $z^* = x - iy$. Nun sehen Sie leicht, dass

$$z^* z = (x + iy)(x - iy) = x^2 - ixy + ixy + y^2 = x^2 + y^2 \tag{21.50}$$

dem Betragsquadrat von z entspricht. In der diracschen Notation ersetzt die Rechtsklammer $|a\rangle$ den Vektorpfeil $\vec{a}$. Der konjugiert komplexe Vektor $\vec{a}^*$ wird nun aber mit einer Linksklammer geschrieben, also $\vec{a}^* = \langle a|$.

Damit schreibt sich das Betragsquadrat:

$$\langle a|a\rangle \tag{21.51}$$

Dabei ist $\langle a| = \left(a_1^*, a_2^*, \ldots, a_n^*\right)$ als Zeilenvektor aufzufassen. Entsprechend steht $|a\rangle$ für einen Spaltenvektor. Vollständig ausgeschrieben, schreibt sich das Skalarprodukt zweier Vektoren $|a\rangle$ und $|b\rangle$:

$$\langle a|b\rangle = \left(a_1^*, a_2^*, \ldots, a_n^*\right) \cdot \begin{pmatrix} b_1 \\ b_2 \\ \vdots \\ b_n \end{pmatrix} = a_1^* b_1 + a_2^* b_2 + \cdots + a_n^* b_n \tag{21.52}$$

Hier wird die Bezeichnung **Bra-Ket** (vom Englischen *bracket* für Klammer) verständlich. Die beiden Symbole a und b sind zwischen den beiden gewinkelten Klammern quasi *eingeklemmt*. Aus diesem Grund bezeichnet man das Skalarprodukt in dieser Schreibweise auch als **inneres Produkt** zweier Vektoren (im Gegensatz zum äußeren Produkt). Siehe dazu auch Abschn. 21.2.

Umgekehrt gibt es auch ein **äußeres Produkt**. Dieses ergibt sich, wenn man die Reihenfolge der Vektoren im Term $\langle a|b\rangle$ vertauscht. Dann erhält man den Ausdruck:

$$|b\rangle\,\langle a| \tag{21.53}$$

Um die Bedeutung davon zu erkennen, schreiben wir den Term aus:

$$|b\rangle\,\langle a| = \begin{pmatrix} b_1 \\ b_2 \\ \vdots \\ b_n \end{pmatrix} \otimes \left(a_1^*, a_2^*, \ldots, a_n^*\right) \tag{21.54}$$

Um dieses äußere Produkt vom inneren Produkt zu unterscheiden, verwenden wir wieder das Operationszeichen ⊗, wie beim Tensorprodukt zweier normaler Vektoren. Es handelt sich hier eigentlich um ein Tensorprodukt, allerdings um eines zwischen einem Spalten- und einem Zeilenvektor. Das Ergebnis ist weder eine Zahl (Skalar) noch ein Vektor. Das Ergebnis ist eine Matrix.

$$|b\rangle\langle a| = \begin{pmatrix} b_1 \\ b_2 \\ \vdots \\ b_n \end{pmatrix} \otimes \left(a_1^*, a_2^*, \ldots, a_n^*\right) = \begin{pmatrix} b_1a_1^* & b_1a_2^* & \ldots & b_1a_n^* \\ b_2a_1^* & b_2a_2^* & \ldots & b_2a_n^* \\ \vdots & \vdots & \ldots & \vdots \\ b_na_1^* & b_na_2^* & \ldots & b_na_n^* \end{pmatrix} \tag{21.55}$$

Die Rechenvorschrift ist aus den Matrixelementen ersichtlich. Was ergibt sich, wenn man diese Vorschrift auf einen Vektor mit sich selbst anwendet?

Bildet man dieses äußere Produkt eines Vektors mit sich selbst, erhält man anstelle des Betragsquadrats des Zustandsvektors die sogenannte **Dichtematrix**:

$$\rho_a = |a\rangle\langle a| = \begin{pmatrix} a_1 \\ a_2 \\ \vdots \\ a_n \end{pmatrix} \otimes \left(a_1^*, a_2^*, \ldots, a_n^*\right) = \begin{pmatrix} a_1a_1^* & a_1a_2^* & \ldots & a_1a_n^* \\ a_2a_1^* & a_2a_2^* & \ldots & a_2a_n^* \\ \vdots & \vdots & \ldots & \vdots \\ a_na_1^* & a_na_2^* & \ldots & a_na_n^* \end{pmatrix} \tag{21.56}$$

Summiert man die Diagonalelemente dieser Matrix auf, erhält man das Betragsquadrat des Vektors $|a\rangle$. Die Summe der Diagonalelemente einer Matrix nennt man *Spur*. Damit gilt offenbar

$$\langle a|a\rangle = Spur\,|a\rangle\langle a| = Spur\;\rho \tag{21.57}$$

Es stellt sich heraus, dass in dieser Dichtematrix ρ alle Informationen über den Zustandsvektor $|a\rangle$ enthalten sind. Die Dichtematrix stellt damit, neben dem Zustandsvektor, eine weitere Möglichkeit dar, einen Quantenzustand zu beschreiben. Was bedeuten dabei die Nichtdiagonalelemente der Matrix? Im nächsten Abschnitt wollen wir die Dichtematrix für einige Quantenzustände berechnen und uns dabei ihre konkrete Bedeutung veranschaulichen.

21.5 Die Dichtedarstellung

In diesem Abschnitt wollen wir die im letzten Abschnitt eingeführten Dichtematrizen an einigen Beispielen berechnen. Anwendungen der Dichtedarstellung finden Sie in Abschn. 27.4.

Beispiel 1:
Dichtematrix für Spin im Zustand $|0\rangle$ (Spin *down* in der z-Basis):

$$\rho = |0\rangle\langle 0| = \begin{pmatrix}1 & 0\end{pmatrix} \otimes \begin{pmatrix}1\\0\end{pmatrix} = \begin{pmatrix}1 & 0\\0 & 0\end{pmatrix} \tag{21.58}$$

Die *Spur* dieser Matrix ist 1 und sie enthält nur einen Beitrag. Deshalb repräsentiert die Dichtematrix hier einen sogenannten *reinen Zustand.* (Sie projiziert eine Observable somit nur auf den Zustand $|0\rangle$.)

Beispiel 2:
Wir betrachten den Überlagerungszustand $|r\rangle$:

$$|r\rangle = \frac{1}{\sqrt{2}}|1\rangle + \frac{1}{\sqrt{2}}|0\rangle = \frac{1}{\sqrt{2}}\begin{pmatrix}1\\1\end{pmatrix} \tag{21.59}$$

Die Dichtematrix dafür lautet:

$$\rho = |r\rangle\langle r| = \frac{1}{2}\begin{pmatrix}1 & 1\end{pmatrix} \otimes \begin{pmatrix}1\\1\end{pmatrix} = \frac{1}{2}\begin{pmatrix}1 & 1\\1 & 1\end{pmatrix} \tag{21.60}$$

Wieder ist die Spur dieser Matrix 1, aber sie setzt sich jetzt aus zwei Beiträgen von je $\frac{1}{2}$ zusammen (und beschreibt deshalb einen sogenannten *gemischten* Zustand).
Beispiel 3:
Interessant wird es, verschränkte Zustände zu betrachten. Nehmen wir dazu den Zustand $|\Psi^+\rangle$, dem wir schon im Abschn. 17.3 begegnet sind:

$$|\Psi^+\rangle = \frac{1}{\sqrt{2}}|01\rangle + \frac{1}{\sqrt{2}}|10\rangle \tag{21.61}$$

Dies ist einer der vier **Bell**-Zustände, und er zeichnet sich durch maximale Verschränkung aus.

Mit

$$|01\rangle = \begin{pmatrix}0\\1\\0\\0\end{pmatrix} \quad \text{und} \quad |10\rangle = \begin{pmatrix}0\\0\\1\\0\end{pmatrix} \quad \text{folgt} \quad |\Psi^+\rangle = \frac{1}{\sqrt{2}}\begin{pmatrix}0\\1\\1\\0\end{pmatrix} \tag{21.62}$$

Für die Dichtematrix erhalten wir analog (wie vorher):

$$\rho = |\Psi^+\rangle\langle\Psi^+| = \frac{1}{2}\,(0\ 1\ 1\ 0) \otimes \begin{pmatrix} 0 \\ 1 \\ 1 \\ 0 \end{pmatrix} = \frac{1}{2}\begin{pmatrix} 0 & 0 & 0 & 0 \\ 0 & 1 & 1 & 0 \\ 0 & 1 & 1 & 0 \\ 0 & 0 & 0 & 0 \end{pmatrix} \tag{21.63}$$

Die Spur dieser Dichtematrix ist auch wieder *eins*, wie in allen vorhergehenden Beispielen auch.

Teil VI
Realisierung von Qubits

In den vorangehenden Kapiteln haben wir das Konzept des Qubits ausführlich besprochen und viele Eigenschaften und Anwendungsmöglichkeiten kennengelernt. Wie aber lassen sie sich realisieren, in die Praxis umsetzen? Dieser Frage gehen wir in diesem Teil nach. Hier erfahren Sie, in welche Konzepte die größten Erwartungen gesetzt und die meisten Forschungsanstrengungen unternommen werden. Konkret stellen wir hier die folgenden Möglichkeiten vor:

- Photonen
- Ionenfallen
- Supraleitende Schaltkreise
- Quantenpunkte

Einen Übersichtsartikel zu diesem Thema mit vielen Literaturhinweisen finden Sie in: *Quantum Computing in der industriellen Applikation* [103].

22 Photonen

Zusammenfassung

Bei photonischen Qubits benutzt man zur Codierung der Quanteninformation entweder die Polarisationszustände von Einzelphotonen oder die räumlichen Freiheitsgrade, die ein Photon bei seiner Ausbreitung nehmen kann. Im Gegensatz zu stationären Qubits, wie sie bei supraleitenden Systemen oder gefangenen Ionen auftreten, spricht man bei Photonen von fliegenden Qubits. Von optischen Systemen verspricht man sich Vorteile bei der Anwendung in Quantennetzwerken, wie z. B. in einem zukünftigen Quanteninternet. Ein weiterer Vorteil von photonischen Qubits besteht darin, dass diese ihre Polarisationszustände sehr lange beibehalten können. Dies liegt u. a. daran, dass sie in erster Näherung nicht miteinander wechselwirken und daher nur von ihrer Umgebung absorbiert und gestreut werden.

22.1 Die Polarisationszustände von Photonen

Die Abb. 22.1 illustriert die Analogie der Spinzustände (Spinoren) eines Spin-1/2-Systems (oben) zu den möglichen Polarisationszuständen von Photonen (unten).

Die Abbildung zeigt oben die sechs Spineigenzustände und darunter die zu ihren Spinoren analogen Polarisationen des Lichts. Zirkular polarisiertes Licht entsteht, wenn, bei schräg polarisiertem Licht, die beiden Komponenten ($|x - up\rangle$, $|x - down\rangle$) um eine viertel Wellenlänge bzw. um $\pi/2$ gegeneinander verschoben sind. Man kann sich die Entstehung von zirkular polarisiertem Licht also als Überlagerung von zwei zueinander senkrecht stehenden und um $\pi/2$ phasenverschobenen, linear polarisierten Wellen mit gleicher Ausbreitungsrichtung, Amplitude und Frequenz vorstellen. Dabei haben die zueinander senkrecht schwingenden elektrischen Felder denselben Betrag. Die Situation ist vergleichbar mit dem Übergang von einem linearen Pendel zu einem Kreispendel.

Bereits Henri Poincaré hatte die Polarisationszustände des Lichts auf einer Kugeloberfläche dargestellt, die der Bloch-Kugel ähnelt. Tatsächlich erweisen sich diese

H. M. Rubin, *Vom Doppelspalt zum Quantencomputer*,
https://doi.org/10.1007/978-3-662-71207-8_22

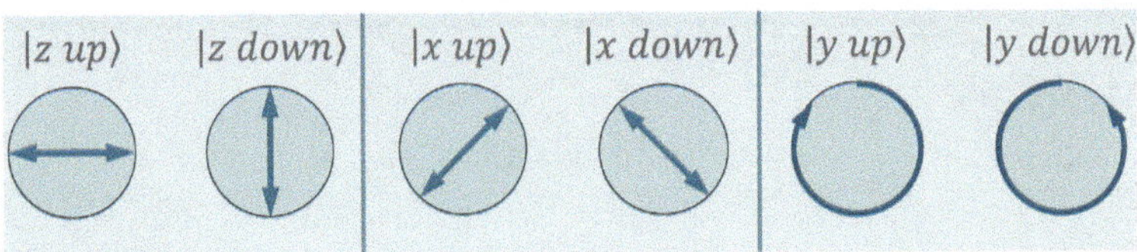

Abb. 22.1 Polarisationszustände von Photonen

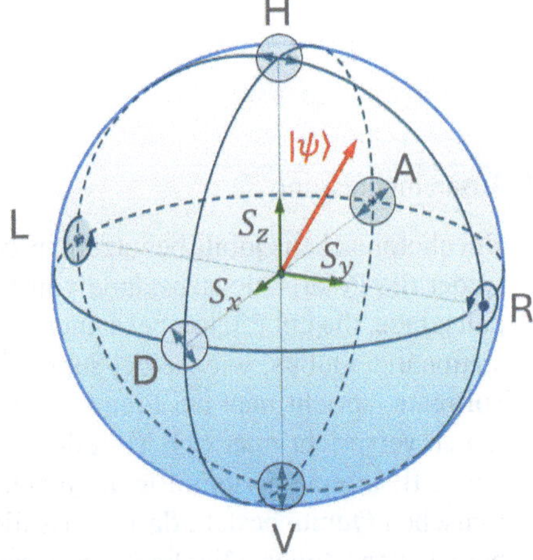

Abb. 22.2 Poincaré-Kugel veranschaulicht die Polarisationszustände des Lichts

Polarisationszustände als äquivalent zu den Spinzuständen eines Spin-1/2-Systems, wie Sie aus dem Vergleich zwischen Poincaré- und Bloch-Kugel erkennen können. Vergleichen Sie dazu die folgende Abb. 22.2 mit der Abb. 13.9 oder mit der Abb. 21.1.

Gates auf photonischen Qubits können mit sogenannten Wellenplättchen realisiert werden. Diese können die Polarisationsrichtung eines Photons oder seine Phase verändern. Photonen lassen sich auch durch die spontane, parametrische Fluoreszenz in nichtlinear optischen Kristallen leicht miteinander verschränken (s. Abschn. 14.2). Dabei wird aus einem Photon höherer Energie im Kristall ein verschränktes Paar von Photonen mit je halber Energie erzeugt. Die Richtungen, in die diese beiden Photonen abgestrahlt werden, sind stark miteinander und mit der Richtung des eingestrahlten Photons korreliert. Bestimmte Atomarten kann man mithilfe eines Lasers auch derart anregen, dass sie bei ihrer Rückkehr in den Grundzustand ebenfalls ein Paar polarisationsverschränkter Photonen abstrahlen. Diese werden jedoch nahezu unkorreliert in beliebiger Raumrichtung abgestrahlt, sodass sie nicht sehr effizient genutzt werden können. Mehr zu diesem Thema in der unten angegebenen Literatur[1].

[1] Valeria Saggio, Philip Walther, *Quantenrechnen mit Licht,* Physik in unserer Zeit, 2022 [103] und Lars S. Madsen et al., *Quantum computational advantage with a programmable photonic processor,* 2022 [104]

Ionenfallen

23

Zusammenfassung

In Ionenfallen werden Ionen im Vakuum, ohne Kontakt zu einer Oberfläche, festgehalten. Es gibt verschiedene Methoden, um das zu erreichen. Wir beschränken uns hier auf einen Typ, der 1953 von dem Physiker Wolfgang Paul vorgeschlagen wurde und deshalb als Paul-Falle oder auch als lineare Falle bezeichnet wird. Die Ionen in einer solchen Falle können einzeln manipuliert und die Auswirkungen direkt beobachtet werden.

23.1 Paul-Falle

Im Hinblick auf mögliche Kandidaten für die Realisierung von Qubits wird heute intensiv an Ionenfallen geforscht. Für ein Qubitregister müssen mehrere Ionen in definierten und manipulierbaren Zuständen festgehalten werden können. Dies gelingt in einer Ionenfalle. Dazu benutzt man elektrische und magnetische Felder, um die Ionen frei, im Vakuum, und ohne Kontakt mit anderen Körpern zu halten.

Für die Quanteninformatik eignet sich besonders eine Methode, die von dem deutschen Physiker und Nobelpreisträger Wolfgang Paul 1953 theoretisch entworfen wurde. Die nach ihm benannte Paul-Falle benutzt elektrisch oszillierende Quadrupolfelder, in denen Ionen auf einer Linie aneinandergereiht werden. Die folgende Abb. 23.1 zeigt vier Ba^{+}-Ionen, die in einer solchen Falle gefangen sind.

Natürlich sehen wir nicht die Ionen selbst, sondern nur das Licht, das sie aussenden. Damit sie dies tun, müssen sie zuvor mit einem Laser angeregt werden. Ein

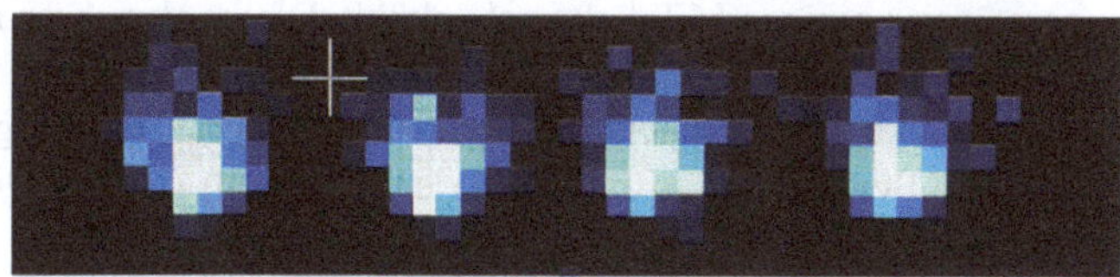

Abb. 23.1 Vier Ba^{+}-Ionen in einer linearen Paul-Falle

H. M. Rubin, *Vom Doppelspalt zum Quantencomputer*,
https://doi.org/10.1007/978-3-662-71207-8_23

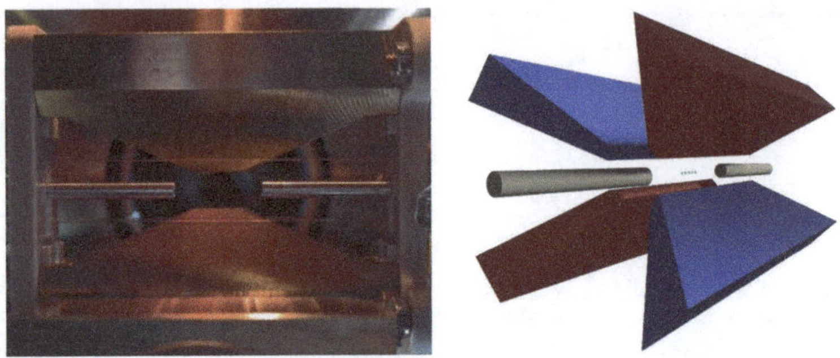

Abb. 23.2 Anordnung der Elektroden in der Paul-Falle

weiterer Laser sorgt dafür, dass die Ionen so stark abgekühlt werden, dass keine thermische Bewegung mehr erkennbar ist. Die Abb. 23.2 zeigt links die reale Anordnung der benötigten Elektroden und rechts deren schematische Darstellung.

Die vier farbigen Bladeelektroden erzeugen ein oszillierendes, elektrisches Quadrupolfeld. Dieses dient dazu, die Ionen auf einer Linie zwischen den beiden stabförmigen End-Cap-Elektroden zu halten. Die statisch positiv geladenen Capelektroden verhindern das seitliche Entweichen der positiv geladenen Ba^+-Ionen.

Hier stellt sich die Frage, wozu das oszillierende Quadrupolfeld dient. Stellen Sie sich dazu eine Murmel vor, die Sie auf einen Pferdesattel legen. Die Murmel wird unweigerlich nach links oder nach rechts wegrollen, es gibt für sie keine stabile Gleichgewichtslage. Wenn die Sattelfläche aber mit der richtigen Frequenz um die vertikale Achse rotiert, kann die seitlich nach unten gerichtete Bewegung im nächsten Augenblick wieder durch die nach oben gewölbte Fläche stabilisiert werden.

Aufgrund ihrer thermischen Bewegung und ihrer gegenseitigen Abstoßung führen die Ionen entlang der Verbindungslinie zwischen den beiden End-Cap-Elektroden eine Schwingungsbewegung aus. Diese thermische Bewegung der Ionen in axialer Richtung muss abgebremst werden, d. h., die Ionen müssen abgekühlt werden. Dies erreicht man mit Laserbeschuss. Dazu wird die Frequenz des Lasers auf einen Wert eingestellt, der etwas kleiner ist, als dies für die Anregung auf ein höheres Energieniveau erforderlich wäre. Bewegt sich das Ion entgegen der Lichtausbreitung, *sieht* es die Frequenz aufgrund der Doppler-Verschiebung erhöht, sodass die Frequenz für die Anregung auf ein höheres Energieniveau ausreicht. Dabei übertragen die absorbierten Photonen einen Gegenimpuls auf die Ionen, wodurch diese abgebremst werden und sich ihre thermische Bewegung verringert. Die Ionen werden so auf eine Temperatur von einigen Millikelvin abgekühlt. Dieses Verfahren nennt man Laserkühlung bzw. engl. Laser cooling.[1]

Bevor die Ionen aber in die Ionenfalle kommen, müssen sie erzeugt werden. Wir betrachten zwei Beispiele: Barium (Ba^+) und Calcium (Ca^+). Die Metalle

[1] Prof. Dieter Suter, *Laserspektroskopie und Quantenoptik*, Kap. 5: *Lichtkräfte und Laserkühlung*, TU Dortmund (Vorlesungsskript online) oder das Buch *The Physics of Laser-Atom-Interactions* [105].

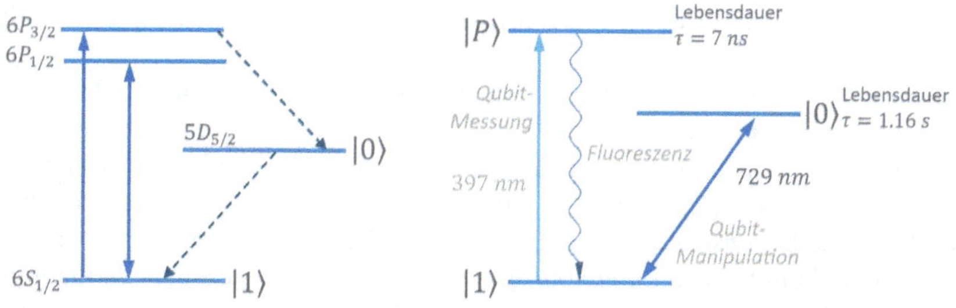

Abb. 23.3 Termschemen von $^{137}Ba^+$- (links) und $^{40}Ca^+$-Ionen (rechts)

werden in einem Ofen erhitzt und verdampft. Dazu muss die Siedetemperatur des entsprechenden Elements erreicht werden. Für Barium beträgt diese $Sdp. = 1637\,°C$ und für Calcium $Sdp. = 1487\,°C$. Durch ein kleines Loch können die verdampften Atome entweichen und in Richtung Ionenfalle fliegen. Auf dem Weg dorthin werden sie mit einem UV-Laser ($413\,nm$) beschossen und dadurch ionisiert. In der Ionenfalle werden sie dann mithilfe der Blade- und End-Cap-Elektroden eingefangen und durch die Laserkühlung abgekühlt.

Danach sind die Ionen, wie in Abb. 23.1 gezeigt, auf einer geraden Linie stabil eingefangen. Nun können die Zustände der Ionen durch weiteren Laserbeschuss manipuliert werden. Die Abb. 23.3 zeigt die Termschemen der uns interessierenden Zustände für Ba^+- und Ca^+.

Bei Ba werden die üblichen Termsymbole verwendet. Dabei stehen 5 und 6 für die Hauptquantenzahl (Schalennummer) und S, P, D, ... für den Bahndrehimpuls (0, 1, 2, ...). Der Index gibt den Gesamtdrehimpuls (Bahn und Spin) an.

Ein Laserpuls mit $\lambda_1 = 493\,nm$ (grün) regt das äußerste Elektron vom Grundzustand $6S_{1/2}$ auf $6P_{1/2}$ an. Dieser Zustand ist sehr kurzlebig. Das Elektron fällt nach ca. $7\,ns$ wieder in den Grundzustand zurück. Werden die Ionen kontinuierlich mit diesem Licht bestrahlt, sieht man sie (wie in Abb. 23.1) leuchten. Jedes Ion kann dabei ca. 10^8 Photonen pro Sekunde aussenden. Deshalb ist das Licht der Ionen sogar von bloßem Auge zu sehen. Die Ionen selbst kann man selbstverständlich nicht sehen, wie das zuweilen geschrieben steht.

Bestrahlt man die Ionen hingegen mit Laserlicht der Wellenlänge $\lambda_2 = 455\,nm$ (blau), wird das äußerste Elektron auf das etwas höher gelegene Energieniveau $6P_{3/2}$ angehoben. Von hier aus fällt das Elektron nicht mehr zurück in den $6S_{1/2}$-Zustand, sondern in den Zustand $5D_{5/2}$. Dieser ist (im Vergleich zum Zustand $6P_{1/2}$) sehr langlebig. Seine Lebensdauer beträgt ca. $\tau \approx 30\,s$.

Die beiden Zustände $6S_{1/2}$ und $5D_{5/2}$ können nun als Qubitzustände genutzt werden. Vereinfacht schreibt man dann für $6S_{1/2}$ den Zustandsvektor $|1\rangle$ und für $5D_{5/2}$ $|0\rangle$. Befindet sich das Ion im Grundzustand $|1\rangle$, kann es durch Bestrahlung mit dem blauen Laser ($\lambda_2 = 455\,nm$) in den Zustand $|0\rangle$ überführt werden. Um den Qubitzustand eines Ions auszulesen, muss es mit dem grünen Laser ($\lambda_1 = 493\,nm$) bestrahlt werden. Gibt das Ion einen Lichtpuls zurück, befand es sich im Zustand $|1\rangle$ bzw. $6S_{1/2}$. Befindet sich dieses hingegen im Zustand $|0\rangle$, kann es durch den 493-nm-Puls nicht angeregt werden und bleibt dunkel. Aufgrund dieses Verhaltens bezeichnet man den Zustand $|1\rangle$ als **hellen** Zustand und den Zustand $|0\rangle$ als **dunklen** Zustand.

Als zweites Beispiel betrachten wir ^{40}Ca. Das Termschema ist in Abb. 23.3 rechts dargestellt. Hier vereinfachen wir die Bezeichnungen der Zustände gleich von Beginn an. Wieder ist der helle Grundzustand $|1\rangle$ und der dunkle, langlebige Zustand $|0\rangle$. Seine Lebensdauer beträgt hier $\tau \approx 1{,}16\,s$. Den kurzlebigen Zustand bezeichnen wir mit $|P\rangle$. Seine Lebensdauer beträgt (wie beim Ba) etwa $\tau \approx 7\,ns$. Der Zustand $|0\rangle$ wird hier direkt mit einem Laser von $\lambda_2 = 729\,nm$ Wellenlänge angeregt (Qubitmanipulation). Ausgelesen (gemessen) wird der Zustand des Qubits mit einem Laserpuls der Wellenlänge $\lambda_1 = 397\,nm$. Befindet sich das Qubit im Zustand $|1\rangle$, absorbiert es ein Photon, wird angeregt und sendet sogleich wieder ein Photon aus, es ist hell. Befindet sich das Qubit hingegen im Zustand $|0\rangle$, kann es durch den Auslesepuls von 397 nm nicht angeregt werden und auch kein Photon aussenden, es bleibt dunkel.

Wie bei allen Quantenobjekten, denen wir bisher begegnet sind, können sich auch hier die Quantenzustände in einem Überlagerungszustand befinden. Das Messergebnis ist dann nicht mit Sicherheit vorhersagbar, es ist zufällig. Grundlage dafür sind die sogenannten **Rabi-Oszillationen.** Unter dem Einfluss von elektromagnetischen Kräften, wie sie hier durch die Einstrahlung der Laser vorliegen, können in einem Zweizustandssystem die Besetzungswahrscheinlichkeiten zwischen $|1\rangle$ und $|0\rangle$ oszillieren. Das äußerste Elektron befindet sich dann nicht statisch im Zustand $|1\rangle$ oder $|0\rangle$, sondern wechselt periodisch zwischen diesen beiden Zuständen. Dabei müssen die Besetzungswahrscheinlichkeiten nicht gleich sein. Damit sind verschiedene Überlagerungszustände möglich, genauso wie wir das von polarisierten Photonen oder von Spin-$\frac{1}{2}$-Zuständen bereits kennen. Deshalb lassen sich die Zustände auch auf die gleiche Weise, mithilfe der Bloch-Kugel, darstellen. Vergleichen Sie dazu mit Abschn. 26.6 und Abb. 21.1.

23.2 Verschränkung von Ionen

Im Folgenden betrachten wir ein einfaches System, das aus zwei $40Ca^{+-}$ Ionen in einer Ionenfalle bestehen soll. Diesem stehen vier Zustände zur Verfügung ($|11\rangle$, $|10\rangle$, $|01\rangle$ und $|00\rangle$), wie sie in Abb. 23.4 unten dargestellt sind.[2]

Die beiden Ionen in der linearen Ionenfalle können zu Schwingungen (gleichphasig oder gegenphasig) entlang der Achse der End-Cap-Elektroden angeregt werden. Dabei bedeutet $\nu = 0$ die Nullpunktschwingung und $\nu = 1$ die erste angeregte Oberschwingung. Diese beiden Schwingungszustände unterscheiden sich in ihrer Energie, deshalb sind jeweils zwei Energieniveaus übereinander gezeichnet, die sich um die Frequenz f_+ unterscheiden. Zur Verschränkung der beiden Ionen werden diese Schwingungen benötigt. Hierzu nutzen wir die gleichphasige Schwingung mit

[2] Siehe dazu auch: Wolfgang Hänsel, *Quantenbits in der Ionenfalle; Der Quantenmechanik in die Karten geschaut;* Phys. Unserer Zeit, 2/2006 [106].

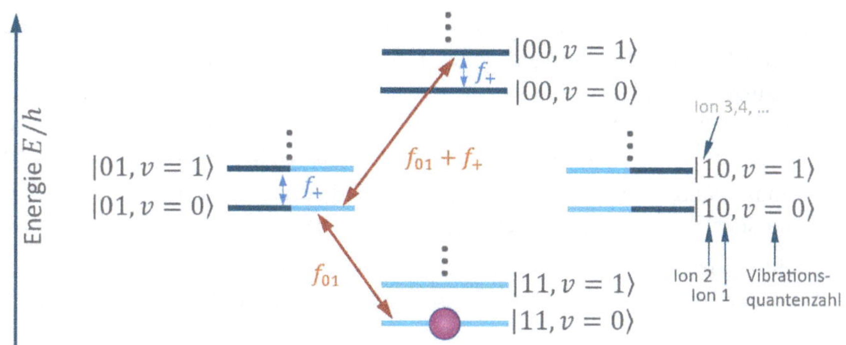

Abb. 23.4 Operationen zur Verschränkung zweier Ionen in einer linearen Paul-Falle. Hierzu werden Schwingungsmoden der beiden Ionen benutzt, die entlang der Achse zwischen den End-Cap-Elektroden gleichphasig oder gegenphasig schwingen können

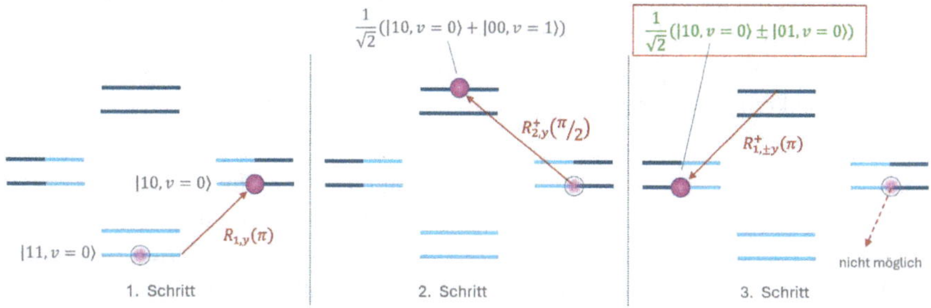

Abb. 23.5 Die drei Schritte zur Verschränkung zweier Ionen in einer linearen Paul-Falle

$v = 1$ (quantisierter harmonischer Oszillator, s. Abschn. 10.3). Für die Nullpunktschwingung ist $v = 0$.

Die Abb. 23.5 zeigt die drei Manipulationen (Rotationen des Bloch-Vektors jeweils um die y-Achse), die erforderlich sind, um die beiden Ionen in einen der vier bellschen Zustände zu versetzen, diese also vollständig miteinander zu verschränken. Vergegenwärtigen Sie sich diese Rotationen jeweils anhand der Bloch-Kugeldarstellung. Für diese Rotationen müssen die Ionen gezielt und einzeln mit den entsprechenden Laserpulsen getroffen werden.

Der Ausgangszustand und gleichzeitig der energetisch tiefste Zustand dieses Zwei-Qubit-Registers ist $|11,\ v = 0\rangle$. Von diesem Zustand ausgehend, erklären wir in Abb. 23.5 von links nach rechts die im Folgenden beschriebenen Manipulationen:

1. Das linke Termschema zeigt den Übergang aus dem Grundzustand $|11,\ v = 0\rangle$ in den ersten angeregten Zustand $|10,\ v = 0\rangle$. Dazu wird das rechte Qubit (Nr. 1) mit dem 729 nm -Laser bestrahlt. In der Bloch-Kugeldarstellung entspricht das einer Rotation ($R_{1,\ y}(\pi)$) des Zustandsvektors von Qubit 1 um den Winkel π um die y-Achse, sodass dieser jetzt nach oben zeigt.

2. Das mittlere Termschema zeigt, wie nun das linke Qubit (Nr. 2) mit einer leicht höheren Frequenz beschossen ($f^+ = f_0 + 1{,}2\,MHz$) wird. Dieser Puls wird zeitlich kürzer gewählt als der erste, damit der Bloch-Vektor von Qubit 2 nur um 90° bzw. um den Winkel $\pi/2$ gedreht wird. Dadurch wird das Qubit 2 in den Überlagerungszustand $\frac{1}{\sqrt{2}}(|1,\ \nu = 0\rangle + |0,\ \nu = 1\rangle)$ versetzt. Dies bedeutet, dass der Grundzustand $|1,\ \nu = 0\rangle$ jetzt mit $|1,\ \nu = 1\rangle$ überlagert wird. Den Registerzustand schreiben wir deshalb als $\frac{1}{\sqrt{2}}(|10,\ \nu = 0\rangle + |00,\ \nu = 1\rangle)$. Die entsprechende Operation nennen wir $R^+_{2,y}(\pi/2)$. Das + besagt, dass mit leicht erhöhter Frequenz angeregt wurde, damit der erste Schwingungszustand ($\nu = 1$) mit angeregt wird.
3. Das Termschema rechts zeigt nun den entscheidenden Schritt: Jetzt wird das rechte Qubit (Nr. 1) mit dem auf f^+ verstimmten Laser bestrahlt, denn es soll nun der Anteil $|00, \nu = 1\rangle$ nach $|01, n = 0\rangle$ gebracht werden. Dafür benötigt man wieder einen zeitlich etwas längeren π-Puls ($R^+_{1,\pm y}(\pi)$). Der Prozess entspricht der sogenannten stimulierten Emission. Der Anteil $|10, n = 0\rangle$ der Überlagerung wird von diesem Puls nicht beeinflusst, da dieser nicht in Resonanz mit dem eingestrahlten Laserpuls ist. Damit erreicht man schließlich den gewünschten, verschränkten Registerzustand $\frac{1}{\sqrt{2}}(|10, n = 0\rangle + |01, n = 0\rangle)$.

Das Interessante an diesem Beispiel ist, dass man hier den physikalischen Prozess der Verschränkung von zwei Qubits direkt nachvollziehen kann und man dabei den Eindruck gewinnen könnte, der Natur tatsächlich ein wenig in die Karten zu schauen. Es bleibt allerdings ein leichter Nachgeschmack von Hokuspokus zurück. Das liegt aber im Wesentlichen daran, dass wir bisher einfach zu wenig über die Wechselwirkung zwischen Strahlung und Materie gesprochen haben. Die konsequente Behandlung dieser Wechselwirkung ist ein recht umfangreiches Unterfangen und würde den Rahmen dieses Buches sprengen[3].

Anstatt den Bloch-Vektor um die y-Achse zu drehen, hätten wir ihn auch um die x-Achse drehen können. Um dabei formal korrekt zu bleiben, hätten wir dann komplexe Amplituden schreiben müssen. Physikalisch macht es aber keinen Unterschied, welche Achse man mit x und welche mit y bezeichnet. Vergleichen Sie dazu mit Abschn. 26.5.

Ionen in einer linearen Paul-Falle eignen sich auch, um die Mechanik weiterer quanteninformatischer Prozesse zu beobachten. So lässt sich auch die Quantenteleportation in ähnlicher Weise mithilfe einer Ionenkette beschreiben. Wir wollen das hier aber nicht weiter fortsetzen und verweisen auf die Literatur dazu[4].

Weitere Literatur zu Ionenfallen: [109], [110] und [111].

[3] S. dazu z. B. Fritz Ehlotzky, *Quantenmechanik und ihre Anwendungen*, Springer 2005 [107] sowie auch Dieter Suter, *The physics of laser-atom interactions*, Cambridge University Press 1997 [105].
[4] Siehe dazu auch: Wolfgang Hänsel, *Quantencomputer und Quantenteleportation;* Phys. Unserer Zeit 2006 [108].

Supraleitende Schaltkreise 24

Zusammenfassung

Supraleitende Qubits werden im Wesentlichen durch elektrische Schwingkreise realisiert. Ein solcher Schwingkreis besteht aus einer Spule und einem Kondensator, die entweder in Serie oder parallel geschaltet sind. Üblicherweise verwendet man die beiden Bauteile in Parallelschaltung.

24.1 Elektrische Schwingkreise

Wird ein geladener Kondensator über eine Spule entladen, entsteht in der Spule – durch Selbstinduktion – eine Gegenspannung, die sich dem Entladestrom zunächst entgegensetzt. Diese Gegenspannung nimmt mit der Zeit ab, sodass der Entladestrom zunehmen kann, bis der Kondensator vollständig entladen ist. Sobald der Strom durch die Spule einen Maximalwert erreicht hat, beginnt die Stromstärke wieder abzunehmen. Weil sich nun aber das Vorzeichen der Stromänderung gedreht hat, dreht sich auch die Richtung der Selbstinduktionsspannung. Diese wirkt nun nicht mehr entgegen der Kondensatorspannung, sondern sie treibt den Strom nun weiter, sodass der Kondensator mit umgekehrter Polarität wieder aufgeladen wird. Anschließend beginnt der Entladevorgang in umgekehrter Richtung von neuem. Dies führt zu einer periodischen Umladung des Kondensators. Durch den elektrischen Widerstand der Leitungen wird diese Schwingung gedämpft, bis sie schließlich zum Stillstand kommt.

Vergleichbar ist dies mit einer mechanischen Pendelbewegung. Ein Fadenpendel wird ausgelenkt und anschließend losgelassen. Aufgrund der Trägheit bewegt sich der Pendelkörper über die Gleichgewichtslage hinaus und erreicht auf der gegenüberliegenden Seite wieder dieselbe Höhe wie zu Beginn, sofern der Pendelkörper nicht durch Reibung abgebremst wird. Die Selbstinduktion in der Spule entspricht der Trägheit beim mechanischen Pendel. Energetisch gesehen, findet beim mechanischen Pendel eine periodische Umwandlung zwischen potenzieller und kinetischer

H. M. Rubin, *Vom Doppelspalt zum Quantencomputer*,
https://doi.org/10.1007/978-3-662-71207-8_24

Energie statt. Beim elektrischen Schwingkreis entsteht ein Wechselspiel zwischen elektrischer Energie im Kondensator und magnetischer Energie in der Spule.

Wie in einem mechanischen Pendel ist auch in einem elektrischen Schwingkreis Energie gespeichert. Wird diese beim Pendel durch die anfängliche Auslenkung des Pendelkörpers bestimmt, hängt die Energie im Schwingkreis von der anfänglichen Ladung im Kondensator ab. Dabei entspricht die elektrische Energie im Kondensator der potenziellen Energie des Pendelkörpers und die magnetische Energie in der Spule der kinetischen Energie des Pendelkörpers. Bei einem Schwingungsvorgang wird somit die anfängliche elektrische Energie beim Entladen des Kondensators in magnetische Energie der Spule umgewandelt, und diese wird anschließend wieder in elektrische Energie im Kondensator zurückgeführt. Analog zum Pendel, bei dem ein periodischer Wechsel zwischen potenzieller und kinetischer Energie stattfindet.

Damit sich der elektrische Schwingkreis wie ein quantenmechanischer harmonischer Oszillator mit diskreten Energiestufen verhält, muss der Schwingkreis abgekühlt werden, bis er die Sprungtemperatur unterschreitet und supraleitend wird. Dann entsteht eine harmonische Schwingung[1] mit diskreten Energiewerten (Abb. 24.1).

Wie im Abschn. 10.3, in Abb. 10.4 gezeigt, sind die Abstände zwischen benachbarten Energiewerten alle gleich groß. Deshalb lässt sich mit einem harmonischen Oszillator kein Qubit realisieren. Dazu müssen sich die Energieunterschiede zwischen den Zuständen in eindeutiger Weise unterscheiden. Es braucht deshalb ein zusätzliches Element, den Josephson-Kontakt, welcher das harmonische Verhalten des Schwingkreises stört. Dadurch entstehen die gewünschten, unterschiedlichen Energieunterschiede (Abb. 24.2), wie etwa im Beispiel des linearen Potenzialtopfs (s. auch Abschn. 10.1, Abb. 10.1).

Nun kann man zwei beliebige Zustände als Qubitzustände wählen. Bei entsprechend gewählter Anregungsfrequenz ist man dann sicher, immer den richtigen Übergang anzuregen bzw. auszulesen.

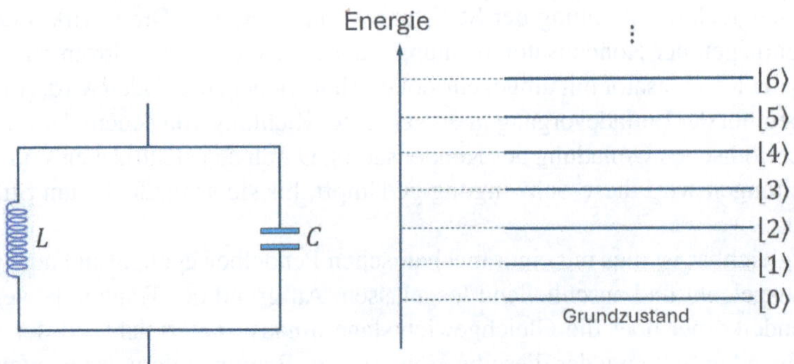

Abb. 24.1 Elektrischer Schwingkreis (links) und die quantenmechanisch diskreten Energiewerte (rechts)

[1] Eine harmonische Schwingung zeigt einen sinusförmigen zeitlichen Verlauf, entsprechend der Gl. 10.39 in Abschn. 10.3.

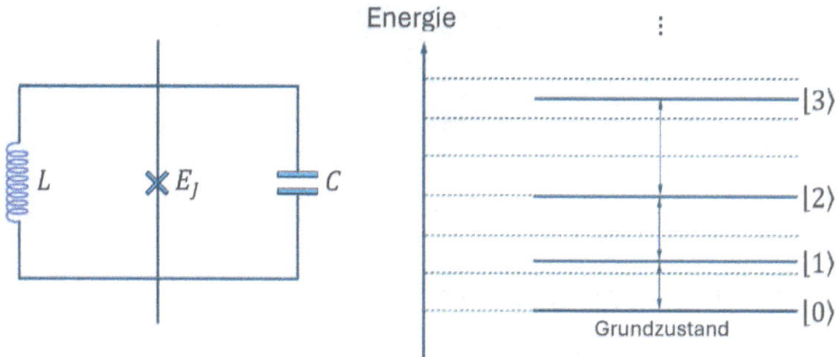

Abb. 24.2 Elektrischer Schwingkreis (links) mit einem Josephson-Kontakt und die quantenmechanisch anharmonischen, diskreten Energiewerte (rechts)

24.2 Josephson-Kontakt

Als Bauteil, das die gewünschte Anharmonizität in den Schwingkreis bringt, benutzt man sogenannte Josephson-Kontakte. Den schematischen Aufbau zeigt die folgende Abbildung:

Die Abb. 24.3 zeigt den physischen Aufbau eines Josephson-Kontakts. In der englischsprachigen Literatur zu diesem Thema wird die supraleitende Bodenelektrode *Superconducting Island* und die Deckelelektrode als *Superconducting Reservoir* bezeichnet. Die Tunneloxidschicht wird dort *Tunnel Junction* (Tunnelverbindung) genannt.

Diese Tunnelverbindung ist das entscheidende Element. Sie ist in der Abb. 24.4 schematisch, detaillierter dargestellt.

Die dünne (wenige Nanometer breite) Isolatorbarriere wird zwischen zwei supraleitende Schichten eingefügt. In einem Supraleiter vereinigen sich, bei genügend tiefer Temperatur (Sprungtemperatur), jeweils zwei Elektronen zu einem sogenannten Cooper-Paar. Diese Paare haben die Eigenschaft, dass sie sich widerstandslos durch einen Leiter bewegen können. Als Cooper-Paar vereinigen sich zwei Elektronen zu einem bosonenartigen Objekt mit Spin 0. Diese sind nicht dem Pauli-Ausschließungsprinzip unterworfen, und deshalb können alle Cooper-Paare den

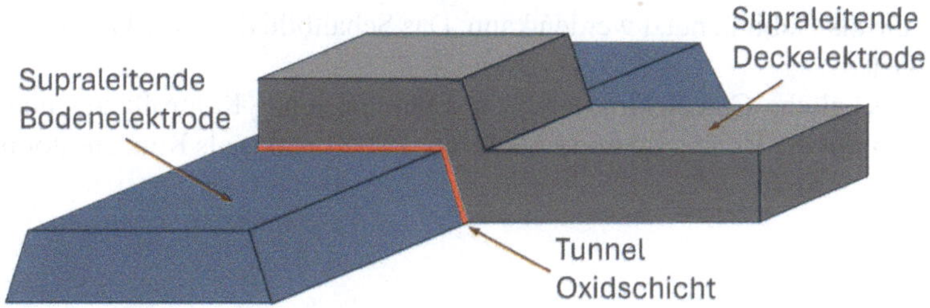

Abb. 24.3 Aufbau eines Josephson-Kontakts. Die Supraleiter bestehen meist aus Nb oder Al und die Tunneloxidschicht aus AlO_x

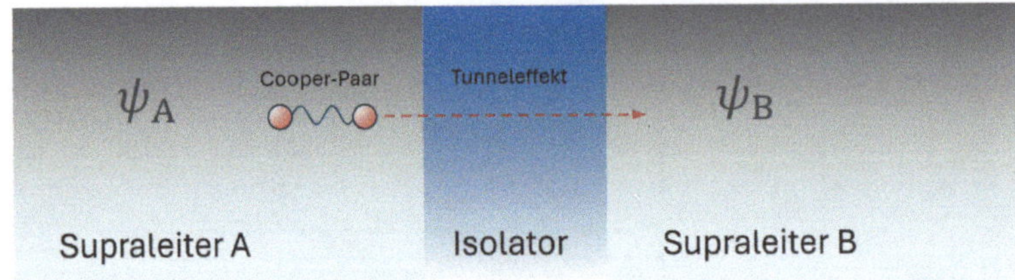

Abb. 24.4 Funktionsprinzip eines Josephson-Kontakts

quantenmechanischen Grundzustand besetzen. In diesem haben sie die tiefstmögliche Nullpunktenergie und können diese nicht mehr an die Leiteratome weitergeben. Durch diesen Mechanismus entsteht letztlich die Supraleitung[2].

Ist die Isolatorschicht hinreichend dünn, kommt es zum quantenmechanischen Phänomen des Tunneleffekts (s. Abschn. 29.3). Dabei können die Cooper-Paare durch den Isolator hindurch „tunneln", wobei sich die jeweiligen Wellenfunktionen ψ_A und ψ_B in die Bereiche des anderen Supraleiters ausdehnen können. Daraus resultiert eine nichtlineare Strom-Spannungs-Charakteristik, wie sie z. B. für das Transmonqubit benötigt wird.

Formal lassen sich diese Wellenfunktionen folgenderweise ausdrücken:

$$\psi_A = \sqrt{n_A^{CP}}\, e^{i\delta_A} \quad \text{bzw.} \quad \psi_B = \sqrt{n_B^{CP}}\, e^{i\delta_B} \tag{24.1}$$

Dabei sind n_A^{CP} bzw. n_B^{CP} die Cooper-Paar-Dichten (Ladungsträgerdichten) und δ_A bzw. δ_B die globalen Phasen der beiden Wellenfunktionen. Die Differenz dieser Phasen $\delta = \delta_A - \delta_B$ über dem Josephson-Kontakt ist ein wichtiger Parameter. Er bestimmt die Tunnelstromstärke I_t.

Der Josephson-Kontakt enthält zwar keine explizit erkennbare Spule, besitzt aber dennoch eine Induktivität L_J, die ebenfalls von der Phasendifferenz δ abhängt. Diese verleiht dem Kontakt seine nichtlineare Eigenschaft.

Cooper-Pair-Box
Der Josephson-Kontakt alleine ergibt noch kein Qubit. Erst wenn man noch eine zusätzliche Gateelektrode neben der supraleitenden Bodenelektrode anbringt (links von der Bodenelektrode in Abb. 24.3), wird der Kontakt zu einer Cooper-Pair-Box (CPB), die als Qubit genutzt werden kann. Das Schaltbild dazu wird meist wie folgt gezeichnet:

Die zusätzliche Gateelektrode hat die Funktion eines Kontrollgates und wirkt zusammen mit der Bodenelektrode des Josephson-Kontakts als Kondensator mit der

[2] J. Bardeen, L. N. Cooper, J. R. Schrieffer, *Theory of Superconductivity,* Physical Review 1957 [112].

Kapazität C_g. Über dieses Kontrollgate ist der Josephson-Kontakt an die Kontrollgatespannung V_g gekoppelt. Der Hamilton-Operator für diese Box lautet:

$$\hat{H}_{CPB} = E_C \left(\hat{N} - N_g\right)^2 - E_J \cos\delta \tag{24.2}$$

Der erste Term entspricht der elektrostatischen Energie der CPB. Das ist diejenige Energie, die erforderlich ist, um ein zusätzliches Cooper-Paar auf die Bodenelektrode (Island) zu bringen. N ist die Anzahl überschüssiger Cooper-Paare auf der *Insel.* N_g schließlich ist die durch die Gateelektrode auf der *Insel* induzierte Ladung. Der zweite Term ist die im Josephson-Kontakt gespeicherte Energie, die für das Tunneln der Cooper-Paare verantwortlich ist. Diese ist von der Phase δ abhängig.

Der einzige Freiheitsgrad ist N, die Anzahl überschüssiger oder fehlender Cooper-Paare auf der *Insel.* Er muss quantenmechanisch als Operator $\hat{N}$ behandelt werden. Die weitere mathematische Analyse ersparen wir uns hier. Aus dieser sind schließlich die Qubitzustände und ihre Superpositionen ersichtlich und berechenbar. Es gibt hier leider kein so anschauliches Bild der Qubitzustände und deren Superpositionen wie bei den Ionen, Photonen oder den Spin-1/2-Objekten. Das ist etwas nachteilig, wenn man die Verhältnisse bildlich darstellen möchte.

Der Vorteil der supraleitenden Qubits besteht hingegen in der großen Designfreiheit, die man bei Ionen, Photonen und anderen Objekten nicht hat. In einer Ionenfalle kann man nur die Art der Ionen wählen. Deren Eigenschaften sind aber vorgegeben und können nicht verändert werden. Um dieser Möglichkeit Ausdruck zu verleihen, spricht man bei supraleitenden Qubits zuweilen auch von *künstlichen Atomen.*

Zur Herstellung von supraleitenden Qubits lassen sich auch vorhandene Technologien aus der Halbleiterproduktion verwenden. Dies ist ein weiterer Vorteil, der verständlich macht, weshalb die großen Computerfirmen, wie IBM, Google und Co. (zumindest jetzt noch) auf diese Technologie setzen.

Split-Cooper-Pair-Box

Die charakteristischen Parameter E_C und E_J der CPB werden in der Produktion festgelegt, und diese sind nachträglich nicht mehr manipulierbar. Nur N_g kann mit der Gatespannung V_g gesteuert werden. Möchte man trotzdem die Josephson-Energie E_J im Betrieb verändern können, ist eine Erweiterung der CPB durch einen zweiten Josephson-Kontakt erforderlich. Dieser wird parallel, neben den ersten Kontakt auf die supraleitende Bodenelektrode gelegt, und die beiden Deckelelektroden werden leitend miteinander verbunden. Im Schaltbild (Abb. 24.5) entspricht das einer Parallelschaltung zur ersten CPB.

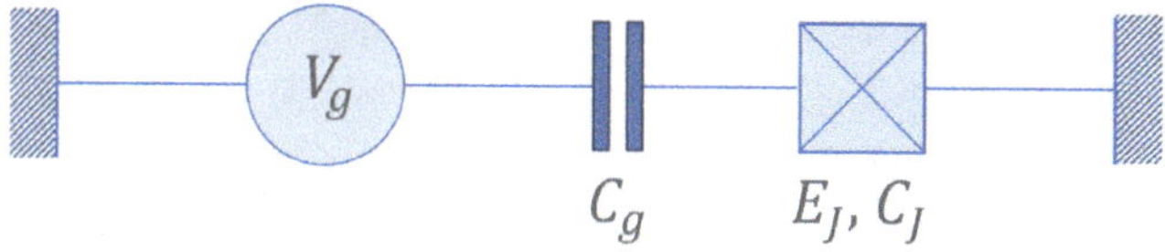

Abb. 24.5 Schaltbild einer Cooper-Pair-Box. Das gekreuzte Quadrat entspricht der Josephson-Verbindung

Dadurch entsteht eine kleine Leiterschleife, in die induktiv (mittels einer kleinen Spule) ein magnetischer Fluss eingebracht werden kann. Dieser erzeugt eine Induktionsspannung zwischen den beiden Tunnelverbindungen, die ihrerseits jeweils eine charakteristische Josephson-Energie ($E_{J,1}$ und $E_{J,2}$) sowie ihre eigenen Phasen (δ_1 und δ_2) haben. Dies ergibt eine resultierende Josephson-Energie E_J, die durch den magnetischen Fluss Φ gesteuert werden kann.

Das Transmonqubit
Für konkrete Anwendungen müssen Qubits über eine möglichst lange Kohärenzzeit verfügen. Darunter versteht man die Zeit, während der der Zustand eines Qubits gehalten werden kann. Diese hängt vom Verhältnis E_J/E_C ab, welches dazu möglichst groß sein sollte. Bei der CPB ist dieses Verhältnis ungünstig, weil dort $E_C >> E_J$ gilt. Man sagt, die CPB wird im *Charge Regime* betrieben. Das Qubit wird dadurch empfindlich für Ladungsrauschen, welches die Übergangsenergien verändert. Das führt zu Fehlern im Rechenprozess.

Dies lässt sich vermeiden, wenn man das Split-CPB in einem anderen Regime betreibt, für das $E_J >> E_C$ ist. Dadurch werden die Energieniveaus weniger empfindlich gegen Ladungsschwankungen, weil die Energieniveaus ausflachen und sich bei allen Ladungsmengen deutlich unterscheiden. Eine Split-Cooper-Pair-Box, die in diesem Regime betrieben wird, nennt man ein Transmon. Der Name steht für *transmission line shunted plasma oscillation qubit.* Die Firma IBM setzt auf solche Transmonqubits[3].

Die Ausführungen hier sollten nur eine Übersicht über die wichtigsten Begriffe zu diesem Thema geben, in der ansonsten recht unübersichtlichen Literatur. Für eine ausführlichere Behandlung, insbesondere der Transmons, sei auf eine Masterarbeit an der ETH Zürich[4] verwiesen (sowie auch auf den Transmon-Artikel auf Wikipedia).

[3] S. dazu auch: Thomas E. Roth, *An Introduction to the Transmon Qubit for Electromagnetic Engineers,* 2021 [113].
[4] Michael Peterer, INVESTIGATING THE SUPRESSION OF EXTERNAL SOURCES OF DECOHERENCE IN TRANSMON QUBITS ETH Zürich 2012 [114].

Quantenpunkte

25

Zusammenfassung

Ionenfallen und supraleitende Schaltkreise sind technisch sehr aufwendig und deshalb nur für Großsysteme geeignet. Gesucht sind aber auch kleinere Systeme, in denen sich Qubits realisieren lassen. Solche Systeme findet man in sogenannten Quantenpunkten. Darunter versteht man einen räumlich eng begrenzten Bereich, in dem Teilchen, wie z. B. Elektronen, eingeschlossen sind. Solche Nanostrukturen können auf Halbleiterbasis hergestellt werden, wie z. B. auf $GaAs$. Als Modell eines Quantenpunkts kann man sich einen dreidimensionalen Potenzialkasten vorstellen. Ist ein Teilchen in einem solchen Kasten eingesperrt, dessen Ausdehnung der De-Broglie-Wellenlänge des Teilchens entspricht, bildet das Teilchen in diesem Kasten stehende Wellen, was zu diskreten Energiestufen führt. Ein Elektron in einem solchen Kasten verhält sich ähnlich wie ein Elektron im Coulomb-Potenzial eines Atomkerns. Auch Quantenpunkte können somit als künstliche Atome angesehen werden, deren Eigenschaften jedoch gewählt werden können. Natürliche Quantenpunkte sind z. B. Fehlstellen in Kristallgittern. Solche Fehlstellen können von Elektronen besetzt sein, die sich dort ähnlich verhalten, wie wenn sie an ein Atom gebunden wären. Dadurch können sie z. B. die Farbe von Kristallen beeinflussen. In diesem Fall spricht man von Farbzentren. Heute forscht man daran, Quantenpunkte als Qubits zu nutzen. Die Forschung auf diesem Gebiet ist sehr umfangreich und vielschichtig. Wir wollen hier nur exemplarisch zwei vielversprechende und zukunftsweisende Beispiele vorstellen: NV-Zentren in Diamant und Quantenpunkte in zweilagigem Graphen. NV-Zentren im Diamant oder Quantenpunkte in Graphen ermöglichen Qubits, die einerseits weniger Raum beanspruchen und andererseits auch über deutlich größere Kohärenzzeiten verfügen als die bisher betrachteten Systeme sowie – ganz zentral – auch bei Umgebungstemperatur arbeiten. Dies alles sind Voraussetzungen für kleinere, portable Systeme, wie sie vielleicht dereinst in einem Quantenlaptop oder einem Quantentablet zur Anwendung kommen.

H. M. Rubin, *Vom Doppelspalt zum Quantencomputer*,
https://doi.org/10.1007/978-3-662-71207-8_25

25.1 NV-Zentren in Diamant

Diamant ist reiner Kohlenstoff, in dem die C-Atome allerdings in einer sehr kompakten und stabilen Gitterstruktur angeordnet sind: Jedes Kohlenstoffatom ist von vier direkt benachbarten Kohlenstoffatomen umgeben. Fehlen in diesem Gitter Atome, bleiben Leerstellen zurück, die man als Vakanzen bezeichnet. Andererseits kann auch ein Kohlenstoffatom durch ein Atom einer anderen Sorte ersetzt sein.

Ein Stickstoffvakanzzentrum entsteht, wenn im Diamantgitter ein C-Atom durch ein N-Atom ersetzt wird und, direkt neben diesem, das C-Atom fehlt (eine Vakanz V entsteht). Dabei bilden das Stickstoffatom (N) und die Vakanz (V) eine Einheit, die als Qubit genutzt werden kann. Genauer sind es die Kernspins des Stickstoffs, die als Qubits genutzt werden. Die Leerstelle kann mit einem Elektron besetzt sein. Dieses verhält sich wie ein Elektron in einem (zwei- oder dreidimensionalen) Potenzialtopf, ähnlich wie in unserer Modellbetrachtung (s. Abschn. 10.1).

Leerstellen in Kristallgittern wirken auch wie Farbzentren, die den Kristallen ihre typische Farbe verleihen. So wirkt auch das Einbringen einer Stickstoffvakanz farbverändernd auf den Diamanten. Die Elektronenkonfiguration von N ist: $1s^2 2s^2 2p^3$.

Die Abb. 25.1 zeigt die räumliche Struktur eines NV-Zentrums im Diamantgitter. Ein N-Atom ersetzt ein C-Atom, und V steht für ein fehlendes C-Atom. Dabei entsteht zunächst ein neutrales NV-Zentrum mit fünf Elektronen ($[NV]^0$), nämlich drei Elektronen von den, die Vakanz angrenzenden, C-Atomen sowie zwei Elektronen vom Stickstoffatom. In der Regel nistet sich ein sechstes Elektron ein, sodass das NV-Zentrum einfach negativ geladen ist ($[NV]^-$)[1].

Diese NV-Struktur lässt sich durch ein Sechs-Elektronen-Modell beschreiben. Die Abb. 25.2 zeigt die Elektronenkonfiguration dieser Anordnung:

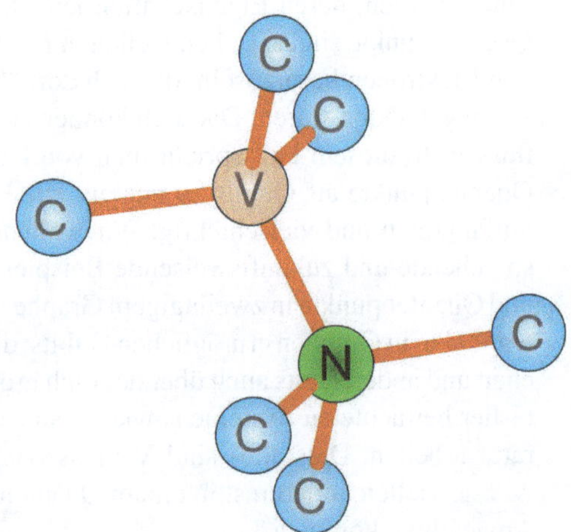

Abb. 25.1 NV-Zentrum im Diamantgitter

[1] Ralf Wunderlich, *Nukleare Hyperpolarisation im Diamanten mittels Stickstoff-Fehlstellen-Zentren und komplexer Vier-Spin-Kopplung*, Diss. Univ. Leipzig 2018 [115].

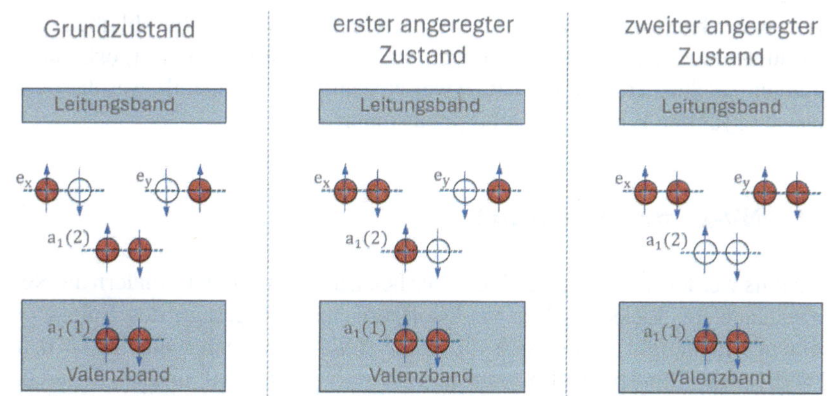

Abb. 25.2 Elektronenkonfiguration des NV-Zentrums mit sechs Elektronen ($[NV]^-$)

Links im Bild der Grundzustand, mit einem Gesamtspin von $S = 1$ (Triplettzustand). Auch der erste angeregte Zustand hat Gesamtspin $S = 1$. Der zweite angeregte Zustand besitzt den Gesamtspin $S = 0$ und ist damit ein sogenannter Singulettzustand. Dieser liegt energetisch zwischen dem Grundzustand und dem ersten angeregten Zustand.

Die nächste Abb. 25.3 zeigt das Termschema dieser Anordnung[2]:

Da Stickstoff einen Kernspin von 1 hat, verschieben sich die Energieniveaus des Grundzustands und des ersten angeregten Zustands entsprechend den Kernspineinstellungen der verschiedenen Atome. Dies führt zu der dargestellten Aufspaltung in $m_s = 0$ und $m_s = \pm 1$. Diese Aufspaltung (Verschiebung der Energieniveaus) wird als Hyperfeinstruktur bezeichnet.

Vorteilhaft ist dabei, dass sich die Energieniveaus des NV-Zentrums inmitten der Bandlücke zwischen Valenz- und Leitungsband befinden und dadurch weitge-

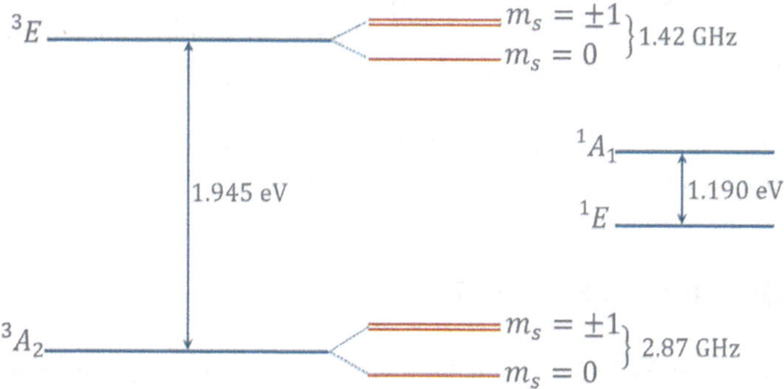

Abb. 25.3 Termschema des NV-Zentrums

[2] Jan Jakob, *Konfokalmikroskopie zur Mikrowellenspektroskopie von Stickstoff-Fehlstellen-Zentren,* Bachelorarbeit Univ. Kassel 2018 [116].

hend von Wechselwirkungen mit Valenz- oder Leitungsband isoliert bleiben, selbst bei Raumtemperatur. Dies hat zur Folge, dass das NV-Zentrum ein (gegen äußere Störungen geschütztes) sehr robustes Zwei-Niveau-System darstellt, was dieses beispielsweise für den Einsatz als Qubit prädestiniert.

25.2 NV-Zentrum als Qubit

Als Qubits werden nun nicht die elektronischen Zustände benutzt, sondern die Kernspinzustände im Stickstoff. Der Stickstoffkern hat, wie gesagt, den Spin $s = 1$. In einem Magnetfeld spaltet sich dieser in drei Komponenten auf: $m_s = 0$ und $m_s = \pm 1$. Als Grundzustand nimmt man $|0\rangle = \left|{}^3A_2, m_s = 0\right\rangle$ und als angeregten Zustand $|1\rangle = \left|{}^3A_2, m_s = \pm 1\right\rangle$ (s. dazu auch[3]).

Im ersten Schritt müssen die Qubits in den Grundzustand $|0\rangle$ gebracht (initialisiert) werden. Dies geschieht durch die sogenannte optische Spinpolarisation (OSP). Dieser Prozess erfolgt über den zweiten angeregten Zustand ${}^1A_1$ in Abb. 25.3. Durch Einstrahlen eines Mikrowellenpulses von $2{,}87\ GHz$, und der richtig gewählten Pulsdauer, können die Qubits vom Zustand $|0\rangle$ in den Zustand $|1\rangle$ angeregt werden. Überlagerungszustände erhält man ebenfalls durch Einstrahlen mit derselben Frequenz und entsprechend gewählter Pulsdauer (Rabi-Oszillationen).

Quantenpunkte sind in einer Vielzahl von Materialien möglich. Häufig verwendet wurde GaAs, weil es einerseits leicht in hochreinem Zustand verfügbar ist, und weil bereits Erfahrungen in der Prozessierung von Strukturen auf dieser Basis vorhanden sind. Die Lebensdauer von präparierten, kohärenten Zuständen einzelner Elektronen in solchen Strukturen ist jedoch begrenzt. Dies liegt unter anderem an der Spin-Bahn-Kopplung der Elektronen sowie an Wechselwirkungen zwischen dem Elektronenspin und den Kernspins der Gitteratome.

Im Jahr 2023 ging der Chemie-Nobelpreis an Moungi Bawendi vom Massachusetts Institute of Technology (MIT), Louis Brus von der Columbia University und Alexei Ekimov von dem Unternehmen Nanocrystals Technology für die Entdeckung und Synthese von Quantenpunkten. Sie hatten in den 1980er- und 1990er-Jahren wichtige Grundlagen für diesen Bereich der Nanotechnologie geschaffen. Quantenpunkte werden außer für Quantencomputer auch in modernen Bildschirmen, LED-Lampen, Fotovoltaikanlagen und sogar in der Tumorchirurgie verwendet.

25.3 Quantenpunkte auf Graphen

Graphen bietet – im Vergleich zu $GaAs$ – den Vorteil einer niedrigeren Ordnungszahl, was zu einer geringeren Spin-Bahn-Wechselwirkung führt. Außerdem verschwindet bei ${}^{12}C$ der resultierende Kernspin. Graphen ist ein ausgedehntes (näherungsweise)

[3] C. E. Bradley et al., *A Ten-Qubit Solid-State Spin Register with Quantum Memory up to One Minute*, 2019 [117].

zweidimensionales System, somit bleiben (ähnlich wie bei der gewachsenen Struktur auf $GaAs$) nur noch zwei räumliche Freiheitsgrade. Diese Verhältnisse können durch einen zweidimensionalen Potenzialtopf angenähert werden.

Durch elektrische und magnetische Felder lassen sich die Anzahl der eingefangenen Elektronen und ihre Spinorientierung kontrollieren. So kann man durch Anlegen eines Magnetfelds B die Energieaufspaltung der Spineigenzustände eines einzelnen Elektrons in parallel und antiparallel zu diesem Feld kontrollieren: $|\uparrow\rangle$ für Spin-up und $|\downarrow\rangle$ für Spin-down. Dieses System aus zwei Spinzuständen, mit zum Beispiel $|\uparrow\rangle = |0\rangle$ und$|\downarrow\rangle = |1\rangle$, kann als Qubit, genauer gesagt, als Spinqubit, genutzt werden.

Die Lebensdauer eines Spinzustands (und somit die Lebensdauer der gespeicherten Quanteninformation) ist unter anderem durch die Spinrelaxationszeit begrenzt. Dies ist die Zeit, die ein Spinzustand höherer Energie, in unserem Fall $|\downarrow\rangle$, zum Zerfall in den niederenergetischen Zustand, hier $|\uparrow\rangle$, braucht. Spinqubits wurden bisher hauptsächlich in Silizium, Germanium und Galliumarsenid (GaAs) realisiert.

Graphen bietet – dank seiner schwachen Spin-Bahn-Kopplung und seiner schwachen Hyperfeinwechselwirkung – ideale Voraussetzungen, um lange Spinlebensdauern zu ermöglichen. Diese Eigenschaften machen graphenbasierte Quantenpunkte zu einem vielversprechenden Kandidaten für die Realisierung von Spinqubits. Darüber hinaus führt die besondere Bandstruktur von Graphen zu einem zusätzlichen Freiheitsgrad. Die Kontrolle dieses sogenannten Valleyfreiheitsgrads bietet interessante Möglichkeiten für neuartige Valleyqubits[4].

Die Zeitdauer, über die Quanteninformation in einem Spinqubit gespeichert werden kann, wird, wie gesagt, durch die Spinrelaxationszeit T_1 von dem angeregten Spinzustand $|\downarrow\rangle$ in den Grundzustand $|\uparrow\rangle$ begrenzt. Ein Magnetfeld B hebt die Valleyentartung auf, sodass die beiden energetisch niedrigsten Zustände ein Zwei-Niveau-Spinsystem bilden.

Schließlich muss der Spinzustand ausgelesen werden. Nur ein Elektron im angeregten Zustand kann den Quantenpunkt durch *Tunneln* verlassen und so zu einem Stromfluss beitragen, während ein in den Grundzustand relaxiertes Elektron aufgrund der sogenannten Coulomb-Blockade im Quantenpunkt verbleibt. Experimentell wird nun der Strom durch den Quantenpunkt, gemittelt über etwa 10.000 Pulszyklen, gemessen.

[4] *Elektronen auf den Punkt gebracht: Quantenpunkte in zweilagigem Graphen,* Physik in unserer Zeit 2023 [118].

Teil VII
Die formale Darstellung der Quantenmechanik

Weil sich Quantenobjekte ganz anders verhalten als die klassischen, unserer Erfahrung direkt zugänglichen Objekte, hat sich zu ihrer Beschreibung auch eine andere Mathematik bzw. ein anderer Formalismus herausgebildet. Dieser beruht auf anderen mathematischen Konzepten als die klassische Mechanik. Dieser Formalismus bringt, bezüglich der Phänomene selbst, keine neuen Erkenntnisse und trägt letztlich auch nicht viel zu deren Verständnis bei. Er vereinfacht aber die Darstellungen der Vorgänge und der Beziehungen der Objekte zueinander. Um diesen Formalismus zu verstehen, ist erstaunlich wenig höhere Mathematik notwendig. Weil Quantenzustände als Zustandsvektoren in einem abstrakten Vektorraum (Hilbert-Raum) und Operatoren als Matrizen dargestellt werden können, sind lediglich Kenntnisse aus der linearen Algebra hilfreich. Diese erforderlichen Grundlagen werden hier jeweils an konkreten Beispielen erläutert.

Die Grundannahmen der Quantenmechanik 26

Zusammenfassung

Ähnlich wie die klassische Mechanik auf die newtonschen Axiome zurückgeführt werden kann, beruht auch die Quantenmechanik auf gewissen Grundannahmen bzw. Axiomen. An die Stelle der klassischen Begriffe wie Teilchen, Ort und Bahn treten neue Konzepte wie Zustände, Operatoren und Observablen.

26.1 Zustände, Operatoren und Observablen

An die Stelle der newtonschen Axiome bzw. der Euler-Lagrange-Gleichung in der klassischen Mechanik tritt in der nichtrelativistischen Quantenmechanik die Schrödinger-Gleichung und in der relativistischen Erweiterung die Dirac-Gleichung.

Die Schrödinger-Gleichung hatten wir bereits in Abschn. 10.3 kennengelernt. In ihrer zeitunabhängigen Form lautet sie

$$\hat{H}\,\psi = E\psi \tag{26.1}$$

mit

$$\hat{H} = \left(-\frac{\hbar^2}{2\,m}\cdot\frac{\partial^2}{\partial x^2} + V\right) \tag{26.2}$$

Die möglichen Energiewerte E sind Eigenwerte des Hamilton-Operators $\hat{H}$. Die Lösungen dieser Gleichung sind die Zustandsfunktionen ψ, in denen sich ein System befinden kann. In Abschn. 10.3 hatten wir mit dieser Gleichung die möglichen Energiewerte berechnet, die ein harmonischer Oszillator annehmen kann. Mit der zeitabhängigen Schrödinger-Gleichung lässt sich die zeitliche Entwicklung der Zustandsfunktion $\psi(t)$ berechnen (s. Kap. 28).

Diese Grundgleichung der Quantenmechanik weist unseren Blick auf eine andere physikalische Wirklichkeit als die klassische Physik, in der den beobachtbaren und messbaren Größen Zahlen als Werte zugeschrieben werden. Diese Zahlen werden mit

H. M. Rubin, *Vom Doppelspalt zum Quantencomputer*, https://doi.org/10.1007/978-3-662-71207-8_26

festen Eigenschaften der Gegenstände identifiziert. Demnach besitzt jedes Objekt eine bestimmte Anzahl von objektiven Eigenschaften, die dem Objekt auch dann eigen sind, wenn es nicht beobachtet oder ausgemessen wird.

In der Quantenmechanik treten auch für alle anderen beobachtbaren Größen (Observablen) – anstelle der numerischen Größen – Operatoren $\hat{O}$ und (anstelle von Eigenschaften) Zustände, die jeweils durch eine entsprechende Zustandsfunktion ψ beschrieben werden. Die möglichen Messwerte einer physikalischen Größe sind allgemein Eigenwerte des zugehörigen Operators auf der Zustandsfunktion. Die Schrödinger-Gleichung bringt diese Eigenschaft der quantenmechanischen Beschreibung für die physikalische Größe Energie zum Ausdruck.

Erinnern wir uns an die Ausführungen in Abschn. 10.3. Die merkwürdige Struktur dieser Gleichung entstand aus der Forderung, eine Gleichung für die Phasenwellen von de Broglie zu finden und seinen Zusammenhang (zwischen Wellenlänge und Impuls) wiederzugeben. Als Folge davon sind observable Größen als Operatoren darzustellen und die möglichen Messwerte erweisen sich als Eigenwerte dieser Observablen auf den Zustandsfunktionen der quantenmechanischen Zustände. Dies ist eine völlig neue Betrachtungsweise von physikalischen Vorgängen und sicherlich gewöhnungsbedürftig. Auch viele Studentinnen und Studenten der Physik haben Mühe, diesen Formalismus zu akzeptieren. Auch in der Literatur findet man kaum Begründungen, weshalb dieser Formalismus in der Quantenmechanik erforderlich ist. Er beschreibt die Verhältnisse korrekt, und das reicht den meisten.

Betrachtet man die Quantenmechanik in einem umfassenderen Rahmen, wird die Bedeutung dieser Struktur zumindest plausibel. Dazu mehr in den Schlussgedanken dieses Buches (Kap. 30). Vorerst wollen wir uns aber nur mit der praktischen Seite dieser Theorie befassen, um zu sehen, was der Formalismus zu bieten hat.

Lösungen der Schrödinger-Gleichung

Wie bereits in Abschn. 10.3 erwähnt, sind die Lösungen der Schrödinger-Gleichung komplexwertige Funktionen. Für ein freies Teilchen ($V = 0$) ist die allgemeine Lösung:

$$\psi\,(t, x) = A \cdot e^{i(k \cdot x - \omega \cdot t)} \tag{26.3}$$

Diese Funktionen sind gleichzeitig Eigenfunktionen zu $\hat{H}$, mit den möglichen Energiewerten E als Eigenwerte. Durch Einsetzen in die Schrödinger-Gleichung kommen wir zu den möglichen Energiewerten.

$$-\frac{\hbar^2}{2m} \cdot \frac{\partial^2}{\partial x^2} A \cdot e^{i(k \cdot x - \omega \cdot t)} = \frac{\hbar^2 \cdot k^2}{2m} \cdot A \cdot e^{i(k \cdot x - \omega \cdot t)} = \frac{\hbar^2 \cdot k^2}{2m} \cdot \psi\,(t, x) \tag{26.4}$$

Nach Wegkürzen von $\psi\,(t, x)$ bleibt

$$\frac{\hbar^2 \cdot k^2}{2m} + V = E \tag{26.5}$$

Mit der Definition von $k = \frac{2\pi}{\lambda}$ folgt für die möglichen Energiewerte:

$$\frac{h^2}{2 \cdot m \cdot \lambda^2} + V = E \tag{26.6}$$

Im Gegensatz zum Resultat eines Teilchens im Potenzialtopf (für $V = 0$), gibt es hier für ein freies „Teilchen" keine Einschränkung, was die möglichen Wellenlängen (Impulse) bzw. die möglichen Energien anbelangt.

Weil die Schrödinger-Gleichung linear in ψ ist, sind auch Superpositionen von Lösungen wieder Lösungen der Gleichung.

Impulsoperator

In Anlehnung an die Energie-Impuls-Beziehung der klassischen Mechanik $T = \frac{p^2}{2m}$, lässt sich der Ausdruck $-\frac{\hbar^2}{2m}$ im Hamilton-Operator $\hat{H}$ auf analoge Weise, als Produkt von $\frac{\hbar}{i}\frac{\partial}{\partial x}$ schreiben. Dieser Ausdruck müsste dann dem Impulsoperator $\hat{p}$ entsprechen:

$$\hat{p} = \frac{\hbar}{i}\frac{\partial}{\partial x} \tag{26.7}$$

Auf $\psi\,(t, x) = A \cdot e^{i(k \cdot x - \omega \cdot t)}$ angewendet:

$$\frac{\hbar}{i}\frac{\partial}{\partial x} A \cdot e^{i(k \cdot x - \omega \cdot t)} = \frac{\hbar}{i} i \cdot k \cdot A \cdot e^{i(k \cdot x - \omega \cdot t)} = \hbar k \cdot A \cdot e^{i(k \cdot x - \omega \cdot t)} \tag{26.8}$$

$\hbar k = \frac{h}{\lambda}$ ist folglich Eigenwert von $\hat{p}$ und entspricht unserer bekannten Formel für den Impuls.

26.2 Der Zustandsraum der Quantenmechanik

Angenommen, eine Menge von Funktionen f_k seien Lösungen der Schrödinger-Gleichung. Aufgrund der Linearität der Schrödinger-Gleichung ist dann auch eine beliebige Linearkombination dieser Funktionen f_k eine Lösung der Schrödinger-Gleichung. Ein quantenmechanischer Zustand kann deshalb auch aus einer Superposition der Zustände f_k bestehen.

$$\psi = \sum c_k \cdot f_k \tag{26.9}$$

Dabei sind die Koeffizienten bzw. Amplituden c_k i. Allg. komplexwertige Zahlen.

Diese Situation ähnelt derjenigen eines Vektors in einem dreidimensionalen Koordinatensystem. Der Vektor $\vec{a}$ kann durch seine drei Koordinaten a_x, a_y, a_z im rechtwinkligen Koordinatensystem mit den Basisvektoren $\vec{i}$, $\vec{j}$, $\vec{k}$ dargestellt werden:

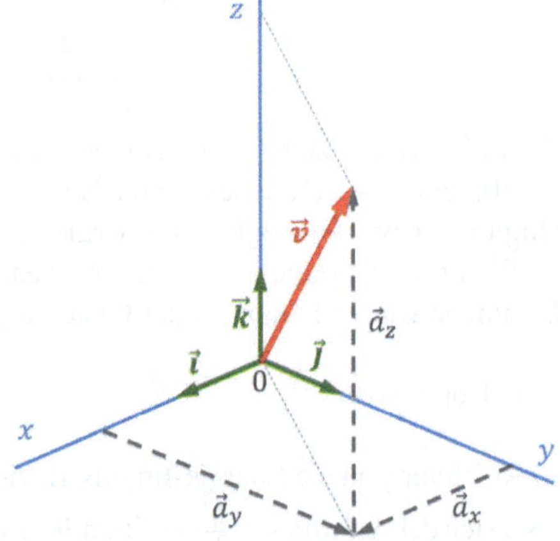

Abb. 26.1 Ein Dreiervektor mit seinen Koordinatenvektoren

$$\vec{a} = a_x \cdot \begin{pmatrix} 1 \\ 0 \\ 0 \end{pmatrix} + a_y \cdot \begin{pmatrix} 0 \\ 1 \\ 0 \end{pmatrix} + a_z \cdot \begin{pmatrix} 0 \\ 0 \\ 1 \end{pmatrix} \quad \text{in der Basis} \quad \vec{\imath} = \begin{pmatrix} 1 \\ 0 \\ 0 \end{pmatrix}, \vec{\jmath} = \begin{pmatrix} 0 \\ 1 \\ 0 \end{pmatrix}, \vec{k} = \begin{pmatrix} 0 \\ 0 \\ 1 \end{pmatrix} \tag{26.10}$$

Die drei Basisvektoren $\vec{\imath}$, $\vec{\jmath}$ und $\vec{k}$ stehen senkrecht (orthogonal) aufeinander und spannen den gesamten dreidimensionalen, euklidischen Raum auf.

Genauso spannen die Eigenfunktionen eines Operators einen Funktionenraum auf. Dabei können die Funktionen und die Amplituden komplexwertig sein. Der Zustandsraum von erlaubten quantenmechanischen Zuständen heißt **Hilbert-Raum**. Dieser Raum kann unendlichdimensional sein, wie bei kontinuierlich verteilten Messwerten, oder aber auch nur zweidimensional, wie z. B. der Zustandsraum der Qubits.

Bei endlichdimensionalen Zustandsräumen, wenn also nur endlich viele Messergebnisse n möglich sind, lassen sich die Zustände durch n-Vektoren und die Operatoren durch $n \times n$-Matrizen darstellen.

Ein dreidimensionaler Zustandsraum lässt sich durch die drei o. g. Basisvektoren $\vec{\imath}$, $\vec{\jmath}$ und $\vec{k}$ darstellen. Ein linearer Operator wird dann durch eine 3×3-Matrix repräsentiert:

$$\mathbf{M} = \begin{pmatrix} m_{11} & m_{12} & m_{13} \\ m_{21} & m_{22} & m_{23} \\ m_{31} & m_{32} & m_{33} \end{pmatrix} \tag{26.11}$$

Quantenmechanische Operatoren müssen reelle Eigenwerte haben, da diese reellen Messwerten entsprechen sollen. Wie später nochgezeigt wird, müssen die Matrizen selbstadjungiert bzw. hermitesch sein. Sie müssen demnach über die folgende Eigenschaft verfügen:

$$\mathbf{M} = \begin{pmatrix} m_{11} & m_{12} & m_{13} \\ m_{21} & m_{22} & m_{23} \\ m_{31} & m_{32} & m_{33} \end{pmatrix} = \begin{pmatrix} m_{11}^* & m_{21}^* & m_{31}^* \\ m_{12}^* & m_{22}^* & m_{32}^* \\ m_{13}^* & m_{23}^* & m_{33}^* \end{pmatrix} = \mathbf{M}^\dagger \tag{26.12}$$

Bei der Indizierung der Matrixelemente bezieht sich der erste Index immer auf die Zeile und der zweite auf die Spalte.

26.3 Verwendung der diracschen Klammerschreibweise

Um die zuweilen recht komplizierte Schreibweise zu vereinfachen, hat der britische Physiker Paul Adrien Maurice Dirac einen sehr kompakten Formalismus vorgestellt[1]. Dabei wird eine Zustandsfunktion bzw. ein Zustandsvektor generell durch die folgende Klammer geschrieben:

$$\psi = |\lambda\rangle \tag{26.13}$$

Der konjugiert komplexe und transponierte Zustandsvektor hingegen als

$$\psi^* = \langle\lambda| \tag{26.14}$$

Das innere Produkt schreibt sich damit im Fall einer kontinuierlichen Funktion

$$\int \psi^* \cdot \psi \, dx = \langle\lambda| \cdot |\lambda\rangle = \langle\lambda|\lambda\rangle \tag{26.15}$$

für diskrete (endlichdimensionale) Vektoren

$$\langle\lambda| \cdot |\lambda\rangle = \left(a_1^* \dots a_n^*\right) \cdot \begin{pmatrix} a_1 \\ \vdots \\ a_n \end{pmatrix} \cdot = a_1^* \cdot a_1 + \dots\dots + a_n^* \cdot a_n = \langle\lambda|\lambda\rangle\,. \tag{26.16}$$

Dabei bezeichnet man einen $\langle\lambda|$-Vektor als Bra- und einen $|\lambda\rangle$-Vektor als Ket-Vektor. Dies in Anlehnung an das englische Wort bracket (für Klammer).

Ein beliebiger Ket-Zustandsvektor $|A\rangle$ schreibt sich demnach:

$$|A\rangle = \sum_j \alpha_j \cdot |j\rangle \tag{26.17}$$

[1] Siehe auch Abschn. 21.4.

wobei j von 1 bis n läuft, mit

$$|1\rangle = \begin{pmatrix} 1 \\ 0 \\ \vdots \\ 0 \end{pmatrix}, \quad |2\rangle = \begin{pmatrix} 0 \\ 1 \\ 0 \\ \vdots \end{pmatrix}, \quad \ldots, \quad |n\rangle = \begin{pmatrix} 0 \\ \vdots \\ 0 \\ 1 \end{pmatrix} \tag{26.18}$$

Umgekehrt schreibt sich ein Bra-Vektor

$$\langle A| = \sum_j \alpha_j^* \cdot \langle j| \tag{26.19}$$

mit

$$\langle 1| = \begin{pmatrix} 1 \; 0 \ldots 0 \end{pmatrix}, \langle 2| = \begin{pmatrix} 0 \; 1 \; 0 \ldots \end{pmatrix}, \ldots, \langle n| = \begin{pmatrix} 0 \ldots 0 \; 1 \end{pmatrix} \tag{26.20}$$

Und das innere Produkt mit sich selbst (Betragsquadrat):

$$\langle A|A\rangle = \sum_j \alpha_j^* \alpha_j \cdot \langle j|j\rangle = \sum_j \alpha_j^* \alpha_j \tag{26.21}$$

Weil die Basisvektoren orthogonal zueinander stehen und auf 1 normiert sind, gilt:

$$\langle i|j\rangle = 0 \quad \text{für} \quad i \neq j \quad \text{und} \quad \langle i|j\rangle = 1 \quad \text{für} \quad i = j \tag{26.22}$$

Als Anwendung dieser Schreibweise zeigen wir, dass ein hermitescher Operator **L** reelle Eigenwerte besitzt und dass zwei Eigenvektoren zu zwei unterschiedlichen Eigenwerten orthogonal zueinander sind.

Eigenwerte hermitescher Operatoren

Wir betrachten einen hermiteschen Operator **L**, für den $\mathbf{L} = \mathbf{L}^\dagger$ gilt. Mit der diracschen Klammerschreibweise lässt sich leicht zeigen, dass solche Operatoren ausschließlich reelle Eigenwerte haben. Dabei soll $|\lambda\rangle$ ein Eigenvektor (bzw. Eigenzustand) von **L** sein und λ der zugehörige Eigenwert. Dann gilt:

$$\mathbf{L}\,|\lambda\rangle = \lambda \cdot |\lambda\rangle \tag{26.23}$$

Konjugieren wir diese Gleichung auf beiden Seiten hermitesch, erhalten wir:

$$\langle\lambda|\,\mathbf{L}^\dagger = \langle\lambda| \cdot \lambda^* \tag{26.24}$$

Multiplizieren wir nun die erste Gleichung mit $\langle\lambda|$ und die untere mit $|\lambda\rangle$, lauten die beiden Gleichungen:

$$\langle\lambda|\,\mathbf{L}\,|\lambda\rangle = \lambda \cdot \langle\lambda|\lambda\rangle \tag{26.25}$$

und

$$\langle\lambda|\,\mathbf{L}^{\dagger}\,|\lambda\rangle = \langle\lambda|\lambda\rangle \cdot \lambda^{*} \tag{26.26}$$

Berücksichtigen wir zusätzlich, dass $\mathbf{L} = \mathbf{L}^{\dagger}$ gilt, folgt aus dem Vergleich der beiden Gleichungen: $\lambda = \lambda^{*}$. Wie Sie sehen, lässt sich damit auf einfache und elegante Weise zeigen, dass der Eigenwert eines hermiteschen Operators tatsächlich reell sein muss.

Orthogonalität von Eigenvektoren

Soll ein Operator eine Observable mit mehreren möglichen Messwerten darstellen, muss er auch entsprechend viele Eigenvektoren (Eigenzustände) mit entsprechenden Eigenwerten haben. Befindet sich ein Quantenobjekt in einem Eigenzustand einer Observable, dann darf sich dieses nicht auch noch in einem anderen Zustand befinden. Dies ist dadurch gewährleistet, dass die Eigenvektoren orthogonal zueinander stehen müssen.

Wieder lässt sich mit dieser Schreibweise leicht zeigen, dass die Eigenvektoren eines hermiteschen Operators $\mathbf{L}$ tatsächlich auch diese Eigenschaften haben. Seien $|\lambda_1\rangle$ und $|\lambda_2\rangle$ zwei Eigenvektoren (Zustände) mit den entsprechend verschiedenen Eigenwerten λ_1 und λ_2, dann gilt:

$$\mathbf{L}\,|\lambda_1\rangle = \lambda_1 \cdot |\lambda_1\rangle \quad \text{und} \quad \mathbf{L}\,|\lambda_2\rangle = \lambda_2 \cdot |\lambda_2\rangle \tag{26.27}$$

Konjugieren wir nun die erste Gleichung, unter Berücksichtigung von $\mathbf{L} = \mathbf{L}^{\dagger}$ und $\lambda = \lambda^{*}$ hermitesch, erhalten wir:

$$\langle\lambda_1|\,\mathbf{L} = \lambda_1\,\langle\lambda_1| \quad \text{und} \quad \mathbf{L}\,|\lambda_2\rangle = \lambda_2 \cdot |\lambda_2\rangle \tag{26.28}$$

Multiplizieren wir nun die erste Gleichung mit $|\lambda_2\rangle$ und die zweite mit $\langle\lambda_1|$, erhalten wir:

$$\langle\lambda_1|\,\mathbf{L}\,|\lambda_2\rangle = \lambda_1\,\langle\lambda_1|\lambda_2\rangle \tag{26.29}$$

$$\langle\lambda_1|\,\mathbf{L}\,|\lambda_2\rangle = \lambda_2\,\langle\lambda_1|\lambda_2\rangle \tag{26.30}$$

Betrachtet man nun die Differenz dieser beiden Ausdrücke, wird klar, dass das innere Produkt der beiden Eigenvektoren verschwinden muss und die beiden Vektoren demnach orthogonal zueinander stehen.

Weiterhin kann man zeigen, dass zu zwei verschiedenen Eigenvektoren derselbe Eigenwert gehören kann. Man spricht dann von entarteten Zuständen. Zwei solche

Eigenvektoren spannen dann einen zweidimensionalen Unterraum auf, in dem jeder Vektor ein Eigenvektor zu diesem gemeinsamen Eigenwert ist.

Schließlich bliebe noch zu zeigen, dass aus allen Eigenvektoren eines hermiteschen Operators eine orthonormale Basis des Zustandsraums konstruiert werden kann. Diese Tatsache verwenden wir im nächsten Abschnitt (ohne Beweis) zur Berechnung von Messwahrscheinlichkeiten und Erwartungswerten.

26.4 Messwahrscheinlichkeit und Erwartungswert

Messwahrscheinlichkeit

Falls die Eigenfunktionen eines Operators eine orthogonale Basis des n-dimensionalen Zustandsraums bilden, lässt sich jeder Zustand als Linearkombination der n Eigenvektoren einer Observable dieses Raumes schreiben:

$$|A\rangle = \sum \alpha_i \, |\lambda_i\rangle \tag{26.31}$$

Anschaulich kann man sich das als Vektor in einem n-dimensionalen Koordinatensystem vorstellen (vgl. Abb. 26.1).

Dabei sind die möglichen Messwerte die Eigenwerte der Eigenvektoren. Aus einer Messung resultiert rein zufällig **einer** dieser Eigenwerte. Voraussagen lässt sich das Messergebnis nicht. Hingegen ist es plausibel, dass die Wahrscheinlichkeit desjenigen Messwerts am größten ist, dessen Eigenvektor am meisten zum Gesamtzustand beiträgt, d. h. dessen Komponente (Amplitude) α_i am größten ist. Deshalb ist diese Komponente (Amplitude) ein Maß für die Messwahrscheinlichkeit. Weil diese Komponenten komplexe Zahlen sein können, kann nur deren Betragsquadrat für die Messwahrscheinlichkeit stehen.

$$P(\lambda_i) = \alpha_i^* \cdot \alpha_i \tag{26.32}$$

Weil die Wahrscheinlichkeit, mit Sicherheit einen der möglichen Werte zu messen, gleich 1 sein soll, muss für diese Koeffizienten die folgende **Normierungsbedingung** erfüllt sein:

$$\sum_j \alpha_j^* \cdot \alpha_j = 1 \tag{26.33}$$

Dies ist gleichbedeutend mit der Forderung, dass der Zustandsvektor $|A\rangle$ ein Einheitsvektor ist, für den gilt:

$$\langle A|A\rangle = 1 \tag{26.34}$$

Erwartungswert

Zu jedem Messwert (Eigenwert) λ_i gehört eine Messwahrscheinlichkeit $P(\lambda_i)$. Stellen wir uns ein Ensemble gleich präparierter Quantenzustände $|A\rangle$ vor. Dabei können die Messergebnisse durch die Wahrscheinlichkeitsverteilung $P(\lambda_i)$ beschrieben werden. Aus dieser Verteilung lässt sich ein gewichteter Mittelwert berechnen. In der Quantenmechanik nennt man diesen Mittelwert **Erwartungswert** und bezeichnet ihn mit $\langle \mathbf{L} \rangle$. Er berechnet sich zu:

$$\langle \mathbf{L} \rangle = \sum_i \lambda_i P(\lambda_i) \tag{26.35}$$

Schreiben wir nun den Zustandsvektor $|A\rangle$ in der Basis der Eigenvektoren $|\lambda_i\rangle$ von $\mathbf{L}$ auf:

$$|A\rangle = \sum_i \alpha_i |\lambda_i\rangle \tag{26.36}$$

und wenden anschließend den Observablenoperator $\mathbf{L}$ auf diesen Zustandsvektor an:

$$\mathbf{L}|A\rangle = \sum_i \alpha_i \mathbf{L} |\lambda_i\rangle = \sum \alpha_i \lambda_i |\lambda_i\rangle \tag{26.37}$$

Bilden wir schließlich das innere Produkt mit dem Bra-Vektor $\langle A|$, erhalten wir:

$$\langle A| \mathbf{L} |A\rangle = \langle A| \sum \alpha_i \mathbf{L} |\lambda_i\rangle = \sum_i \alpha_i \lambda_i \langle A|\lambda_i\rangle \tag{26.38}$$

Weil sich die Amplituden (Komponenten) eines Zustandsvektors, wie bei anderen Vektoren auch, als dessen Projektionen auf die Basisvektoren – diese sind gleichzeitig Eigenvektoren von $\mathbf{L}$ – (gemäß Abb. 21.2 und 26.1) ergeben, schreibt man hier analog:

$$\langle \lambda_i | A\rangle = \alpha_i \tag{26.39}$$

Die adjungierte Gleichung ergibt dann:

$$\langle A|\lambda_i\rangle = \alpha_i^* \tag{26.40}$$

Jetzt lässt sich das umschreiben in:

$$\sum_i \alpha_i \lambda_i \langle A|\lambda_i\rangle = \sum_i \alpha_i \lambda_i \alpha_i^* = \sum_i \alpha_i \alpha_i^* \lambda_i \tag{26.41}$$

Gemäß der bornschen Wahrscheinlichkeitsinterpretation ist das Betragsquadrat $\alpha_i \alpha_i^*$ der Amplituden als Messwahrscheinlichkeit für den Messwert λ_i aufzufassen:

$$P(\lambda_i) = \alpha_i^* \cdot \alpha_i \tag{26.42}$$

Damit erhalten wir schließlich:

$$\langle \mathbf{L} \rangle = \langle A| \mathbf{L} |A\rangle \tag{26.43}$$

In Worten kann man diesen Sachverhalt folgendermaßen ausdrücken:

Den Erwartungswert der Messung einer Observable **L** eines Quantenobjekts im Zustand $|A\rangle$ erhält man, indem man das innere Produkt $\mathbf{L}\,|A\rangle$ mit $\langle A|$ bildet.

Wir wollen diesen abstrakten Sachverhalt im Folgenden am Beispiel der Spinzustände eines Elektrons (also anhand eines quantenmechanischen Zweizustandssystems) anschaulicher erläutern.

Beispiel Elektron

Elektronen haben eine messbare Eigenschaft, welche an die Rotation eines Körpers um seine eigene Achse erinnert. Deshalb nennt man diese Eigenschaft auch den **Spin** der Elektronen. Dieser beträgt $\hbar/2$. Den zugehörigen Spinoperator $\hat{S}_z$ (z. B. bezüglich der z-Achse) schreibt man üblicherweise als

$$\hat{S}_z = \frac{\hbar}{2}\sigma_z \tag{26.44}$$

Dabei ist σ_z eine der 2×2-Pauli-Spinmatrizen. Messen kann man den Spin mithilfe eines Magnetfelds, das z. B. in z-Richtung orientiert ist (siehe Stern-Gerlach-Versuch, Abschn. 13.2). Dabei zeigt sich, dass sich der Spin immer nur entweder parallel zur Messrichtung z oder antiparallel dazu ausrichten kann. Es gibt somit nur zwei mögliche Messwerte:

$$\lambda_+ = \frac{\hbar}{2} \quad \text{bzw.} \quad \lambda_- = -\frac{\hbar}{2} \tag{26.45}$$

Gemäß dem zuvor vorgestellten quantenmechanischen Formalismus sind diese Messwerte Eigenwerte eines Spinoperators. Da es sich hier um ein Zweizustandssystem handelt, können die Zustände $|\lambda_+\rangle$ und $|\lambda_-\rangle$ als Zweiervektoren dargestellt werden, z. B. wie folgt:

$$|\lambda_+\rangle = \begin{pmatrix} 1 \\ 0 \end{pmatrix} \quad \text{bzw.} \quad |\lambda_-\rangle = \begin{pmatrix} 0 \\ 1 \end{pmatrix} \tag{26.46}$$

Der Spinoperator muss sich demnach als 2×2-Matrix schreiben lassen.

$$\hat{S}_z = \mathbf{L} = \frac{\hbar}{2}\sigma_z = \frac{\hbar}{2}\begin{pmatrix} 1 & 0 \\ 0 & -1 \end{pmatrix} \tag{26.47}$$

Wie Sie sich leicht selbst überzeugen können, ist damit $|\lambda_+\rangle$ ein Eigenvektor zum Eigenwert $\lambda_+ = \frac{\hbar}{2}$ und $|\lambda_-\rangle$ ein Eigenvektor zum Eigenwert $\lambda_- = -\frac{\hbar}{2}$.

Ein allgemeiner Spinzustand $|A\rangle = \sum\limits_i \alpha_i\,|\lambda_i\rangle$ nimmt somit konkret die Form

$$|A\rangle = \alpha_1\,|\lambda_+\rangle + \alpha_2\,|\lambda_-\rangle = \alpha_1 \begin{pmatrix} 1 \\ 0 \end{pmatrix} + \alpha_2 \begin{pmatrix} 0 \\ 1 \end{pmatrix} = \begin{pmatrix} \alpha_1 \\ \alpha_2 \end{pmatrix} \tag{26.48}$$

an. Dabei müssen die Amplituden α_1 und α_2 die Normierungsbedingung $\alpha_1^2 + \alpha_2^2 = 1$ erfüllen.

Der Erwartungswert $\left\langle \hat{S}_z \right\rangle = \langle A | \hat{S}_z | A \rangle$ einer Spinmessung ist dann:

$$\left\langle \hat{S}_z \right\rangle = \frac{\hbar}{2} \cdot \langle A | \sigma_z | A \rangle = \frac{\hbar}{2} \cdot \begin{pmatrix} \alpha_1 & \alpha_2 \end{pmatrix} \cdot \begin{pmatrix} 1 & 0 \\ 0 & -1 \end{pmatrix} \cdot \begin{pmatrix} \alpha_1 \\ \alpha_2 \end{pmatrix} = \frac{\hbar}{2} \left(\alpha_1^2 - \alpha_2^2 \right) \quad (26.49)$$

Ist das Elektron z. B. im Zustand ($\alpha_1 = 1$ und $\alpha_2 = 0$), so ist das Messergebnis mit Sicherheit $\frac{\hbar}{2}$. Ist das Elektron aber im Zustand ($\alpha_1 = 0$ und $\alpha_2 = 1$), so ist das Messergebnis mit Sicherheit $-\frac{\hbar}{2}$. Befindet sich das Elektron hingegen z. B. in einem Superpositionszustand (z. B. $\alpha_1 = \alpha_2 = \frac{1}{\sqrt{2}}$), ist der Erwartungswert, wie zu erwarten, *null*, was soviel bedeutet, dass der Wert $\frac{\hbar}{2}$ gleich häufig wie der Wert $-\frac{\hbar}{2}$ auftritt, bzw. die beiden Messwerte gleich wahrscheinlich sind.

26.5 Die x-, y- und z-Spinoperatoren

Wie üblich, schreiben wir die Spinoperatoren bezüglich der drei Raumrichtungen $i (= x, y, z)$ auch hier:

$$\hat{S}_i = \frac{\hbar}{2} \sigma_i \quad (26.50)$$

Im Folgenden wollen wir die Spinmatrizen σ_x, σ_y und σ_z für den Spin in den drei Raumrichtungen x, y und z bestimmen.

Spin in z-Richtung

Gesucht sind deshalb ein Spinoperator σ_z (Observable) und die beiden Eigenzustände $|\uparrow\rangle$ und $|\downarrow\rangle$ zu diesem Operator mit den Eigenwerten $+1$ und -1:

$$\sigma_z |u\rangle = |u\rangle \quad \text{und} \quad \sigma_z |d\rangle = -|d\rangle \quad (26.51)$$

Anstelle von $|\uparrow\rangle$ und $|\downarrow\rangle$ schreibt man meist $|u\rangle$ und $|d\rangle$, wobei „u" für *up* und „d" für *down* steht.

Da der Zustandsraum zweidimensional ist, liegt es nahe, die beiden Eigenzustände durch Zweiervektoren darzustellen:

$$|u\rangle = \begin{pmatrix} 1 \\ 0 \end{pmatrix} \quad \text{und} \quad |d\rangle = \begin{pmatrix} 0 \\ 1 \end{pmatrix} \quad (26.52)$$

Aufgrund der Hermitezität muss diese Matrix symmetrisch bezüglich der Diagonalen sein. Gesucht ist deshalb eine 2×2-Matrix (mit den drei Koeffizienten a, b und c), für die gilt:

$$\begin{pmatrix} a & b \\ b & c \end{pmatrix} \cdot \begin{pmatrix} 1 \\ 0 \end{pmatrix} = \begin{pmatrix} a \\ b \end{pmatrix} = \begin{pmatrix} 1 \\ 0 \end{pmatrix} \tag{26.53}$$

und

$$\begin{pmatrix} a & b \\ b & c \end{pmatrix} \cdot \begin{pmatrix} 0 \\ 1 \end{pmatrix} = \begin{pmatrix} b \\ c \end{pmatrix} = - \begin{pmatrix} 0 \\ 1 \end{pmatrix} \tag{26.54}$$

Man kann leicht erkennen, dass diese Gleichungen nur erfüllbar sind, wenn $a = 1$, $b = 0$ und $c = -1$ gilt. Damit haben wir den Spinoperator in Form einer 2×2-Matrix gefunden:

$$\sigma_z = \begin{pmatrix} 1 & 0 \\ 0 & -1 \end{pmatrix} \tag{26.55}$$

Entspricht der Zustand vor der Messung $|u\rangle$, dann ist das Messergebnis mit Sicherheit $+1$. Befindet sich der Spin aber vor der Messung im Zustand $|d\rangle$, dann ist das Ergebnis mit Sicherheit -1.

Zeigt der Spinvektor aber in irgendeine andere Richtung, dann lässt sich sein Zustand als Linearkombination der Basiszustände schreiben:

$$|\psi\rangle = \alpha_1 \, |u\rangle + \alpha_2 \, |d\rangle \,, \tag{26.56}$$

wobei die beiden Koeffizienten die Normierungsbedingung

$$\alpha_1^2 + \alpha_2^2 = 1 \tag{26.57}$$

erfüllen müssen.

Spin in x-Richtung

Liegt der Zustand anfänglich in der positiven x-Richtung, bezeichnen wir ihn mit $|r\rangle$ (wie rechts). Liegt er hingegen in der negativen x-Richtung, bezeichnen wir ihn mit $|l\rangle$ (wie links). Eine Messung des Spins in z-Richtung ergäbe für beide Zustände dieselbe Messwahrscheinlichkeit, d. h. $+1$ für die $+z$-Richtung und -1 für die $-z$-Richtung von jeweils 0,5. Die Beträge der beiden Koeffizienten müssen demnach

$$|\alpha_1| = |\alpha_2| = \frac{1}{\sqrt{2}} \tag{26.58}$$

sein. Dennoch müssen sich die beiden Zustände unterscheiden. Sie müssen nämlich orthogonal zueinander stehen, denn die beiden Zustände $|l\rangle$ und $|r\rangle$ schließen sich gegenseitig aus, weil sie eine Basis bezüglich der x-Richtung bilden.

Deshalb lassen sich die beiden Zustände folgendermaßen darstellen:

$$|r\rangle = \frac{1}{\sqrt{2}}\,|u\rangle + \frac{1}{\sqrt{2}}\,|d\rangle = \frac{1}{\sqrt{2}}\begin{pmatrix}1\\1\end{pmatrix} \tag{26.59}$$

und

$$|l\rangle = \frac{1}{\sqrt{2}}\,|u\rangle - \frac{1}{\sqrt{2}}\,|d\rangle = \frac{1}{\sqrt{2}}\begin{pmatrix}1\\-1\end{pmatrix} \tag{26.60}$$

Durch Produktbildung findet man sofort: $\|r\rangle\,|l\rangle = 0$, was bedeutet, dass die beiden Zustände orthogonal zueinander stehen. Dies ist im quantenmechanischen und nicht im geometrischen Sinn zu verstehen.

Die Spinpfeile stehen allerdings nicht senkrecht zueinander, sondern antiparallel. Die quantenmechanische Orthogonalität der Spinzustände ist in dieser Darstellung bildlich nicht im üblichen Sinn erkennbar.

Welches ist nun der Operator für die Observable der Spinkomponente in x-Richtung? Dieser Operator σ_x muss, analog zu σ_z, die beiden Eigenwertgleichungen erfüllen:

$$\sigma_x\,|r\rangle = |r\rangle \quad \text{und} \quad \sigma_x\,|l\rangle = -\,|l\rangle \tag{26.61}$$

Schreiben wir das in der Basis von $|u\rangle$ und $|d\rangle$, erhalten wir wieder eine Bestimmungsgleichung für die 2×2-Matrix σ_x:

$$\begin{pmatrix}a & b\\ b & c\end{pmatrix} \cdot \frac{1}{\sqrt{2}}\begin{pmatrix}1\\1\end{pmatrix} = \frac{1}{\sqrt{2}}\begin{pmatrix}a+b\\b+c\end{pmatrix} = \frac{1}{\sqrt{2}}\begin{pmatrix}1\\1\end{pmatrix} \tag{26.62}$$

und

$$\begin{pmatrix}a & b\\ b & c\end{pmatrix} \cdot \frac{1}{\sqrt{2}}\begin{pmatrix}1\\-1\end{pmatrix} = \frac{1}{\sqrt{2}}\begin{pmatrix}a-b\\b-c\end{pmatrix} = -\frac{1}{\sqrt{2}}\begin{pmatrix}1\\-1\end{pmatrix} \tag{26.63}$$

Wiederum lassen sich die Koeffizienten leicht bestimmen. Wir finden: $a = c = 0$ und $b = 1$.

Damit erhalten wir den Spinoperator für die x-Komponente σ_x zu:

$$\sigma_x = \begin{pmatrix}0 & 1\\ 1 & 0\end{pmatrix} \tag{26.64}$$

Spin in y-Richtung

Schließlich können wir uns auf analoge Weise überlegen, wie der Spinoperator σ_y aussehen muss. Wieder muss gelten:

$$\sigma_y\,|v\rangle = |v\rangle \quad \text{und} \quad \sigma_y\,|h\rangle = -\,|h\rangle\,, \tag{26.65}$$

wobei $|v\rangle$ der Zustand in positiver y-Richtung, also nach *vorne* ist, und $|h\rangle$ der Zustand in negativer y-Richtung, also nach *hinten* ist.

Für die Basiszustände $|v\rangle$ und $|h\rangle$ muss nun gelten, dass diese sowohl zueinander als auch zu $|r\rangle$ und $|l\rangle$ sowie $|u\rangle$ und $|d\rangle$ orthogonal stehen müssen.

Diese Bedingung lässt sich nur erfüllen, wenn der Zahlenraum für die Koeffizienten auf die **komplexen Zahlen** erweitert wird. Die folgenden beiden Basiszustände erfüllen diese Bedingung:

$$|v\rangle = \frac{1}{\sqrt{2}}|u\rangle + \frac{i}{\sqrt{2}}|d\rangle = \frac{1}{\sqrt{2}}\begin{pmatrix}1\\i\end{pmatrix} \tag{26.66}$$

und

$$|h\rangle = \frac{1}{\sqrt{2}}|u\rangle - \frac{i}{\sqrt{2}}|d\rangle = \frac{1}{\sqrt{2}}\begin{pmatrix}1\\-i\end{pmatrix} \tag{26.67}$$

Durch Produktbildung findet man sofort: $\langle v|h\rangle = 0$, was bedeutet, dass die beiden Zustände orthogonal zueinander stehen. Ebenso lässt sich leicht nachprüfen, dass diese Basisvektoren auch orthogonal zu den anderen Basisvektoren entlang x und z sind.

Wieder müssen wir die Bestimmungsgleichungen für die Koeffizienten der 2×2-Matrix lösen, die hier wie folgt lautet:

$$\begin{pmatrix}a & b\\b^* & c\end{pmatrix} \cdot \frac{1}{\sqrt{2}}\begin{pmatrix}1\\i\end{pmatrix} = \frac{1}{\sqrt{2}}\begin{pmatrix}a+ib\\b^*+ic\end{pmatrix} = \frac{1}{\sqrt{2}}\begin{pmatrix}1\\i\end{pmatrix} \tag{26.68}$$

und

$$\begin{pmatrix}a & b\\b^* & c\end{pmatrix} \cdot \frac{1}{\sqrt{2}}\begin{pmatrix}1\\-i\end{pmatrix} = -\frac{1}{\sqrt{2}}\begin{pmatrix}a-ib\\b^*-ic\end{pmatrix} = -\frac{1}{\sqrt{2}}\begin{pmatrix}1\\-i\end{pmatrix} \tag{26.69}$$

Wiederum lassen sich die Koeffizienten bestimmen (aber nicht ganz so leicht wie vorher). Wir finden: $a = c = 0$ sowie $b = -i$ und $b^* = i$.

Damit erhalten wir den Spinoperator für die y-Komponente σ_y zu:

$$\sigma_y = \begin{pmatrix}0 & -i\\i & 0\end{pmatrix} \tag{26.70}$$

26.6 Spin in beliebiger Raumrichtung

Zusammenstellung

Stellen wir die drei Operatoren des Spins in den drei Raumrichtungen x, y und z noch einmal nebeneinander (Abb. 26.2):

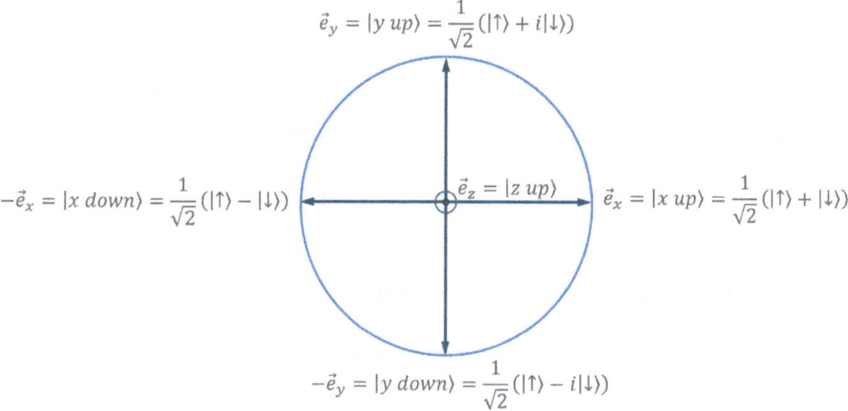

Abb. 26.2 Die Spineigenzustände in x- und y-Richtung, vom „Nordpol" der Bloch-Kugel aus betrachtet

$$\sigma_z = \begin{pmatrix} 1 & 0 \\ 0 & -1 \end{pmatrix}, \quad \sigma_x = \begin{pmatrix} 0 & 1 \\ 1 & 0 \end{pmatrix} \quad \text{und} \quad \sigma_y = \begin{pmatrix} 0 & -i \\ i & 0 \end{pmatrix} \tag{26.71}$$

Wie ist nun der Spinoperator bezüglich einer beliebig gewählten Raumrichtung $\vec{n}$ zu schreiben? Wobei

$$\vec{n} = \begin{pmatrix} n_x \\ n_y \\ n_z \end{pmatrix} \tag{26.72}$$

ist.

Der Spinoperator selbst ist jetzt aus den Komponenten σ_x, σ_y und σ_z zusammengesetzt:

$$\vec{\sigma} = \begin{pmatrix} \sigma_x \\ \sigma_y \\ \sigma_z \end{pmatrix} = \begin{pmatrix} \begin{bmatrix} 0 & +1 \\ 1 & 0 \end{bmatrix} \\ \begin{bmatrix} 0 & -i \\ i & 0 \end{bmatrix} \\ \begin{bmatrix} 1 & 0 \\ 0 & -1 \end{bmatrix} \end{pmatrix} \tag{26.73}$$

Falls sich der Spin σ wie in der klassischen Mechanik wie ein Dreiervektor verhält, dann ist seine Komponente in Richtung $\vec{n}$ das Skalarprodukt von $\vec{\sigma}$ und $\vec{n}$:

$$\sigma_n = \vec{\sigma} \cdot \vec{n} = \sigma_x n_x + \sigma_y n_y + \sigma_z n_z \tag{26.74}$$

σ_n ist nun aber kein Skalar wie bei einem gewöhnlichen Skalarprodukt, sondern eine 2×2-Matrix. Ausgeschrieben lautet sie:

$$\sigma_n = \vec{\sigma} \cdot \vec{n} = n_x \begin{pmatrix} 0 & +1 \\ 1 & 0 \end{pmatrix} + n_y \begin{pmatrix} 0 & -i \\ i & 0 \end{pmatrix} + n_z \begin{pmatrix} 1 & 0 \\ 0 & -1 \end{pmatrix} \tag{26.75}$$

Für die folgende Betrachtung legen wir die Spinrichtung in die x-z-Ebene. Damit können wir die Komponenten von $\vec{n}$ leicht angeben:

$$n_z = \cos\theta, \quad n_x = \sin\theta, \quad n_y = 0 \tag{26.76}$$

Das in die obige Gleichung eingesetzt, ergibt:

$$\sigma_n = \begin{pmatrix} \cos\theta & \sin\theta \\ \sin\theta & -\cos\theta \end{pmatrix} \tag{26.77}$$

Wieder sind bei einer Messung des Spins in Richtung $\vec{n}$ nur zwei Messergebnisse möglich, nämlich $+1$ und -1. Die zugehörigen Eigenvektoren lauten:

$$\text{Eigenvektor zu} \quad \lambda_1 = 1: \quad |\lambda_1\rangle = \begin{pmatrix} \cos\frac{\theta}{2} \\ \sin\frac{\theta}{2} \end{pmatrix} \tag{26.78}$$

und

$$\text{Eigenvektor zu} \quad \lambda_2 = -1: \quad |\lambda_2\rangle = \begin{pmatrix} -\sin\frac{\theta}{2} \\ \cos\frac{\theta}{2} \end{pmatrix} \tag{26.79}$$

Wieder kann man sich leicht davon überzeugen, dass die beiden Eigenvektoren orthogonal zueinander stehen.

Was können wir damit nun anfangen? Stellen wir uns vor, wir hätten durch eine vorherige Messung den Spin in $+z$-Richtung präpariert, sodass er sich im Zustand $|u\rangle$ befindet. Nun wird die Messapparatur in Richtung $\vec{n}$ gedreht.

Messwahrscheinlichkeit

Welches ist nun die Wahrscheinlichkeit, in dieser neuen Richtung $\sigma_n = +1$ zu messen?

Dazu müssen wir wissen, wie groß die Komponente von $|u\rangle$ in Richtung $|\lambda_1\rangle$ ist. Das Betragsquadrat dieser Amplitude ist die gesuchte Messwahrscheinlichkeit:

$$P(+1) = |\langle u|\lambda_1\rangle|^2 = \cos^2\frac{\theta}{2} \tag{26.80}$$

und analog für

$$P(-1) = |\langle u|\lambda_2\rangle|^2 = \sin^2\frac{\theta}{2} \tag{26.81}$$

Schließlich können wir auch noch den Erwartungswert gemäß

$$\langle L \rangle = \sum_n = \lambda_i P_i(\lambda_i) \tag{26.82}$$

berechnen:

$$\langle \sigma_n \rangle = (+1)\cos^2\frac{\theta}{2} + (-1)\sin^2\frac{\theta}{2} \tag{26.83}$$

etwas vereinfacht:

$$\langle \sigma_n \rangle = \cos^2\frac{\theta}{2} - \sin^2\frac{\theta}{2} \tag{26.84}$$

Mithilfe trigonometrischer Grundformeln ergibt das schließlich:

$$\langle \sigma_n \rangle = \cos\theta \tag{26.85}$$

Dies entspricht genau dem Resultat, das man auch von einem klassischen Drehimpulsvektor erwarten würde. Damit ist die Voraussage dieses quantenmechanischen Systems in perfekter Übereinstimmung mit dem Experiment (Abb. 26.3).

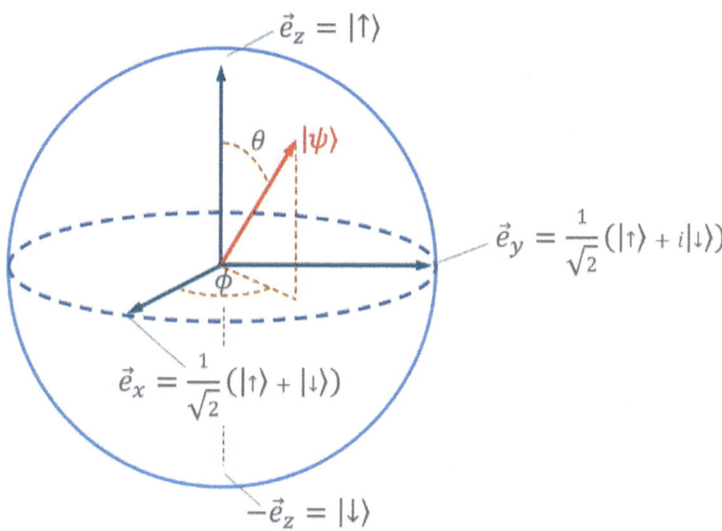

Abb. 26.3 Die Bloch-Kugel ist eine Einheitskugel, in welcher der Zustand $|\psi\rangle$ die Länge 1 besitzt. Eingezeichnet sind ebenfalls die Einheitsvektoren in x, y und z-Richtung. Die räumliche Orientierung von $|\psi\rangle$ entspricht der räumlichen Orientierung des Spins im xyz-Raum

Formale Beschreibung von Mehrteilchensystemen

27

Zusammenfassung

Bisher haben wir uns nur mit einzelnen Objekten befasst, wie z. B. einem Spin-$\frac{1}{2}$-Objekt in einem Magnetfeld. Werfen wir eine Münze, landet diese entweder mit *Kopf* oder mit *Zahl* nach oben. Die Situation ähnelt jener eines Spin-$\frac{1}{2}$-Systems, bei dem wir entweder *Spin up* oder *Spin down* messen. Endet der Spin durch die Messung entweder im Zustand $|u\rangle$ oder $|d\rangle$, so können wir das Ergebnis des Münzwurfs analog durch die Zustände $|H\rangle$ oder $|T\rangle$, entsprechend *head* oder *tail*, darstellen. Werfen wir hingegen einen Würfel, so sind sechs Ergebnisse möglich, nämlich die Augenzahlen *Eins, Zwei, Drei, Vier, Fün f* und *Sechs.* Wie sind aber Systeme zu beschreiben, die aus mehreren Objekten bestehen, z. B. zwei Spin-$\frac{1}{2}$-Objekte? Zunächst betrachten wir dazu einfache Beispiele.

27.1 Kombination zweier Systeme

Beispiel zwei Münzen

Werfen wir zwei Münzen, gibt es vier mögliche Ergebnisse: KK, KZ, ZK und ZZ.

Betrachten wir diese vier möglichen Ergebnisse, wie in der Quantenmechanik üblich, als Basis des Zustandsraums, erhalten wir jetzt einen vierdimensionalen Raum. Sind die beiden Münzen noch in der Luft, können wir ihren Zustand durch eine Superposition der Basiszustände beschreiben:

$$|M_1, M_2\rangle = \alpha_1 |KK\rangle + \alpha_2 |KZ\rangle + \alpha_3 |ZK\rangle + \alpha_4 |ZZ\rangle \tag{27.1}$$

Bei fairen, nichtmanipulierten Münzen wären die Koeffizienten alle gleich groß, nämlich $\alpha_i = 1/2$ mit jeweils der Wahrscheinlichkeit $p_i = \alpha_i^2 = 1/4$

Kombination Münze und Würfel

H. M. Rubin, *Vom Doppelspalt zum Quantencomputer*, https://doi.org/10.1007/978-3-662-71207-8_27

	1	2	3	4	5	6
K	*K*1	*K*2	*K*3	*K*4	*K*5	*K*6
Z	*Z*1	*Z*2	*Z*3	*Z*4	*Z*5	*Z*6

Abb. 27.1 Zwölf mögliche Ergebnisse beim kombinierten Wurf einer Münze und eines Würfels

Kombinieren wir eine Münze mit einem Würfel, d. h., werfen wir sowohl die Münze als auch den Würfel, so sind zwölf Ergebnisse möglich. Die obige Abbildung zeigt diese möglichen Resultate (Abb. 27.1):

Der Ergebnisraum ist jetzt zwölfdimensional.

Allgemein wird durch die Kombination mehrerer Systeme der Ergebnisraum vergrößert. Sei $S_{Münze}$ der Ergebnisraum des Münzwurfs (zweidimensional) und $S_{Würfel}$ der Ergebnisraum beim Würfeln (sechsdimensional), so bezeichnet man den Ergebnisraum des kombinierten Experiments als **Tensorprodukt** der beiden Teilräume und schreibt dafür:

$$S_{Komb} = S_{Münze} \otimes S_{Würfel} \tag{27.2}$$

Die Basisvektoren dieses Raumes sind dann die *zwölf* möglichen Ergebnisse, entsprechend der obigen Tabelle:

$$|H1\rangle\,, |H2\rangle\,, |H3\rangle\,, \ldots, |T4\rangle\,, |T5\rangle\,, |T6\rangle \tag{27.3}$$

27.2 Tensorprodukt II

Zustandsvektoren

Im letzten Abschnitt hatten wir den Zustand von zwei kombinierten Systemen durch folgenden Ausdruck dargestellt:

$$|\psi_{AB}\rangle = \alpha_1\beta_1\,|0\rangle \otimes |0\rangle + \alpha_1\beta_2\,|0\rangle \otimes |1\rangle + \alpha_2\beta_1\,|1\rangle \otimes |0\rangle + \alpha_2\beta_2\,|1\rangle \otimes |1\rangle \tag{27.4}$$

Ein allgemeiner Zustand kann somit durch die vier Basisvektoren

$$|0\rangle \otimes |0\rangle\,, \quad |0\rangle \otimes |1\rangle\,, \quad |1\rangle \otimes |0\rangle \quad \text{und}\, |1\rangle \otimes |1\rangle \tag{27.5}$$

dargestellt werden. Wie lassen sich diese Basisvektoren durch die Basisvektoren der z-Basis

$$|0\rangle = \begin{pmatrix} 1 \\ 0 \end{pmatrix} \quad \text{und} \quad |1\rangle = \begin{pmatrix} 0 \\ 1 \end{pmatrix} \tag{27.6}$$

darstellen?

Das Tensorprodukt macht aus den beiden Zweiervektoren einen Vierervektor gemäß folgender Vorschrift:

$$|00\rangle = |0\rangle \otimes |0\rangle = \begin{pmatrix} 1 \\ 0 \end{pmatrix} \otimes \begin{pmatrix} 1 \\ 0 \end{pmatrix} = \begin{pmatrix} 1 \\ 0 \\ 0 \\ 0 \end{pmatrix} \tag{27.7}$$

Der zweite Vektor (rechts) wird der Reihe nach mit den Koeffizienten des ersten Vektors multipliziert und die Ergebnisse werden in einem neuen Vektor untereinandergereiht. Analog geht das mit

$$|01\rangle = |0\rangle \otimes |1\rangle = \begin{pmatrix} 1 \\ 0 \end{pmatrix} \otimes \begin{pmatrix} 0 \\ 1 \end{pmatrix} = \begin{pmatrix} 0 \\ 1 \\ 0 \\ 0 \end{pmatrix} \tag{27.8}$$

und analog mit

$$|10\rangle = |1\rangle \otimes |0\rangle = \begin{pmatrix} 0 \\ 1 \end{pmatrix} \otimes \begin{pmatrix} 1 \\ 0 \end{pmatrix} = \begin{pmatrix} 0 \\ 0 \\ 1 \\ 0 \end{pmatrix} \tag{27.9}$$

und schließlich auch mit dem letzten Basisvektor

$$|11\rangle = |1\rangle \otimes |1\rangle = \begin{pmatrix} 0 \\ 1 \end{pmatrix} \otimes \begin{pmatrix} 0 \\ 1 \end{pmatrix} = \begin{pmatrix} 0 \\ 0 \\ 0 \\ 1 \end{pmatrix} \tag{27.10}$$

Damit erhalten wir eine Vektordarstellung der vier Basiszustände des kombinierten Systems

$$|00\rangle = \begin{pmatrix}1\\0\\0\\0\end{pmatrix}, \quad |01\rangle = \begin{pmatrix}0\\1\\0\\0\end{pmatrix}, \quad |10\rangle = \begin{pmatrix}0\\0\\1\\0\end{pmatrix} \quad \text{und} \quad |11\rangle = \begin{pmatrix}0\\0\\0\\1\end{pmatrix} \tag{27.11}$$

Für zwei beliebige Zweiervektoren kann die Regel wie folgt zusammengefasst werden:

$$\begin{pmatrix}a_1\\a_2\end{pmatrix} \otimes \begin{pmatrix}b_1\\b_2\end{pmatrix} = \begin{pmatrix}a_1 \cdot b_1\\a_1 \cdot b_2\\a_2 \cdot b_1\\a_2 \cdot b_2\end{pmatrix} \tag{27.12}$$

Observablen

Die möglichen Messergebnisse sind Beobachtungswerte bzw. Observablen und werden in der Quantenmechanik durch Operatoren dargestellt. In unserem Spin-$\frac{1}{2}$-EPR-Experiment muss jeweils der Spin am Teilchen A **und** am Teilchen B gemessen werden.

Es sind also unabhängig z. B. die σ_z-Komponente von Teilchen A und von Teilchen B zu messen. Auch dies wird durch das Tensorprodukt der beiden Operatoren ausgedrückt:

$$\sigma_z(AB) = \sigma_z(A) \otimes \sigma_z(B) = \begin{pmatrix}1 & 0\\0 & -1\end{pmatrix} \otimes \begin{pmatrix}1 & 0\\0 & -1\end{pmatrix} \tag{27.13}$$

Das Tensorprodukt dieser beiden Operatoren muss so beschaffen sein, dass $\sigma_z(A)$ nur auf das Teilchen A wirkt und $\sigma_z(B)$ nur auf das Teilchen B. Dies wird durch die folgende Darstellung erreicht:

$$\sigma_z(AB) = \sigma_z(A) \otimes \sigma_z(B) = \begin{pmatrix}1 & 0\\0 & -1\end{pmatrix} \otimes \begin{pmatrix}1 & 0\\0 & -1\end{pmatrix} = \begin{pmatrix}1 & 0 & 0 & 0\\0 & -1 & 0 & 0\\0 & 0 & -1 & 0\\0 & 0 & 0 & 1\end{pmatrix} \tag{27.14}$$

Für zwei beliebige Operatoren A und B gilt deshalb die Vorschrift:

$$A \otimes B = \begin{pmatrix}a_{11}B & a_{12}B\\a_{21}B & a_{22}B\end{pmatrix} = \begin{pmatrix}a_{11}b_{11} & a_{11}b_{12} & a_{12}b_{11} & a_{12}b_{12}\\a_{11}b_{21} & a_{11}b_{22} & a_{12}b_{21} & a_{12}b_{22}\\a_{21}b_{11} & a_{21}b_{12} & a_{22}b_{11} & a_{22}b_{12}\\a_{21}b_{21} & a_{22}b_{22} & a_{22}b_{21} & a_{22}b_{22}\end{pmatrix} \tag{27.15}$$

Anstatt am Teilchen A und am Teilchen B jeweils die z-Komponente des Spins zu messen, könnte man auch an Teilchen A die z-Komponente und an Teilchen B die x-Komponente des Spins messen.

Die Observable dafür wäre:

$$\sigma_z(A) \otimes \sigma_x(B) = \begin{pmatrix} 1 & 0 \\ 0 & -1 \end{pmatrix} \otimes \begin{pmatrix} 0 & 1 \\ 1 & 0 \end{pmatrix} = \begin{pmatrix} 0 & 1 & 0 & 0 \\ 1 & 0 & 0 & 0 \\ 0 & 0 & 0 & -1 \\ 0 & 0 & -1 & 0 \end{pmatrix} \tag{27.16}$$

Andererseits könnte man auch, umgekehrt, am Teilchen A die x-Komponente und an Teilchen B die z-Komponente messen. Die Observable dafür ist:

$$\sigma_x(A) \otimes \sigma_z(B) = \begin{pmatrix} 0 & 1 \\ 1 & 0 \end{pmatrix} \otimes \begin{pmatrix} 1 & 0 \\ 0 & -1 \end{pmatrix} = \begin{pmatrix} 0 & 0 & 1 & 0 \\ 0 & 0 & 0 & -1 \\ 1 & 0 & 0 & 0 \\ 0 & -1 & 0 & 0 \end{pmatrix} \tag{27.17}$$

Die beiden Matrizen sind nicht gleich, sie entsprechen schließlich auch nicht derselben Observable.

Betrachten wir abschließend noch einmal den Operator

$$\sigma_z(AB) = \sigma_z(A) \otimes \sigma_z(B) \tag{27.18}$$

Welches sind die Eigenvektoren und welches die dazugehörigen Eigenwerte?

Weil die Matrix diagonal ist, können wir die Eigenvektoren und die Eigenwerte direkt ablesen. Wir sehen, dass die beiden Vektoren $|11\rangle$ und $|00\rangle$ den Eigenwert 1 haben, wohingegen die beiden Vektoren $|10\rangle$ und $|01\rangle$ den Eigenwert -1 haben.

Zu jedem der beiden Eigenwerte ($+1$ und -1) wird somit ein zweidimensionaler Unterraum aufgespannt, der vollständig verschränkte Zustandsvektoren enthält.

Dabei bedeutet $+1$, dass beide Spins in dieselbe Richtung zeigen, und -1, dass beide Spins in entgegengesetzte Richtung zeigen.

27.3 Projektionsoperatoren

In diesem Abschnitt wollen wir uns mit einem neuen Konzept beschäftigen, das uns erlaubt, Erwartungswerte zu berechnen und den Grad der Verschränkung zweier Quantenobjekte genauer zu definieren.

Darstellung von Quantenzuständen

Wie wir wissen, kann ein Quantenzustand $|A\rangle$ als Zustandsvektor in einem komplexen Vektorraum (Hilbert-Raum) dargestellt werden. Bilden die Vektoren $|i\rangle$ eine Basis dieses Vektorraums, lässt sich der Zustand in dieser Basis schreiben:

$$|A\rangle = \sum_i \alpha_i \, |i\rangle \tag{27.19}$$

Die Koeffizienten α_i sind die Projektionen von $|A\rangle$ auf die Basisvektoren $|i\rangle$. Berechnet werden diese Koeffizienten mithilfe des inneren Produkts

$$\alpha_i = \langle i|A\rangle \tag{27.20}$$

analog zu $a_x = \vec{i} \cdot \vec{a}$. Damit können wir $|A\rangle$ schreiben:

$$|A\rangle = \sum_i \langle i|A\rangle \, |i\rangle \tag{27.21}$$

Da die $\langle i|A\rangle$ (i. Allg.) komplexe Zahlen sind, können wir die Reihenfolge der Multiplikation in den Summanden vertauschen

$$|A\rangle = \sum_i |i\rangle \, \langle i|A\rangle \equiv \sum_i |i\rangle \, \langle i| \, |A\rangle \tag{27.22}$$

Das sieht auf den ersten Blick trivial aus, denn der Ausdruck

$$\sum_i |i\rangle \, \langle i| = \mathbf{I} \tag{27.23}$$

entspricht offenbar der Einheitsmatrix bzw. dem Identitätsoperator **I**.

Andererseits kann man die $|i\rangle \, \langle i|$ auch als Projektionsoperatoren auffassen. Sie projizieren den Zustand $|A\rangle$ jeweils auf die Basisvektoren $|i\rangle$. Diese Projektionen müssen aufsummiert dann natürlich wieder $|A\rangle$ ergeben.

Äußeres Produkt

Betrachten wir zwei weitere Zustände $|\varphi\rangle$ und $|\psi\rangle$, nennen wir $\langle\varphi|\psi\rangle$ das **innere Produkt**, welches dem Skalarprodukt bei Vektoren entspricht und, wie der Name sagt, eine Zahl liefert.

Umgekehrt ist $|\psi\rangle \, \langle\varphi|$ keine Zahl, sondern ein Operator bzw. eine Matrix und wird als **äußeres Produkt** bezeichnet. Welche Bedeutung hat dieser Operator?

Wenn $|i\rangle \, \langle i|$ auf die Basisvektoren (-zustände) $|i\rangle$ projiziert, dann muss entsprechend der Operator $|\psi\rangle \, \langle\psi|$ auf den Zustand $|\psi\rangle$ selbst projizieren, wie man leicht sehen kann:

$$|\psi\rangle \, \langle\psi| \cdot |A\rangle = |\psi\rangle \cdot \langle\psi|A\rangle \tag{27.24}$$

Die Spur

Unter der Spur einer Matrix bzw. eines Operators **L** versteht man die Summe der Diagonalelemente der Matrix:

$$Spur\mathbf{L} = \sum_i \langle i|\,\mathbf{L}\,|i\rangle \tag{27.25}$$

Die Spur des Projektionsoperators $|\psi\rangle\,\langle\psi|$ wird genauso berechnet:

$$Spur\,|\psi\rangle\,\langle\psi| = \sum_i \langle i|\psi\rangle\,\langle\psi|i\rangle = \sum_i \langle\psi|i\rangle\,\langle i|\psi\rangle = \langle\psi|\psi\rangle \tag{27.26}$$

Die Spur des Projektionsoperators entspricht somit dem inneren Produkt von $|\psi\rangle$ mit sich selbst und deshalb dem Betragsquadrat des Zustands $|\psi\rangle$. Ist der Zustand $|\psi\rangle$ normiert, ist die Spur 1.

Wozu ist das jetzt gut? Das sehen wir im nächsten Abschnitt.

27.4 Anwendungen der Dichtematrix

Erwartungswerte

Mithilfe des Projektionsoperators $|\psi\rangle\,\langle\psi|$ können wir den Erwartungswert einer Observable **L** ebenfalls berechnen. Dazu wenden wir den Projektionsoperator auf die Observable **L** an und bestimmen die Spur dieses kombinierten Operators $|\psi\rangle\,\langle\psi|\,\mathbf{L}$:

$$Spur\,|\psi\rangle\,\langle\psi|\,\mathbf{L} = \sum_i \langle i\,|\psi\rangle\,\langle\psi|\,\mathbf{L}|i\rangle \tag{27.27}$$

Wieder kann man die Reihenfolge der Multiplikation der Summanden vertauschen

$$Spur\,|\psi\rangle\,\langle\psi|\,\mathbf{L} = \sum_i \langle\psi|\,\mathbf{L}\,|i\rangle\,\langle i|\psi\rangle \tag{27.28}$$

Wegen $\sum_i |i\rangle\,\langle i| = \mathbf{I}$ gilt offenbar

$$Spur\,[|\psi\rangle\,\langle\psi|\,\mathbf{L}] = \langle\psi|\,\mathbf{L}\,|\psi\rangle \tag{27.29}$$

Die rechte Seite dieses Ausdrucks entspricht dem Erwartungswert der Observable **L** an einem Objekt im Zustand $|\psi\rangle$.

Ist der Zustand eines Systems bekannt, so kann man auf die eine oder die andere Art den Erwartungswert einer Observable berechnen. Der Vorteil dieser Methode besteht darin, den Erwartungswert auch dann berechnen zu können, wenn der Zustand nicht genau bekannt ist.

Unbestimmter Zustand

Angenommen, wir wüssten die Orientierung einer Stern-Gerlach-Apparatur nicht mit Bestimmtheit, sondern nur, dass sie z. B. in x- oder in z-Richtung ausgerichtet war und sich die Spins deshalb z. B. mit 50 % Wahrscheinlichkeit im Zustand $|\phi\rangle$ und mit 50 % Wahrscheinlichkeit im Zustand $|\psi\rangle$ befinden.

Falls sich die Spins alle im Zustand $|\phi\rangle$ befinden, lässt sich der Erwartungswert einer beliebigen Observable **L** gemäß der *Spur*-Methode berechnen zu

$$Spur\,|\phi\rangle\,\langle\phi|\,\mathbf{L} = \langle\phi|\,\mathbf{L}\,|\phi\rangle \tag{27.30}$$

Falls sich alle Spins im Zustand $|\psi\rangle$ befinden, ergäbe sich der Erwartungswert von **L** zu

$$Spur\,|\psi\rangle\,\langle\psi|\,\mathbf{L} = \langle\psi|\,\mathbf{L}\,|\psi\rangle \tag{27.31}$$

Wenn aber beide Varianten mit je 50 % Wahrscheinlichkeit vorliegen, kann auch jeder der beiden Werte mit nur 50 % Wahrscheinlichkeit erwartet werden.

Deshalb ist in diesem Fall der Erwartungswert von **L** aus beiden Anteilen zu berechnen:

$$\langle\mathbf{L}\rangle = \frac{1}{2} Spur\,|\phi\rangle\,\langle\phi|\,\mathbf{L} + \frac{1}{2} Spur\,|\psi\rangle\,\langle\psi|\,\mathbf{L} \tag{27.32}$$

Klammern wir **L** aus, bleibt ein Operator zurück, den man **Dichtematrix** ρ nennt:

$$\rho = \frac{1}{2} Spur\,|\phi\rangle\,\langle\phi| + \frac{1}{2} Spur\,|\psi\rangle\,\langle\psi| \tag{27.33}$$

Die Dichtematrix ρ kann als Projektionsoperator aufgefasst werden, welche die Observable **L** mit den entsprechenden Wahrscheinlichkeiten auf die beiden Zustände $|\phi\rangle$ und $|\psi\rangle$ projiziert.

Falls sich die Ungewissheit auf mehr als zwei Zustände ausdehnt, setzt sich die Dichtematrix entsprechend aus mehreren Termen zusammen:

$$\rho = \sum_i p_i\,|\psi_i\rangle\,\langle\psi_i| \tag{27.34}$$

Der Erwartungswert der Observable **L** ist dann durch den folgenden Ausdruck gegeben:

$$\langle\mathbf{L}\rangle = Spur\,[\rho\mathbf{L}] \tag{27.35}$$

27.5 Konkrete Beispiele

Im Folgenden wollen wir die Theorie der Dichtematrix und die Berechnung von Erwartungswerten an konkreten Spin-$\frac{1}{2}$-Systemen anwenden.

Dazu benötigen wir wieder die Pauli-Matrizen für die drei Spinkomponenten in x, y und z-Richtung:

$$\sigma_z = \begin{pmatrix} 1 & 0 \\ 0 & -1 \end{pmatrix}, \quad \sigma_x = \begin{pmatrix} 0 & 1 \\ 1 & 0 \end{pmatrix} \quad \text{und} \quad \sigma_y = \begin{pmatrix} 0 & -i \\ i & 0 \end{pmatrix} \tag{27.36}$$

Beispiel 1

Dichtematrix für Spin im Zustand $|0\rangle$ (Spin *down* in der z-Basis):

$$\rho = |0\rangle\langle 0| = \begin{pmatrix}1 & 0\end{pmatrix} \otimes \begin{pmatrix}1\\0\end{pmatrix} = \begin{pmatrix}1 & 0\\0 & 0\end{pmatrix} \tag{27.37}$$

Die *Spur* dieser Matrix ist 1, und sie enthält nur einen Beitrag. Deshalb repräsentiert die Dichtematrix hier einen sogenannten *reinen Zustand.* Sie projiziert eine Observable somit nur auf den Zustand $|0\rangle$.

Damit können wir die Erwartungswerte $\langle\sigma_x\rangle$, $\langle\sigma_y\rangle$ und $\langle\sigma_z\rangle$ berechnen:

$$\langle\sigma_x\rangle = Spur\,[\rho\sigma_x] = Spur\left[\begin{pmatrix}1 & 0\\0 & 0\end{pmatrix} \cdot \begin{pmatrix}0 & 1\\1 & 0\end{pmatrix}\right] = Spur\begin{pmatrix}0 & 1\\0 & 0\end{pmatrix} = 0 \tag{27.38}$$

Wie zu erwarten, ist der Erwartungswert 0, weil der Spin orthogonal zur x-Richtung steht und deshalb die Wahrscheinlichkeit, $+1$ zu messen, gleich groß ist wie die Wahrscheinlichkeit, -1 zu messen.

Analog können wir $\langle\sigma_z\rangle$:

$$\langle\sigma_z\rangle = Spur\,\rho\sigma_z = \begin{pmatrix}1 & 0\\0 & 0\end{pmatrix} \cdot \begin{pmatrix}1 & 0\\0 & -1\end{pmatrix} = Spur\begin{pmatrix}1 & 0\\0 & 0\end{pmatrix} = 1 \tag{27.39}$$

Auch dieses Ergebnis war zu erwarten, denn wenn der Spin in $-z$-Richtung präpariert war, kann nur dieser Wert gemessen werden.

Analog kann man den Erwartungswert von σ_y berechnen. Versuchen Sie es selbst! Das Ergebnis muss auch hier $\sigma_y = 0$ lauten. Weshalb?

Beispiel 2

Wir betrachten den Zustand $|r\rangle$ (Spin in positiver x-Richtung, s. Abb. 21.1):

$$|r\rangle = \frac{1}{\sqrt{2}}|1\rangle + \frac{1}{\sqrt{2}}|0\rangle = \frac{1}{\sqrt{2}}\begin{pmatrix}1\\1\end{pmatrix} \tag{27.40}$$

Der Spin ist aufgrund des „+„-Zeichens in der positiven x-Richtung präpariert. Die Dichtematrix dafür lautet:

$$\rho = |r\rangle\langle r| = \frac{1}{2}\begin{pmatrix}1 & 1\end{pmatrix} \otimes \begin{pmatrix}1\\1\end{pmatrix} = \frac{1}{2}\begin{pmatrix}1 & 1\\1 & 1\end{pmatrix} \tag{27.41}$$

Wieder ist die Spur dieser Matrix 1, aber sie setzt sich jetzt aus zwei Beiträgen von je $\frac{1}{2}$ zusammen und beschreibt deshalb einen sogenannten *gemischten* Zustand.

Den Erwartungswert $\langle\sigma_z\rangle$ erhalten wir wieder wie oben:

$$\langle\sigma_z\rangle = Spur\,\rho\sigma_z = \frac{1}{2}\begin{pmatrix}1 & 1\\1 & 1\end{pmatrix} \cdot \begin{pmatrix}1 & 0\\0 & -1\end{pmatrix} = Spur\frac{1}{2}\begin{pmatrix}1 & -1\\1 & -1\end{pmatrix} = 0 \tag{27.42}$$

Auch dieses Ergebnis war zu erwarten, weil der Spin orthogonal zur x-Richtung steht und deshalb die Wahrscheinlichkeit, $+1$ zu messen, gleich groß ist wie die Wahrscheinlichkeit, -1 zu messen.

Auf analoge Weise können Sie die Erwartungswerte $\langle\sigma_x\rangle$ und $\langle\sigma_y\rangle$ berechnen. Im ersten Fall müssen wir als Ergebnis $+1$ und im zweiten Fall 0 erhalten. Prüfen Sie es nach!

Führen Sie dieselbe Rechnung auch für die Zustände $|v\rangle$ bzw. $|h\rangle$ durch!

Beispiel 3

Interessant wird es nun, einen verschränkten Zustand zu betrachten. Nehmen wir dazu den Zustand $|\Psi^+\rangle$, dem wir schon in den Abschn. 17.3 und 21.5 begegnet sind:

$$|\Psi^+\rangle = \frac{1}{\sqrt{2}}|01\rangle + \frac{1}{\sqrt{2}}|10\rangle \tag{27.43}$$

Dies ist einer der vier **Bell**-Zustände, und er zeichnet sich durch maximale Verschränkung aus. Mit

$$|01\rangle = \begin{pmatrix}0\\1\\0\\0\end{pmatrix} \quad \text{und} \quad |10\rangle = \begin{pmatrix}0\\0\\1\\0\end{pmatrix} \quad \text{folgt} \quad |\Psi^+\rangle = \frac{1}{\sqrt{2}}\begin{pmatrix}0\\1\\1\\0\end{pmatrix}. \tag{27.44}$$

Vergleichen Sie dazu Abschn. 21.5. Für die Dichtematrix erhalten wir analog wie vorher

$$\rho = |\Psi^+\rangle\langle\Psi^+| = \frac{1}{2}(0\ 1\ 1\ 0) \otimes \begin{pmatrix}0\\1\\1\\0\end{pmatrix} = \frac{1}{2}\begin{pmatrix}0&0&0&0\\0&1&1&0\\0&1&1&0\\0&0&0&0\end{pmatrix} \tag{27.45}$$

Die Spur dieser Dichtematrix ist auch wieder *eins*, wie in allen vorhergehenden Beispielen auch.

Als Observable für den Spin in z-Richtung sind nun drei Möglichkeiten zu betrachten: Entweder man misst nur den Spin von Teilchen A bzw. von Teilchen B oder man misst beide Spins. Wir wollen zunächst den Fall untersuchen, bei dem beide Spins gemessen werden. Welches ist dann die Observable und was ist ihr Erwartungswert?

Gemäß Abschn. 27.2 gilt:

$$\sigma_z(AB) = \sigma_z(A) \otimes \sigma_z(B) = \begin{pmatrix}1&0\\0&-1\end{pmatrix} \otimes \begin{pmatrix}1&0\\0&-1\end{pmatrix} = \begin{pmatrix}1&0&0&0\\0&-1&0&0\\0&0&-1&0\\0&0&0&1\end{pmatrix} \tag{27.46}$$

Damit können wir den Erwartungswert $\langle\sigma_z(AB)\rangle$ wie vorher berechnen:

$$\langle\sigma_z(AB)\rangle = Spur\,\rho\cdot\sigma_z(AB) = Spur\frac{1}{2}\begin{pmatrix}0&0&0&0\\0&1&1&0\\0&1&1&0\\0&0&0&0\end{pmatrix}\cdot\begin{pmatrix}1&0&0&0\\0&-1&0&0\\0&0&-1&0\\0&0&0&1\end{pmatrix}$$
$$= Spur\frac{1}{2}\begin{pmatrix}0&0&0&0\\0&-1&-1&0\\0&-1&-1&0\\0&0&0&0\end{pmatrix} = -1$$

Das Ergebnis -1 sagt uns, dass wir immer entgegengesetzte Spins beobachten werden. Direkt kann man das auch an den beiden Basisvektoren $|10\rangle$ und $|01\rangle$ erkennen, welche die möglichen Messergebnisse (hier mit gleicher Wahrscheinlichkeit) beschreiben. Vergleichen Sie dazu ebenfalls die Abschn. 21.5 und 27.2.

Beispiel 4

Betrachten wir auch noch den zweiten Zustand $|\Psi^-\rangle$:

$$|\Psi^-\rangle = \frac{1}{\sqrt{2}}|01\rangle - \frac{1}{\sqrt{2}}|10\rangle \tag{27.47}$$

Dies ist ebenfalls einer von den vier **Bell**-Zuständen, und er zeichnet sich ebenfalls durch maximale Verschränkung aus.

Wieder mit

$$|01\rangle = \begin{pmatrix}0\\1\\0\\0\end{pmatrix} \quad\text{und}\quad |10\rangle = \begin{pmatrix}0\\0\\1\\0\end{pmatrix} \quad\text{folgt}\quad |\Psi^-\rangle = \frac{1}{\sqrt{2}}\begin{pmatrix}0\\1\\-1\\0\end{pmatrix} \tag{27.48}$$

Für die Dichtematrix erhalten wir analog wie vorher

$$\rho = |\Psi^-\rangle\langle\Psi^-| = \frac{1}{2}(0\;1\;-1\;0)\otimes\begin{pmatrix}0\\1\\-1\\0\end{pmatrix} = \frac{1}{2}\begin{pmatrix}0&0&0&0\\0&1&-1&0\\0&-1&1&0\\0&0&0&0\end{pmatrix} \tag{27.49}$$

Die Spur dieser Dichtematrix ist auch wieder *eins*, wie in allen vorhergehenden Beispielen auch.

$$\langle \sigma_z(AB) \rangle = Spur\,\rho \cdot \sigma_z(AB) = Spur \frac{1}{2} \begin{pmatrix} 0 & 0 & 0 & 0 \\ 0 & 1 & -1 & 0 \\ 0 & -1 & 1 & 0 \\ 0 & 0 & 0 & 0 \end{pmatrix} \cdot \begin{pmatrix} 1 & 0 & 0 & 0 \\ 0 & -1 & 0 & 0 \\ 0 & 0 & -1 & 0 \\ 0 & 0 & 0 & 1 \end{pmatrix}$$
$$= Spur \frac{1}{2} \begin{pmatrix} 0 & 0 & 0 & 0 \\ 0 & -1 & 1 & 0 \\ 0 & 1 & -1 & 0 \\ 0 & 0 & 0 & 0 \end{pmatrix} = -1$$

Die Erklärung dieses Messergebnisses ist dieselbe wie beim Zustand $|\Psi^+\rangle$: Die Spins werden auch hier immer entgegengesetzt gemessen.

Beispiel 5

Für den dritten Bell-Zustand

$$|\Phi^+\rangle = \frac{1}{\sqrt{2}} |00\rangle + \frac{1}{\sqrt{2}} |11\rangle = \frac{1}{\sqrt{2}} \begin{pmatrix} 1 \\ 0 \\ 0 \\ 1 \end{pmatrix} \tag{27.50}$$

ergibt sich die Dichtematrix zu

$$\rho = |\Phi^+\rangle\langle\Phi^+| = \frac{1}{2} (1\ 0\ 0\ 1) \otimes \begin{pmatrix} 1 \\ 0 \\ 0 \\ 1 \end{pmatrix} = \frac{1}{2} \begin{pmatrix} 1 & 0 & 0 & 1 \\ 0 & 0 & 0 & 0 \\ 0 & 0 & 0 & 0 \\ 1 & 0 & 0 & 1 \end{pmatrix} \tag{27.51}$$

Wieder ist die Spur dieser Matrix 1, wie in allen vorhergehenden Beispielen.

$$\langle \sigma_z(AB) \rangle = Spur\,\rho \cdot \sigma_z(AB) = Spur \frac{1}{2} \begin{pmatrix} 1 & 0 & 0 & 1 \\ 0 & 0 & 0 & 0 \\ 0 & 0 & 0 & 0 \\ 1 & 0 & 0 & 1 \end{pmatrix} \cdot \begin{pmatrix} 1 & 0 & 0 & 0 \\ 0 & -1 & 0 & 0 \\ 0 & 0 & -1 & 0 \\ 0 & 0 & 0 & 1 \end{pmatrix}$$
$$= Spur \frac{1}{2} \begin{pmatrix} 1 & 0 & 0 & 1 \\ 0 & 0 & 0 & 0 \\ 0 & 0 & 0 & 0 \\ 1 & 0 & 0 & 1 \end{pmatrix} = 1$$

Das Ergebnis 1 sagt uns hier, dass wir immer Spins in derselben Richtung messen werden. Auch hier kann man das direkt an den Basisvektoren $|11\rangle$ und $|00\rangle$ erkennen.

Beispiel 6

Für den vierten Bell-Zustand setzen wir gemäß 17.3 bzw. 17.3:

$$\left|\Phi^-\right\rangle = \frac{1}{\sqrt{2}}\,|00\rangle - \frac{1}{\sqrt{2}}\,|11\rangle \tag{27.52}$$

Damit ergibt sich die Dichtematrix zu:

$$\rho = \left|\Phi^-\right\rangle\left\langle\Phi^-\right| = \frac{1}{2}\begin{pmatrix}1 & 0 & 0 & -1\end{pmatrix} \otimes \begin{pmatrix}1\\0\\0\\-1\end{pmatrix} = \frac{1}{2}\begin{pmatrix}1 & 0 & 0 & -1\\0 & 0 & 0 & 0\\0 & 0 & 0 & 0\\-1 & 0 & 0 & 1\end{pmatrix} \tag{27.53}$$

Wieder ist die Spur dieser Matrix 1, wie in allen vorhergehenden Beispielen.

$$\begin{aligned}\langle\sigma_z(AB)\rangle = Spur\,\rho\cdot\sigma_z(AB) &= Spur\frac{1}{2}\begin{pmatrix}1 & 0 & 0 & -1\\0 & 0 & 0 & 0\\0 & 0 & 0 & 0\\-1 & 0 & 0 & 1\end{pmatrix}\cdot\begin{pmatrix}1 & 0 & 0 & 0\\0 & -1 & 0 & 0\\0 & 0 & -1 & 0\\0 & 0 & 0 & 1\end{pmatrix}\\ &= Spur\frac{1}{2}\begin{pmatrix}1 & 0 & 0 & -1\\0 & 0 & 0 & 0\\0 & 0 & 0 & 0\\-1 & 0 & 0 & 1\end{pmatrix} = 1\end{aligned}$$

Auch hier ist das Ergebnis wieder 1, was bedeutet, dass wir immer Spins in derselben Richtung messen werden, was wieder direkt an den Basisvektoren $|11\rangle$ und $|00\rangle$ zu erkennen ist.

Abschließend die Zusammenstellung der vier betrachteten Bell-Zustände (vgl. Abschn. 17.3). Sie sind bei der Quantenteleportation von Bedeutung (vgl. Abschn. 18.2):

$$\left|\Psi^+\right\rangle = \frac{1}{\sqrt{2}}\,|01\rangle + \frac{1}{\sqrt{2}}\,|10\rangle \tag{27.54}$$

$$\left|\Psi^-\right\rangle = \frac{1}{\sqrt{2}}\,|01\rangle - \frac{1}{\sqrt{2}}\,|10\rangle \tag{27.55}$$

$$\left|\Phi^+\right\rangle = \frac{1}{\sqrt{2}}\,|00\rangle + \frac{1}{\sqrt{2}}\,|11\rangle \tag{27.56}$$

$$\left|\Phi^-\right\rangle = \frac{1}{\sqrt{2}}\,|00\rangle - \frac{1}{\sqrt{2}}\,|11\rangle \tag{27.57}$$

Dazu eine kurze Zwischenfrage:

Könnten Sie noch erklären, woran man erkennt, dass es sich bei den oben angegebenen Zuständen um vollständig bzw. maximal verschränkte Zustände handelt? Wenn nicht, lesen Sie nochmals die Abschn. 14.2 und 17.3 sorgfältig durch.

Zeitliche Entwicklung von Quantenzuständen

28

Zusammenfassung

Die Begriffe Quantenmechanik bzw. Quantentheorie können zur irreführenden Vorstellung führen, dass alle Prozesse in der Natur quantisiert seien und die Vorgänge in einer Folge von sehr vielen, sehr kleinen diskreten Schritten abliefen. Tatsächlich aber sind nur die Zustände, wie z. B. die Energiewerte, unter bestimmten Bedingungen quantisiert. Die zeitliche Entwicklung der Wellenfunktion eines freien Systems erfolgt hingegen kontinuierlich in Raum und Zeit, und sie lässt sich auf unterschiedliche Weise beschreiben.

28.1 Veränderungsoperator

Angenommen, ein Quantenobjekt befindet sich zur Zeit $t = 0$ im Zustand $|\Psi(0)\rangle$. Dann stellt sich die Frage, wie und wodurch ein Quantenobjekt seinen Zustand verändern kann. Ohne Einwirkung von außen wird das System in seinem ursprünglichen Zustand bleiben. Ähnlich ist das auch in der klassischen Mechanik, aufgrund des Trägheitsgesetzes: *Ein Körper verharrt in seinem Bewegungszustand, solange keine Kraft auf ihn wirkt.* Erst eine Kraftwirkung kann seinen Zustand verändern.

Bei einem Quantenobjekt ist das grundsätzlich nicht anders, eine Änderung seines Zustands entspricht einer Änderung seiner Energie.

Allgemein kann man die Änderung eines Quantenzustands durch einen Operator $\mathbf{U}(t)$ beschreiben, der den Zustand $\Psi(0)$ in den Zustand $\Psi(t)$ überführt:

$$\Psi(t) = \mathbf{U}(t)\Psi(0) \tag{28.1}$$

In einem sehr kurzen Zeitraum wird sich der Zustand nur geringfügig ändern, d. h., $\mathbf{U}(t)$ darf sich nur geringfügig vom Identitätsoperator $\mathbf{I}$ unterscheiden. Eine naheliegende Möglichkeit, dies für eine sehr kurzen Zeitraum ($t = \varepsilon$) zu beschreiben, finden wir im folgenden Ansatz:

H. M. Rubin, *Vom Doppelspalt zum Quantencomputer*, https://doi.org/10.1007/978-3-662-71207-8_28

$$\mathbf{U}(\varepsilon) = \mathbf{I} - \frac{i}{\hbar}\varepsilon\mathbf{H} \tag{28.2}$$

Die Normierung mit $\hbar$ ist einerseits aus Gründen der Einheit erforderlich und andererseits aus Gründen der Größenordnung. Wie wir gleich sehen werden, führt dieser Ansatz auch sofort zur zeitabhängigen Schrödinger-Gleichung.

Wenden wir diesen Operator auf einen Zustand $|\Psi(0)\rangle$ an, erhalten wir:

$$|\Psi(\varepsilon)\rangle = \mathbf{I}\,|\Psi(0)\rangle - \frac{i}{\hbar}\varepsilon\mathbf{H}\,|\Psi(0)\rangle \tag{28.3}$$

Dies lässt sich in einen Differenzenquotienten umformen:

$$\frac{|\Psi(\varepsilon)\rangle - |\Psi(0)\rangle}{\varepsilon} = -\frac{i}{\hbar}\mathbf{H}\,|\Psi(0)\rangle \tag{28.4}$$

Nach beidseitiger Multiplikation mit $i\hbar$ und der Grenzwertbildung $\varepsilon \rightarrow 0$ erhalten wir ein bereits bekanntes Resultat:

$$i\hbar\frac{\partial\,|\Psi\rangle}{\partial t} = \mathbf{H}\,|\Psi\rangle \tag{28.5}$$

Dies ist die zeitabhängige Schrödinger-Gleichung, die beschreibt, wie sich ein Quantenzustand zeitlich entwickelt. Auch an dieser Gleichung sieht man, dass die Veränderung umso schneller verläuft, je größer die Energie ist.

Die zeitunabhängige Schrödinger-Gleichung erlaubt für einen vorgegebenen Hamilton-Operator die Bestimmung der möglichen Energiewerte E_j und deren Eigenfunktionen $|E_j\rangle$.

$$\mathbf{H}\,|E_j\rangle = E_j\,|E_j\rangle \tag{28.6}$$

Wie wir bereits wissen, bilden die Energieeigenfunktionen $|E_j\rangle$ eine vollständige Basis des Zustandsraums (Hilbert-Raum). Jeder Zustand lässt sich deshalb in der Basis der Energieeigenfunktionen darstellen:

$$|\Psi(0)\rangle = \sum_j \alpha_j(0)\,|E_j\rangle, \tag{28.7}$$

wobei sich die Koeffizienten $\alpha_j(0)$ aus den Projektionen von $|\Psi(0)\rangle$ auf die Energieeigenvektoren berechnen lassen:

$$\alpha_j(0) = \langle E_j|\Psi(0)\rangle \tag{28.8}$$

28.2 Lösung der Schrödinger-Gleichung

Die zeitliche Entwicklung $|\Psi(t)\rangle$ lässt sich gemäß den Abschn. 26.4 und 27.3 darstellen als:

$$|\Psi(t)\rangle = \sum_j \alpha_j(t) \left|E_j\right\rangle \tag{28.9}$$

Weil die Energieeigenvektoren sich zeitlich nicht verändern, können sich nur die Koeffizienten $\alpha_j(t)$ mit der Zeit entwickeln. Dies ist analog zu der zeitlichen Veränderung eines Vektors in einem fixen Koordinatensystem, dessen Komponenten sich zeitlich ändern.

Die Aufgabe besteht somit darin, $\alpha_j(t)$ in Abhängigkeit der Anfangswerte $\alpha_j(0)$ zu finden. Diese Lösungen finden wir mithilfe der zeitabhängigen Schrödinger-Gleichung:

$$i\hbar \frac{\partial\,|\Psi(t)\rangle}{\partial t} = \mathbf{H}\,|\Psi(t)\rangle \tag{28.10}$$

Hier setzen wir für $\Psi(t)$ die Entwicklung nach den Basisvektoren $\left|E_j\right\rangle$ ein:

$$i\hbar \frac{\partial \sum_j \alpha_j(t) \left|E_j\right\rangle}{\partial t} = \mathbf{H} \sum_j \alpha_j(t) \left|E_j\right\rangle \tag{28.11}$$

Weil die $\left|E_j\right\rangle$ Eigenfunktionen von $\mathbf{H}$ mit den Eigenwerten E_j sind und wir die partielle Ableitung nach t durch $\dot{\alpha}_j$ ersetzen können, erhalten wir:

$$i\hbar \sum_j \dot{\alpha}_j(t) \left|E_j\right\rangle = \sum_j \alpha_j(t) E_j \left|E_j\right\rangle \tag{28.12}$$

Etwas umgestellt folgt:

$$\sum_j \left\{ i\hbar\dot{\alpha}_j(t) - E_j \alpha_j(t) \right\} \left|E_j\right\rangle = 0 \tag{28.13}$$

Weil die Energieeigenvektoren $\left|E_j\right\rangle$ orthogonal zueinander sind, kann der Ausdruck nur dann verschwinden, wenn alle Koeffizienten (geschweifte Klammern) *null* sind, also wenn gilt:

$$i\hbar\dot{\alpha}_j(t) - E_j \alpha_j(t) = 0 \tag{28.14}$$

bzw.

$$\dot{\alpha}_j(t) = -\frac{i}{\hbar} E_j \alpha_j(t) \tag{28.15}$$

Die $\alpha_j(t)$ müssen somit Funktionen sein, deren Ableitung proportional zu den Funktionen selbst sind. Funktionen mit dieser Eigenschaft sind die Exponentialfunktionen. Die Lösung lautet deshalb:

$$\alpha_j(t) = \alpha_j(0) \cdot e^{-\frac{i}{\hbar} \cdot E_j t} \tag{28.16}$$

Die Koeffizienten $\alpha_j(t)$ verändern sich demnach periodisch mit der Kreisfrequenz

$$\omega_j = \frac{E_j}{\hbar} \tag{28.17}$$

Setzen wir $\alpha_j(t)$ in die erste Gleichung dieses Abschnitts ein, erhalten wir die Lösung:

$$|\Psi(t)\rangle = \sum_j \alpha_j(0) \cdot e^{-\frac{i}{\hbar} \cdot E_j t} \left|E_j\right\rangle, \tag{28.18}$$

wobei sich die Koeffizienten wie in Abschn. 26.4 beschrieben berechnen lassen.

Das Ergebnis dieser Betrachtung könnte manchen verwundern. Sagt es uns doch, dass sich der Zustandsvektor zeitlich kontinuierlich und deterministisch verändert. Dies mag erstaunlich wirken. Der quantenmechanische Zufall kommt erst beim Messprozess ins Spiel. Auch wenn der Zustand vollständig bekannt ist, ist das Messergebnis in der Regel völlig zufällig und nicht vorhersehbar. Die Realität, die uns zugänglich ist, ist die Welt der Messwerte (auch Sinneseindrücke sind letztlich Messwerte). Die Welt der Quantenzustände ist uns zwar nicht direkt zugänglich, aber sie verändert sich kontinuierlich und auf vorhersehbare Weise.

28.3 Messwahrscheinlichkeiten und Erwartungswerte

Betrachten wir ein Quantenobjekt in einem zeitlich veränderlichen Quantenzustand $|\Psi(t)\rangle$, können wir diesen in der Basis der Energieeigenvektoren $\left|E_j\right\rangle$ darstellen:

$$|\Psi(t)\rangle = \sum_j \alpha_j(t) \left|E_j\right\rangle = \sum_j \alpha_j(0) \cdot e^{-\frac{i}{\hbar} \cdot E_j t} \left|E_j\right\rangle \tag{28.19}$$

Die Koeffizienten $\alpha_j(0) = \left\langle E_j \middle| \Psi(0)\right\rangle$ berechnen sich als Projektion des Zustandsvektors $|\Psi(0)\rangle$ auf die Eigenvektoren $\left|E_j\right\rangle$ des Hamilton-Operators $\mathbf{H}$.

Die Wahrscheinlichkeit, am Objekt bei einer Energiemessung den Wert E_j zu messen, errechnet sich aus dem Betragsquadrat dieser Koeffizienten:

$$P_{E_j} = \left|\alpha_j(0)\right|^2 = \left|\left\langle E_j \middle| \Psi(0)\right\rangle\right|^2 \tag{28.20}$$

Betrachten wir eine andere Variable L mit den Eigenwerten λ_j und mit den Eigenvektoren $\left|\lambda_j\right\rangle$. Dann lässt sich der Zustand auch nach den Eigenvektoren $\left|\lambda_j\right\rangle$ entwickeln:

$$|\Psi(0)\rangle = \sum_j \alpha_j \, |\lambda_j\rangle \tag{28.21}$$

Die Wahrscheinlichkeit, den Wert λ_j zu messen, beträgt dann (mit Abschn. 26.4):

$$P_{\lambda_j}(t) = \left|\alpha_j(t)\right|^2 = \left|\left\langle \lambda_j | \Psi(t) \right\rangle\right|^2 \tag{28.22}$$

Der Erwartungswert $\langle \mathbf{L} \rangle$ ergibt sich dann zu

$$\langle \mathbf{L} \rangle = \langle \Psi(t) | \, \mathbf{L} \, | \Psi(t) \rangle \tag{28.23}$$

Nun können wir mithilfe der Produktregel der Differenzialrechnung die zeitliche Veränderung dieses Erwartungswerts berechnen.

$$\frac{d}{dt} \langle \mathbf{L} \rangle = \frac{d}{dt} \langle \Psi(t) | \, \mathbf{L} \, | \Psi(t) \rangle = \left\langle \dot{\Psi}(t) \right| \mathbf{L} \, | \Psi(t) \rangle + \langle \Psi(t) | \, \mathbf{L} \left| \dot{\Psi}(t) \right\rangle \tag{28.24}$$

Benutzen wir für die zeitlichen Ableitungen $\left| \dot{\Psi}(t) \right\rangle$ die zeitabhängige Schrödinger-Gleichung, dann erhalten wir

$$\frac{d}{dt} \langle \mathbf{L} \rangle = \left\langle \dot{\Psi}(t) \right| \mathbf{L} \, | \Psi(t) \rangle + \langle \Psi(t) | \, \mathbf{L} \left| \dot{\Psi}(t) \right\rangle = \frac{i}{\hbar} \langle \Psi(t) | \, \mathbf{HL} \, | \Psi(t) \rangle - \frac{i}{\hbar} \langle \Psi(t) | \, \mathbf{LH} \, | \Psi(t) \rangle \tag{28.25}$$

Wegen der Linearität der beiden Operatoren **H** und **L** lässt sich das etwas verkürzt schreiben:

$$\frac{d}{dt} \langle \mathbf{L} \rangle = \frac{i}{\hbar} \langle \Psi(t) | \, [\mathbf{HL} - \mathbf{LH}] \, | \Psi(t) \rangle \tag{28.26}$$

Die Kombination $[\mathbf{HL} - \mathbf{LH}]$ der beiden Operatoren nennt man einen **Kommutator** und benutzt dafür die folgende Schreibweise:

$$[\mathbf{HL} - \mathbf{LH}] = [\mathbf{H},\mathbf{L}] \tag{28.27}$$

Damit erhalten wir schließlich

$$\frac{d}{dt} \langle \mathbf{L} \rangle = \frac{i}{\hbar} \langle [\mathbf{H},\mathbf{L}] \rangle \tag{28.28}$$

Hier zeigt sich eine interessante mathematische Struktur. Der Kommutator $[\mathbf{H},\mathbf{L}] = -[\mathbf{L},\mathbf{H}]$ ähnelt auffallend den **Poisson-Klammern**, die aus der klassischen Mechanik folgen.

Diesen Zusammenhang und die physikalische Bedeutung wollen wir uns im nächsten Abschnitt näher anschauen.

28.4 Kommutatoren und Poisson-Klammern

Die Hamilton-Funktion H der klassischen Mechanik ähnelt dem Hamilton-Operator in der Quantenmechanik:

$$H = T + V = \frac{p^2}{2m} + V \tag{28.29}$$

Die Bewegungsgleichungen eines mechanischen Systems lassen sich u. a. mithilfe der hamiltonschen Gleichungen aufstellen:

$$\dot{q}_i = \frac{\partial H}{\partial p_i} = v_i \tag{28.30}$$

$$\dot{p}_i = -\frac{\partial H}{\partial q_i} = F_i \tag{28.31}$$

Nun gibt es Größen in der Mechanik, die (wie die kinetische Energie T) nur von den Geschwindigkeiten $\dot{q}_i$ bzw. Impulsen p_i abhängen, sowie die potenzielle Energie V, die nur von den Ortskoordinaten q_i abhängt, oder z. B. den Drehimpuls, der sowohl von den q_i und $\dot{q}_i$ bzw. p_i abhängt. Weitere Größen sind denkbar, die ebenfalls von den Koordinaten q_i und p_i abhängen. Betrachten wir also eine beliebige Größe $L(q_i, p_i)$ dieser Art und betrachten ihre zeitliche Ableitung:

$$\frac{dL}{dt} = \dot{L} = \frac{\partial L}{\partial q_i} \cdot \frac{dq_i}{dt} + \frac{\partial L}{\partial p_i} \cdot \frac{dp_i}{dt} = \frac{\partial L}{\partial q_i} \cdot \dot{q} + \frac{\partial L}{\partial p_i} \cdot \dot{p} \tag{28.32}$$

Setzen wir hier die o. g. hamiltonschen Gleichungen für $\dot{q}$ und $\dot{p}$ ein, dann erhalten wir

$$\frac{dL}{dt} = \frac{\partial L}{\partial q_i} \cdot \frac{\partial H}{\partial p_i} - \frac{\partial L}{\partial p_i} \cdot \frac{\partial H}{\partial q_i} \tag{28.33}$$

Kürzen wir die rechte Seite dieser Gleichung durch die **Poisson-Klammer** $\{L, H\}$ ab, dann erhalten wir für die zeitliche Änderung der Größe L:

$$\dot{L} = \{L, H\} \tag{28.34}$$

Insbesondere sehen wir, dass die Größe L zeitlich unverändert bleibt, falls die Poisson-Klammer $\dot{L} = \{L, H\} = 0$ ist. Dabei gilt das für H selbst:

$$\frac{dH}{dt} = \frac{\partial H}{\partial q_i} \cdot \frac{\partial H}{\partial p_i} - \frac{\partial H}{\partial p_i} \cdot \frac{\partial H}{\partial q_i} = 0 \tag{28.35}$$

Daraus folgt, dass die Energie eine Erhaltungsgröße ist, sofern H nicht explizit von der Zeit t abhängt.

Vergleichen wir die Poisson-Klammer oben mit der zeitlichen Änderung des Erwartungswerts der Observable **L** im letzten Abschnitt, erkennen wir eine Ähnlichkeit in der Struktur:

$$\frac{d}{dt}\langle \mathbf{L}\rangle = -\frac{i}{\hbar}\langle [\mathbf{L},\mathbf{H}]\rangle \tag{28.36}$$

Dem quantenmechanischen Kommutator [**L**,**H**] entspricht also die Poisson-Klammer $\{L, H\}$ multipliziert mit $i\hbar$:

$$[\mathbf{L},\mathbf{H}] \Longleftrightarrow i\hbar\{L, H\} \tag{28.37}$$

Dieses Ergebnis zeigt, dass sich die quantenmechanischen Erwartungswerte wie die klassischen, makroskopischen Werte verhalten. Makroskopisch beobachtet man keinen Unterschied zwischen LH und HL. Dies ist auf die Kleinheit von $\hbar$ zurückzuführen.

28.5 Spin 1/2 im Magnetfeld

Eine Kompassnadel richtet sich in einem Magnetfeld in eindeutiger Weise aus. Der Nordpol der Magnetnadel zeigt gegen den Südpol des Magneten und, umgekehrt, der Südpol der Nadel gegen den Nordpol des Magneten. Der magnetische Nordpol der Magnetnadel heißt so, weil er sich in Richtung des geografischen Nordpols ausrichtet. Am geografischen Nordpol befindet sich demnach ein magnetischer Südpol (und umgekehrt).

Lenkt man die Magnetnadel aus dieser energetisch tiefstmöglichen Lage aus, ist Energie (bzw. Arbeit) erforderlich. Dreht man die Nadel um 180° gegen die Ruhelage, hat die Magnetnadel ihre höchste potenzielle Energie erreicht. Die potenzielle Energie der Magnetnadel hängt somit vom magnetischen Moment $\vec{\mu}$, von der Stärke des magnetischen Feldes $\vec{B}$ sowie vom Drehwinkel α aus der Ruhelage ab und kann mit folgender Formel beschrieben werden:

$$E_{pot} = -\vec{\mu}\cdot\vec{B} \tag{28.38}$$

Betrachten wir hingegen ein Elektron oder ein anderes Spin-$\frac{1}{2}$-Objekt, können wir bei einer Messung der Ausrichtung zwei Zustände feststellen: $|u\rangle$ und $|d\rangle$ (→ Stern-Gerlach-Experiment, Abschn. 13.2).

Quantenmechanisch wird die Energie des Spin-$\frac{1}{2}$-Objekts im Magnetfeld durch den Hamilton-Operator (Energieoperator) beschrieben:

$$\mathbf{H} = \frac{\hbar\omega}{2}\sigma_z \tag{28.39}$$

Hier wird angenommen, dass das Magnetfeld in z-Richtung liegt. Die anderen Parameter (wie q, m und B) sind in der **Larmor-Frequenz** ω enthalten.

Mithilfe der im letzten Abschnitt vorgestellten Kommutatoren können wir jetzt die zeitlichen Veränderungen der Erwartungswerte der Spinkomponenten berechnen:

Dazu müssen wir den o. g. Hamilton-Operator $\mathbf{H} = \frac{\hbar\omega}{2}\sigma_z$ mit den drei Operatoren des Spins in den drei Raumrichtungen x, y und z verwenden.

$$\sigma_z = \begin{pmatrix} 1 & 0 \\ 0 & -1 \end{pmatrix}, \quad \sigma_x = \begin{pmatrix} 0 & 1 \\ 1 & 0 \end{pmatrix} \quad \text{und} \quad \sigma_y = \begin{pmatrix} 0 & -i \\ i & 0 \end{pmatrix} \tag{28.40}$$

Das Ergebnis ist das folgende (rechnen Sie es selber nach):

$$\langle \dot{\sigma_x} \rangle = -\frac{i}{\hbar}\langle [\sigma_x, \mathbf{H}] \rangle = -\frac{i\omega}{2}\langle [\sigma_x, \sigma_z] \rangle = -\omega \langle \sigma_y \rangle \tag{28.41}$$

$$\langle \dot{\sigma_y} \rangle = -\frac{i}{\hbar}\langle [\sigma_y, \mathbf{H}] \rangle = -\frac{i\omega}{2}\langle [\sigma_y, \sigma_z] \rangle = \omega \langle \sigma_x \rangle \tag{28.42}$$

$$\langle \dot{\sigma_z} \rangle = -\frac{i}{\hbar}\langle [\sigma_z, \mathbf{H}] \rangle = -\frac{i\omega}{2}\langle [\sigma_z, \sigma_z] \rangle = 0 \tag{28.43}$$

Diese Gleichungen entsprechen denjenigen eines rotierenden, elektrisch geladenen Kreisels (Rotor) in einem magnetischen Feld. Sie beschreiben die Präzession des Rotors im Magnetfeld. Der Erwartungswert des Spins eines Quantenobjekts (Elektron, Proton) verhält sich also genau gleich wie der klassische Rotor. Dasselbe Verhalten zeigt ein Kreisel im Schwerefeld der Erde ($\longrightarrow$ Experiment mit Fahrradrad). Die folgende Abbildung veranschaulicht diesen Sachverhalt (Abb. 28.1).

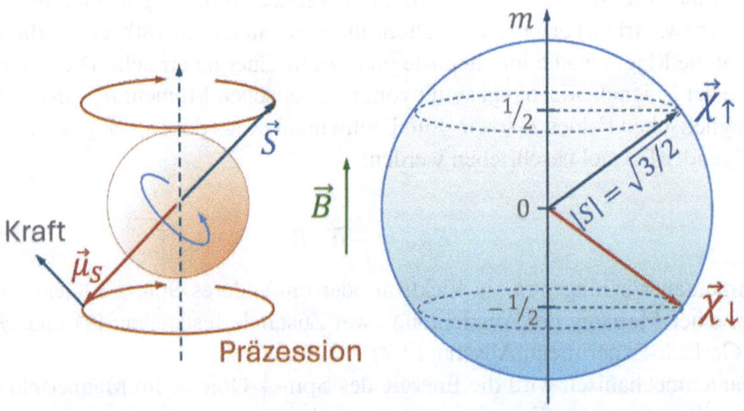

Abb. 28.1 Präzession eines Kreisels bei Einwirkung eines äußeren Drehmoments

Ergänzungen zur Schrödinger-Gleichung

29

Zusammenfassung

Die Schrödinger-Gleichung beschreibt die zeitliche Entwicklung der von de Broglie postulierten Phasenwellen der Materie. In ihrer Form gleicht sie jedoch eher der klassischen Diffusionsgleichung. Die Anwendung dieser Gleichung auf ein Teilchen im Kastenpotenzial mit endlicher Höhe ergibt einen wichtigen Effekt, der heute viele Anwendungen hat: Der Tunneleffekt.

29.1 Bedeutung der Schrödinger-Gleichung

Hier wollen wir die Bedeutung der einzelnen Terme dieser Gleichung genauer analysieren:

$$i\hbar \cdot \frac{\partial \psi}{\partial t} = \left(-\frac{\hbar^2}{2m} \cdot \frac{\partial^2}{\partial x^2} + V \right) \cdot \psi = E \cdot \psi \tag{29.1}$$

- Die Funktion ψ beschreibt den Zustand eines Systems, deshalb wird sie auch Zustandsfunktion genannt. Sie ist i. Allg. komplexwertig.
- Die zeitliche Änderung $\frac{\partial \psi}{\partial t}$ ist proportional zur Gesamtenergie E des Systems. Das korrespondiert mit der planckschen Gleichung $E = hf$ für Photonen, deren Energie ebenfalls proportional zur Frequenz (zeitliche Änderung) ist.
- Die Gleichung enthält einen zeitunabhängigen Anteil (rechte Seite), der zeitunabhängige, d. h. stationäre Zustände beschreibt.
- Die zeitunabhängige Gleichung stellt eine Eigenwertgleichung dar. Der physikalischen Größe Energie entspricht der Klammerterm

$$\hat{H} = \left(-\frac{\hbar^2}{2m} \cdot \frac{\partial^2}{\partial x^2} + V \right) \tag{29.2}$$

H. M. Rubin, *Vom Doppelspalt zum Quantencomputer*,
https://doi.org/10.1007/978-3-662-71207-8_29

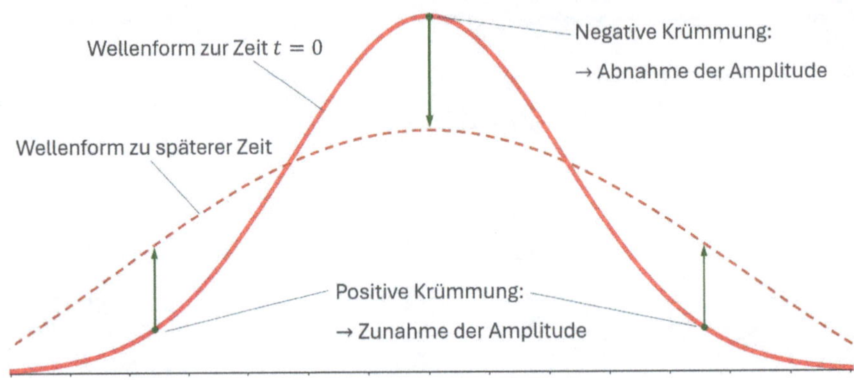

Abb. 29.1 Die Schrödinger-Gleichung beschreibt einen Diffusionsprozess

Er wird Hamilton-Operator genannt, in Anlehnung an die Hamilton-Funktion $H = T + V$ aus der klassischen Mechanik. Damit schreibt sich die stationäre Schrödinger-Gleichung verkürzt

$$\hat{H}\,\psi = E\psi \tag{29.3}$$

Für ein ungebundenes, freies Teilchen ist $V = 0$. Das bedeutet, dass dann keine Kräfte von außen auf das Teilchen einwirken.

- Betrachten wir den zeitabhängigen Teil ohne Potenzial ($V = 0$) und stellen die Gleichung etwas um:

$$\frac{\partial \psi}{\partial t} = \frac{i\hbar}{2m} \cdot \frac{\partial^2 \psi}{\partial x^2} \tag{29.4}$$

In dieser Form entspricht die Gleichung der aus der klassischen Physik bekannten Diffusionsgleichung. Was das bedeutet, zeigt die Abb. 29.1:

29.2 Teilchen im Kastenpotenzial

Bei der Einführung der Materiewellen hatten wir bereits ein Teilchen in einem Potenzialtopf behandelt (Abschn. 10.1). Damals allerdings mit der zwar plausiblen, aber unbewiesenen Annahme, dass die Materiewellen stehende Wellen im Potenzialtopf bilden müssen.

Nun wollen wir dasselbe Problem mithilfe der Schrödinger-Gleichung durchrechnen. Innerhalb des Kastens soll das Potenzial $V = 0$ sein. Das bedeutet, dass innerhalb dieses Kastens keine Kräfte auf das Teilchen wirken. Außerhalb des Kastens ist das Potenzial unendlich groß. Das bedeutet, dass das Teilchen eine unendlich große Energie besitzen müsste, um in diesen Bereich zu gelangen. Das Teilchen ist also tatsächlich in dem Kasten vollständig eingesperrt.

Für $V = 0$ vereinfacht sich die Schrödinger-Gleichung zu

$$-\frac{\hbar^2}{2m} \cdot \frac{\partial^2}{\partial x^2}\psi = E \cdot \psi \tag{29.5}$$

Wir kennen bereits Funktionen, die zweimal abgeleitet proportional zur negativen Funktion selbst sind. Das sind die Sinus- und Cosinus-Funktionen. Als allgemeine Lösung innerhalb des Kastens ist deshalb

$$\psi(x) = A \cdot \sin(k \cdot x) + B \cdot \cos(k \cdot x) \tag{29.6}$$

zu setzen.

Da die Wellenfunktion stetig ist, d. h. keine Sprünge machen soll, müssen an den Rändern des Kastens, also für $x = 0$ und $x = L$ die folgenden Bedingungen gelten:

$$\psi(0) = A \cdot \sin(k \cdot 0) + B \cdot \cos(k \cdot 0) = 0 \tag{29.7}$$

und

$$\psi(L) = A \cdot \sin(k \cdot L) + B \cdot \cos(k \cdot L) = 0 \tag{29.8}$$

Aus der ersten Bedingung schließen wir, dass der Koeffizient $B = 0$ sein muss, weil $\cos(0) = 1$ ist. Bleibt also nur noch $\psi(x) = A \cdot \sin(k \cdot x)$ übrig. Da dieser Term für $x = L$ ebenfalls *null* sein muss, folgt: $k \cdot L = n \cdot \pi$ und damit

$$\psi(x) = A \cdot \sin\left(\frac{n \cdot \pi}{L} \cdot x\right) \tag{29.9}$$

Nun muss noch die Amplitude A bestimmt werden. Dazu beachten wir, dass das Betragsquadrat der Wellenfunktion in der Quantenmechanik als Wahrscheinlichkeitsdichte für die Messwahrscheinlichkeit eines Quantenobjekts interpretiert wird. Das bedeutet, dass die Wahrscheinlichkeit, das Objekt im Intervall $x, x + \Delta x$ zu messen, durch

$$\int_x^{x+\Delta x} \psi^* \psi dx = p(x) \tag{29.10}$$

gegeben ist.

Weil das *Teilchen* im Kastenpotenzial eingesperrt ist, muss es mit Sicherheit irgendwo im Kasten gemessen werden können. Die Wahrscheinlichkeit, das Teilchen innerhalb des Kastens zu messen, muss deshalb 1 sein. Daraus ergibt sich die **Normierungsbedingung** für die Wellenfunktion:

$$\int_0^L \psi^* \psi dx = 1 \tag{29.11}$$

Damit können wir die Amplitude der Wellenfunktion berechnen. Dazu müssen wir das folgende Integral in Abhängigkeit von A berechnen:

$$A^2 \int_0^L \sin^2\left(\frac{n \cdot \pi}{L} \cdot x\right) dx = 1 \tag{29.12}$$

Mithilfe des Additionstheorems $\cos 2\alpha = 1 - 2\sin^2\alpha$ lässt sich das Integral berechnen und die Konstante A bestimmen.

$$\begin{aligned} A^2 \int_0^L \sin^2\left(\frac{n \cdot \pi}{L} \cdot x\right) dx &= A^2 \frac{1}{2} \int_0^L \left(1 - \cos \frac{2n \cdot \pi}{L} \cdot x\right) dx \\ &= \frac{A^2}{2} \cdot \left[x - \frac{L}{2n\pi} \sin\left(\frac{n \cdot \pi}{L} \cdot x\right)\right]_0^L = 1 \end{aligned}$$

Da $\sin\left(\frac{n \cdot \pi}{L} \cdot x\right)$ sowohl für $x = L$ als auch für $x = 0$ null ist, bleibt nur $\frac{A^2}{2} \cdot L$ übrig. Damit ergibt sich

$$A = \sqrt{\frac{2}{L}} \tag{29.13}$$

Damit haben wir die Wellenfunktion für ein Quantenobjekt im Potenzialtopf mit unendlich hohen Wänden gefunden. Nun können wir mithilfe der Schrödinger-Gleichung die **Energiewerte** bestimmen.

Dazu setzen wir die gefundene Wellenfunktion

$$\psi(x) = \sqrt{\frac{2}{L}} \cdot \sin\left(\frac{n \cdot \pi}{L} \cdot x\right) \tag{29.14}$$

in die zeitunabhängige Schrödinger-Gleichung ein

$$-\frac{\hbar^2}{2m} \cdot \frac{\partial^2}{\partial x^2} \psi = E_n \cdot \psi \tag{29.15}$$

und bestimmen daraus die Energieeigenwerte E_n.

$$\frac{\hbar^2}{2m} \cdot \frac{n^2 \cdot \pi^2}{L^2} \psi = E_n \cdot \psi \tag{29.16}$$

$$E_n = \frac{\hbar^2}{2m} \cdot \frac{n^2 \cdot \pi^2}{L^2} = \frac{h^2 \cdot n^2}{8 \cdot m \cdot L^2} \tag{29.17}$$

Das ist exakt dasselbe Resultat, das wir auch im Abschn. 10.1 mit einer vereinfachten Betrachtung gefunden hatten.

29.3 Der Tunneleffekt

Die Analyse des Potenzialtopfs mithilfe der Schrödinger-Gleichung hat uns zum selben Ergebnis geführt wie unsere vereinfachten Betrachtungen des Potenzialtopfmodells im Abschn. 10.1. Was bringt uns nun die deutlich aufwendigere Analyse mithilfe der Schrödinger-Gleichung für Vorteile?

Betrachten wir dazu eine Potenzialbarriere mit **endlich** hohen Wänden, wie in der Abbildung unten gezeigt (Abb. 29.2)

Im Bereich $E < V$ ist in der Schrödinger-Gleichung der Potenzialterm V zu berücksichtigen.

$$-\frac{\hbar^2}{2m} \cdot \frac{\partial^2}{\partial x^2}\psi + V\psi = E \cdot \psi \tag{29.18}$$

Als Lösungen dieser Gleichung ergeben sich Exponentialfunktionen (blaue Linie im Potenzialwall). Die Wellenfunktion wird somit sowohl im Potenzialbereich $E < V$ als auch hinter dem Potenzialwall nicht *null*! Dies gilt auch dann, wenn sich das Quantenobjekt in einem Energiezustand $E_n < V$ befindet.

Dies ist ein Verhalten, das wir in der makroskopischen Welt nie beobachten. Auch ein vollständig elastischer Ball kann niemals eine Mauer überwinden, wenn seine Energie nicht dazu ausreicht, die erforderliche potenzielle Energie zu erreichen. In der Quantenwelt ist dies aber durchaus möglich.

Die blaue Kurve im Bereich $E < V$ (in obiger Abbildung) sieht wie eine abklingende e-Funktion aus. Ob dieser Anschein zutrifft, lässt sich leicht nachprüfen:

Durch Einsetzen in die Schrödinger-Gleichung und anschließendem zweifachen Ableiten nach x sehen wir, dass eine Funktion der Form

$$\psi(x) = \gamma \cdot e^{-\frac{x}{d}} \tag{29.19}$$

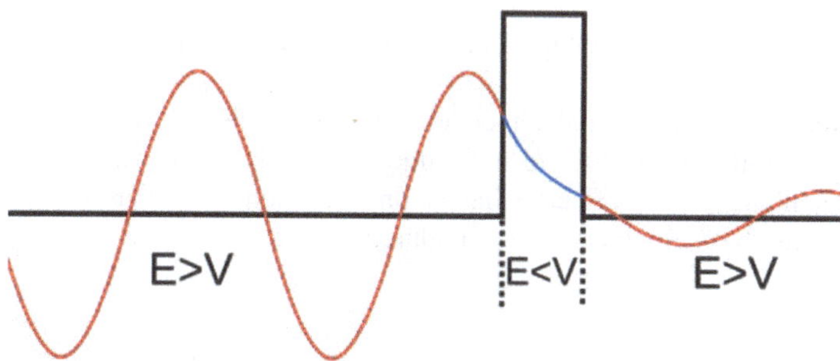

Abb. 29.2 Tunneleffekt bei endlich hoher Potenzialwand

tatsächlich eine Lösung der obigen Schrödinger-Gleichung ist.

$$-\frac{\hbar^2}{2m} \cdot \frac{1}{d^2}\psi + V\psi = E \cdot \psi \tag{29.20}$$

Nach Wegkürzen von ψ bleibt

$$-\frac{\hbar^2}{2m} \cdot \frac{1}{d^2} = E - V < 0 \tag{29.21}$$

Daraus bestimmen wir den Parameter d zu:

$$d = \frac{\hbar}{\sqrt{2m(V-E)}} \tag{29.22}$$

Die Wellenfunktion kann somit die Potenzialwand teilweise durchdringen. Im nächsten Abschnitt betrachten wir einige Anwendungen dieses Tunneleffekts.

29.4 Anwendungen des Tunneleffekts

Der Tunneleffekt hat viele Anwendungen in unserem Alltag.

Rastertunnelmikroskop

(https://de.wikipedia.org/wiki/Rastertunnelmikroskop)

Die STM-Spitze (Scanning Tunneling Microscope) wird so über die Oberfläche geführt, dass der Tunnelstrom konstant bleibt. Dadurch kann die Oberfläche atomgenau abgetastet werden. Alternativ kann die Position der Spitze konstant gehalten werden und die Unebenheiten können aus der Änderung des Tunnelstroms berechnet werden.

Alpha-Zerfall

(Radioaktivität) (https://de.wikipedia.org/wiki/Alphastrahlung)

Das Kernbindungspotenzial ähnelt einem Kastenpotenzial mit endlich hohen Wänden, das mit dem abstoßenden Coulomb-Potenzial ausläuft. Auch wenn die α-Teilchen nicht genügend Energie haben, um die Potenzialbarriere zu überwinden, können sie durch die Potenzialmauer hindurchtunneln.

Flashspeicher

(https://de.wikipedia.org/wiki/Flash-Speicher)

Bei einem Flash-EEPROM-Speicher werden Informationen (Bits) in einer Speicherzelle in Form von elektrischen Ladungen auf einem sogenannten Floatinggate gespeichert. Wie bei normalen MISFETs (Metal Isolator Solid State Field Effect Transistor), beeinflussen die Ladungen auf dem Gate die Ladungsträger im darunter liegenden Gebiet zwischen Source- und Drainkontakt (dem sogenannten Kanal), wodurch die elektrische Leitfähigkeit des Feldeffekttransistors beeinflusst wird und somit eine dauerhafte Informationsspeicherung ermöglicht.

Weitere wichtige Anwendungen ohne Kommentar:

Tunneldiode (https://de.wikipedia.org/wiki/Tunneldiode): SQUIDS (https://de.wikipedia.org/wiki/SQUID):

Schlussgedanken 30

Zusammenfassung

Die Quantenmechanik erlaubt die Beschreibung atomarer Vorgänge, die die klassische Physik nicht zu leisten vermag. Daraus erkennen wir, dass die mikroskopische Welt nicht einfach als eine Verkleinerung der uns erfassbaren Erfahrungswelt angesehen werden darf. Wie aber ist denn unsere erfassbare Wirklichkeit aufzufassen, und in welchem Verhältnis steht sie zu der winzig kleinen Quantenwelt? Welche Rolle spielt der Mensch in diesem Gefüge? Die Quantenphysik berührt alte philosophische Fragen und führt darüber hinaus zu ganz neuen Fragestellungen. Es lohnt sich also, sich abschließend einige Gedanken darüber zu machen.

Die Quantentheorie besticht zunächst durch ihren raffinierten mathematischen Apparat, deren Vorhersagen sich im Experiment bestens bewähren. Die berechneten Erwartungswerte stimmen mit den makroskopischen Eigenschaften der Materie sehr gut überein. Deshalb ist die Theorie an sich unbestritten.

Die in der Quantenphysik entwickelten Konzepte sind aber Konstrukte des menschlichen Geistes über Bereiche der Natur, die unserer Erfahrung nicht zugänglich sind. Deshalb wird die Frage, welche tiefere Bedeutung hinter diesen Konzepten (wie z. B. der Wellenfunktion) steht, bis heute kontrovers diskutiert. Eine häufig verbreitete Ansicht besteht darin, dass es sich bei der Quantenmechanik nur um ein nützliches mathematisches Konstrukt handelt, hinter dem aber keine physikalische Realität liegt. Etwa vergleichbar mit den mathematischen Konstrukten der antiken Astronomen, die epizyklische Kreise und Kristallsphären erdachten, um die Planetenbewegung zu beschreiben.

Seit der Entdeckung der Quantenmechanik haben sich die verschiedensten Interpretationsmodelle entwickelt, und eine ausführliche Besprechung dieser Ideen könnte einen weiteren Kurs ausfüllen. Weil so viele Erklärungsversuche existieren, möchte man natürlich gerne wissen, welcher denn der richtige oder zumindest der beste ist. Natürlich gibt es auf diese Frage keine Antwort, denn sonst hätten sich alle bereits auf eine Interpretation geeinigt. Dennoch wollen wir abschließend versuchen,

H. M. Rubin, *Vom Doppelspalt zum Quantencomputer*,
https://doi.org/10.1007/978-3-662-71207-8_30

die Bedeutung der Quantentheorie etwas besser in Beziehung zu setzen zu unserer menschlichen Wirklichkeit und unserem Wahrnehmungsapparat.

Sofern Sie sich beharrlich durch dieses Buch durchgelesen haben, konnten Sie sich vielleicht schon an die merkwürdigen Phänomene der Quantenwelt gewöhnen und vieles, was Ihnen zuvor unglaublich erschien, mittlerweile einigermaßen verinnerlichen. Dennoch lohnt es sich abschließend, die Sache in einen etwas erweiterten Kontext zu stellen. Beginnen wir dazu mit der Frage, weshalb die Quantenmechanik vielen Menschen so skurril erscheint.

Vielleicht sind es die Physiker selbst, die diesen Mythos am Leben erhalten. Aus welchen Gründen auch immer. Vielleicht, um ihre Thematik interessant oder mysteriös erscheinen zu lassen. Vielleicht liegt das aber auch an Fehlinterpretationen der beobachteten Phänomene oder an mangelhaften Konzepten oder einfach daran, dass uns für die Quantenwelt jegliche Erfahrungswerte fehlen.

Der mathematische Formalismus, den wir im VII. Teil dieses Buches kennengelernt haben und der im Wesentlichen auf P. A. M. Dirac zurückgeht, scheint wenig Zweifel an der Gültigkeit der Quantentheorie zu hinterlassen. Dabei soll ihre Gültigkeit in dem Sinne verstanden werden, dass mit dieser Theorie präzise Voraussagen gemacht werden können. Deshalb ist es umso erstaunlicher, zu welchen kontroversen Ansichten sie bis heute geführt hat.

Tatsächlich wurde mit der Quantentheorie eine gänzlich neue Betrachtungsweise der Naturvorgänge in die Geschichte des menschlichen Denkens gebracht. An die Stelle des strikten Determinismus und der genauen Vorherberechenbarkeit und der klaren Bestimmtheit der Vorgänge in der klassischen Mechanik tritt nun ein Element der Unbestimmtheit und des Zufalls. Wie kann das sein? Die klassische Mechanik beschreibt unsere Erfahrungswelt ja äußerst adäquat. In dieser Welt scheint tatsächlich alles berechenbar. So können Planetenkonstellationen über Jahrhunderte zurück und im Voraus berechnet werden. Wie kann es also sein, dass diese kausal und deterministisch scheinende klassische Welt aus Unbestimmtheit und Wahrscheinlichkeiten hervorgehen soll?

Vergessen wir dabei aber nicht, dass wir auch in der klassischen Physik schnell an unsere Grenzen stoßen, wenn es darum geht, Fragen nach dem Wesen der Dinge zu stellen. Weshalb können wir nicht sagen, was Energie wirklich ist? Ebenso wenig können wir sagen, was Raum und Zeit wirklich sind. Selbst die Frage, was Materie eigentlich ist, wird nirgendwo beantwortet. Noch schwieriger wird es, wenn wir uns vergegenwärtigen, wie es um die Grundlagen selbst der klassischen Physik steht. Für die elementarste Eigenschaft der Materie, die Trägheit, gibt es bis heute keine allgemein akzeptierte Erklärung, woher diese kommt. Auch die Ursache der Schwerkraft ist immer noch unbekannt. Dennoch fußt die allgemeine Relativitätstheorie auf der Äquivalenz von Schwere und Trägheit, zwei Begriffen also, von denen wir nicht sagen können, was deren Ursache ist. Ähnlich steht es mit der speziellen Relativitätstheorie. Sie basiert auf der Konstanz der Vakuumlichtgeschwindigkeit. Licht breitet sich im Vakuum immer in allen Richtungen mit derselben Geschwindigkeit aus und dies sogar unabhängig vom Bewegungszustand eines Beobachters selbst. Aber weshalb breitet sich das Licht immer mit derselben Geschwindigkeit aus und warum kann ein materieller Körper diese Geschwindigkeit nicht erreichen? Auch auf diese Frage gibt es bis heute keine wirklich anschaulich überzeugende Antwort.

Auch der Elektrodynamik geht es nicht besser. Was ist eine elektrische Ladung, wie kommt sie zustande? Worin unterscheiden sich positiv und negativ geladene Teilchen genau? Wie kommen die Anziehung und die Abstoßung zwischen elektrisch geladenen Teilchen zustande? So wie die Mechanik, basiert auch die Elektrodynamik auf einem soliden mathematischen Apparat. Wir dürfen uns aber durch diese imposanten Konstrukte nicht täuschen lassen. Auch diese Gleichungen erklären nichts wirklich, sie beschreiben nur. Aus den maxwellschen Gleichungen der Elektrodynamik folgt z. B. die Konstanz der Lichtgeschwindigkeit, und auch ihr Wert kann auf elektrodynamische Konstanten zurückgeführt werden. Aber eine Erklärung, weshalb dem so ist, findet man auch in dieser Theorie nicht.

Hier bildet auch die Quantentheorie keine Ausnahme. Mit der Schrödinger-Gleichung wurde ein halbklassischer Ansatz vorgelegt. Neu muss Materie offenbar durch Wellenfunktionen beschrieben werden. Die Kräfte zwischen den Teilchen hingegen werden immer noch durch die klassischen Potenziale wie dem Coulomb-Potenzial beschrieben. Wie die Kräfte dabei zustande kommen, bleibt ungeklärt. Auch die Diskussionen über die physikalische Bedeutung der Wellenfunktion verlaufen bis heute äußerst kontrovers. Zur Diskussion gestellt sind im Wesentlichen drei Interpretationen: Die sogenannte Kopenhagener Deutung, die De-Broglie-Bohm-Theorie der Führungswellen sowie die Viele-Welten-Interpretation.

Es soll hier aber nicht näher auf die konkreten Aussagen dieser Theorien eingegangen werden, da sie vielen Leserinnen und Lesern sicher mindestens ansatzweise bekannt sein dürften und es zudem bereits eine umfangreiche Literatur dazu gibt. Hervorzuheben hierzu ist vielleicht das Buch von Adam Becker mit dem Titel *What is Real?*, das es auch in deutscher Übersetzung gibt. Mit dem Titel dieses Buches wird eine der elementarsten Fragen der menschlichen Existenz aufgeworfen: Was ist real oder was ist Wirklichkeit?

Bereits mit dem Höhlengleichnis von Platon ist belegt, dass diese Frage die Menschen schon seit der Antike beschäftigt. Diese Frage zieht sich durch die ganze Menschheitsgeschichte hindurch, und bis heute bleibt diese Frage offen. Auch wenn viele Philosophen den Höhepunkt dieser Problematik bei den Aussagen von Kant und Schopenhauer orten, darf nicht außer Acht gelassen werden, dass auch diese keine endgültigen Antworten liefern konnten. Auch sie bleiben letztlich nur bei der Feststellung stehen, dass wir die Dinge an sich nicht erkennen können.

Es ist ein grundsätzliches Problem der Philosophie, dass ihre Lehren in Behauptungen münden und mit einem starken Wahrheitsanspruch verbunden sind, für den es letztlich keine Belege gibt. Dadurch unterscheidet sich die Philosophie von der Literatur, die sicher auch relevante Aussagen enthält, aber diese in Geschichten verpackt. Dadurch wird der Wahrheitsanspruch relativiert. Dieser Konflikt wird sehr schön in dem Buch von Michael Hampe, *Die Lehren der Philosophie* [119], thematisiert. Oft erkennt man bei philosophischen Texten auch nicht, auf welchen Prämissen die Aussagen beruhen und weshalb dieser oder jener Philosoph zu diesen Ansichten gekommen ist.

Mit dem Aufkommen der Naturwissenschaften hat sich diese Situation spürbar verändert. Glaubte man vorher, dass man durch reines Nachdenken zu Erkenntnis gelangen könnte, setzte sich schnell die Überzeugung durch, dass sich Aussagen und Erkenntnisse auf empirische Grundlagen stützen müssen. Aber auch den Naturwissenschaften liegt eine Prämisse zugrunde, nämlich, dass es eine objektive, vom Menschen unabhängige Wirklichkeit gibt. Der Mensch wird dabei als Betrachter dieser Wirklichkeit gesehen und das Ziel der naturwissenschaftlichen Bemühungen scheint darin zu bestehen, die Gesetzmäßigkeiten hinter den Phänomenen aufzudecken. Anschließend ist man leicht versucht zu glauben, dass die Welt von diesen physikalischen Gesetzmäßigkeiten regiert wird oder dass sich die Abläufe in der Natur an diese Gesetze halten.

Dieses Paradigma war äußerst erfolgreich, sodass auch einige Philosophen zu der Ansicht kamen, dass wir die Welt so sehen, wie sie ist. Auch wenn die Quantenmechanik viele Fragen offen lässt, hat sie unseren Denkhorizont enorm beeinflusst, diesen dabei jedoch in eine andere Richtung gelenkt. So kam man zu der Einsicht, dass die Welt im Kleinen nicht einfach ein verkleinertes Abbild von der uns erfahrbaren Welt darstellt und dass Atome nicht einfach verkleinerte Sonnensysteme sind, wie dies im bohrschen Atommodell noch vermutet wurde.

Gemäß der Kopenhagener Deutung, die in den 20er-Jahren des letzten Jahrhunderts vor allem durch Niels Bohr und Werner Heisenberg geprägt wurde, entsteht die Realität erst durch eine Messung. Die uns umgebende Wirklichkeit ist eine Ansammlung von Messwerten. Was vor einer Messung geschieht, ist uns nicht zugänglich und darüber sollten auch keine Aussagen gemacht werden. Hier stellt sich eine zentrale Frage: Können oder sollen wir Vorgängen, die uns grundsätzlich verborgen sind, eine Realität zugestehen? Aus positivistischer Sicht könnte man dies verneinen. Auch die Kopenhagener Deutung wird diesbezüglich oft nicht ganz korrekt wiedergegeben, wie Carl Friedrich von Weizsäcker in seinem Buch *Die Einheit der Natur* [120] betont. Die Kopenhagener Schule macht lediglich keine Aussagen darüber, was unter der Ebene der Messwerte geschieht, und sie lässt diese Frage weitgehend offen.

Anders die De-Broglie-Bohm-Theorie. Diese geht von realen Teilchen aus, die sich tatsächlich auf grundsätzlich bestimmbaren Bahnen bewegen sollen. Dabei wird die Wellenfunktion als Führungswelle aufgefasst, die den Teilchen die möglichen Wege aufzeigt. Interessanterweise führen beide Theorien zu denselben Ergebnissen. Dadurch wird es aber unmöglich, durch experimentelle Befunde die eine Theorie gegenüber der anderen zu favorisieren.

In einer dritten Sichtweise, die 1957 von dem US-amerikanischen Physiker Hugh Everett postuliert wurde, wird das Problem des Zufalls dadurch umgangen, indem man davon ausgeht, dass jeder mögliche Ausgang eines quantenmechanischen Prozesses tatsächlich eintritt, nur nicht in unserer Welt, sondern diese müsste sich bei jedem Prozess in eine Anzahl von weiteren Welten verzweigen, in denen jeweils ein mögliches Ergebnis realisiert wird. So bizarr das anmutet, besitzt diese Theorie erstaunlich viele Anhänger. Auch Adam Becker tendiert in dem zuvor erwähnten Buch *What is Real?* [121] zu dieser Sichtweise. Auch diese Theorie führt zu denselben Ergebnissen wie die beiden vorher beschriebenen, was es wiederum verunmöglicht, entscheiden zu können, ob diese Sichtweise den anderen in irgendeiner Weise überlegen sein könnte.

Jede der genannten Ansichten hat Vor- und Nachteile und deshalb jeweils auch eine entsprechende Schar von glühenden Vertretern mit unterschiedlichen Argumenten. Dennoch lohnt es sich, vertiefter darüber nachzudenken, weshalb uns denn viele Aussagen der Quantentheorie so absurd, bizarr oder gar unglaublich erscheinen. Gemäß der Kopenhagener Deutung liegt eines der Hauptprobleme darin, dass wir quantenmechanische Messergebnisse immer mit klassischen, makroskopischen Apparaturen erfassen und zur Erklärung auch klassische Begriffe verwenden müssen.

Es ist tatsächlich so, dass wir uns dabei gedanklich immer noch im engeren Konzeptrahmen der klassischen Physik bewegen, auch um quantenmechanische Vorgänge zu beschreiben. Dieser Konzeptrahmen scheint aber für die Mikrowelt nicht wirklich gut geeignet zu sein. Dabei sollten wir vielleicht auch nicht vergessen, dass die klassischen Konzepte auch nicht von einem Tag auf den anderen plötzlich da waren. Das kann man sehr schön an der Entwicklung der Elektrizitätslehre beobachten, wie z. B. in den Büchern *Vom Bernstein zum Elektron* oder *Zur Entwicklung von Grundbegriffen der Elektrizitätslehre ... bis 1820* von Jürgen Teichmann [122, 123] nachzulesen ist. Für die uns heute so vertrauten Konzepte von Ladung, Strom und Spannung mussten die damaligen Forscher einen enormen Leidensweg durchgehen, bis die Konzepte die heutige Form und Bedeutung erhielten. Auch die klassischen Konzepte sollten also keineswegs als selbstverständlich und unumstößlich angesehen werden.

Dennoch scheint aber genau dies der Fall zu sein. Die Forschergemeinde zeigt sich sehr unwillig, bestehende und durchaus auch bewährte Konzepte zu hinterfragen. Lieber glaubt man z. B. an die mysteriöse dunkle Materie, als die newtonsche bzw. einsteinsche Gravitationstheorie infrage zu stellen oder zumindest deren Allgemeingültigkeit anzuzweifeln. Selbst dann noch, wenn weit und breit keine Spur dieser Materieform nachzuweisen ist und keine Vorstellung darüber existiert, woraus diese beschaffen ist. Über das fragile Fundament dieser Theorien haben wir bereits gesprochen.

Fassen wir die wissenschaftlichen Konzepte als Konstrukte bzw. Erfindungen des menschlichen Geistes auf, wird verständlicher, weshalb wir nicht sagen können, was Energie eigentlich ist und was Raum, Zeit und Materie wirklich sind. Es sind geistige Werkzeuge (mental tools), die es uns erlauben, die uns umgebende Welt in einer gewissen Weise verständlich und kommunizierbar zu machen. Die zentrale Frage dabei ist, in welchem Verhältnis diese Werkzeuge zu der wirklichen Welt stehen, was auch immer diese ist.

In der klassischen Physik tritt diese Frage nicht merklich in Erscheinung. Weshalb? Weil die aus unserer Anschauung abgeleiteten Konzepte anscheinend sehr gut mit der uns direkt beobachtbaren Umwelt zusammenpassen. Für die Beschreibung der Mikrowelt fehlen uns jedoch die passenden Konzepte, und der Versuch, diese Welt mit den Konzepten unserer Erfahrungswelt zu beschreiben, scheitert, ja, muss sogar scheitern.

Der Konflikt entsteht somit aus der fälschlichen Annahme, unsere geistigen Werkzeuge mit der realen Umwelt gleichsetzen zu können. Die Natur folgt nicht physikalischen Gesetzen. Gesetze sollten als Beschreibungen, aber nicht als Erklärungen aufgefasst werden. In der Quantenmechanik kommt dies besonders deutlich zum Ausdruck, wie z. B. im Welle-Teilchen-Dualismus. Die Aussage, Quantenobjekte träten, je nach dem experimentellen Setting, einmal als Welle und einmal als Teilchen auf, liefert keine Erklärung, sondern ist nur eine Beschreibung im Konzeptrahmen von klassischen Wellen und Teilchen. Auch bei der Interpretation der punktförmigen Struktur des Interferenzmusters bei geringer Intensität werden die Punkte als Auftrefforte von Photonen, Elektronen oder anderer Teilchen interpretiert. Dies hingegen führt andererseits zum Problem, wie das Verschwinden des Interferenzmusters erklärt werden kann, wenn das Experiment eine Wegbestimmung erlaubt. Darüber haben wir ausführlich im Teil III, Kap. 13 gesprochen.

Auch die Teilchenphysiker sprechen beharrlich von Teilchen. Aber was ein Teilchen eigentlich ist, darüber sprechen sie nicht. Aus welchen Gründen auch immer, sie zementieren damit falsche Vorstellungen über die Natur der Dinge. Teilchen (als Verkleinerung von kleinen Objekten aus unserer Erfahrungswelt) gibt es nicht auf der mikroskopischen Ebene. Sicher sind die Verhältnisse komplex, und die Natur ist viel komplizierter, als wir glauben. So gesehen, dürften wir unsere Konzepte auch nur als eine Vereinfachung der realen Wirklichkeit ansehen. Letztlich haben wir keine Vorstellung davon, wie komplex die Wirklichkeit tatsächlich strukturiert ist.

Tief verankert in unserem Denken ist der Glaube an die Einzigartigkeit der menschlichen Existenz und der Glaube an einen freien Willen sowie die Vorstellung, mit unserem Verstand die Welt und uns selbst verstehen zu können. Vielen Leserinnen und Lesern, vor allem der älteren Generation, dürfte Hoimar von Ditfurth noch in guter Erinnerung sein. In seinen Büchern und Fernsehsendungen hat er versucht, der breiten Öffentlichkeit naturwissenschaftliche Erkenntnisse verständlich zu machen und viele Mythen zu entmystifizieren. In seinem letzten Buch *Innenansicht eines Artgenossen* [124] bringt er die Situation der menschlichen Existenz auf den Punkt. Dabei stellt er den Menschen in Relation zu all den anderen Spezies, die sich auf unserer Erde entwickeln konnten, und er fragt sich, welches die zentralen Eigenschaften einer jeden Spezies sein müssen. Demnach muss das Wissen einer jeden Spezies so beschaffen sein, um in dieser Welt überleben und sich fortpflanzen zu können. Weshalb sollte das beim Menschen anders sein? Demnach muss auch unser Weltbild nur so weit entwickelt sein, um das Überleben und die Fortpflanzung unserer Spezies zu garantieren. Der Anspruch der Einzigartigkeit und der Glaube an die Allmacht unseres Verstands werden damit hinfällig.

Weiterhin hält er fest, dass auch unsere Erkenntnisfähigkeit einem Evolutionsprozess unterworfen ist und wir letztlich nicht wissen können, bis zu welchem Grad sich diese bereits entwickeln konnte bzw. noch entwickeln wird. Es wäre nämlich durchaus möglich, dass z. B. der Unterschied im Weltbild zwischen einem Pantoffeltierchen und dem Menschen verschwindend klein sein könnte, wenn man wüsste, wie weit sich die Welt nach oben noch öffnen kann. Er plädiert deshalb auch für mehr Demut und Respekt gegenüber der Natur und auch gegenüber uns selbst.

Schon bei Immanuel Kant taucht die Frage auf: Was können wir wissen? Zusammen mit den Fragen Was soll ich tun? und Was kann ich hoffen? gipfeln diese drei kantschen Grundfragen in der allumfassendsten Frage: Was ist der Mensch? [125]

Bis zum heutigen Tag werden diese Fragen bei naturwissenschaftlichen Betrachtungen weitgehend außer Acht gelassen. Auch wenn es explizit kaum je so gesagt wird, ist unser Denken und Forschen auf eine vom Menschen unabhängige objektive Wirklichkeit ausgerichtet. Kaum je wird die Möglichkeit in Betracht gezogen, dass die von uns empfundene Wirklichkeit auch von unserer eigenen Konstitution abhängig sein könnte. Genau das aber lernen wir aus der Quantenmechanik. Unsere erfassbare Wirklichkeit entsteht in Messgeräten. Unsere Sinnesorgane sind letztlich auch Messgeräte, die Daten liefern, aus denen unser Gehirn das konstruiert, was wir als Wirklichkeit ansehen. Die Daten hängen aber davon ab, was unsere Messgeräte bzw. unsere Sinnesorgane ausgeben können, und sind somit stark von deren Eigenschaften bestimmt.

Der US-amerikanische Kognitionspsychologe Donald. D. Hoffman zeigt in seinem Buch *Visuelle Intelligenz – Wie die Welt in unserem Kopf entsteht* [126] sehr überzeugend auf, wie unser Gehirn die Wirklichkeit tatsächlich konstruiert. Er vergleicht unsere visuell erfassbare Wirklichkeit mit einem Computerdesktop mit grafischer Benutzeroberfläche. Auf diesem nutzen wir grafische Symbole, sogenannte Icons, um mit dem Computer zu kommunizieren. So können wir z. B. mit einem Mausklick Ordner öffnen oder Dateien in den Papierkorb verschieben. Diese Ordner oder den Papierkorb gibt es aber nicht wirklich. Die Symbole stehen nur für die Prozesse, die hinter dem Bildschirm ablaufen. Diese Prozesse sind für uns aber nicht direkt zugänglich. Sie laufen vor uns verborgen im Hintergrund ab. Die zweidimensionale Bildschirmrealität muss aber vom Computer erst erzeugt werden. Grundlage dafür sind die Daten, die in Form von Binärcode auf der Festplatte abgespeichert sind, sowie ein Programm und ein Codec, aus dem die Bilder generiert werden.

Er geht noch einen Schritt weiter und vergleicht unsere dreidimensionale visuelle Welt mit dem zweidimensionalen Computerdesktop, und er vermutet, dass unsere visuellen Eindrücke nichts anderes sein könnten als dreidimensionale Icons, die es uns ermöglichen, mit der uns umgebenden Komplexität in angemessener Weise kommunizieren zu können. So wie ein Computer die Desktopicons generiert, müsste unser Gehirn unsere dreidimensionalen Eindrücke generieren. Somit wäre die uns vertraute Wirklichkeit ein Konstrukt unseres Gehirns und somit auch nicht objektiv real. Die dahinter liegende, komplexe Datenstruktur können wir nicht erfassen. Sie bleibt uns für immer verborgen. Wir können somit auch nicht wissen, wie die Welt ohne unseren Wahrnehmungsapparat aussieht.

Das erinnert doch sehr an die Verhältnisse, wie sie uns in der Quantenmechanik begegnen. Auch hier haben wir es mit der Ebene von Quantenzuständen zu tun, die uns grundsätzlich verborgen bleibt. Das, was wir als Wirklichkeit empfinden, wird entweder in Messgeräten oder in unseren Sinnesorganen erzeugt. Der Codec, nach dem dieser Übergang von der Welt der Quantenzustände zu der Welt der möglichen Messergebnisse erfolgt, wird in der Quantenmechanik durch die Schrödinger-Gleichung bzw. durch die Dirac-Gleichung beschrieben. Wie wir gesehen haben, beschreiben diese Gleichungen eine kontinuierlich fließende Welt. Gemäß der Schrödinger-Gleichung entwickeln sich freie Quantenzustände zeitlich kontinuierlich. Nur die Messwerte können (im Fall gebundener Zustände) diskret sein. Das Spektrum der möglichen Messwerte wird mathematisch durch das Spektrum der Eigenwerte der Observablenoperatoren beschrieben.

Interessanterweise können viele Fachleute die Frage, woher die merkwürdig anmutende mathematische Struktur der Quantenmechanik herrührt, nicht beantworten. Der Formalismus hat sich bewährt, denn mit ihm lassen sich zuverlässige Vorhersagen treffen. Was will man mehr? Aus unserer Betrachtungsweise heraus erscheint dieser Formalismus aber gar nicht so abwegig. Die Wirklichkeit ist nicht einfach da, sie wird konstruiert. Dieser Konstruktionsprozess wird durch den mathematischen Formalismus abgebildet. Ein Operator ist ein Objekt, das etwas macht. Die Observablenoperatoren beschreiben somit nichts anderes als, wie unsere Wirklichkeit entsteht bzw. konstruiert wird.

Bei diesem Konstruktionsprozess spielt unser Bewusstsein eine zentrale Rolle. Erst dadurch, dass wir ein Bewusstsein haben, können wir etwas empfinden und erleben und uns Gedanken über die Realität machen. Bis heute wissen wir allerdings nicht, wie unser Bewusstsein zustande kommt. Einige Leute glauben, Bewusstsein sei eine Frage der Komplexität. Demnach könnte Bewusstsein in jedem System, in jeder Maschine entstehen, wenn es oder sie nur einen bestimmten Komplexitätsgrad überschreitet.

Bekannt geworden sind die Versuche des US-amerikanischen Physiologen Benjamin Libet [127, 128]. Er führte 1979 Versuchsreihen durch, bei denen es darum ging, zu untersuchen, ob unser motorisches Zentrum durch bewusste Prozesse gesteuert wird. Fahren wir z. B. mit dem Auto durch die Stadt und plötzlich springt vor uns ein Kind auf die Straße. Wir interpretieren die Situation anschließend folgendermaßen: Wir sehen das Kind, erkennen die Gefahr und treten sofort auf die Bremse. In Wirklichkeit aber reagiert unser motorisches Zentrum bereits, bevor wir die Gefahr bewusst wahrgenommen haben. Im Nachhinein gaukelt uns unser Gehirn eine andere Reihenfolge der Geschehnisse vor, weshalb?

Philosophisch gesehen stellen diese Libet-Versuche (und in der Folge weitere ähnliche Versuche) unsere Willensfreiheit infrage [129]. Was wir aber für unsere Zwecke aus solchen Versuchen lernen können, ist die eigentlich einleuchtende Erkenntnis, dass auch die Entstehung des Bewusstseins komplexen Prozessen unterworfen sein muss, die offenbar viel Zeit in Anspruch nehmen.

Der britische Mathematiker und Physiker Roger Penrose konnte in seinem Buch *Schatten des Geistes* [130] aufzeigen, dass das Bewusstsein nicht durch einen algorithmischen Prozess entstehen kann. Er vermutet, dass quantenmechanische Prozesse an der Entstehung des Bewusstseins beteiligt sein müssen. Die Theorie von Penrose ist jedoch umstritten. Auffallend sind aber die Parallelen, die sich aus der Quantenmechanik ergeben, mit dem oben geschilderten konstruktivistischen Ansatz der Entstehung der Wirklichkeit in unserem Gehirn.

Sicher wurde mit der Quantenmechanik eine Tür oder zumindest ein kleiner Spalt einer Tür zu einer neuen Welt geöffnet, deren Ausmaß wir noch nicht wirklich ermessen können, die aber auf irgendeine Weise mit uns selbst verwoben oder vielleicht sogar verschränkt sein muss. Unweigerlich müssen wir uns die Gedanken von Hoimar von Ditfurth in Erinnerung rufen, nämlich, dass die Welt nach oben offen ist und wir nicht die geringste Vorstellung davon haben, wo wir in der Kette der Erkenntnisschritte stehen.

Zumindest denkbar ist es, dass uns – mithilfe von Quantencomputern – auch die Möglichkeit gegeben wird, uns den Geheimnissen der menschlichen Existenz und unseres Bewusstseins einen Schritt nähern zu können. Schon allein aus diesem Hoffnungsschimmer lohnt es sich, sich mit der Quantentheorie zu beschäftigen. Und ich hoffe, dass ich Sie mit diesem Buch etwas motivieren konnte, sich weiter mit dieser Thematik zu befassen.

Die Quantenmechanik ist nicht einfach nur ein Teilgebiet der Physik, sie berührt die Grundfesten unserer menschlichen Existenz. Wohin die Reise führt, wissen wir nicht, nur, dass es in dieser Sache noch eine Menge zu tun gibt.

Ich möchte dieses Buch nicht mit einem Zitat eines Physikers abschließen, sondern mit den Worten des bayrischen Komikers Karl Valentin:

Des is wia bei der Wissenschaft, am Schluss stellt sich heraus, dass alles ganz anders war.

Literatur

1. Isaac Newton and Julia Budenz. *The principia: the authoritative translation and guide: mathematical principles of natural philosophy*. Univ of California Press, 2016.
2. Isaac Newton. *Opticks: or, A treatise of the reflections, refractions, inflections, and colours of light*. Good Press, 2019.
3. Christiaan Huygens. *Traité de la lumière*. Gressner und Schramm, 1885.
4. Udo Backhaus. Ole römers verfahren zur bestimmung der lichtgeschwindigkeit: Nachvollzug mit hilfe vorausberechneter verfinsterungszeitpunkte des jupitermondes io. In *Astronomische Phänomene: Beobachtung, Interpretation, Messung*, pages 367–378. Springer, 2022.
5. Thomas Young. *A course of lectures on natural philosophy and the mechanical arts: in two volumes*, volume 2. Johnson, 1807.
6. Thomas Young. Ii. the bakerian lecture. on the theory of light and colours. *Philosophical transactions of the Royal Society of London*, (92):12–48, 1802.
7. Thomas Young. I. the bakerian lecture. experiments and calculations relative to physical optics. *Philosophical transactions of the Royal Society of London*, (94):1–16, 1804.
8. Ralf Bönt. *Die Entdeckung des Lichts*. btb, 2009.
9. Michael Faraday. I. experimental researches in electricity.—nineteenth series. *Philosophical Transactions of the Royal Society of London*, (136):1–20, 1846.
10. Heinrich Hertz. *Untersuchungen ueber die Ausbreitung der elektrischen Kraft*, volume 2. Univ. Autónoma de Barcelona, 1989.
11. Heinrich Hertz. *Untersuchungen über die Ausbreitung der elektrischen Kraft*, volume 2. JA Barth, 1914.
12. Wilhelm Hallwachs. Ueber den einfluss des lichtes auf electrostatisch geladene körper. *Annalen der Physik*, 269(2):301–312, 1888.
13. Philipp Lenard. Ueber die lichtelektrische wirkung. *Annalen der Physik*, 313(5):149–198, 1902.
14. Albert Einstein. Über einen die erzeugung und verwandlung des lichtes betreffenden heuristischen gesichtspunkt, 1905.
15. Albert Einstein. Uber einen die erzeugung und verwandlung des lichtes betreffenden heuristischen gesichtspunkt. *Collected Papers of Albert Einstein*, 2:150–166, 1989.
16. Arthur H Compton. A quantum theory of the scattering of x-rays by light elements. *Physical review*, 21(5):483, 1923.
17. Willy Wien. Ueber die energievertheilung im emissionsspectrum eines schwarzen körpers. *Annalen der Physik*, 294(8):662–669, 1896.
18. Hans-Georg Schöpf. *Von Kirchhoff bis Planck: theorie der Wärmestrahlung in historisch-kritischer Darstellung*. Springer-Verlag, 2013.

H. M. Rubin, *Vom Doppelspalt zum Quantencomputer*,
https://doi.org/10.1007/978-3-662-71207-8

19. Rudolf P Huebener and Nils Schopohl. *Die Geburt der Quantenphysik: Boltzmann, Planck, Einstein, Nernst und andere*. Springer-Verlag, 2016.
20. Max Planck and Fritz Reiche. *Die Ableitung des Strahlungsgesetzes*. Akademische Verlagsgesellschaft MBH, 1923.
21. Max Planck. Zur theorie des gesetzes der energieverteilung im normalspektrum. *VhDPG*, 2:238, 1900.
22. Dieter Hoffmann and Dieter Hoffmann. *Max Planck und die moderne Physik*. Springer, 2010.
23. Armin Hermann. *Frühgeschichte der Quantentheorie (1899 - 1913*. Physik Verlag, Mosbach in Baden, 1969.
24. Armin Hermann. Von planck bis bohr. die ersten fünfzehn jahre in der entwicklung der quantentheorie. *Angewandte Chemie*, 82(1):1–7, 1970.
25. Niels Bohr, Hendrik A Kramers, and John C Slater. Über die quantentheorie der strahlung. *Zeitschrift für Physik*, 24(1):69–87, 1924.
26. Louis De Broglie. *Recherches sur la théorie des quanta*. PhD thesis, Migration-université en cours d'affectation, 1924.
27. Titus Lucretius Carus. *LUKREZ Über die Natur der Dinge*. Galiani-Berlin, 2013. Neu übersetzt von Klaus Binder.
28. Leo Gross, Fabian Mohn, Nikolaj Moll, Peter Liljeroth, and Gerhard Meyer. The chemical structure of a molecule resolved by atomic force microscopy. *Science*, 325(5944):1110–1114, 2009.
29. Gordon Squires. Jj thomson and the discovery of the electron. *Physics World*, 10(4):33, 1997.
30. William G Myers. Becquerel's discovery of radioactivity in 1896. *Journal of Nuclear Medicine*, 17(7):579–582, 1976.
31. Masaru Sekiya and Michio Yamasaki. Antoine henri becquerel (1852–1908): a scientist who endeavored to discover natural radioactivity, 2015.
32. Aristidis Diamantis, Emmanouil Magiorkinis, Athanasios Papadimitriou, and Georgios Androutsos. The contribution of maria sklodowska-curie and pierre curie to nuclear and medical physics. a hundred and ten years after the discovery of radium. *Hell J Nucl Med*, 11(1):33–38, 2008.
33. Ernest Rutherford. The scattering of α and β particles by matter and the structure of the atom. *Philosophical Magazine*, 92(4):379–398, 2012.
34. Niels Bohr. I. on the constitution of atoms and molecules. *The London, Edinburgh, and Dublin Philosophical Magazine and Journal of Science*, 26(151):1–25, 1913.
35. Niels Bohr. Ii. on the constitution of atoms and molecules. *The London, Edinburgh, and Dublin Philosophical Magazine and Journal of Science*, 26(153):476–502, 1913.
36. Arnold Sommerfeld and Arnold Sommerfeld. Sommerfelds erweiterung (1915). *Die Bohr-Sommerfeldsche Atomtheorie: Sommerfelds Erweiterung des Bohrschen Atommodells 1915/16*, pages 25–39, 2013.
37. Arnold Sommerfeld. *Die Bohr-Sommerfeldsche Atomtheorie*. Springer, 2013.
38. Gustav Kirchhoff. *Chemische analyse durch spectralbeobachtungen*. Number 72. W. Engelmann, 1895.
39. Gustav Robert Kirchhoff and Robert Wilhelm Bunsen. Chemische analyse durch spectralbeobachtungen. 2008.
40. Horst Kant. Jürgen teichmann. der geheimcode der sterne: Eine neue landschaft des himmels und die geburt der astrophysik. 2017.
41. Johann Jakob Balmer. Notiz über die spectrallinien des wasserstoffs. *Annalen der physik*, 261(5):80–87, 1885.
42. Johannes Robert Rydberg. Xxxiv. on the structure of the line-spectra of the chemical elements. *The London, Edinburgh, and Dublin philosophical magazine and journal of science*, 29(179):331–337, 1890.
43. Erwin Schrödinger. An undulatory theory of the mechanics of atoms and molecules. *Physical review*, 28(6):1049, 1926.
44. Clinton Davisson and Lester H Germer. Diffraction of electrons by a crystal of nickel. *Physical review*, 30(6):705, 1927.

45. Clinton Joseph Davisson. The diffraction of electrons by a crystal of nickel. *Bell System Technical Journal*, 7(1):90–105, 1928.
46. Claus Jönsson. Elektroneninterferenzen an mehreren künstlich hergestellten feinspalten. *Zeitschrift für Physik*, 161(4):454–474, 1961.
47. Fritz Kubli. Louis de broglie und die entdeckung der materiewellen. *Archive for History of Exact Sciences*, pages 26–68, 1970.
48. Louis de Broglie. Recherches sur la théorie des quanta. réédition du texte de 1924, 1963.
49. Richard P Feynman. *QED: die seltsame Theorie des Lichts und der Materie*. Piper Verlag, 2018.
50. Richard P Feynman, Robert B Leighton, and Matthew Sands. *Quantenmechanik*. Walter de Gruyter GmbH und Co KG, 2015.
51. Erwin Schrödinger. Quantisierung als eigenwertproblem. *Annalen der physik*, 385(13):437–490, 1926.
52. Dieter Hoffmann. *Erwin Schrödinger*, volume 66. Springer-Verlag, 2013.
53. Jim Baggott. *The Quantum cookbook: mathematical recipes for the foundations of quantum mechanics*. Oxford University Press, 2020.
54. Kurt Baumann, Roman U Sexl, et al. Die deutungen der quantentheorie [electronic resource].
55. Wouter Schmitz. *Particles, Fields and Forces*. Springer, 2022. Second Edition.
56. Louis de Broglie. Licht und materie: Ergebnisse der neuen physik. 1949.
57. Al F. Kracklauer. A classical model for wave-particle duality. 1994.
58. Jagdish Mehra and Helmut Rechenberg. *The historical development of quantum theory*, volume 1. Springer Science and Business Media, 2000.
59. Werner Heisenberg. Über den anschaulichen inhalt der quantentheoretischen kinematik und mechanik. *Zeitschrift für Physik*, 43(3):172–198, 1927.
60. Arnold Sommerfeld. Zur quantentheorie der spektrallinien. *Annalen der Physik*, 356(17):1–94, 1916.
61. Gian Carlo Wick. Range of nuclear forces in yukawa's theory. *Nature*, 142(3605):993–994, 1938.
62. Thomas Juffmann, Adriana Milic, Michael Müllneritsch, et al. Real-time single-molecule imaging of quantum interference. *Nature nanotechnology*, 7(5):297–300, 2012.
63. Tordorka Lulcheva Dimitrova and Antoine Weis. The wave-particle duality of light: A demonstration experiment. *American Journal of Physics*, 76(2):137–142, 2008.
64. Bill J Luo, Leia Francis, Valeria Rodríguez-Fajardo, Enrique J Galvez, and Farbod Khoshnoud. Young's double-slit interference demonstration with single photons. *American Journal of Physics*, 92(4):308–316, 2024.
65. Richard P Feynman, Robert B Leighton, and Matthew Sands. *Feynman Vorlesungen über Physik 3: Quantenmechanik*. Oldenbourg Wissenschaftsverlag, 2007. 1. Kapitel.
66. Avshalom C Elitzur and Lev Vaidman. Quantum mechanical interaction-free measurements. *Foundations of physics*, 23:987–997, 1993.
67. SP Walborn, MO Terra Cunha, S Pàdua, and CH Monken. Quantenradierer. *Spektrum der Wissenschaft*, (2), 2004.
68. SP Walborn, MO Terra Cunha, S Pàdua, and CH Monken. Double-slit quantum eraser. *Physical Review A*, 65(3), 2002.
69. Niels Bohr. Das quantenpostulat und die neuere entwicklung der atomistik. *Naturwissenschaften*, 16(15):245–257, 1928.
70. Walther Gerlach and Otto Stern. Der experimentelle nachweis der richtungsquantelung im magnetfeld. *Zeitschrift für Physik*, 9(1):349–352, 1922.
71. Walther Gerlach and Otto Stern. Der experimentelle nachweis der richtungsquantelung im magnetfeld. *Walther Gerlach (1889–1979) Eine Auswahl aus seinen Schriften und Briefen*, pages 26–29, 1989.
72. George E Uhlenbeck and Samuel Goudsmit. Ersetzung der hypothese vom unmechanischen zwang durch eine forderung bezüglich des inneren verhaltens jedes einzelnen elektrons. *Die Naturwissenschaften*, 13(47):953–954, 1925.

73. TE Phipps and JB Taylor. The magnetic moment of the hydrogen atom. *Physical Review*, 29(2):309, 1927.
74. Jun John Sakurai and Jim Napolitano. *Modern quantum mechanics*. Cambridge University Press, 2020.
75. Alastair Rae. *Quantum physics: illusion or reality?* Cambridge University Press, 2004.
76. Carsten Held. Die bohr-einstein-debatte: Quantenmechanik und physikalische wirklichkeit. In *Die Bohr-Einstein-Debatte*. Brill mentis, 2023.
77. Albert Einstein, Boris Podolsky, and Nathan Rosen. Can quantum-mechanical description of physical reality be considered complete? *Physical review*, 47(10):777, 1935.
78. Claus Kiefer. *Albert Einstein, Boris Podolsky, Nathan Rosen*. Springer, 2015.
79. Niels Bohr. Can quantum-mechanical description of physical reality be considered complete? *Physical review*, 48(8):696, 1935.
80. David Bohm. A suggested interpretation of the quantum theory in terms of "hidden" variables. i. *Physical Review*, 85(2):166–179, 1952.
81. David Bohm. *Quantum theory*. Courier Corporation, 2012.
82. John S Bell. On the einstein podolsky rosen paradox. *Physics Physique Fizika*, 1(3):195, 1964.
83. Stuart J Freedman and John F Clauser. Experimental test of local hidden-variable theories. *Physical review letters*, 28(14):938, 1972.
84. Alain Aspect, Jean Dalibard, and Gérard Roger. Experimental test of bell's inequalities using time-varying analyzers. *Physical review letters*, 49(25):1804, 1982.
85. Alain Aspect, Philippe Grangier, and Gérard Roger. Experimental realization of einstein-podolsky-rosen-bohm gedankenexperiment: A new violation of bell's inequalities. *Physical review letters*, 49(2):91, 1982.
86. Kayleigh A Bohémier. Analysis for science librarians of the 2022 nobel prize in physics: From bell inequalities to quantum information science. *Science and Technology Libraries*, 42(1):1–18, 2023.
87. Eli Megidish, A Halevy, T Shacham, T Dvir, L Dovrat, and HS Eisenberg. Entanglement swapping between photons that have never coexisted. *Physical review letters*, 110(21):210403, 2013.
88. X-s Ma, S Zotter, J Kofler, R Ursin, T Jennewein, C Brukner, and A Zeilinger. Experimental delayed-choice entanglement swapping. *Nat. Phys*, 8:479, 2012.
89. Anton Zeilinger. *Einsteins Spuk: Teleportation und weitere Mysterien der Quantenphysik-Nobelpreis für Physik 2022–Um ein Nachwort ergänzte Neuausgabe*. Pantheon Verlag, 2024.
90. Nicolas Gisin. *Der unbegreifliche zufall: Nichtlokalität, teleportation und weitere seltsamkeiten der quantenphysik*. Springer-Verlag, 2014.
91. Charles H Bennett and Gilles Brassard. Quantum cryptography: Public key distribution and coin tossing. *Theoretical computer science*, 560:7–11, 2014.
92. Charles H Bennett and Gilles Brassard. Experimental quantum cryptography: the dawn of a new era for quantum cryptography: the experimental prototype is working. *ACM Sigact News*, 20(4):78–80, 1989.
93. Suppressing quantum errors by scaling a surface code logical qubit. *Nature*, 614(7949):676–681, 2023.
94. David Deutsch and Richard Jozsa. Rapid solution of problems by quantum computation. *Proceedings of the Royal Society of London. Series A: Mathematical and Physical Sciences*, 439(1907):553–558, 1992.
95. D Deutsch. Rapid solution of problems by quantum computation. *Proc. Royal Society A*, 435:563–574, 1991.
96. Daniel M Greenberger, Michael A Horne, Abner Shimony, and Anton Zeilinger. Bell's theorem without inequalities. *American Journal of Physics*, 58(12):1131–1143, 1990.
97. Jian-Wei Pan, Dik Bouwmeester, Matthew Daniell, Harald Weinfurter, and Anton Zeilinger. Experimental test of quantum nonlocality in three-photon greenberger–horne–zeilinger entanglement. *Nature*, 403(6769):515–519, 2000.
98. Peter W Shor. Polynomial-time algorithms for prime factorization and discrete logarithms on a quantum computer. *SIAM review*, 41(2):303–332, 1999.

99. Lov K Grover. A fast quantum mechanical algorithm for database search. In *Proceedings of the twenty-eighth annual ACM symposium on Theory of computing*, pages 212–219, 1996.
100. Paul Adrien Maurice Dirac. The quantum theory of the electron. *Proceedings of the Royal Society of London. Series A, Containing Papers of a Mathematical and Physical Character*, 117(778):610–624, 1928.
101. Paul Adrien Maurice Dirac. *The principles of quantum mechanics*. Number 27. Oxford university press, 1981.
102. Christian Klaus Tutschku, Andreas Sturm, Florian Knäble, Bharadwaj Chowdary Mummaneni, Daniel Pranjic, Chiara Stephan, Daniel Benjamin Mayer, Gereon Kossmann, Marco Roth, Paul-Amaury Matt, et al. Quantencomputing in der industriellen applikation. 2023.
103. Valeria Saggio and Philip Walther. Quantenrechnen mit licht: Photonische quantencomputer. *Physik in unserer Zeit*, 53(2):80–87, 2022.
104. Lars S Madsen, Fabian Laudenbach, Mohsen Falamarzi Askarani, Fabien Rortais, Trevor Vincent, Jacob FF Bulmer, Filippo M Miatto, Leonhard Neuhaus, Lukas G Helt, Matthew J Collins, et al. Quantum computational advantage with a programmable photonic processor. *Nature*, 606(7912):75–81, 2022.
105. Dieter Suter. *The physics of laser-atom interactions*. Number 19. Cambridge University Press, 1997.
106. Wolfgang Hänsel. Der quantenmechanik in die karten geschaut: Quantenbits in der ionenfalle. *Physik in unserer Zeit*, 37(2):64–72, 2006.
107. Fritz Ehlotzky. *Quantenmechanik und ihre Anwendungen*. Springer-Verlag, 2005.
108. Wolfgang Hänsel. Quantencomputer und quantenteleportation: Quantenbits in der ionenfalle teil 2. *Physik in unserer Zeit*, 37:272 – 280, 2006.
109. Peter Seibert. *Untersuchungen zur Speicherung, Laserkühlung und Kristallisation von Ca-Ionen in einer linearen Paulfalle*. PhD thesis, Universität Mainz, 2000.
110. Jascha Zander. Aufbau eines lasersystems zur laserkühlung von fermionischen kaliumatomen. Master's thesis, Universität Hamburg, 2015.
111. Nils Bock. *Theoretische Modellierung einer Penning-Falle zur Nutzung sympathetischer Laserkühlung und Charakterisierung einer dafür vorgesehenen Präzisionsspannungsquelle*. PhD thesis, Ruprecht-Karls-Universität Heidelberg, 2022.
112. John Bardeen, Leon N Cooper, and John Robert Schrieffer. Theory of superconductivity. *Physical review*, 108(5):1175, 1957.
113. Thomas E Roth, Ruichao Ma, and Weng C Chew. An introduction to the transmon qubit for electromagnetic engineers. *arXiv preprint* arXiv:2106.11352, 2021.
114. Michael J. Peterer. Investigating the suppression of external sources of decoherence in transmon qubits, 2012. Masterarbeit, ETH Zürich.
115. Ralf Wunderlich. *Nukleare Hyperpolarisation im Diamanten mittels Stickstoff-Fehlstellen-Zentren und komplexer Vier-Spin-Kopplung*. PhD thesis, Universität Leipzig, 2018.
116. Jan Jakob. Konfokalmikroskopie zur mikrowellenspektroskopie von stickstoff-fehlstellen-zentren. Master's thesis, Universität Kassel, 2018.
117. Conor E Bradley, Joe Randall, Mohamed H Abobeih, Remon C Berrevoets, Maarten J Degen, Michiel A Bakker, Matthew Markham, Daniel J Twitchen, and Tim H Taminiau. A ten-qubit solid-state spin register with quantum memory up to one minute. *Physical Review X*, 9(3):031045, 2019.
118. Christian Volk, Luca Banszerus, and Christoph Stampfer. Elektronen auf den punkt gebracht: Quantenpunkte in zweilagigem graphen. *Physik in unserer Zeit*, 54(4):194–200, 2023.
119. Hampe Michael. *Die Lehren der Philosophie*. Suhrkamp Verlag, Berlin, 2014.
120. Carl Friedrich Weizsäcker. *Die Einheit der Natur*. dtv, 1974.
121. Adam Becker and Bernhard Gerl. *Was ist real?: Das ungelöste Problem der Quantenphysik*. Springer, 2021.
122. Jürgen Teichmann. *Zur Entwicklung von Grundbegriffen der Elektrizitätslehre, insbesondere des elektrischen Stromes bis 1820*, volume 4. Gerstenberg, 1974.
123. Jürgen Teichmann. *Vom Bernstein zum Elektron: eine Kurzgeschichte der Elektrizität*. Dt. Museum, 1982.

124. Hoimar v Ditfurth. *Innenansichten eines Artgenossen: meine Bilanz.* dotbooks, 2013.
125. Immanuel Kant. *Prolegomena zu einer jeden künftigen Metaphysik, die als Wissenschaft wird auftreten können*, volume 22. Koschny, 1876.
126. Donald D Hoffman. *Visuelle Intelligenz: Wie die Welt im Kopf entsteht.* Klett-Cotta, 2000.
127. Benjamin Libet. The timing of mental events: Libet's experimental findings and their implications, 2002.
128. William P Banks and Susan Pockett. Benjamin libet's work on the neuroscience of free will. *The Blackwell companion to consciousness*, pages 657–670, 2007.
129. Peter GH Clarke. *The Libet experiment and its implications for conscious will.* Faraday Institute for Science and Religion, 2013.
130. Roger Penrose. *Schatten des Geistes: Wege zu einer neuen Physik des Bewusstseins.* pektrum, Akad. Verlag, 1995.

Stichwortverzeichnis

H. M. Rubin, *Vom Doppelspalt zum Quantencomputer*,
https://doi.org/10.1007/978-3-662-71207-8

H

I

J

K

L